流域超标准洪水精准智能监测与预报关键技术

李正最　章四龙　隆院男　刘易庄　宋荷花　魏　琳　等著

黄河水利出版社

·郑　州·

内 容 提 要

本书系统介绍了流域超标准洪水精准智能监测与预报的理论、技术和方法。主要内容包括变化环境下洞庭湖水系极端水文气象事件演变规律及致灾机制、中小河流流量在线监测与时差法流量监测系统自率定方法、基于无人机和无人船平台的洪泛区地理信息采集与三维建模技术、流域超标准洪水天空地一体监测体系和多源异构信息融合技术、流域洪水精细化预报模拟模型与中小型水库纳雨能力计算方法、超标准洪水应急分洪淹没评估及动态联合调度技术等。

本书适用于水利、电力、地理、气象和自然资源、生态环境等领域的广大科技工作者、工程技术人员，也可作为高等院校本科生、研究生的教学参考书。

图书在版编目(CIP)数据

流域超标准洪水精准智能监测与预报关键技术/李正最等著.—郑州:黄河水利出版社,2023.7

ISBN 978-7-5509-3646-1

Ⅰ.①流… Ⅱ.①李… Ⅲ.①洪水预报-研究 Ⅳ.①P338

中国国家版本馆 CIP 数据核字(2023)第 141930 号

责任编辑 文云霞　　责任校对 郑佩佩
封面设计 张心怡　　责任监制 常红昕
出版发行 黄河水利出版社
地址:河南省郑州市顺河路 49 号　邮政编码:450003
网址:www.yrcp.com　E-mail:hhslcbs@126.com
发行部电话:0371-66020550
承印单位 河南瑞之光印刷股份有限公司
开　　本 787 mm×1 092 mm　1/16
印　　张 16.75
字　　数 390 千字
版次印次 2023 年 7 月第 1 版　　2023 年 7 月第 1 次印刷

定　　价 99.00 元

前　言

流域水文过程是一个复杂、开放的非线性系统，涉及大气、海洋和陆地之间的能量转换与相互作用。河川径流是大气降水、流域自然地理条件和人类活动综合作用的产物。在全球气候变化和大规模人类活动双重因素导致的变化环境下，近年来我国气候现象异常多变，极端事件频繁发生，强降雨灾害频次日趋增加，流域超标准洪水频繁发生，洪涝灾害损失日益严重，已成为制约经济社会可持续发展的重要因素。迫切需要开展流域超标准洪水的精准智能监测与预报、预警关键技术研究，研发流域超标准洪水决策支持系统，着力解决流域超标准洪水的致灾机制、立体监测、预报预警、动态建模、综合应对等诸多研究重点和难点。

本书围绕流域超标准洪水综合应对的科学问题与关键技术，采用“基础理论-技术体系-系统平台-示范应用”全链条一体化研究思路，揭示洞庭湖水系变化环境下极端水文气象事件演变规律及致灾机制，研发流域超标准洪水立体监测技术体系和精细化模拟预报等技术，构建流域超标准洪水预报、调度及综合应对决策支持应用平台，并在湘江流域浏阳河等重点防洪地区示范应用。全书共分9章：第1章论述流域超标准洪水精准智能监测与预报研究的背景、意义和研究内容与方法；第2章提出流域超标准洪水精准智能监测与预报研究任务及需解决的重要科学问题与关键技术；第3章介绍示范区域基本情况、水文站网等；第4章分析变化环境下洞庭湖水系极端水文气象事件演变规律及致灾机制；第5章研发流域超标准洪水天空地一体监测体系和多源异构信息融合技术；第6章构建示范研究区流域洪水预报预警及精细化模拟模型；第7章开展超标准洪水应急分洪及动态调度研究与应用；第8章介绍基于Web的流域超标准洪水预报与调度平台；第9章为结论与展望。希望本书的出版能为进一步开展流域超标准洪水的精准监测、预报与综合应对等研究起到抛砖引玉的作用。

本书第1、2章由李正最、章四龙编写，第3章由章四龙、宋荷花、魏琳编写，第4章由隆院男、刘易庄编写，第5章由李正最、李昕潼、章四龙编写，第6章由章四龙、宋荷花、魏琳编写，第7章由隆院男、刘易庄、章四龙编写，第8章由章四龙编写，第9章由李正最、章四龙编写。全书由李正最负责统稿。周慧、吕坤、沈起鹏、蒋显湘等同志参与了研究工作。

本书是在湖南省科技创新计划项目“流域超标准洪水精准智能监测与预报关键技术研究与示范”（2020SK2130）资助下完成的。湖南省水文水资源勘测中心、北京师范大学、长沙理工大学等单位的诸多领导、专家对项目研究及本书内容提出了许多宝贵意见和建议，在此一并表示衷心感谢！

本书是在综合国内外许多相关资料的基础上，融合了作者近十几年来的研究成果编写而成的。由于时间仓促、水平有限，书中难免存在疏漏和不妥之处，很多问题有待进一步深入研究和探讨；参考文献引用也可能挂一漏万，希望读者批评指正！

作　者

2023年4月于长沙

目　录

第1章　绪　论 …………………………………………………… (1)
1.1　研究概况 …………………………………………………… (1)
1.2　研究目标与考核指标 ……………………………………… (2)
1.3　研究内容 …………………………………………………… (3)
1.4　研究方法 …………………………………………………… (6)
第2章　研究任务分解 …………………………………………… (9)
2.1　任务分解 …………………………………………………… (9)
2.2　课题内容 …………………………………………………… (10)
第3章　示范区域及研究对象 …………………………………… (17)
3.1　示范区域 …………………………………………………… (17)
3.2　水文站网 …………………………………………………… (17)
3.3　研究对象 …………………………………………………… (22)
第4章　变化环境下洞庭湖水系极端水文气象事件演变规律及致灾机制 ………… (23)
4.1　研究背景与动态 …………………………………………… (23)
4.2　区域基本情况与研究方法 ………………………………… (28)
4.3　洞庭湖流域极端降水的时空变化及其遥相关因素的影响 ……… (35)
4.4　洞庭湖水系变化对洪水过程的影响 ……………………… (45)
4.5　洞庭湖洪涝灾害致灾机制研究 …………………………… (61)
4.6　结　论 ……………………………………………………… (67)
第5章　超标准洪水立体监测及多源信息融合 ………………… (70)
5.1　基于无人机和无人船平台的洪泛区地理信息采集与三维建模 ………… (70)
5.2　多源监测信息融合技术 …………………………………… (91)
5.3　超声波时差法流量监测系统自率定技术 ………………… (97)
5.4　中小河流洪水流量在线监测系统 ………………………… (109)
第6章　浏阳河流域洪水预报预警及精细模拟 ………………… (148)
6.1　洪水预报模型 ……………………………………………… (148)
6.2　浏阳河流域洪水预报方案编制 …………………………… (162)
6.3　中小水库纳雨能力计算方法 ……………………………… (172)
第7章　超标准洪水应急分洪及动态联合调度 ………………… (180)
7.1　水动力模型及原理 ………………………………………… (180)
7.2　基础数据预处理方法 ……………………………………… (182)
7.3　浏阳河下游干流水动力模型构建与模拟应用 …………… (187)
7.4　浏阳河下游堤垸洪水淹没分析 …………………………… (194)

第8章 Web应用平台使用指南 …… (229)
8.1 系统登录 …… (229)
8.2 站点选择 …… (230)
8.3 实时信息监控 …… (232)
8.4 短期预报调度 …… (234)
8.5 系统管理 …… (241)
第9章 结论与展望 …… (244)
9.1 结 论 …… (244)
9.2 展 望 …… (245)
参考文献 …… (246)

第 1 章　绪　论

1.1　研究概况

1.1.1　研究背景

在全球气候变化和人类活动双重因素导致的变化环境下，近年来我国气候现象异常多变，极端事件频繁发生，强降雨灾害频次日趋增加，流域超标准洪水频繁发生，洪涝灾害损失日益严重，已成为制约经济社会可持续发展的重要因素。流域超标准洪水引发大范围洪泛区淹没、众多分洪溃口事件以及严重洪涝灾害损失，迫切需要开展智能网格洪水监测与预报、预警关键技术研究，研发流域超标准洪水决策支持系统，着重解决其致灾机制、立体监测、预报预警、动态建模、综合应对等诸多研究重点和难点。

目前，国内外学者和研究机构针对智能网格洪水监测与预报、预警开展了一系列研究，与之相关的领域主要集中在极端水文气象事件演变规律、洪涝灾害天空地一体化监测、水文水力学耦合模型、灾害快速评估模型等方面，一些成果得到了业务部门应用。例如，北京师范大学等利用云计算技术，构建了全国水文模型云计算服务系统；中国水利水电科学研究院等利用遥感、雷达、无人机、传感和通信等技术，建立了天空地一体化的山洪灾害监测体系；水利部信息中心研发的中国洪水预报系统可每天制作和发布全国 1 700 多个断面洪水预报成果。

迄今为止，智能网格洪水预报预警、动态建模和综合应对仍然是研究的重点和难点。美国国家天气局近年来开展国家洪水预报模型建设，精细化预报模拟由过去的 3 000 个断面扩展到 2.67 万个河段，预报时效提高至 2 h 内完成。超标准洪水分洪溃口情况下动态模拟技术涉及模型耦合、方案配置、数据管理等诸多动态建模技术环节，现有研究及商业化软件均未提供有效解决方案和成熟案例。超标准洪水综合应对措施限于其极端情景而研究工作较少，有必要基于本书各项关键技术研究成果，在典型流域进行示范应用，凝练总结科技含量高、符合实际需求的综合应对措施，提高湖南流域超标准洪水综合应对能力的技术水平。

1.1.2　研究体系架构

本书将开展精准智能监测与预报预警关键技术研究，构建超标准洪水灾害综合应对关键技术，并在示范流域开展示范应用，对保障湖南防洪安全、支撑经济社会可持续发展具有重要的科学价值和战略意义。针对湖南流域超标准洪水综合应对中的主要问题和研究现状，本书着力解决三个关键科学问题：①洞庭湖水系变化环境下极端水文气象事件演变规律及致灾机制；②流域超标准洪水立体监测与多源信息融合；③智能网格洪水预报调度与综合应对理论。

围绕上述三个关键科学问题，设置5个课题：①洞庭湖水系变化环境下极端水文气象事件演变规律及致灾机制；②超标准洪水立体监测及多源信息融合；③全流域网格洪水预报预警及精细模拟；④超标准洪水应急分洪及动态联合调度；⑤智能网格洪水预报预警决策支持系统与集成示范。

本书采用"基础理论-技术体系-系统平台-示范应用"全链条一体化研究思路开展研究：①在理论认知层面，剖析洞庭湖水系变化环境下极端水文气象事件演变规律，揭示气候变化和下垫面变化对流域超标准洪水致灾机制，以及流域超标准洪水灾害的演变规律；②在关键技术层面，研发超标准洪水立体监测、流域分布式水文模型、分洪溃口洪水演进模型、一二维水力学耦合模型、水利工程动态调度模型等技术，构建集实时监测、预报预警、精细模拟、分洪演进、动态调度、综合应对等专业模型为一体的技术体系；③在集成应用层面，构建具有自主知识产权的全链条一体化智能网格洪水预报预警决策支持系统，在湘江流域浏阳河等重点防洪地区示范应用，为流域超标准洪水综合应对提供技术支撑。

本书主要成果包括：①揭示洞庭湖水系变化环境下极端水文气象事件演变规律及致灾机制；②建立超标准洪水立体监测及多源信息融合技术体系；③研发全流域网格洪水预报预警及精细模拟技术；④研发超标准洪水应急分洪及动态联合调度模型；⑤研发智能网格洪水预报预警决策支持系统，在示范流域开展应用示范，取得流域超标准洪水综合应对经验。

通过示范应用，预期洪水预报预警制作时间缩短到2 h以内，预见期增长到72 h以上，预报精度提高5%以上，洪涝灾害应急处置响应时间缩短到6 h以内，减灾效益提高10%以上，显著提升湖南流域超标准洪水综合应对的科技支撑能力。

1.2　研究目标与考核指标

1.2.1　研究目标

湖南是流域超标准洪水灾害频发的省份之一，在超标准洪水综合应对方面，目前还存在以下突出问题：一是超标准洪水洪涝成因和致灾机制需要深入探讨；二是应急分洪溃口信息及洪涝灾情信息监测不及时、不全面；三是超标准洪水预报模拟和动态调度能力弱、精度差；四是综合风险防控和应急管理薄弱。本书针对上述问题，研究实现的总体目标为：揭示洞庭湖水系变化环境下流域超标准洪水灾害成因和致灾机制，构建天空地一体化的超标准洪水立体监测体系，建立流域超标准洪水精细预报模拟和动态调度系统，构建超标准洪水灾害评估和综合应对体系，研制具有自主知识产权的全链条一体化流域超标准洪水决策支持系统，在湘江流域浏阳河等重点防洪地区开展示范应用，洪水预报预警制作时间缩短到2 h以内，预见期增长到72 h以上，预报精度提高5%以上，洪涝灾害应急处置响应时间缩短到6 h以内，减灾效益提高10%以上，并纳入湖南防汛抗旱指挥系统应用，显著提升流域超标准洪水综合应对的科技支撑能力。

在基础理论方法方面,解决三大科学问题:①洞庭湖水系变化环境下极端水文气象事件演变规律及致灾机制;②流域超标准洪水立体监测与预报调度方法;③智能网格洪水预报调度与综合应对理论。

在关键技术突破方面,重点突破四项关键技术:①超标准洪水天空地立体监测与多源信息融合;②全流域网格预报预警与精细化模拟;③超标准洪水应急分洪与动态联合调度模拟;④智能网格洪水预报预警决策支持系统。

在系统平台构建方面,研制具有自主知识产权的全链条一体化智能网格洪水预报预警决策支持系统。

在示范应用方面,在湘江流域浏阳河等重点防洪地区示范应用,提高流域超标准洪水综合应对技术支撑能力。

1.2.2 考核指标

(1)基础理论——洞庭湖水系变化环境下极端水文气象事件演变规律及致灾机制。

分析极端水文气象事件时空分布规律和气候变化特征规律,辨析洞庭湖水系变化环境下对流域洪水产汇流过程影响,评价洞庭湖水系变化环境对流域防洪安全影响,揭示流域超标准洪水致灾机制。

(2)监测技术——超标准洪水立体监测及多源信息融合技术。

构建超标准洪水多种关键要素动态立体监测方法和多源信息融合与集成技术;利用无人机倾斜测量技术,研发洪泛区图像识别和提取测量技术,构建天空地一体化的超标准洪水立体监测体系。

(3)预报模拟调度技术——全流域网格洪水预报模拟及动态调度系统。

开发精细网格流域分布式水文模型、分洪溃口洪水演进模型、一二维水动力耦合模型、水利工程动态调度模型等相互耦合的专业模型,构建全流域网格洪水预报模拟及动态调度系统。

(4)集成应用及效益——智能网格化洪水决策支持系统与集成示范。

构建集实时监测、预报预警、精细模拟、分洪演进、动态调度、综合应对等专业模型,研制具有自主知识产权的智能网格洪水预报预警决策支持系统,在湘江流域浏阳河等重点防洪地区开展示范应用,实现项目总体目标。

1.3 研究内容

1.3.1 关键科学问题

1.3.1.1 洞庭湖水系变化环境下极端水文气象事件演变规律及致灾机制

随着全球气候变化和高强度人类活动的双重影响,极端气候事件增多增强,超标准洪水引发洪涝灾害问题日益突出,已成为影响湖南流域防洪安全的突出问题,也是制约湖南经济社会发展的重要因素。强暴雨是产生超标准洪水的直接原因,而全球变暖直接影响流域暴雨发生频次、极端暴雨事件;高强度人类活动导致的下垫面变化将直接影响流域产汇流条件,进而影响径流量的大小和洪涝灾害的程度。因此,揭示洞庭湖水系变化环境下极端水文气象事件演变规律与致灾机制,全面认识超标准洪水及灾害变化的环境驱动因子,识别不同驱动因子对流域超标准洪水及灾害的驱动作用及定量化贡献,是本书亟待解决的重要科学问题。

1.3.1.2　流域超标准洪水立体监测与多源信息融合

超标准洪水及其引发洪涝灾害具有洪泛区范围大、分洪溃口事件多、预报断面需求大、工程调度要求高等特征。目前,常规地面监测站点仅能代表江河控制点的信息,缺乏超标准洪水大范围面上监测和突发性动态监测的技术能力,难以满足超标准洪水洪涝灾害精准监测的要求,以及大范围洪泛区、突发分洪溃口、众多水利工程群的预报调度新需求,构建基于卫星、雷达、无人机、互联网等技术与地面监测站点相结合,超标准洪水全方位全要素立体动态监测体系,开展超标准洪水精细化预报调度技术研究,是本书亟待解决的第二个侧重于方法与技术的重要科学问题。

1.3.1.3　智能网格洪水预报调度与综合应对理论

流域超标准洪水是气候变化和高强度人类活动双重背景下,引发洪涝致灾、孕灾和承灾三个方面因素共同作用的产物,具有较强的突发性和区域性特征。基于现代模型模拟及信息化技术,以全流域网格洪水预报预警为目标,集成超标准洪水信息监测、预报预警、精细模拟、水利工程调度等核心模块,构建智能网格洪水预报预警决策支持系统,对流域超标准洪水风险进行优化调控和科学决策,是本书拟解决的第三个重要科学问题,也是今后流域超标准洪水洪涝灾害防治的重要发展方向。

1.3.2　关键技术问题

1.3.2.1　超标准洪水天空地立体监测与多源信息融合技术

面向超标准洪水洪泛区空间面上监测、分洪溃口断面动态监测以及与常规地面监测信息融合的需求,应用卫星遥感、无人机倾斜摄影等先进空间监测技术,融合地面监测站网,研究超标准洪水多种关键要素动态立体监测方法和多源信息融合与集成技术;构建天空地一体化的超标准洪水立体监测体系。

1.3.2.2　全流域网格预报预警与精细模拟技术

全流域网格预报预警与精细模拟,由流域网格分布式水文预报模型和一二维水力学耦合等 2 种核心模型模块,以及集成这 2 种模型于一体的智能网格洪水预报预警及精细模拟系统组成。流域网格分布式水文预报模型重点研究下垫面工程定量描述、高分辨率细网格建模和全息模型参数优化校正等技术。集成研发高适应性、精细化的流域超标准洪水全流域网格预报预警及精细模拟模型,实现全流域网格洪水预报预警及精细化模拟。

1.3.2.3　超标准洪水应急分洪与动态调度技术

超标准洪水应急分洪与动态调度,由分洪溃口洪水演进模型、一二维水动力耦合模型、水利工程动态调度模型等 3 种核心模型模块,以及集成这 3 种模型于一体的水利工程动态联合调度系统组成,构建一维河网水动力模型和二维地表水动力模型,精准地模拟计算河道、洪泛区和突发分洪溃口的洪水过程,并基于上述专业模型,集成研发高适应性、精细化的水利工程动态联合调度系统。

1.3.2.4 智能网格洪水预报预警决策支持技术

研发集成流域网格分布式水文模型、分洪溃口洪水演进模型、一二维水动力耦合模型、工程动态调度模型，构建流域超标准洪水信息监测、预报预警、精细模拟、综合应对为一体的智能网格洪水预报预警决策支持系统；应用数字高程模型（DEM）和地理信息系统，快速生成不同调度方案情景下的淹没损失和风险，形成决策集，并根据流域防洪应急预案推荐调度方案。

1.3.3 主要研究内容

围绕本书研究目标、科学问题和关键技术，本书重点开展以下5个方面的研究。

1.3.3.1 洞庭湖水系变化环境下极端水文气象事件演变规律及致灾机制

建立流域超标准洪水灾害数据库，分析洞庭湖水系极端水文气象事件时空分布规律和气候变化特征规律，辨析洞庭湖水系变化环境下对流域洪水产汇流过程影响，评估流域超标准洪水洪涝孕灾环境和致灾因子变化特征，评价洞庭湖水系变化环境下对流域防洪安全影响，揭示流域超标准洪水致灾机制。

1.3.3.2 超标准洪水立体监测及多源信息融合

应用卫星遥感、无人机倾斜摄影等先进空间监测技术，融合地面监测站网，研究超标准洪水多种关键要素动态立体监测方法和多源信息融合与集成技术；利用无人机倾斜测量技术，研发洪泛区识别和提取测量技术，构建天空地一体化的超标准洪水立体监测体系。

1.3.3.3 全流域网格洪水预报预警及精细模拟

基于地貌特征定量精细化预报技术，构建高时空分辨率分布式水文模型，实现全流域网格洪水预报预警与精细化模拟，提出分布式水文模型网格化参数优化方法和基于系统响应函数的洪水预报全息实时校正方法，采用混合构架的多核集群高性能并行计算技术，开发分布式气象-水文多尺度耦合模型系统，提高超标准洪水预报的准确性和时效性。

1.3.3.4 超标准洪水应急分洪及动态调度模拟

研发通用应急分洪溃口洪水演进模型，提高应急事件快速分析计算能力；基于水文、水动力学方法和高速计算技术，研发超标准洪水精细模拟技术以及水利工程动态联合调度技术，以实现超标准洪水的精细化、高效和准确的模拟分析计算。

1.3.3.5 智能网格洪水预报预警决策支持系统与集成示范

基于云计算及大数据可视化等智能分析技术，研发多模型、多方案、多应用等集成技术，构建集实时监测、预报预警、精细模拟、分洪演进、动态调度、综合应对等专业模型为一体，具有自主知识产权的全链条一体化智能网格洪水预报预警决策支持系统，在湘江流域浏阳河等重点防洪地区开展示范应用，为超标准洪水综合应对提供科技支撑。

1.4 研究方法

1.4.1 总体思路

紧密围绕流域超标准洪水综合应对的科学问题与关键技术,采用“基础理论-技术体系-系统平台-示范应用”全链条一体化研发思路,揭示洞庭湖水系变化环境下极端水文气象事件演变规律及致灾机制,研发超标准洪水立体监测技术体系、预报预警、精细模拟、动态调度等技术,构建超标准洪水信息监测、预测预警、动态调度、综合应对决策支持应用平台。

在机制剖析层面,通过长系列分析、数值模拟与分析等方法,揭示洞庭湖水系变化环境下对流域暴雨洪水特性及流域产汇流过程的影响与洪涝灾害致灾机制。

在关键技术层面,应用卫星、无人机及地面实时监测等手段,构建超标准洪水全要素天空地一体化立体监测技术体系;建立气象-水文-水力学相嵌套的超标准洪水预报预警和精细模拟模型、水利工程动态调度模型。

在示范应用方面,应用模型模拟和信息化技术,研发集预报预警、情景分析、方案生成、动态调度、综合应对等功能于一体的智能网格洪水预报预警决策支持系统,并在示范流域进行示范应用。

1.4.2 主要技术与方法

针对各项研究内容,本书采取的技术路线和主要方法如图 1-1 所示。

1.4.2.1 机制识别和规律揭示

采用实验站试验、原型观测、野外监测与调研、数据挖掘与数理统计归纳等途径和方法,研究示范流域暴雨特征及其变化趋势;以长序列水文资料、原型观测和数值模拟为关键支撑,解析高强度人类活动影响流域陆地水循环要素过程及演变机制,识别气候变化、人类活动等对流域产汇流过程的影响机制;通过实地调研及长系列分析示范流域超标准洪水事件发生的频率、强度等演变特征,调研示范流域近些年洪涝事件发生的天气背景、地形特征、排水排涝条件等,明晰示范流域暴雨洪涝的主要驱动因子。采用数理统计与空间分析等相结合的方法,开展流域承灾体洪涝脆弱性、承灾力与恢复力的研究,建立危险性评价函数和危险性等级划分指标,开展流域内易受洪水影响的洪泛区等不同类型承灾体的洪涝特征分析,揭示流域暴雨洪涝致灾机制。

1.4.2.2 理论创新和技术创建

运用天基、空基和地基测量手段和技术,发展湖南全流域全要素精细化立体监测技术,提高湖南超标准洪水过程监测水平。应用高分辨率地形信息、下垫面地物精细概化,开发流域、河道、洪泛区精细化流域网格分布式水文模型、一维河网水动力模型和二维地表水动力模型。应用模型参数优化、全息实时校正等技术,提高超标准洪水精细化模拟精度。利用云计算和模型并行计算结构优化技术,提高预报预警、精细模拟和动态调度等模型的运算速度。

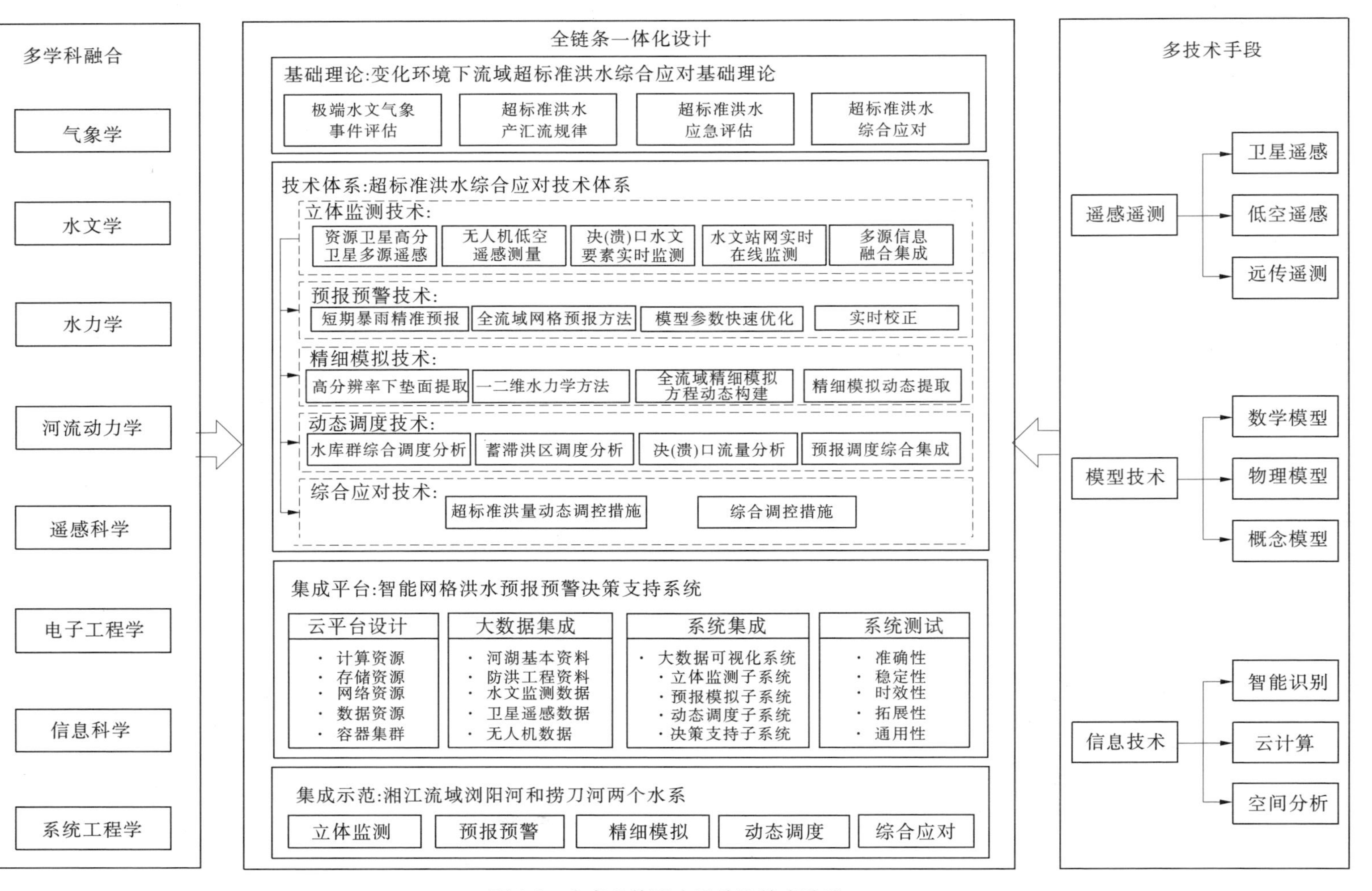

图1-1 本书总体研究思路及技术路线

通过函调、现场调研、网络检索、学术研讨等多种途径，开展国内外流域超标准洪水灾害防治相关资料的调研收集工作；参阅有关学术论文和参考文献，了解国内外当前的研究动态和水平；收集流域超标准洪水示范案例，调查分析其取得的成效和存在的问题；根据湖南示范流域等不同区域洪涝灾害的特点，选择有代表性的示范超标准洪水进行研究；通过召开技术讨论会、组织专家咨询、凝练总结研究成果，提出流域超标准洪水灾害综合防控管理措施和政策建议。

1.4.2.3　系统集成和示范应用

开展基础数据标准化及规范化处理，统一制定基础数据编码和模块开发要求等标准，建立专业模型模块到系统平台间信息交换体系、实现各模型模块、数据处理模块、成果展示模块、流程控制模块、各子系统之间的无缝集成。开发模拟模型、数据处理、成果可视化、总控系统等模块，集成实时动态监测、预报预警、综合防控、应急响应和智能调度等专业模型，构建集动态监测、预报预警、精细模拟、动态调度、综合应对一体化的支持平台，研制具有自主知识产权的智能网格洪水预报预警决策支持系统，在湘江流域浏阳河开展示范应用。

第 2 章　研究任务分解

2.1　任务分解

本书围绕需解决的三个关键科学问题，采用“理论方法-技术体系-系统平台-示范应用”全链条一体化研发思路，构建“立体监测-预报预警-精细模拟-动态调度-综合应对”技术体系，集成流域超标准洪水决策支持系统，在湘江流域浏阳河等重点防洪地区示范应用，显著提升湖南超标准洪水综合应对技术水平，为湖南洪涝灾害科学防控提供支撑。

在理论方法研究方面，设置课题 1 洞庭湖水系变化环境下极端水文气象事件演变规律及致灾机制，揭示全球变暖与人类活动对暴雨洪水特性的影响机制及超标准洪水洪涝的致灾机制。在关键技术研发方面，设置课题 2 至课题 4。其中，课题 2 重点研究构建超标准洪水立体监测及多源信息融合技术，课题 3 重点研究构建全流域网格洪水预报预警及精细模拟技术，课题 4 重点研究超标准洪水应急分洪及动态联合调度技术。在系统平台集成方面，设置课题 5 重点构建智能网格洪水预报预警决策支持系统，并在湖南重点防洪地区及洪涝灾害严重的湘江流域浏阳河等流域开展示范应用研究。

本书研究思路与课题设置及逻辑关系如图 2-1 所示，各课题主要研究内容及其相互之间的支撑作用简述如下。

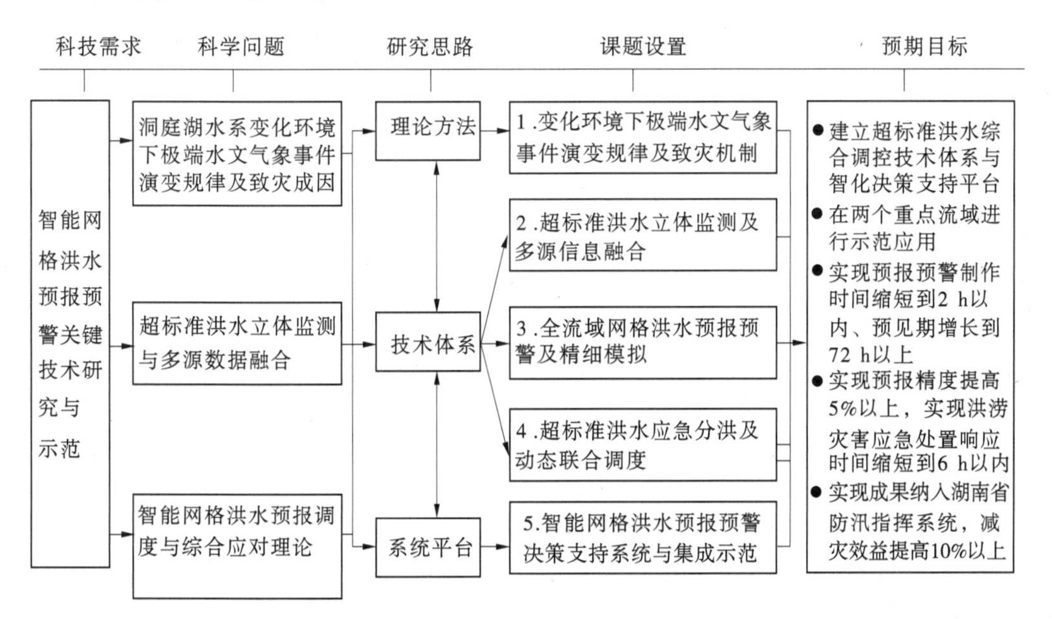

图 2-1　本书研究思路与课题设置及逻辑关系

课题 1：洞庭湖水系变化环境下极端水文气象事件演变规律及致灾机制。收集示范流域气象、水文、洪涝灾害、地理信息、社会经济等数据,建立流域超标准洪水灾害数据库;系统研究气候变化下极端水文气象事件特征及其演变规律,重点研究极端水文气象事件变异程度和频次影响;分析洞庭湖水系变化环境下流域洪水产汇流规律及致灾因子,融合孕灾环境和致灾因子的科学分析,重点研究洞庭湖水系变化环境下超标准洪水的形成机制,揭示超标准洪水致灾机制;研究评估超标准洪水对流域防洪安全影响。本课题为课题3构建提供理论依据。

课题2:超标准洪水立体监测及多源信息融合。重点研发超标准洪水洪泛区淹没范围动态监测及淹没水深反演技术、超标准洪水应急监测和常规监测多源信息融合和集成技术,形成超标准洪水立体监测及多源信息融合技术体系。本课题重点研发关键技术"超标准洪水天空地立体监测与多源信息融合技术",同时为课题3、课题4提供必要的信息支持,为课题5系统集成提供核心模块。

课题3:全流域网格洪水预报预警及精细模拟。重点研发复杂下垫面超标准洪水全流域网格预报预警和精细化模拟技术、研究分布式模型参数优化和全息实时校正技术,以及基于云平台、并行计算等高速运算预报模拟模型。本课题重点研发关键技术二"全流域网格洪水预报预警与精细化模拟技术",为课题4洪水联合调度提供必要的信息,并为课题5系统集成与应用示范提供核心技术模块。

课题4:超标准洪水应急分洪及动态联合调度。重点研发应急分洪溃口洪水演进模型,研发基于水库群、蓄滞洪区、河道和分洪溃口等复杂边界条件下的联合调度技术、超标准洪水精细模拟及动态调控方法,以及基于云平台、并行计算等高速运算调度模型。本课题重点研发关键技术三"超标准洪水应急分洪及动态联合调度技术",同时为课题5系统集成提供核心模块。

课题5:智能网格化流域洪水决策支持系统与集成示范。本课题通过集成课题2至课题4构建的立体监测、预测预警、精细模拟、分洪演进、动态调度、综合应对等技术和模型,重点研发关键技术五"智能网格洪水预报预警决策支持系统技术",构建全链条一体化的超标准洪水决策支持系统,并在湘江流域浏阳河等重点防洪地区示范应用,显著提升流域超标准洪水综合应对技术水平和抗灾减灾能力。

2.2 课题内容

2.2.1 洞庭湖水系变化环境下极端水文气象事件演变规律及致灾机制

2.2.1.1 课题研究目标

建立洞庭湖水系超标准洪水洪涝灾害数据库,分析洞庭湖水系变化环境下极端水文气象事件特征及其时空演变规律,辨析洞庭湖水系变化环境下对流域洪水产汇流过程影响,评估流域超标准洪水孕灾环境和致灾因子变化特征,评价洞庭湖水系变化环境下对流域防洪安全影响,揭示流域超标准洪水致灾机制。

2.2.1.2 主要研究内容

专题1:流域超标准洪水洪涝灾害数据库。建立示范流域超标准洪水洪涝灾害数据库,并进行质量控制、均一化处理、空间插值和图解展示,包括示范流域 160 处水文气象站点中华人民共和国成立以来监测资料、所发生超标准洪水灾害资料。水文气象监测资料包括降水、河道水位流量、水库水位和出入库流量、分洪溃口流量、蒸发量、土壤水含量等;超标准洪水灾害资料包括洪涝灾害发生时间、受灾地区、雨涝程度、降水量、死亡人数、受伤人数、倒塌房屋、经济损失、灾情描述等。研发基于 WebGIS 流域超标准洪水洪涝灾害数据库管理系统,为本书提供基础数据支撑。

专题 2:洞庭湖水系气候变化下极端水文气象事件特征及其时空演变规律。基于气候与水文长期台站观测、IPCC AR5 未来 50 年气候模式预估资料及洪涝灾害资料,分析引发流域超标准洪水的极端水文气象事件,揭示洞庭湖水系气候变化下降水、蒸发和径流等水循环要素的时空演变规律;推求洞庭湖水系不同历时暴雨概率函数参数,分析计算引发超标准洪水的大范围、长历时、高强度的暴雨雨型;基于典型超标准洪水的历史连续降水序列资料和所推求的致洪暴雨雨型,预估气候变化下未来超标准洪水水文情景,为超标准洪水预报预警、精细模拟和动态调度等模型提供输入水文情景条件。

专题 3:洞庭湖水系变化环境下流域洪水产汇流过程影响及致灾因子。基于高精度、长系列遥感数据和土地利用调查资料,分析示范流域下垫面土地利用和植被覆盖变化特征,揭示示范流域下垫面变化过程及演变规律;结合长系列水文气象观测数据和再分析资料,分析气候变化和人类活动对流域洪水产汇流过程的影响,揭示洞庭湖水系流域下垫面变化等对产汇流过程影响机制;通过流域洪涝事件发生的天气背景、地形特征、水利工程等调研分析,明晰流域超标准洪水的致灾因子,辨识流域洪涝灾害高风险区。

2.2.1.3　拟解决的重大科学问题或关键技术问题

1. 洞庭湖水系极端水文气象事件特征及其时空演变规律

揭示洞庭湖水系气候变化下极端水文气象事件降水强度、历时和重现期的暴雨特征,分析计算引发超标准洪水的大范围、长历时、高强度的暴雨雨型及其时空演变规律,预估气候变化下未来超标准洪水水文情景。

2. 洞庭湖水系变化环境下流域产汇流机制及其演变规律

辨析洞庭湖水系变化环境下流域洪水产汇流过程影响,揭示流域洪涝灾害致灾因子、驱动机制及致灾机制,为改进洪水预报及洪水风险管理提供理论依据。

2.2.2　超标准洪水立体监测及多源信息融合

2.2.2.1　课题研究目标

应用卫星遥感、无人机倾斜摄影等先进空间监测技术,融合地面监测站网,研究超标准洪水淹没范围及淹没深度立体监测方法;利用无人机倾斜测量技术,研发洪泛区识别合同提取测量技术;基于时间和空间尺度融合方法,研究立体监测和地面监测等多源信息融合;满足超标准洪水精细模拟和综合应对需求,构建天空地一体化的超标准洪水立体监测体系。

2.2.2.2　主要研究内容

专题 1:超标准洪水洪泛区立体监测技术。综合运用天基、空基和地基测量手段和技术,开展流域超标准洪水洪泛区淹没范围和淹没深度精细化监测技术,提高湖南超标准洪水洪泛区立体监测水平。解析卫星、无人机等数据源在空间和频次等监测条件,提出多源协同立体监测模式,开发天空监测动态优化技术;研究超标准洪水洪泛区的淹没范围、分洪溃口、水毁工程等水体边界关键要素的快速提取技术;结合高分辨率数字地形和水下地形资料,分析反演洪泛区精细网格水深及水量要素;研究基于卫星、无人机与地面 GPS 测量的分洪溃口快速发现与动态跟踪技术,实现分洪溃口识别与发展过程动态监测。

专题 2:多源监测信息融合技术。基于超标准洪水立体监测和常规地面监测的多源监测信息,开展数据级、模型级、产品级的三级信息融合,满足数据存储、模型应用和平台展示的业务需求,提出多源监测信息融合技术。基于遥感淹没范围和高精度 DEM 相互叠加分析,计算网格水深及洪量的时序过程;基于立体监测的动态影像数据,研究基于 ESTARFM 融合方法的多源时空尺度影像融合与时间序列重构技术,实现超标准洪水洪泛区时空精细化提取,满足超标准洪水预报模拟和风险评估业务需求。

专题 3:超标准洪水立体监测技术集成与示范应用。综合运用软件工程技术、通信技术、GIS 和遥感技术,对超标准洪水洪泛区立体监测技术、多源监测信息融合技术进行综合集成,结合常规地面监测,建设集天基、空基、地基于一体的超标准洪水立体监测系统。开展多源、多类型数据快速存储与检索技术的研究,以提高超标准洪水大数据的接收、处理和服务能力。基于超级计算机云计算系统,开发和测试超标准洪水天空地一体化立体监测系统,确保 30 min 内提供监测成果。

2.2.2.3 拟解决的重大科学问题或关键技术问题

1. 超标准洪水淹没范围和淹没水深精细化监测技术

超标准洪水淹没范围和淹没水深是超标准洪水预报预警和综合应对的关键信息,具有大范围、时效强、精细化和高精度的监测要求。综合应用多源高分卫星和无人机遥感图像,结合地面机动监测和水文精细模拟,发展基于天基、空基和地基于一体化的超标准洪水立体监测技术。

2. 多源监测信息融合技术

多源卫星和无人机航测信息在空间分辨率、数据监测时间上具有时空不匹配问题,开展多源动态监测信息时空尺度融合及静态动态数据自动更新技术研究,并基于融合信息基础上,获取超标准洪水淹没范围、淹没水深的时序过程,确保监测信息高精度。采用 ESTARFM 融合方法、多时空尺度影像融合与时间序列重构技术,实现静态属性数据、动态影像数据、动态模型模拟数据等多时空尺度融合,满足超标准洪水预报模型和综合应对需求。

2.2.3 全流域网格洪水预报预警及精细模拟

2.2.3.1 研究目标

研究构建高时空分辨率流域网格分布式水文模型,实现全流域网格化预报预警及精细模拟。提出流域分布式水文模型网格参数优化方法,建立基于系统响应函数的洪水预报全息实时校正方法,采用混合构架的多核集群高性能并行计算技术,开发分布式气象-水文多尺度耦合模型系统,提高超标准洪水预报的准确性和时效性,提升超标准洪水的预报水平。

2.2.3.2　主要研究内容

专题 1:全流域网格预报预警与精细模拟技术。开发适用于大范围复杂下垫面特点的流域网格分布式水文模型。①基于水利普查工程数据库,提取复杂下垫面精细信息,研究复杂下垫面地物、水利工程概化方法,定量描述下垫面的特征及水利工程的影响;②基于 30 m 分辨率 DEM 划分的 5 km×5 km 精细网格,构建适用于复杂下垫面特征的高分辨率的流域分布式水文模型,提出分布式水文模型参数提取、识别和标定方法,实现面向精细网格、干支流的超标准洪水全流域网格化预报预警与精细化模拟;③基于精细化网格和流域模拟成果,面向下游一维河道水动力模型和二维地表水动力模型的耦合集成应用,建立可任意设置、自动提取模型模拟时序流量的过程,为精准地模拟全流域洪水时空演进提供技术支撑,实现全流域水位流量分布式网格化动态精细化模拟和预报。

专题 2:分布式模型参数优化和全息实时校正技术。开发流域分布式模型全息实时校正技术,提高模型模拟精度。①在参数灵敏度分析的基础上,研究适用于复杂下垫面的分布式水文模型参数率定方法,基于遥感观测的土壤含水量和蒸散发等具有空间分布的水文变量信息,研究分布式水文模型的多目标参数优化算法,提出分布式水文模型参数空间网格化修正方法,以达到优化模型结构,降低洪水模拟和预报结果不确定性的目的;②利用土壤含水量和流量等天空地一体化立体监测数据,研制基于多水文气象变量融合同化的状态变量实时校正方法,建立基于河道汇流响应函数的流量误差校正方法,实现点尺度实测流量到空间网格尺度数据的实时校正,提出基于产流误差修正模型、等效水位修正方法的交互式洪水全息实时校正技术,提高分布式水文模型对超标准洪水模拟精度。

专题 3:水文模型云计算技术。开发水文模型云计算技术,提高模型运算速度,确保 30 min 内完成大范围、长历时、精细化的流域模拟计算。①针对精细化模拟与预报计算效率难题,采用混合构架的多核集群高性能并行计算技术,开发分布式气象-水文多尺度耦合模型系统,进行多节点数据与计算的同步处理,提高预报信息的准确性和时效性;②研究多源监测数据分布式存储技术、共享智能分析技术、大数据管理技术和跨平台多终端分级授权管理技术,构建基于微服务的高可伸缩性、通用性及按需服务的专业模型库,实现对不同流域信息的调用;③研究面向开放网络环境的监测云服务模型与灵活的服务协同机制,研发基于云服务的超标准洪水预报预警云计算平台,提高洪水预报信息高时空分辨率实时动态分析效率。

2.2.3.3　拟解决的重大科学问题或关键技术问题

1. 全流域网格多尺度预报与精细化模拟技术

下垫面的复杂性是制约洞庭湖水系变化环境下流域超标准洪水难以准确预报的主要因素。研究复杂下垫面精细网格信息提取方法,实现精细网格、干支流的超标准洪水全流域网格预报预警与精细模拟,为精准地模拟全流域洪水时空演进提供技术支撑,提出分布式水文模型网格参数优化方法,建立基于系统响应函数的洪水预报全息实时校正方法,实现复杂下垫面超标准洪水全流域网格化预报预警与精细模拟,示范流域洪水预报精度提高。

2. 水文模型云计算技术

针对精细化模拟与预报计算效率的难题,本书采用混合构架的多核集群高性能并行计算技术,开发分布式气象-水文多尺度耦合模型系统,构建基于微服务的高可伸缩性、通用性及按需服务的专业模型库,实现对不同流域信息的调用,研发基于云服务的水文模型云计算平台,提高洪水预报信息的准确性和时效性,实现洪水预警预报制作时间缩短到2 h以内的目的。

2.2.4　超标准洪水应急分洪及动态联合调度

2.2.4.1　研究目标

研发通用应急分洪溃口洪水演进模型,提高应急事件快速分析计算能力;基于水文、水动力学方法和高速计算技术,研发超标准洪水一维河网水动力模型和二维地表水动力模型,研究水库群、蓄滞洪区、河道堤防及应急分洪等复杂边界条件下的动态联合调度技术,基于云计算技术,集成气象、水文和水动力等模型耦合,研发水利工程动态联合调度系统,提高超标准洪水精细模拟和动态调度的能力。

2.2.4.2　主要研究内容

专题1:超标准洪水精细化水动力学模型。开发适用于超标准洪水精细化水动力学模拟模型。主要包括几个方面:①研发应急分洪溃口洪水演进模型。基于分洪溃口计算理论及实际观测资料,提出分洪溃发洪水演进模型,可模拟任意溃口断面、任意溃决时态和任意溃口比例等分洪溃口模式,分析计算分洪溃口断面水位、流量、流速、断面变化等网格化信息,应用于防洪溃口的快速评估计算。②构建一维河网水动力学模拟模型。针对河网复杂或特殊的地表构筑物(如水坝、桥梁等),提出相适应的概化计算方法,采用水动力学方法研发具备模拟复杂水利工程调度能力的一维河网模拟模型,实现对平原区河网超标准洪水的精细化模拟。③构建二维地表水动力学模型。针对洪泛区和蓄滞洪区特定的地形地貌情况以及复杂特殊的地表构筑物(如高速公路、房屋建筑等),提出相适应的概化计算方法,采用高分辨率数字地形研发二维地表水动力学模型,实现对洪泛区洪水的精细模拟。④构建一维河网模型和二维地表水动力模型的耦合技术,针对现有简单采用堰流公式来进行一二维水动力学模型耦合的方式存在流量系数确定困难等问题,提出新的耦合计算分析公式或者方法,实现一维河道模型和二维地表水动力模型的耦合计算,更为精准地模拟计算河道与洪泛区的交互作用。

专题2:水利工程动态联合调度模型。构建水利工程动态联合调度模型,满足流域超标准洪水时水库群、蓄滞洪区、河道堤防和应急分洪等复杂边界条件下的联合调度应用。具体主要包括几个方面:①构建流域超标准洪水调度指标体系。基于流域防御洪水方案和水库调度方案,结合灾害风险评估指标,构建示范流域防洪调度指标体系,用于规范指导水利工程联合调度。②构建水利工程动态联合调度模型。针对超标准洪水长距离、大范围、多区域、多工程等联合防洪调度需求,综合水利工程防洪标准、超标准洪水组合规律、梯级水库群调度方案等因素,建立水力学模型驱动水利工程动态联合调度模型,实现流域各防洪控制断面洪水时空变化规律的精确描述。③构建超标准洪水风险评估动态调度技术。针对超标准洪水下灾害风险评估调度、应急防洪溃口动态调度的需求,提出流域联合运行多目标调度风险分析和多属性风险决策方法,形成了基于多规则协同的水利工程动态调度技术。

专题3:超标准洪水一体化精细模拟和动态调度系统。建立超标准洪水一体化精细化模拟模型,主要包括:①研究分布式水文模型、分洪溃口洪水演进模型、一维河网水动力模型和二维地表水动力模型的耦合技术,针对现有耦合技术的缺陷,提出更适用于超标准洪水特点现状的耦合模式,实现超标准洪水全流域网格化精细化耦合集成,更为精准、高效地模拟计算超标准洪水流域、河道、洪泛区等复杂水流交互情况。②整合上述各专题的模型和技术,完成气象-水文-水动力一体化精细模拟和动态调度系统,以监测和预报的降水、河湖水位流量等数据为边界条件,采用实际案例检验所开发完成的超标准洪水一体化精细模拟和动态调度模型的稳定性、计算效率和计算精度。

2.2.4.3　拟解决的重大科学问题或关键技术问题

1. 多模拟模型耦合技术

分洪溃口洪水演进模型、一维河网水动力模型和二维地表水水动力模型、水利工程动态调度模型均互为条件,具有各自模拟区域和对象,将其进行耦合运行满足流域超标准洪水全流域网格化精细模拟和动态调度的需求。特别是针对一二维水动力学模型耦合方法,拟提出新的基于时空尺度耦合计算分析公式或方法,实现多模型有机耦合集成,提高超标准洪水精细模拟精度。

2. 多目标动态调度技术

超标准洪水涉及水库群、蓄滞洪区、河道堤防及应急分洪等诸多调度对象,以及长距离、大范围的诸多调度目标,特别是基于灾害风险评估和应急分洪溃口等条件下,动态建模、多目标定量关系解析、联合调度对策是超标准洪水动态调度中的热点问题。开展水利工程多目标动态建模、高维度多尺度求解技术研究,突破目标优化与计算效率的约束,实现超标准洪水高效调度计算。

2.2.5　智能网格洪水预报预警决策支持系统与集成示范

2.2.5.1　课题研究目标

研发智能网格洪水预报预警决策支持系统是项目总目标。在技术上,研究动态监测信息的实时应用技术,研发云计算及大数据可视化等智能分析技术,研发多模型、多方案、多应用等集成技术。在应用上,构建集实时监测、预报预警、精细模拟、分洪演进、动态调度和综合应对等专业模型,研制具有自主知识产权的全链条一体化的智能网格洪水预报预警决策支持系统,在湘江流域浏阳河等防洪重点地区开展示范应用,洪水预报预警制作时间缩短到2 h以内,预见期增长到72 h以上,预报精度提高5%以上,洪涝灾害应急处置响应时间缩短到6 h以内,减灾效益提高10%以上,成果纳入湖南防汛指挥系统,为超标准洪水综合应对提供科技支撑。

2.2.5.2　主要研究内容

专题1:智能网格洪水预报预警决策支持系统研发。基于示范单位实时雨水情数据库及超标准洪水灾害数据库,开展立体监测数据和中国气象局数值降雨预报数据的接入和存储处理,实现超标准洪水研究数据的集中存储管理。统一制定基础数据存储方式、专业模型接口、系统模块信息交换、模块开发统一要求等标准,实现各课题研制的模型模块、数据处理模块、成果展示模块、控制模块、子系统的无缝集成,集成实时监测、预报预警、精细模拟、分洪演进、动态调度和综合应对等专业模型，研制具有自主知识产权的智能网格洪水预报预警决策支持系统，实现洪涝灾害应急处置响应时间缩短到 6 h 以内的总体目标。

专题 2：智能网格洪水预报预警决策支持系统示范。湘江流域浏阳河水系防洪标准低，经常发生超标准洪水。开展两个水系流域野外查勘，收集长系列水文气象、土地利用、道路、城镇建成区、河流水系、工程调蓄等重要基础信息，构建标准化的灾害数据库系统。基于自主研发的超标准洪水决策支持系统，构建示范区流域分布式水文模型、水库群联合调度模型、干流一维水动力模型、下游回水区二维水动力模型，开展模型率定和验证。结合高分辨率数值地形，制作两水系周边超标准洪水灾害风险区区划图，提出流域超标准洪水综合应对措施，满足湖南省防汛抗旱指挥系统软硬件运行环境条件和业务系统的嵌入需求，在湖南湘江流域超标准洪水综合应对工作中示范应用。

2.2.5.3 拟解决的重大科学问题或关键技术问题

1. 智能网格洪水预报预警决策支持系统构建技术

智能网格洪水预报预警决策支持系统是超标准洪水灾害综合管理和应急响应的关键。研究决策支持系统的集成体系，开发数据处理、成果可视化、总控系统等模块，集成流域分布式水文模型、水文-水动力学耦合模型、工程动态调度模型，开发超标准洪水全链条一体化的智能网格洪水预报模拟调度系统，构建集实时监测、预报预警、精细模拟、分洪演进、动态调度和综合应对为一体化超标准洪水决策支持系统。

2. 示范流域超标准洪水决策支持集成示范应用技术

遵循统一标准开发示范流域智能网格洪水预报预警决策支持系统，根据示范流域的特殊需求，实时增加区域适用模型，定制开发示范流域超标准洪水决策支持系统，大大增强系统对湖南示范流域的适应性，满足示范流域现有防汛抗旱指挥系统软硬件运行环境条件和业务系统的嵌入需求，实现与实际工作环境的无缝衔接。

第 3 章　示范区域及研究对象

3.1　示范区域

本书选择湘江支流浏阳河为研究示范区域。浏阳河是湘江一级支流，全长 234.8 km，流域面积 4 665 km^2。浏阳河支流主要是大溪、小溪，分别发源于大围山北麓及南坡。两溪在浏阳城东面 10 km 处汇合，始称浏阳河。浏阳河干流向西而流，流经浏阳市、长沙县全境，进入长沙城区，注入湘江。浏阳河上游为高坪乡双江口河段，中游为双江口至镇头市河段，下游从镇头市起始，在长沙市的陈家屋场注入湘江。

浏阳河水系见图 3-1。

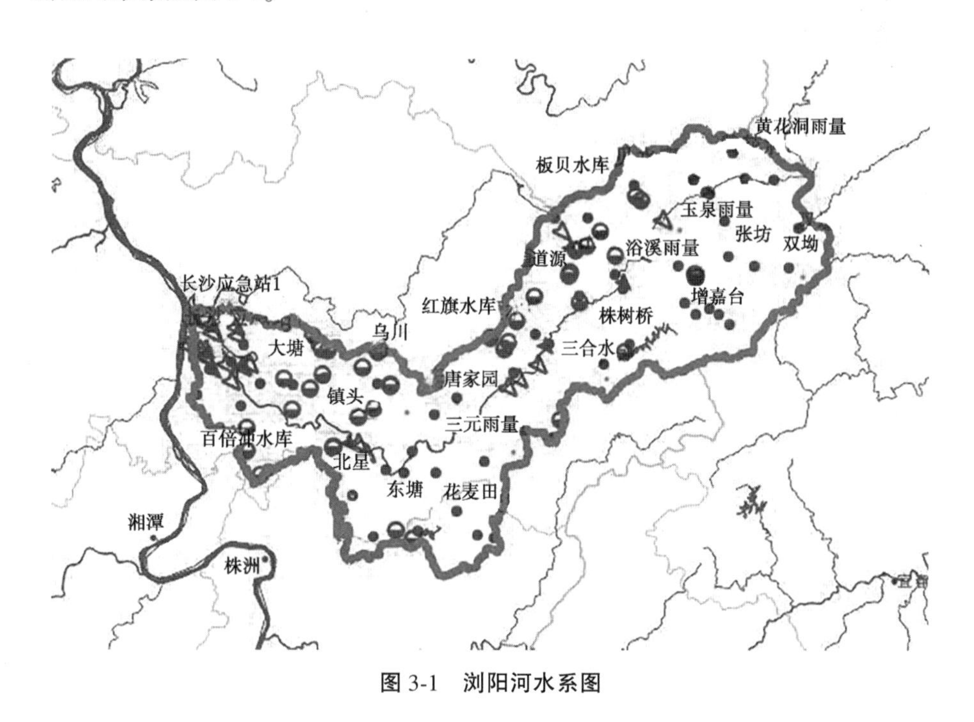

图 3-1　浏阳河水系图

3.2　水文站网

本流域现有站类齐全、布设合理的水文站网，各类水文站网 123 处，其中水库站 38 处、水文站 7 处、水位站 22 处、雨量站 56 处。示范区域站网分布见表 3-1。

表 3-1　浏阳河流域站网分布

序号	站名	站码	站类	经度/(°)	纬度/(°)
1	乌川	61115720	水库站	113.373 333 0	28.128 889 0
2	株树桥	61140470	水库站	113.841 667 0	28.185 556 0
3	官庄	61140750	水库站	113.416 667 0	27.866 667 0
4	乌川水库	611H1832	水库站	113.373 000 0	28.129 000 0
5	东庄水库	611H1846	水库站	113.309 000 0	28.074 000 0
6	金甲水库	611H1847	水库站	113.350 000 0	28.186 000 0
7	百倍冲水库	611H1848	水库站	113.116 000 0	27.976 000 0
8	鸭巢冲水库	611H1849	水库站	113.087 000 0	28.017 000 0
9	黄金冲水库	611H1869	水库站	113.088 000 0	28.054 000 0
10	峡江水库	611H1871	水库站	113.341 111 0	28.088 889 0
11	过塘冲水库	611H1872	水库站	113.318 000 0	28.160 000 0
12	朱塘水库	611H1886	水库站	113.240 000 0	28.147 000 0
13	许塘水库	611H1888	水库站	113.213 000 0	28.122 000 0
14	谷塘水库	611H1892	水库站	113.235 000 0	28.191 111 0
15	蛟塘水库	611H1893	水库站	113.220 000 0	28.211 944 0
16	东塘水库	611H1894	水库站	113.251 111 0	28.188 056 0
17	榨山塘水库	611H1895	水库站	113.162 000 0	28.139 000 0
18	林塘水库	611H1896	水库站	113.178 000 0	28.086 000 0
19	金鸡水库	611H2001	水库站	113.980 000 0	28.320 000 0
20	宝盖洞水库	611H2005	水库站	113.741 111 0	28.361 111 0
21	仙人造水库	611H2010	水库站	113.261 111 0	28.021 111 0
22	大源冲水库	611H2011	水库站	113.750 000 0	28.270 000 0
23	道吾山水库	611H2012	水库站	113.570 000 0	28.210 000 0
24	红旗水库	611H2013	水库站	113.600 000 0	28.190 000 0
25	樟槽水库	611H2017	水库站	113.710 000 0	28.070 000 0
26	梅田湖水库	611H2025	水库站	113.731 111 0	28.321 111 0
27	板贝水库	611H2027	水库站	113.861 000 0	28.451 000 0
28	富岭水库	611H2031	水库站	113.820 000 0	28.350 000 0
29	道源	611K2003	水库站	113.660 000 0	28.279 722 0
30	郭家冲	611K2005	水库站	113.763 056 0	28.366 722 0
31	梅田	611K2006	水库站	113.728 056 0	28.315 833 0

续表 3-1

序号	站名	站码	站类	经度/(°)	纬度/(°)
32	板贝	611K2007	水库站	113.873 806 0	28.443 472 0
33	杨溪皂	611K2009	水库站	113.624 167 0	28.240 278 0
34	峡山	611K2014	水库站	113.384 028 0	27.881 111 0
35	仙人造	611K2019	水库站	113.261 111 0	28.023 611 0
36	富岭	611K2024	水库站	113.791 667 0	28.391 389 0
37	金鸡	611K2032	水库站	113.982 833 0	28.313 611 0
38	五里溪水库(二)	613F2011	水库站	113.605 800 0	28.202 400 0
39	炉前	61115000	水位站	113.715 833 0	28.395 833 0
40	达浒	61139950	水位站	113.920 556 0	28.415 278 0
41	镇头	611E2820	水位站	113.329 167 0	28.015 833 0
42	芙蓉	611F1805	水位站	113.020 833 0	28.221 500 0
43	风光桥	611F2004	水位站	113.632 417 0	28.145 361 0
44	敢胜垸	611H1833	水位站	113.096 000 0	28.169 000 0
45	官渡河道	611H2021	水位站	113.880 000 0	28.360 000 0
46	大栗坪河河道	611H2022	水位站	113.610 000 0	28.130 000 0
47	城区站	611H2023	水位站	113.670 000 0	28.170 000 0
48	镇头雨量	611H2032	水位站	113.313 056 0	28.033 056 0
49	长沙大道(涝)	611N1800	水位站	113.049 806 0	28.168 611 0
50	香樟东路(涝)	611N1801	水位站	113.061 500 0	28.140 306 0
51	朝阳路口(涝)	611N1802	水位站	113.007 000 0	28.194 000 0
52	八一路省委路口(涝)	611N1803	水位站	112.997 111 0	28.194 000 0
53	高家坡(涝)	611N1804	水位站	113.070 444 0	28.217 278 0
54	毛家桥(涝)	611N1805	水位站	113.019 611 0	28.235 500 0
55	万达广场(涝)	611N1806	水位站	112.971 194 0	28.200 500 0
56	星沙收费站(涝)	611N1810	水位站	113.067 389 0	28.230 806 0
57	长沙应急站 1	611Y0001	水位站	113.082 000 0	28.163 000 0
58	应急站 1	612Y0001	水位站	113.007 490 0	28.182 076 0
59	应急站 2	612Y0002	水位站	113.007 490 0	28.182 076 0
60	应急站 3	612Y0003	水位站	113.007 490 0	28.182 076 0
61	双江口	61114400	水文站	113.683 333 0	28.200 000 0
62	榔梨	61114700	水文站	113.083 333 0	28.166 667 0

续表 3-1

序号	站名	站码	站类	经度/(°)	纬度/(°)
63	清水	61115200	水文站	113.733 333 0	28.366 667 0
64	沿溪	611E2785	水文站	113.840 278 0	28.309 167 0
65	圭塘	611E2822	水文站	113.023 333 0	28.156 389 0
66	三角洲	611F1804	水文站	112.988 167 0	28.242 250 0
67	金牌	611F2003	水文站	113.294 556 0	28.033 389 0
68	东塘	61134260	雨量站	113.429 167 0	27.881 111 0
69	白沙	61139850	雨量站	114.083 333 0	28.483 333 0
70	大光	61140000	雨量站	113.766 667 0	28.416 667 0
71	光明	61140050	雨量站	113.950 000 0	28.333 333 0
72	古港	61140100	雨量站	113.750 000 0	28.283 333 0
73	寒婆坳	61140150	雨量站	113.700 000 0	28.416 667 0
74	张坊	61140400	雨量站	114.100 000 0	28.333 333 0
75	增嘉台	61140420	雨量站	113.983 333 0	28.250 000 0
76	石湾	61140500	雨量站	113.800 000 0	28.166 667 0
77	樟槽水库	61140660	雨量站	113.696 389 0	28.039 722 0
78	幸福	61140680	雨量站	113.504 722 0	28.108 333 0
79	目莲渡	61140700	雨量站	113.416 667 0	28.016 667 0
80	花麦田	61140800	雨量站	113.580 500 0	27.868 083 0
81	江背	61140900	雨量站	113.350 000 0	28.133 333 0
82	淮川	61140920	雨量站	113.618 056 0	28.150 833 0
83	嵩山	61140950	雨量站	113.133 333 0	27.983 333 0
84	同升湖	61140960	雨量站	113.077 222 0	28.093 889 0
85	黄兴	61140980	雨量站	113.115 278 0	28.133 056 0
86	树木岭	61141020	雨量站	113.012 500 0	28.155 833 0
87	黄花	61141702	雨量站	113.166 944 0	28.228 333 0
88	中塅水库	611E8880	雨量站	113.977 222 0	28.480 556 0
89	太平坳	611E8890	雨量站	114.044 167 0	28.475 556 0
90	中岳	611E8900	雨量站	113.977 222 0	28.479 722 0
91	探花	611E8920	雨量站	114.009 444 0	28.457 222 0
92	金坑	611E8940	雨量站	113.860 833 0	28.471 944 0
93	天心区政府	611E8970	雨量站	112.990 000 0	28.112 22 20

续表 3-1

序号	站名	站码	站类	经度/(°)	纬度/(°)
94	双溪	611E8990	雨量站	114. 190 000 0	28. 398 889 0
95	小河	611E9010	雨量站	114. 051 389 0	28. 233 056 0
96	普迹	611E9050	雨量站	113. 464 444 0	27. 980 000 0
97	唐家冲	611E9070	雨量站	113. 365 278 0	27. 985 833 0
98	北星	611E9080	雨量站	113. 298 889 0	27. 941 667 0
99	大塘	611E9110	雨量站	113. 182 222 0	28. 130 556 0
100	干杉	611E9120	雨量站	113. 244 167 0	28. 141 389 0
101	泉塘	611E9160	雨量站	113. 660 556 0	28. 216 667 0
102	东岸垸	611E9225	雨量站	113. 081 667 0	28. 198 611 0
103	李家山	611E9240	雨量站	113. 058 889 0	28. 168 333 0
104	福安垸	611E9260	雨量站	112. 986 111 0	28. 255 833 0
105	小阳坑	611G9825	雨量站	113. 546 389 0	27. 872 500 0
106	潭塘	611G9830	雨量站	113. 504 722 0	27. 913 611 0
107	三元	611H9680	雨量站	113. 560 000 0	28. 000 000 0
108	普迹	611H9681	雨量站	113. 400 000 0	27. 980 000 0
109	石灰嘴	611H9682	雨量站	113. 340 000 0	27. 870 000 0
110	马家湾	611H9683	雨量站	113. 460 000 0	28. 080 000 0
111	双江口	611H9684	雨量站	113. 690 000 0	28. 200 000 0
112	田心	611H9685	雨量站	114. 030 000 0	28. 250 000 0
113	荷塘	611H9686	雨量站	114. 010 000 0	28. 260 000 0
114	蒋埠江	611H9687	雨量站	113. 960 000 0	28. 270 000 0
115	永和	611H9688	雨量站	113. 838 056 0	28. 293 889 0
116	守和	611H9689	雨量站	114. 050 000 0	28. 350 000 0
117	虎坳	611H9691	雨量站	114. 170 000 0	28. 330 000 0
118	黄花洞	611H9692	雨量站	114. 140 000 0	28. 480 000 0
119	楚东	611H9693	雨量站	114. 001 111 0	28. 458 889 0
120	上坪	611H9694	雨量站	114. 056 111 0	28. 526 111 0
121	玉泉	611H9695	雨量站	114. 040 000 0	28. 410 000 0
122	沿溪	611H9696	雨量站	113. 820 000 0	28. 320 000 0
123	株树村	611H9697	雨量站	113. 850 000 0	28. 200 000 0

3.3　研究对象

本研究项目将在示范区内开展以下研究工作：

(1)地理信息采集。在浏阳河下游曙光垸及金牌站至浏阳河口进行洪泛区和河道地理信息采集。

(2)洪水预报预警。对流域内10处水文站、9座水库的洪水过程预报。

(3)纳雨能力分析。对流域内9座水库纳雨能力分析计算。

(4)水库优化调度。对株树桥、板贝、道源、富临、梅田、仙人造等6座大中型水库优化调度研究。

(5)洪水演进模拟。对浏阳河下游干流长沙境内河段三维洪水演进。

第 4 章　变化环境下洞庭湖水系极端水文气象事件演变规律及致灾机制

4.1　研究背景与动态

4.1.1　研究背景及意义

近百年来，全球气候持续升高，海陆表面平均温度升高约 0.85 ℃，这种趋势在近 30 年更加显著。气温变暖将导致海陆热力差异发生改变，进而影响大尺度环流系统，引起降水空间分布的变化。此外，气温变暖将导致大气中的水汽含量增加，加速水循环过程，使极端降水频率增加。IPCC 第五次评估报告指出，在全球变暖的大背景下，全球水循环加速，全球范围内的多数陆地地区的极端降水事件频率和强度都呈现上升趋势。极端降水是产生超标准洪水的直接原因，极端水文气象事件的频发，导致超标准洪水引发的洪涝灾害问题日益突出，成为影响湖南省流域防洪安全的突出问题，也是制约湖南省经济社会发展的重要因素。因此，揭示洞庭湖水系变化环境下极端水文气象事件演变规律与致灾机制，全面认识超标准洪水及灾害变化的环境驱动因子，识别不同驱动因子对流域超标准洪水及灾害的驱动作用及定量化贡献，有助于提高对洞庭湖流域极端水文气象事件的预测，为有关部门防洪减灾提供科学的指导，对构建极端水文气象事件风险体系具有重要意义。

4.1.2　国内外现状及趋势分析

4.1.2.1　极端降水定义

极端降水事件通常被理解为超过某一限定阈值的降水事件。极端降水阈值的确定是研究极端降水的前提。目前，已有许多研究者对极端降水阈值的确定进行研究与验证。相关研究方法主要有绝对阈值法、极端降水指数法和百分位定义法等。

为研究极端降水的变化趋势，气候变化检测和指标专家组（expert team on climate change detection monitoring and indices，ETCCDMI）定义了相应的极端降水指数，在国内外研究中得到了广泛应用。许建伟等应用 11 个极端降水指数研究 1960—2018 年洞庭湖生态经济区极端气温和降水事件的变化规律，发现复合高温热浪事件和夏季高温干旱事件在近 20 年发生的频次和持续事件都明显增加。雷享勇等将 11 个极端降水指数分为极端降水的强度、频率和持续性 3 个维度，以系统分析与检验极端降水的时空分布和非平稳性特征，研究结果表明，鄱阳湖流域极端降水强度和频率均呈现显著增加趋势。张卉等采用线性倾向估计法和集合经验模态分解法结合的方法将各类极端降水指数分解，得到极端降水指数的 3 个固有模态函数分量，以分析洞庭湖流域极端降水变化特征。Frich 等创造性地提出 6 个具有较高信噪比的指数，以反映极端降水的不同特征。Alexander 等应用 10 个极端降水指数分析 1951—2003 年全球极端降水的变化特征。

绝对阈值法是由世界气象组织委员会（CCl/WMO）推荐的根据绝对物理界限值定义

极端气候事件的方法。绝对阈值法主要是通过经验或者统计，将某一绝对值确定为极端事件的临界值。例如，根据降水的等级定义，日降水量达到或超过 50 mm 的降水事件称为暴雨。当指标值达到或超过该标准时，认为该值是极端值，所表征的事件为极端降水。我国通常采用 25 mm 和 50 mm 作为绝对阈值。此外，10 mm 的绝对阈值也通常被用在某些地区的极端降水研究中，Tao Yang 等采用 10 mm 的绝对阈值研究了 21 世纪青藏高原的极端降水变化规律。

百分位定义法是目前国内外最常用的极端降水阈值的定义方法，常用的百分位有第 90 个百分位、第 95 个百分位和第 99 个百分位。张智等将日最高气温大于 1952—2011 年的第 95 个百分位数值定义为极端高温阈值。覃鸿等将洞庭湖区 24 个站气候标准期内（1981—2010 年）历次过程降水的过程 1 d 最大降水量按降序排列，将第 1 个百分位值定义为对应指标的极端判别阈值。Jie Yin 等研究对比第 90 个百分位、第 95 个百分位和第 99 个百分位确定的极端降水阈值，发现第 90 个百分位和第 95 个百分位法确定的极端降水阈值大小接近，而由第 99 个百分位确定的极端降水阈值远大于第 90 个百分位和第 95 个百分位确定的极端阈值。

4.1.2.2　极端降水时空分布特征研究

极端降水时空分布特征研究，主要分为时间变化趋势研究和空间分布规律研究。其中，时间变化趋势研究主要是以季、年等时间尺度研究极端降水在时间尺度上的变化规律；空间分布规律则可以从流域、地区大小等尺度研究不同地区、不同地理位置极端降水的分布规律。

1. 极端降水时间变化趋势

从极端降水的季节变化特征来看，陈金明等对长江流域上游的极端降水的时空分布进行研究，发现长江流域上游极端降水事件主要集中在 7 月上旬，流域中下游极端降水事件则主要集中在 5 月中旬至 6 月下旬。宁亮等对我国 1961—2003 年极端降水的季节变化特征进行分析，指出西北地区各个季节的极端降水都呈现出增加趋势，华北地区各个季节极端降水都呈现减少趋势。此外，在夏季和冬季长江中下游流域极端降水呈现增加趋势。陈海山等对 1958—2007 年我国极端降水进行研究，发现我国极端降水不仅存在较大的纬度差异，还存在明显的季节性差异。长江中下游地区夏季极端降水呈现显著的增长趋势，但西北地区和北方地区极端降水则表现为减少趋势或无显著变化；除了北方小部分地区，全国平均降水和极端降水在冬季都呈现增加趋势；西南地区春季极端降水有所增加；东部地区秋季极端降水呈现减少趋势，而新疆和内蒙古西部极端降水多为增加趋势。邹用昌等对我国极端降水的季节变化特征进行研究，结果表明，我国各地区极端降水存在明显的季节分布差异，其中极端降水频发于夏季，在长江中下游地区、西北地区和西南地区西部都呈现增加趋势而在华北地区呈现减少趋势。

从极端降水的年际变化来看，Alexander 等对全球 1951—2003 年极端降水的变化特征进行研究，发现自 1951 年以来，全球大部分地区尤其是北半球的中纬度地区的极端降水呈增加趋势。Milly 等研究发现，20 世纪北半球大陆中高纬度地区极端降水事件的频率呈现减少趋势。Crimp 等采用中尺度数值模拟和优化的拉格朗日轨迹分析，对南非 1996 年 2 月 11—26 日的极端降水事件进行研究，发现欧洲 21 世纪末的冬季极端降水在 45°N 以北地区增加。王小玲等对 1957—2004 年我国不同量级降水的变化趋势特征进行研究,发现降水量的变化主要是由强降水量的变化引起的,频率的趋势变化在各强度级别均有体现。对第 90 个百分位以上的极端降水而言,华东、西南、西北西部和青藏高原频率呈现增加趋势,强度也呈增加趋势。武文博等指出,大部分极端降水指数在我国西北和长江中下游地区以及东南沿海和华南大部分地区均呈现增加趋势,而在华北地区呈减少趋势。王志福等对我国 1951—2004 年的持续性极端降水的时空分布特征进行探究,发现全国大部分地区持续 1 d 的极端事件频率有所增加,而持续 2 d 及以上的极端事件则在长江流域、江南地区和青藏高原东部显著增加,而在华北地区和西南地区减少。何书樵等研究发现,1960—2011 年长江中下游地区降水强度呈微弱下降趋势,日最大降水、中雨天数、大雨天数均呈上升趋势。李淼等用小波分析对北京地区近 300 年的降水变化进行了研究,发现北京年降水量呈增大趋势,但这种趋势并不显著。张婷等对华南地区夏季极端降水的概率分布特征进行了研究,结果表明华南地区年降水量在 1992 年经历了一次由减少到增加趋势的突变。张晓等对近 45 年青海省极端降水时空变化趋势进行研究,发现 20 世纪 90 年代青海省年际降水以减少为主,但该地区大降水次数却在增加。张剑明等分析湖南 88 个地面气象站点逐日降水资料,发现在过去 50 年,湖南的极端降水事件增多,强度增大。

从极端降水的周期特征来看,全球范围内的极端降水具有明显的周期特点。日本极端降水发生频率存在 2~3 a 和 5~13 a 尺度的周期变化。西南地区季风期与年极端降水存在 27 a、15 a 和 7 a 时间尺度上的振荡周期,非季风期的振荡周期为 27 a 和 12 a。张卉等对洞庭湖流域极端降水进行研究,发现洞庭湖流域极端降水指数具有 3~6 a、8~15 a 和 21~27 a 等 3 个时间尺度的准周期。

2. 极端降水空间分布规律

从极端降水的空间分布规律来看,我国极端降水的空间分布规律与年降水量的空间分布规律呈现相似的变化特征,主要表现为:极端降水量从东南沿海向西北内陆递减。孔锋等提出,我国总降雨、总暴雨和短历时暴雨从东南沿海向西北内陆依次呈“增—减—增”的分布特征,而长历时暴雨则呈现出“增—减”的分布特征。杨金虎等基于我国 314 个观测站 1955—2004 年逐日降水资料,利用百分阈值法对我国极端降水事件的时空分布进行探讨,发现极端降水事件在东北地区、西北地区的东部地区和华北地区表现为减少趋势,而在西北地区的西部、长江中下游地区、华南地区及青藏高原地区表现为增加趋势。王志福等指出我国极端降水事件多发生于 35°N 以南,特别是长江中下游、江南地区以及青藏高原东南部,且这些地区极端降水事件持续事件也较长。陆虹等对华南地区极端降水频次的时空变化特征进行研究,发现华南地区夏季极端降水阈值分布呈沿海到内陆逐渐减小的分布特征。贺振等研究发现,黄河流域年极端降水强度具有显著的空间差异,极端降水量在黄河流域西部、北部和西安周边地区呈不断增加的趋势。苏布达等研究发现,1960—2004 年长江流域极端强降水量的变化趋势存在空间差异性,流域上游中部的四川盆地强降水量显著减少,流域东南部和西南部显著增加,且在流域中下游地区极端强降水量、降水强度和日期显著增加。孙惠惠等对长江流域 1963—2015 的年降水和年极端降水量进行研究,发现长江流域上、下游年降水量和年极端降水量呈增长趋势,而中游则呈现减少趋势,而极端降水贡献率则呈普遍增加趋势。

4.1.2.3　极端降水影响机制研究进展

1. 不同大洋热力异常对极端降水的影响

我国气候在很大程度上受东亚季风的影响,季风主要是海陆热力差异随季节的变化形成的。在北半球夏季，大陆为热源，海洋为冷源，这种海陆热力差异的季节变化是季风产生的重要影响。因此，海洋热力状况的异常必然会通过影响海陆差异进而对季风产生影响。另外，相对于大气，海洋的质量和比热很大，海洋巨大的热惯性对大气的变化起着缓冲器和调节器的作用，对我国气候的年际和年代际变异具有重要的作用。在夏季，东亚夏季风向我国输送来自海洋上的暖湿空气，带来大量的水汽，对我国夏季降水和极端降水的形成具有重要的作用。因此，海洋热状况可以影响季风气流，对水汽输送产生影响，进而影响到我国的降水和极端降水，造成旱涝等气候灾害。

1）印度洋热力异常

1999年，Saji等、Webster等提出了印度洋偶极子的概念，研究认为偶极子通常会在秋季发展成熟，主要表现为正距平的热带西印度洋的海表温度，以及负距平的热带东南印度洋的海表温度。而海盆一致模态也是热带印度洋的另一个最主要的模态，具体表现为印度洋海温变化的全区一致性，通常在春季最强。同时，印度洋海温不仅表现出显著的长期增暖变化，而且还表现出了显著的年际变化和年代际变化，呈现出了印度洋海温复杂的多时间尺度变化，进而使得印度洋海温对周边的季风系统以及周边气候的影响也呈现出了复杂的多时间尺度变化。国内外学者做了许多关于印度洋异常海温与极端降水的关系的研究。基于大气环流模式试验，Chang等提出，当印度洋洋盆位置从西向东移动时，东北亚夏季降水与热带盆地海平面温度之间的线性关系减小。Wu等表明，自20世纪90年代初以来，赤道印度洋海表温度一直在增加，导致南海和菲律宾发生异常低层反气旋，进一步导致我国东南部夏季极端降水增加。Zhang等研究表明，印度洋南部海温异常影响东亚夏季风年代际变化，主要表现在我国东南部极端降水在20世纪70年代后期减少，而90年代初增加。南部印度洋的年代际冷却引发了异常的垂直翻转环流，导致热带西北太平洋上空的反气旋异常降低，这种环流异常导致了我国东南部地区水汽输送量的增加以及随后的极端降水量增加。胡玉恒等发现，4月我国华南地区的降水与前期印度洋海温之间存在明显的负相关关系；具体的物理机制分析表明，夏季印度洋关键海域的海表面温度的偏低，会导致次年春季西太平洋副热带高压明显减弱，与此同时，在中纬度区域存在较多的低值系统的活动，会使得南海海表面温度偏高，进一步使得东亚大陆到南海之间的温度梯度增大，最终导致南海水汽输送强烈，华南地区次年4月降水偏多。同时，有学者发现，冬季热带太平洋ENSO型的海温分布可以通过Walker环流影响到北印度洋的海温，从而使经向环流产生变化，改善春季青藏高原南部的降水异常使其感热也随之发生变化。Hu和Duan分别比较了印度洋海盆模态以及青藏高原热力作用对东亚气候的影响，认为两者是互相联系的，并且对东亚春夏季的环流及极端降水可以产生协同的影响。蒋贤玲等研究发现，热带印度洋夏季大气热源的主模态对我国东部极端降水的影响主要是通过影响对流层高、低层的环流造成的。另外，研究发现热带印度洋夏季大气热源的主模态时间系数存在明显的年代际变化、年际变化，相比于其年际变化对我国东部极端降水影响，年代际变化造成的影响更显著。有研究显示，长江中下游夏季旱年，春季南印度洋和南海海温异常偏冷。

2）太平洋热力异常

太平洋海温异常对我国气候的影响极其重要，主要海温异常表现在以下几个方面：

（1）厄尔尼诺/南方涛动。厄尔尼诺与发生在大气中的南方涛动现象存在着内在的联系，将二者统称为ENSO。厄尔尼诺可认为是ENSO的暖位相，冷位相称为拉尼娜。符淙斌等研究指出,厄尔尼诺主要是通过其相位影响着我国气候。后来的研究也表明,当厄尔尼诺处于发展年阶段时,会导致华南地区和华北地区夏季降水偏少,而江淮流域夏季降水偏多;厄尔尼诺年的冬季,我国东南部降水距平表现为正降水距平;而在厄尔尼诺年衰减的春末夏初,从我国华南到东北延伸到日本南部表现为正的异常降水。与此同时,有不少研究都表明,ENSO 循环对我国夏季极端降水有着显著的影响,具体的影响与 ENSO 循环所处的阶段有关。Huang 等研究发现,处于不同阶段的 ENSO 对我国夏季极端降水有不同的影响,具体表现为,当 ENSO 事件处于发展阶段时,黄河流域、华北地区和江南地区极端降水偏少,而江淮流域极端降水偏多;而当 ENSO 事件处于衰减阶段时,黄河流域、华北地区和江南地区、华南地区的极端降水可能会偏多,而江淮流域极端降水偏少。史久恩等研究发现,厄尔尼诺年长江流域下游、华南等地极端降水偏多。徐予红的灾害性气候过程诊断结果也揭示了厄尔尼诺年江淮流域是典型的涝年,拉尼娜年江淮流域是典型的旱年。

(2)太平洋年代际振荡。太平洋不仅存在异常强的年际信号,而且存在异常强的年代到年代际时间尺度上的气候异常强信号——太平洋年代际振荡(PDO)。研究发现,当PDO 处于暖位相期时,会引起东亚夏季风的减弱,西太平洋副热带高压的向南偏移,热带太平洋信风的减弱,赤道西风的增强,大气环流场的这些变化会导致长江中下游、华南南部、东北地区和西北地区的降水异常偏多,而华北地区的降水异常偏少。丁婷等的分析表明,对于东北地区夏季降水及相关环流型的年代际变化的影响机制方面,北太平洋年代际振荡对其存在重要的调剂作用,研究发现,在 1961—1983 年和 1984—1998 年,东北夏季降水同为降水偏少时段,与此同时,北太平洋年代际振荡均处于冷位相。而华南春季极端降水与 PDO 指数存在正相关关系,前期秋季的 PDO 指数与华南春季极端降水的正相关显著。同时,淮河流域 5—6 月极端降水异常与 6 个月之前的 PDO 指数存在显著的负相关关系,这表明,PDO 指数对淮河流域 5—6 月极端降水异常的年代际、年际变化具有明显的指示作用。

(3)西北太平洋海温。研究表明,西北太平洋夏季海面温度在 20 世纪 80 年代末存在明显的年代际变化,80 年代末的前期,西北太平洋海表面温度存在明显的负距平,具体表现为海表面温度偏冷;80 年代末的后期,西北太平洋海表面温度存在明显的正距平,具体表现为海表面温度偏暖。同时,研究表明我国 20 世纪 80 年代末之前与之后的夏季降水差值以及西北太平洋夏季海面温度 EOF1 的时间系数与我国夏季降水的相关系数,在我国东部的分布特征很相近,这说明我国夏季气候在 80 年代末的年代际转型与西北太平洋夏季海面温度在 80 年代末之后的升高有着非常密切的联系。我国夏季极端降水 EOF 的第二主模态(EOF2)表现为长江以南与江淮流域和华北的反向分布,在 20 世纪 80 年代末出现了明显的转型,即长江以南极端降水增多。

3)北大西洋热力异常

大西洋海温具有明显的长时间周期变化特征,这是因为在大西洋热盐环流(THC)十分明显。观测资料表明,大西洋年代际振荡对我国夏季气候具有影响。当大西洋年代际振荡处于正位相时,我国气温偏高,东部地区降水偏多。大西洋海温除大西洋年代际振荡这一典型的异常形式外,还具有其他异常形式,如前冬北大西洋三极型的海温异常,与周期为 12 a 左右的梅雨降水量和梅雨周期长度的年代际变化有关。北大西洋热盐环流减弱所产生的气候影响不仅局限于大西洋及周边地区,还会扩展到太平洋,通过海气相互作用引起整个亚洲季风的减弱,从而影响到亚洲季风区的降水量。

2. 平流层-对流层对极端降水的影响

在平流层-对流层相互作用的研究方面,Thompson 和 Wallace 的研究有着非常重要的推动性作用。他们提出,在北半球冬季海平面气压变化方面存在一个明显的环状模态,这一环状模态与对流层和平流层低层有很强的耦合,将这种环状模态称为北极涛动(Arctic Oscillation,AO)。

近几十年来,北极海冰的减少引起了气候放大反应机制,使得北极成为气候变化的一个重要的领域。北极涛动作为以逆时针环流北极地区的风为特征的气候变率的大尺度模式,由于其在北半球区域气候变化中的重要作用,也受到越来越多的关注。

一般来说,当北极涛动处于正相位时,北极地区循环风得到加强,导致整个北半球降水减少,气温升高。有诸多研究表明,北极涛动的状态与低纬度地区气候之间存在显著联系。冬季,处于正相位的北极涛动通常会造成我国东北部的负降水异常。北极涛动可通过南亚西风急流影响下游地区,如在北极涛动正相位年,孟加拉湾上空南支槽和南亚急流偏强,常伴随我国中南地区极端降水的增加。当北极涛动指数为正异常时,西太平洋副热带高压减弱,热带西太平洋有异常气旋式环流,南海地区偏南风减弱,南海大部分地区降水增多。Ju 等研究发现,在 20 世纪 70 年代末期,北极涛动处于正相位。当北极涛动处于正相位时,会导致东亚夏季风环流发生年代际减弱,从而导致我国东部夏季降水型发生了年代际变化。吕俊梅等研究发现,冬半年的北极涛动与长江流域夏季降水存在显著的正相关关系。从冬季到春季,正相位的北极涛动会导致亚洲大陆南部处于湿冷状态,而土壤湿度的记忆性可以将这种状态延续到夏季。而延续到夏季的亚洲大陆南部的湿冷状态会导致海陆热力对比减弱,从而导致东亚夏季风发生年代际减弱,进一步导致了长江流域的降水的年代际增多。以往的研究也揭示,长江流域夏季降水受春季北极涛动及东亚夏季风的强烈影响,北极涛动正相位时,降水减少。李崇银等研究发现,3 月的北极涛动会通过影响东亚地区夏季对流层大气的冷暖状况和环流,在长江中下游流域导致异常垂直运动辐散辐合形势,从而影响长江中下游地区的梅雨降水。

4.2 区域基本情况与研究方法

4.2.1 研究区域概况

4.2.1.1 地理位置

洞庭湖地理位置为东经 110°40′~113°10′、北纬 28°30′~30°20′,位于长江中段与长江连通,是我国第二大淡水湖,长江重要的分洪调蓄湖泊。洞庭湖盆地辖湖南省岳阳、益阳、常德、长沙市望城区 24 个县(市、区)和湖北省荆州市荆江南部的松滋、公安、石首 3 县(市),总面积 1.88 万 km^2,其中湖南 1.52 万 km^2,湖北 0.36 万 km^2。

4.2.1.2 地形地貌

洞庭湖区是燕山运动形成的断陷盆地,第四纪以来一直处于振荡式的负向运动中。

地势上,以洞庭湖为核心,向东、南、西三面由内向外依次分布着冲积平原、湖积平原、滨湖阶地、环湖低丘,外围有幕阜山、雪峰山、武陵山脉高耸突起,洞庭湖区呈向北敞口的马蹄盆地。洞庭盆地是指除大堤围限的洞庭湖外,还包括外围的垸田、洪道以及盆地周缘滨湖台地组成的低平区域,由河湖冲积物长期堆积而成,具有地表平坦、海拔多在 50 m 以下、地面坡度小于 5°等特征。

4.2.1.3 气候

洞庭湖位于长江中游,处于中亚热带向北亚热带的过渡地带。区内雨量充沛,多年平均降水量 1 390 mm,由外围山丘向内部平原减少,最大年降水量为 2 334 mm,最小年降水量 806 mm,降水量年内分布不均,有 62.3%集中在 4—8 月,多年平均以 5 月降水量最大,暴雨日多年平均 3~4 d,最大年份达 10~13 d,6 月暴雨最多,最大日暴雨量为 293.8 mm。区内多年平均年蒸发量为 1 270.5 mm,主要集中在 4—10 月。湖内季风盛行,6—9 月多为东北风,冬季为西北风,平均风速为 2.5 m/s,最大风速 29.0 m/s,年大风日数 10 d 以上。受全球气候变化的影响,洞庭湖形成了典型的流域小气候特征,夏秋季节湖水上涨已成渍涝灾害,平均 3~4 a 一次;冬春季节存在干旱现象,按无雨日连续 60~75 d 为气候干旱年,平均 3.3~7.5 a 一次。2003 年,三峡水库运行之后,干旱现象有加剧趋势,主要分布在安乡县、南县、华容县等湖区北部。

4.2.1.4 水资源

洞庭湖北接长江,南连湘江、资江、沅江、澧水,形成以洞庭湖为中心的辐射状水系结构,湖内水系复杂,河网分布密集,将洞庭湖分为东、南和西三个湖区。湖区除错综复杂的河网和湖泊外,还广泛分布着因长江和"四水"形成的肥沃平原。

根据城陵矶水文站 1956 年以来日水位实时监测数据统计,洞庭湖多年平均水位 25.34 m(吴淞基面),年内最大水位变幅为 16.07 m(1999 年),最小水位变幅为 8.78 m(2011 年);历年最高水位 35.94 m(1998 年 8 月 20 日),最低水位 17.06 m(1957 年 1 月 27 日),多年水位最大变幅达 17.98 m。这种大幅度的水位涨落,使得湖底宽缓平坦的洞庭湖具有湖水消落区广阔(占全湖的 75%以上)、洲滩面积变化大等特点。

4.2.2 研究区域资料

4.2.2.1 降水数据处理

研究区域为洞庭湖流域(见图 4-1),共收集 115 个气象站 1960—2020 年的逐日降水数据。通过分析站点间的相关性,将缺测数据站点进行数据插补。此外,由于极端降水的变化趋势对于错误的异常值非常敏感,因此在分析极端降水变化前,有必要对数据进行严格的数据质量控制,以确保气象站数据的可靠性。采用加拿大气象研究中心开发和维护的 RClimDex V1.9 软件进行数据质量控制,检查控制的目标主要包括负降水量值、非数字值、时间序列的完整性,并定义标准偏差的 3 倍为质量控制阈值,以检查日降水数据集中的错误异常值,该方法已被前人的研究证明是数据质量控制的有效方法。经过预处理和数据质量控制之后,消除了错误的异常值并补充了缺失值,最终筛选出流域内 108 个气象站点,用以研究洞庭湖流域极端降水事件的时空变化特征。

4.2.2.2 大尺度气候遥相关因子

结合以往的研究成果和区域大气环流背景,选择了 11 个大尺度气候遥相关因子,以研究洞庭湖流域极端降水与大尺度气候因子之间的遥相关作用。从美国国家海洋和大气

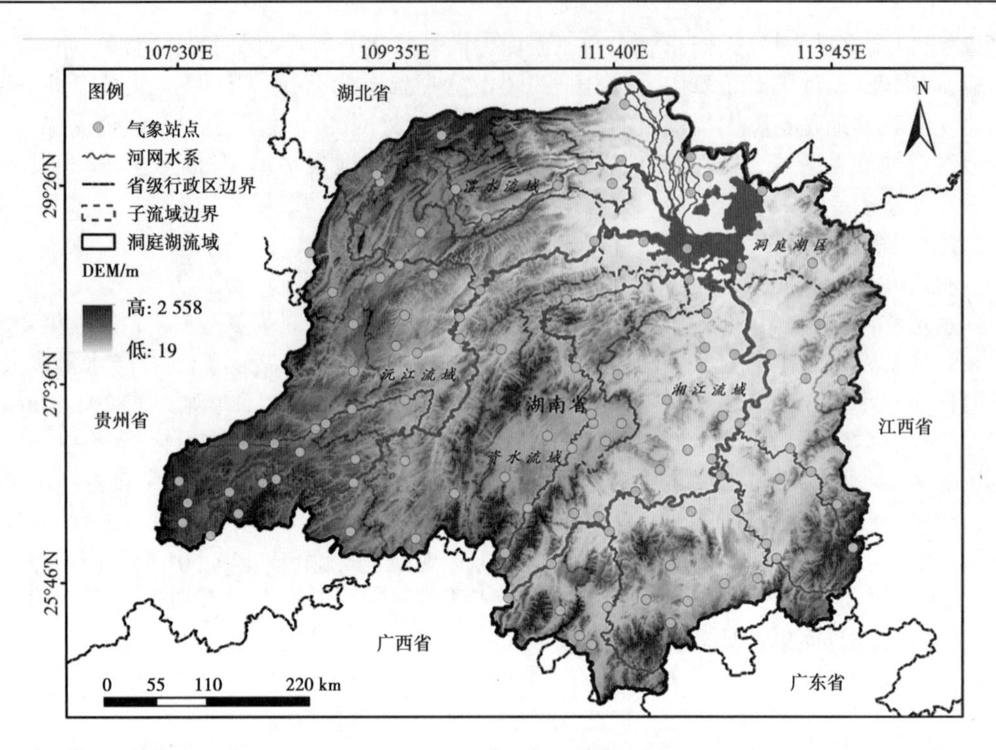

图 4-1　洞庭湖流域位置

管理局(NOAA)物理科学部地球系统实验室获取了 8 个具有月尺度分辨率的大气和海洋时间序列指数:北极涛动、北大西洋涛动(North Atlantic Oscillation, NAO)、太平洋年代际涛动(Pacific Decadal Oscillation, PDO)、南方涛动指数(Southern Oscillation Index, SOI)、贯极指数(Trans Polar Index,TPI)、印度洋偶极子(India Ocean Dipole, IOD, 以 DMI 指数表征)、Nino 3.4 区域海表温度(Nino 3.4)、北太平洋模式(North Pacific Pattern, NP)。此外,太阳黑子数(Sunspot)是从比利时皇家天文台(Royal Observatory of Belgium)网站获取的,东亚夏季风指数(East Asian Summer Monsoon Index, EASM)和南亚夏季风指数(South Asian Summer Monsoon Index, SASM)是从 http://lijianping.cn/dct/page/65540 下载的。

为保持与降水量数据时间尺度(a)及跨度(1960—2020 年)的一致性,需将大尺度气候遥相关因子处理为相应长度的年时间序列。对于大气海洋因子和太阳黑子数,计算 1—12 月的年平均值。对于夏季风指数,将东亚季风区和南亚季风区的区域平均动态标准化季节变率分别定义为 EASM 指数(6—8 月)、SASM 指数(6—9 月),用以研究季风年际变化与极端降水的关系(Li et al.,2010)。

4.2.3　技术路线

基于 108 个气象站的逐日降水观测资料,应用统计和空间分析方法调查了洞庭湖流域及其子流域在过去 61 年间极端降水的时空演变特征和影响机制,旨在阐明 1960—2020 年洞庭湖流域及其子流域极端降水的时间变化趋势、空间分布特征和周期振荡规律,并揭示极端降水与地形、大尺度遥相关因子等影响因素之间的潜在联系。在此基础上,利用 Mann-Kendall(M-K)突变检验法和 Pettitt 突变检验法辨析洞庭湖水系变化环境下对流域洪水产汇流过程影响，评估流域超标准洪水洪涝孕灾环境和致灾因子变化特征，评价洞庭湖水系变化环境下对流域防洪安全影响，揭示流域超标准洪水致灾机制。具体研究路线如图4-2所示。

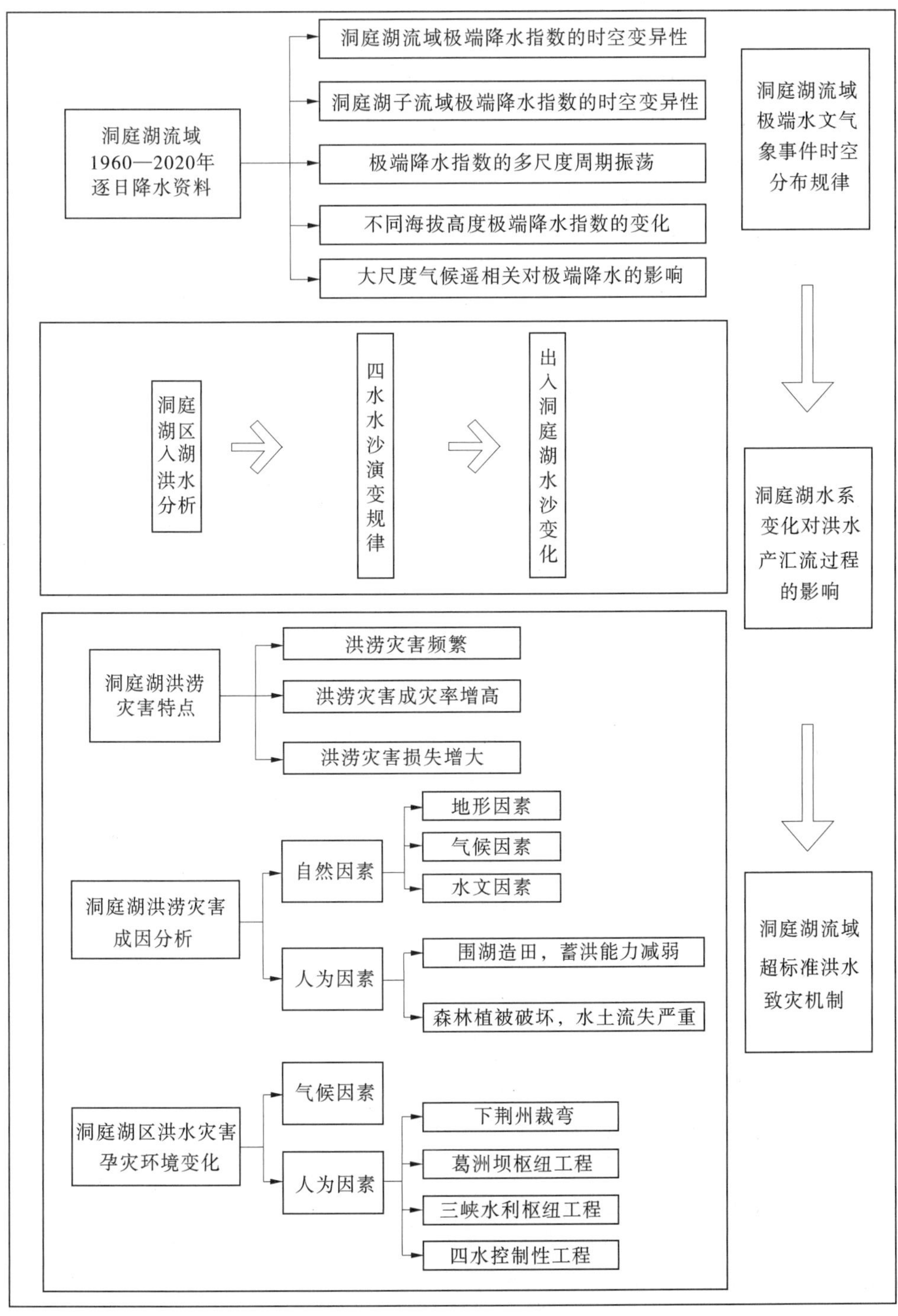

图4-2 洪水致灾机制研究技术路线

4.2.4　研究方法

4.2.4.1　极端降水指数的定义

基于气候变化检测和指数专家组(ETCCDI,http://etccdi.pacificclimate.org/)推荐的27个极端气候指数,本书选取了已广泛应用于极端降水事件分析和研究的11个指数,以评估区域极端降水事件的频率、强度、总量和持续时间的变化。极端降水指数(EPIs)的定义和详细描述如表4-1所示,具有更加稳健的统计特性。采用基于R语言研发的RClimDex软件计算108个气象站点的11个极端降水指数并建立相应的年度时间序列,进一步利用泰森多边形法计算各子流域站点指数序列,得到湘江流域、资水流域、沅江流域、澧水流域和环湖区的极端降水指数,用以描述研究区域近几十年来极端降水的变化特征。

表4-1　极端降水指数的定义

指数分类	指数名称	缩写	定义	单位
频率指数	低强度降水日数	R10mm	日降水量≥10 mm的年降水天数	d
	中强度降水日数	R20mm	日降水量≥20 mm的年降水天数	d
	高强度降水日数	R50mm	日降水量≥50 mm的年降水天数	d
强度指数	最大一天降水量	RX1day	每月内的最大1 d降水量	mm
	最大五天降水量	RX5day	每月内连续5 d的最大降水量	mm
	雨日降水强度	SDII	年内湿润日的降水总量与日数之比	mm/d
总量指数	强降水量	R95p	雨日降水量≥基准期内雨日降水量序列第95个百分位值的年降水量之和	mm
	极强降水量	R99p	雨日降水量≥基准期内雨日降水量序列第99个百分位值的年降水量之和	mm
	年总降水量	PRCPTOT	日降水量≥1 mm的年内总降水量	mm
持续性指数	持续湿润期	CWD	日降水量≥1 mm的年内最长连续日数	d
	持续干燥期	CDD	日降水量≤1 mm的年内最长连续日数	d

注:日降水量<1 mm的天数定义为无雨日(干旱天),日降水量≥1 mm的天数定义为有雨日(湿润天)。

4.2.4.2　趋势分析和空间分布特征

在时间序列趋势分析中,利用非参数Theil-Sen Median方法计算年尺度极端降水指数的变化趋势。该方法是一种基于中位数的估计方法,通过计算斜率β来评估趋势大小,不易受离群值的影响,已被广泛用于长时间序列的趋势分析中。在$\alpha=0.05$显著性水平下,使用非参数M-K趋势检验法分析了极端降水指数序列长期趋势的统计显著性。M-K趋势检验法具有不受异常值干扰,序列样本不必遵循一定分布的特点,是世界气象组织(WMO)认可并推荐使用的统计检验方法。

由于海拔高度是流域空间降雨分布的重要影响因素之一,因此使用考虑地形因素的协同克里金法,对气象站点的极端降水指数变化率进行插值,获得极端降水指数年际变化趋势的空间分布。

4.2.4.3 M-K 突变检验

M-K 突变检验法作为一种非参数检验方法,相比于依赖先验知识的参数检验法,在确定时间序列的突变特征上更加可靠。对于时间序列 $X=(\{x_1,x_2,\cdots,x_n\}$,其顺序统计量 UF_k 可以表示为

$$r_i=\begin{cases}1 & x_i>x_j\\0 & x_i\leqslant x_j\end{cases}\quad(j=1,\cdots,n) \tag{4-1}$$

$$s_k=\begin{cases}\sum_{i=1}^{k}r_i & (k=2,\cdots,n)\\0 & (k=1)\end{cases} \tag{4-2}$$

$$\mathrm{UF}_k=\frac{s_k-E(s_k)}{\sqrt{\mathrm{Var}(s_k)}}\quad(k=1,\cdots,n) \tag{4-3}$$

式中:r_i 为时间序列 X 的升序排列号;$E(s_k)$ 和 $\mathrm{Var}(s_k)$ 为 s_k 的均值和方差。$\mathrm{UF}_k>0$ 或 $\mathrm{UF}_k<0$,表明降水或气候变量呈上升或下降趋势。

将倒置后的时间序列 $X^{\mathrm{T}}=\{x_n,x_{n-1},\cdots,x_1\}$ 进行重新统计,得到统计值 $\mathrm{UF}_k^{\mathrm{T}}$,则逆序统计量 $\mathrm{UB}_k=-\mathrm{UF}_k^{\mathrm{T}}$,本书假设 UF_k 和 UB_k 均满足标准正态分布,则取显著性水平 α 为0.05,当 UF_k 和 UB_k 的交点存在于区间[-1.96,1.96]时,则可认为该点为时间序列的突变点。对于存在的突变点,进一步采用滑动 t 检验以判断其显著性,若统计量通过了 $\alpha=0.05$ 的显著性水平检验,则认为突变点存在显著性。

4.2.4.4 Pettitt 突变检验

与 M-K 突变检验法相比,该法所具有的优点是通过统计量的最大值来确定突变点且统计量的唯一最大值,因此能够获得突变发生的唯一时间点。该检验的零假设是将样本任意分为两部分时,两部分的平均值没有变化。数学上,当一个随机变量的序列被划分为 $(x_1,\cdots,x_{t_0})$、$(x_{t_0+1},\cdots,x_T)$ 两个样本,假设每个序列都有共同的分布函数即 $F_1(x)$、$F_2(x)$ 且 $F_1(x)\neq F_2(x)$,突变点定义为 t_0,为识别突变点定义统计变量 $U_{t,T}$:

$$U_{t,T}=\sum_{i=1}^{t}\sum_{j=t+1}^{T}\mathrm{sgn}(x_j-x_i),1\leqslant t\leqslant T \tag{4-4}$$

其中:

$$\mathrm{sgn}(\theta)=\begin{cases}1 & (\theta>0)\\0 & (\theta=0)\\-1 & (\theta<0)\end{cases} \tag{4-5}$$

当序列服从连续分布,$U_{t,T}$ 可用过下式计算:

$$U_{t,T}=U_{t-2,T}+V_{t,T},t=2,\cdots,T \tag{4-6}$$

$$V_{t,T}=\sum_{j=1}^{T}\mathrm{sgn}(x_j-x_t) \tag{4-7}$$

$$U_{1,T}=V_{1,T} \tag{4-8}$$

最可能的突变点 τ 值满足:

$$K_\tau=|U_{\tau,T}|=\max|U_{t,T}| \tag{4-9}$$

$$p \approx 2\exp[-6K_{\tau}^{2}/(T^{3}+T^{2})] \tag{4-10}$$

若 $P \leqslant 0.5$,则认为检测出的突变点在统计意义上是显著的。

4.2.4.5　集合经验模态分解法

近年来,Wu 等(2009)提出的集合经验模态分解法(Ensemble Empirical Mode Decomposition, EEMD)在气象领域非线性、非平稳时间序列的时频分析方面已得到成熟运用。EEMD 集成了小波分析的优势,同时在经验模态分解(EMD)方法的基础上加入了白噪声,改善了 EMD 方法模态混合问题所引起的缺陷。作为一种改进的噪声辅助分析方法,EEMD 能够自适应地、高效地将复杂的时间序列信号分解为有限个固有模态函数(IMF)和趋势分量(Res),从而获得原始信号中不同时间尺度的振荡周期和变化趋势。主要计算步骤如下:

(1)在原始时间序列数据 $x(t)$ 中添加白噪声 $N_i(t)$,得到加噪后的序列 $x_i(t)$。

$$x_i(t) = x(t) - N_i(t) \tag{4-11}$$

(2)对加噪后的时间序列 $x_i(t)$ 进行 EMD 分解,分离出多个 IMF 和 Res。

(3)重复执行步骤(1)和(2),并每次添加不同的白噪声。

(4)为消除多次添加白噪声对分量的影响,取各次分解的 IMF 分量和趋势分量的集合平均值作为 EEMD 的最终结果。

EEMD 方法的关键在于确定添加噪声的幅度和集合平均次数。但如何选取最优的噪声添加幅度和集合平均次数,仍然是一个有待进一步研究的问题。式(4-12)中给出了集成平均次数 N、添加噪声的幅度 ε 和误差的标准偏差 e 之间的关系:

$$e = \frac{\varepsilon}{\sqrt{N}} \tag{4-12}$$

本书在执行 EEMD 的过程中,参考前人的研究成果,设置集合平均次数为 100 次,添加白噪声的振幅为时间序列标准差的 20%。

4.2.4.6　皮尔逊积矩相关分析

皮尔逊积矩相关分析(Pearson product-moment correlation coefficient)是英国统计学家皮尔逊于 20 世纪提出的一种反映两个随机变量之间线性相关程度的方法,近年来被广泛应用于气候领域与其环境影响指数之间的复杂关系检测。

采用 Pearson 相关系数计算洞庭湖流域极端降水指数与不同海拔高度之间的相关性,衡量其关联程度,并在 $\alpha=0.05$ 的显著性水平上评估其统计性。还对洞庭湖流域 11 个极端降水指数之间的相关性进行分析,旨在确定它们之间的相关性强弱以及各类极端降水指数中的关键指标,并使用 t 分布的双尾检验计算相关系数的统计显著性。然而,相关性的检测易受到时间序列自身趋势的影响,将会导致相关性大小的减弱。因此,在应用 Pearson 相关系数对两个变量进行分析之前,需要对时间序列进行去趋势化处理,即通过减去最优拟合直线使数据序列平均值为零,从而消除线性趋势的影响,获取两个变量之间的内在相关性。

4.2.4.7　地理探测器

地理探测器(Geographic Detector, GD)是一种空间统计方法,通过分析各因子层内方差和总方差的关系来检测空间分层异质性,并进一步揭示其背后的影响因素和机制。本书采用地理探测器中的因子探测和交互作用探测两个模块,分别基于单因子和双因子驱动的 q 统计量值来衡量大尺度气候遥相关因子对极端降水的解释力,并判断两个气候因子是否存在交互作用。因子探测中 q 值计算公式如下:

$$q = 1 - \frac{\mathrm{SSW}}{\mathrm{SST}} \tag{4-13}$$

$$\mathrm{SSW} = \sum_{h=1}^{L} N_h \sigma_h^2, \mathrm{SST} = N\sigma^2 \tag{4-14}$$

式中:q 为某因子多大程度上($100 \times q\%$)解释了因变量的变化,q 的取值范围在 0~1,值越大说明自变量对因变量的解释程度越高;h 为影响因子的分类个数,$h=1, 2, \cdots, L$;N_h 和 N 分别为一个类别内和整个区域内的单元数;σ_h^2 和 σ^2 分别为一个类别和整个区域的因变量方差;SSW、SST 分别为所有类别方差之和以及整个区域的总方差。

交互作用探测通过分别计算和比较各单因子 q 值及两因子叠加后的 q 值,可以识别不同影响因子之间交互作用的强弱和模式,即评估两因子共同作用时对于因变量解释力的变化。两个因子之间的交互关系类型如表 4-2 所示。

表 4-2　双因子之间的交互关系类型

描述	交互类型	缩写
$q(X_1 \cap X_2) < \min[q(X_1), q(X_2)]$	非线性减弱	Weaken, nonlinear
$\min[q(X_1), q(X_2)] < q(X_1 \cap X_2) < \max[q(X_1), q(X_2)]$	单因子非线性减弱	Weaken, uni-
$q(X_1 \cap X_2) > \max[q(X_1), q(X_2)]$	双因子增强	Enhance, bi-
$q(X_1 \cap X_2) = q(X_1) + q(X_2)$	独立	Independent
$q(X_1 \cap X_2) > q(X_1) + q(X_2)$	非线性增强	Enhance, nonlinear

此外,地理探测器的输入数据要求自变量为类型量,表明在自变量为数值量的情况下,需要提前进行离散化处理。自然间断法(natural breaks)根据数值统计分布规律确定属性值的自然聚类,对相似值进行恰当的分类,并可使各个类之间的差异最大化。本书采用自然间断法对大尺度气候因子数据进行离散,并将每个因子的连续数据划分为 5 类。

4.3　洞庭湖流域极端降水的时空变化及其遥相关因素的影响

4.3.1　极端降水指数的时空变异性

4.3.1.1　洞庭湖流域的变化

图 4-3 显示了 1960—2020 年洞庭湖流域不同极端降水指数的年际变化特征。根据 Ojara 等(2021)的研究,R10mm、R20mm、R50mm 指数通过计算降水值高于定义阈值的天数,以表征极端降水事件发生的频率。其中,R10mm 和 R20mm 分别以 0.018 d/a、0.025 d/a 的速率不显著增加,而 R50mm 以 0.015 d/a 的速率显著($p<0.01$)增加。对于极端降

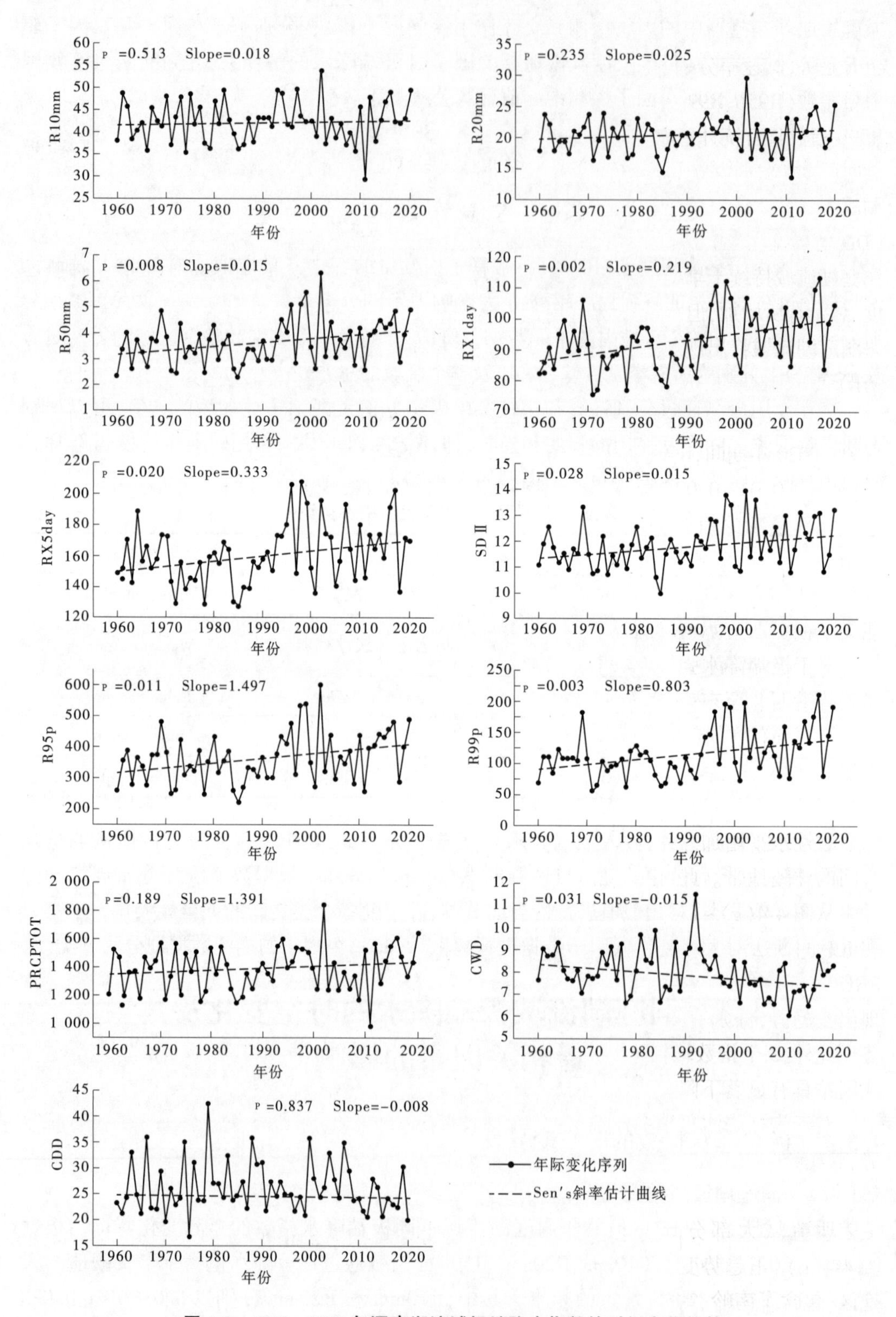

图 4-3　1960—2020 年洞庭湖流域极端降水指数的时间变化趋势

水强度指数(RX1day、RX5day和SDII),从1960—2020年所有指数均呈现显著($p<0.05$)上升趋势,其速率分别为0.219 mm/a、0.333 mm/a、0.015 mm·(d/a)。与此类似,极端降水总量指数(R95p、R99p和PRCPTOT)在洞庭湖流域上也表现出上升趋势,但只有R95p和R99p指数具有统计意义。此外,持续性指数表征区域过度湿润(CWD)或干燥(CDD)的持续时间。CWD指数以-0.015 d/a的变化率呈显著($p<0.05$)下降趋势,表明短时强降水在洞庭湖流域总降水中的比重明显增加,极端降水事件会更为频繁,城市内涝风险随之增加。CDD指数以-0.08 d/a的变化率呈小幅下降趋势,未通过$p<0.05$的显著性水平检验,说明洞庭湖流域持续干旱日数无明显变化。显然,近61 a来,洞庭湖流域的极端降水频率和强度、总量有所增加,但降水持续时间减弱,其中强度指数达到显著性水平。这些变化表明,未来洞庭湖流域将出现更多更强的极端降水,并且在时间上更加集中,意味着该地区可能会经历严重的降雨事件,引发洪水灾害,进而对区域社会经济产生负面影响。

如图4-4所示,洞庭湖流域极端降水指数的空间分布特征具有明显的区域差异性。在1960—2020年期间,R10mm、R20mm和R50mm的变化范围分别为-0.1~0.1 d/a、-0.03~0.1 d/a、-0.01~0.02 d/a[见图4-4(a)~(c)]。流域大部分地区呈增加趋势,只有西部和西北部呈减少趋势。同时,大多数站点显示出增加趋势,但R10mm和R20mm只有少数站点通过了显著性检验($p<0.05$),而R50mm在16%(17/108)的站点中观察到了显著变化。从统计意义上说明了该地区未来极端降水事件发生的频率更高、强度更强,并且可能集中在湘江上游、湘江-洞庭湖区平原东部以及武陵山与雪峰山之间的丘陵地区。

对于极端降水强度指数,RX1day、RX5day和SDII变化趋势的空间分布特征相似,总体趋势沿西北至东南方向呈"减少—增加—减少"的变化。除少数站点外,流域内超过80%的站点有增加趋势。RX1day变化范围为-0.16~0.57 mm/a,有12%(13/108)的站点显示出显著的正趋势;RX5day变化范围为-0.48~1 mm/a,显著增加的站点占10%(11/108);SDII变化范围为-0.02~0.04 mm/(d·a),有26%(28/108)的站点以$\alpha=0.05$的显著性水平增加。通过图4-4(d)~(f)可知,正趋势高值区主要集中在武陵山和雪峰山之间的丘陵地带。此外,SDII在湘江上游和洞庭湖区北部也观察到了较高的变化值。

从图4-4(g)~(i)可知,流域内极端降水总量指数的增加趋势占主导地位,且R95p和R99p趋势变化高值区以西南—东北走向沿武陵山和雪峰山之间的丘陵地区分布,而PRCPTOT增加幅度相对较大的区域集中于洞庭湖出水口处。流域内超过80%的站点表现出正趋势,分别有16%(17/108)、15%(16/108)、5%(5/108)的站点具有统计显著趋势。此外,3个指数均在流域西北角的武陵山地区观察到了下降趋势,但只有资水上游的武冈站具有显著下降信号。

对于表征降水极值持续时间的指数而言,CWD[见图4-4(j)]在流域东南部呈增加趋势,其变化率在0~0.008 d/a,但未表现出统计显著性。在流域其他地区观察到了下降趋势,有19%(21/108)的站点趋势在统计学上显著,其中北部的变化较大。这在一定意义上表明流域大部分地区的极端降水发生时间逐渐趋于集中。相比之下,CDD[见图4-4(k)]正趋势变化(0~0.04 d/a)区域主要集中在洞庭湖流域的南部及西南少部分地区,包含了南岭、雪峰山南段和衡邵干旱走廊等山地、盆地地貌。流域其他地区呈现下降趋势,但只有3个站点通过了显著性检验。

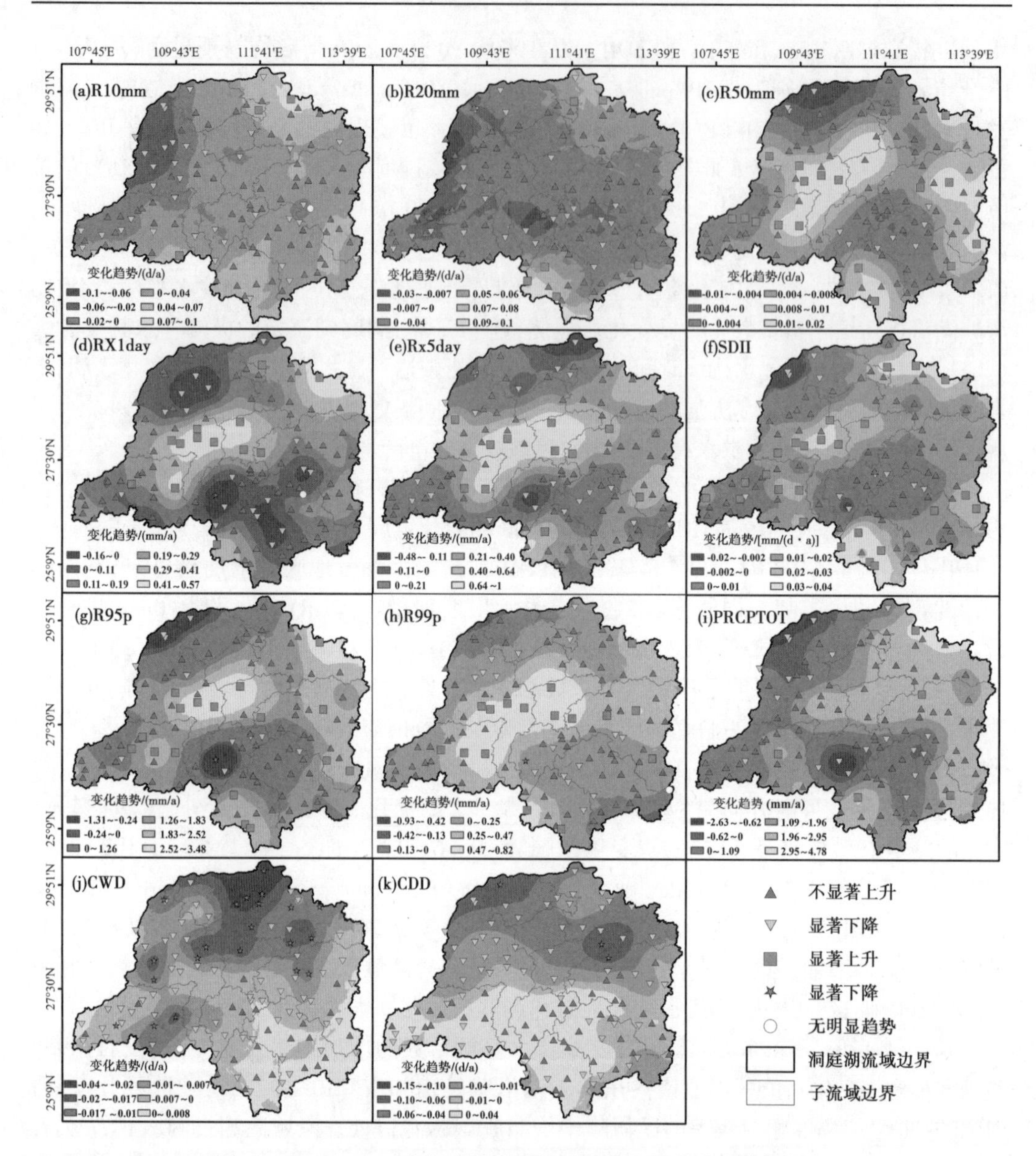

图 4-4　1960—2020 年洞庭湖流域极端降水指数的空间趋势分布

总体上，洞庭湖流域极端降水频率、强度和总量指数主要呈增加趋势，且除 R10mm、R20mm 和 PRCPTOT 外，变化高值区主要分布在武陵山和雪峰山之间沿西南—东北走向的丘陵地区。这可能与大尺度环流系统及当地独特地形的共同作用有关。然而，本书没有定量回答这一问题，需要在未来的工作中基于严格的极端事件归因科学加以解决。另外，统计结果表明，流域内大多数站点趋势并不显著，这与全球范围内的特征一致。值得注意的是，CWD 在流域北部的减少趋势和流域东南部的增加趋势更具有极端性，可能导致该区域的城镇遭受更集中或持续性更强的极端降水，应该引起足够的关注。此外，衡邵干旱走廊地区的 CDD 增加幅度最大，该地区由于山脉高、地势陡的特殊地理位置，湿润季风气流难以到达，致使该区域长期干旱，这可能对该区域的农业产生重大影响。

4.3.1.2　洞庭湖子流域的变化

在上述区域总体变化特征的基础上，本书进一步统计了洞庭湖子流域年度序列的 Sen′s 斜率估计和 M-K 趋势检验结果，如表 4-3 所示。在洞庭湖流域极端降雨发生频率增加的情况下，各子流域的频率指数大部分也表现出上升趋势，只有沅江流域的 R10mm 呈不显著下降($\beta=-0.01$ d/a)趋势。此外，可以发现湘江流域的频率指数变化程度最大，R10mm、R20mm、R50mm 的增长率分别为 0.043 d/a、0.045 d/a 和 0.021 d/a，并且 R50mm 在湘江流域上观察到了统计显著趋势($p<0.05$)。在显示极端降水强度或总量变化趋势的指数中，不同指标在每个子流域均表现出了不同程度的增长趋势。其中，澧水流域所有极端降水强度指数和总量指数的变化趋势最小，且均未通过 $\alpha=0.05$ 显著性水平下的统计检验。对于持续性指数，所有子流域的 CWD 均呈下降趋势，这一趋势在沅江、澧水流域和环湖区具有统计学意义。对于 CDD，主要在资水、沅江、澧水流域和环湖区发现了下降趋势，而在湘江流域发现了上升趋势。这一分析与 Chen 等(2017)的研究结论一致。在研究期间，湘江流域持续湿润或干燥时间指数的变化表明流域内连续降水量减少，且最大旱期长度增加，这可能会对农业供水产生负面影响，尤其是对农作物生长不利。

表 4-3　洞庭湖各子流域极端降水指数趋势变化特征

子流域	趋势大小	R10mm	R20mm	R50mm	RX1day	RX5day	SDII	R95p	R99p	PRCPTOT	CWD	CDD
湘江流域	β	**0.043**	**0.045**	**0.021***	0.151	0.304	0.019*	**1.699***	0.818*	2.084	**−0.005**	0.012
	Z	0.989	1.413	2.558	1.798	1.749	2.632	2.222	2.446	1.288	−0.629	0.292
资水流域	β	0.016	**0.009**	0.006	**0.273***	**0.444***	0.014	0.823	**0.924***	0.624	−0.013	**−0.003**
	Z	0.292	0.380	0.541	2.894	1.960	1.811	1.052	2.246	0.479	−1.338	−0.056
沅江流域	β	**−0.010**	0.012	0.016*	0.220*	0.314	0.015*	1.495*	0.835*	1.147	−0.022*	−0.008
	Z	−0.292	0.653	2.508	2.296	1.699	2.209	2.371	2.433	1.226	−2.421	−0.218
澧水流域	β	0.022	0.010	**0.004**	**0.143**	**0.032**	**0.007**	**0.304**	**0.244**	**0.466**	−0.023*	**−0.076**
	Z	0.429	0.230	0.280	0.616	0.106	0.541	0.255	0.485	0.180	−2.296	−1.624
洞庭湖区	β	0.038	0.046	0.017	0.270*	0.314	**0.022**	1.513	0.800*	**2.099**	**−0.026***	−0.047
	Z	0.927	1.276	1.674	2.035	1.189	1.898	1.898	1.985	1.139	−2.296	−0.890

注：* 表示通过了 $\alpha=0.05$ 显著性水平下的 M-K 趋势检验；β 值表示 Sen′s 斜率估计的变化率；Z 值表示指数的统计趋势检验量；加粗且下划线的字体表示在各子流域中指数变化最大值；加粗字体表示在各子流域中指数变化最小值。

所有这些结果表明，洞庭湖及各子流域的降水极端性将表现出不同程度的增加，流域面临更频繁且更严重的洪涝灾害风险。同时，可以观察到所有子流域极端降水指数的增加或减小趋势与洞庭湖流域总体变化基本一致，只有沅江流域 R10mm 及湘江流域 CDD 的变化趋势与总体趋势相反。此外，湘江流域极端降水频率增加趋势最大，澧水流域极端降水强度和总量增加趋势最小。

4.3.2　极端降水指数的多尺度周期振荡

采用 EEMD 方法从 11 个极端降水指数序列中分别提取了 4 个固有模态函数(IMF)和 1

个残差分量(RES)。每个 IMF 反映了从高频到低频的不同时间尺度下原始序列中的固有振荡水平和实际物理意义,而 RES 则能够识别出研究期间原始序列的总体变化趋势。

在此基础上,计算了各分量的平均周期及其对原始序列的方差贡献率,如图 4-5 所示。结果表明,前两个 IMF 的变化呈现相对稳定的准周期振荡,分别代表了各区域极端降水变化在年际尺度上的准 3 年(IMF1)和准 6 年(IMF2)周期波动。但在年代际尺度(IMF3-4)上,几乎所有极端降水指数的准周期振荡表现出了区域差异性。方差贡献率表示各分量的波动频率和振幅对原始序列总体变化特征的影响。与平均周期的计算不同,为使原始信号的总能量保持不变,因此在计算方差贡献率时需要考虑所有的 IMFs 和 RES(Guo et al.,2016)。从图 4-5 可以看出,各流域不同极端降水指数的 IMF1 的方差贡献率在所有 IMF 中占最大比重,大部分 IMF1 对原始序列周期变化的贡献超过 50%,少数 IMF1 的方差贡献率在 44%~48%。同时,前两个 IMF 的方差贡献率之和均大于其他分量的贡献率总和,这意味着年际振荡在各区域极端降水变化中占主导作用。

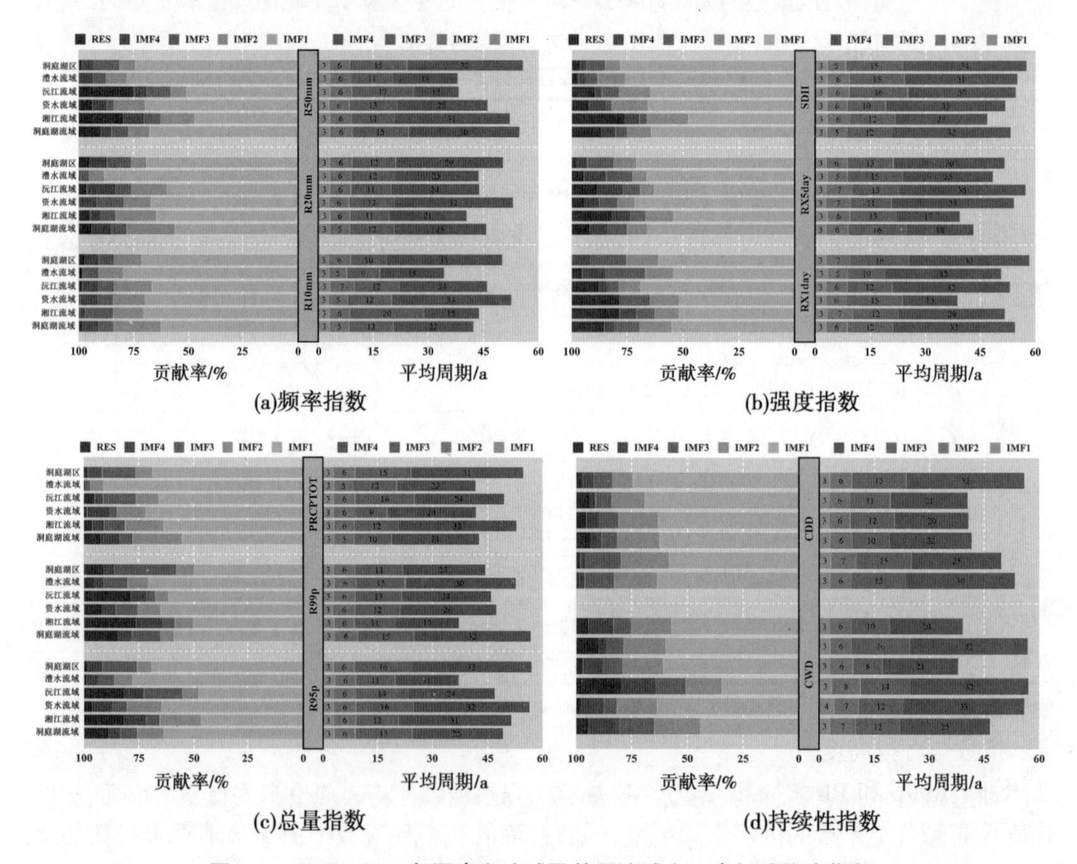

图 4-5　1960—2020 年洞庭湖流域及其子流域上 4 类极端降水指数

(经 EEMD 分解得到各 IMFs 和残差趋势分量的方差贡献率和平均周期。其中,左侧百分比堆积条形图表示各分量的贡献率大小,右侧堆积条形图表示 IMFs 的平均周期)

4.3.3　不同海拔高度极端降水指数的变化

海拔高度通过影响水汽和热量再分配,进而影响洞庭湖流域极端降水变化,但目前为止,鲜有学者对此进行研究。本书计算了极端降水指数与站点海拔高度之间的皮尔逊相关系数,如表 4-4 所示。结果显示,极端降水的所有频率和强度指数与海拔高度均为负相关,但只有 SDII 指数具有统计上的显著意义。此外,极端降水持续性指数与海拔高度的相关性均通过了 99%显著性检验,其中 CWD 与海拔高度呈显著正相关,CDD 与海拔高度呈显著负相关。

表 4-4　极端降水指数和站点海拔高度之间的皮尔逊相关系数

指数类	极端降水指数	>1 266 m (108)	0~128 m (31)	128~255 m (28)	255~408 m (29)	408~720 m (11)	720~1 266 m (9)
频率指数	R10mm	-0.10	0.08	0.01	-0.34	-0.56	0.64
	R20mm	-0.10	0.24	0.14	-0.35	-0.57	0.66
	R50mm	-0.04	0.46**	0.14	-0.47*	-0.64*	0.82**
强度指数	RX1day	-0.06	0.28	-0.04	-0.41*	-0.59	0.65
	RX5day	-0.03	0.44*	0.02	-0.44*	-0.61*	0.78*
	SDII	-0.47**	0.24	0.12	-0.64**	-0.68*	0.53
总量指数	R95p	0.16	0.39*	0.02	-0.28	-0.58	0.87**
	R99p	0.17	0.33	-0.08	-0.28	-0.56	0.87**
	PRCPTOT	-9.5×10^{-4}	0.24	0.05	-0.32	-0.57	0.75*
持续时间指数	CWD	0.35**	-0.05	-0.17	0.13	-0.36	0.75*
	CDD	-0.69**	-0.16	0.19	-0.50**	-0.26	-0.32

注: * 表示在 0.05 水平上显著; ** 表示在 0.01 水平上显著。

为了反映洞庭湖流域不同海拔高度下极端降水与海拔高度之间的潜在相关性,本书利用基于 Jenks 的自然间断点分级法将海拔范围划分为五类(见表 4-4)。在 0~128 m 范围内,极端降水频率、强度和总量指数都与海拔高度呈正相关,只有持续时间指数与海拔高度呈负相关。研究还发现,128~255 m 的所有极端降水指数与海拔高度之间没有显著关系。换句话说,海拔高度对该范围内极端降水指数的变化没有显著影响。此外,除了持续性指数,128~255 m 的极端降水指数与海拔高度的相关系数都小于其他海拔范围的相关系数。在 255~1 266 m 范围内,随着海拔梯度的升高,大部分极端降水指数和海拔的相关系数逐渐增加。其中,255~720 m 的大多数极端降水指数与海拔呈负相关。相反,720~1 266 m 的极端降水指数(除了 CDD)与海拔高度呈正相关,且该范围内的大部分极端降水指数与海拔高度的相关系数大于其他海拔范围的相关系数。尤其是极端降水总量指数,R95p、R99p 和 PRCPTOT 与海拔高度的相关系数分别为 0.87、0.87 和 0.75,在 0.05 水平下具有统计显著性。

4.3.4　大尺度气候遥相关对极端降水指数的影响

4.3.4.1　极端降水指数之间的相关性

图 4-6 显示了 1960—2020 年洞庭湖流域 11 个极端降水指数的相关性。对于持续性指数,CWD 与 CDD 呈负相关,与其他指数分别呈正、负相关。然而,这类指数与其他指数的相关系数较低,且与大部分指数的相关性检验不具有统计显著性。如图 4-6 黑色粗方

框所示，频率、强度和总量指数的类内关系显示为正相关，且在 0.01 置信水平下均观察到统计显著性。同时，R10mm、RX1day、R95p 分别在 3 个指数类中与其他指数具有最强显著相关性，且与不同类别指数同样具有较强相关性，表明这 3 个指数在洞庭湖流域极端降水频率、强度和总量变化中具有代表性。

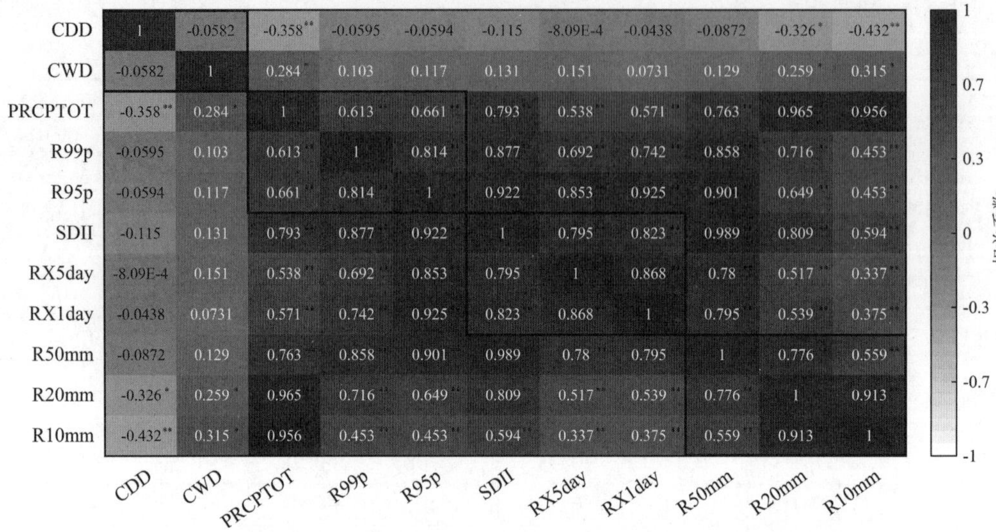

图 4-6　1960—2020 年洞庭湖流域极端降水指数之间的皮尔逊相关系数

（＊表示在 0.05 水平上显著，＊＊表示在 0.01 水平上显著）

以上分析表明，极端降水指数之间存在不同程度的相关性。因此，考虑到大尺度气候遥相关对极端降水影响分析中的指数类型和独立性，从 4 种指数类型中选取了 5 个最具有代表性的指数（R10mm、RX1day、R95p、CWD、CDD），以用于研究极端降水指数与大尺度气候因子之间的遥相关对极端降水的影响。

4.3.4.2　定量化大尺度气候因子对极端降水指数的贡献

在降水频率、强度、总量和持续时间的综合作用下，洞庭湖流域的极端降水表现为增加的趋势。为进一步揭示极端降水变化机制背后的遥相关作用，分别从各类指数中选取关键性指数 R10mm、RX1day、R95p、CWD、CDD，使用地理探测器计算单个气候因子对各个极端降水指数的解释力。

采用 GDM 中的“因子探测”模块计算贡献率，以此量化单个气候因子在多大程度上解释了极端降水指数的变化。图 4-7 直观地显示了 11 个大尺度气候因子对极端降水指数的影响大小。在洞庭湖流域，对频率、强度、总量和持续性 4 类指数产生最大影响的大尺度气候因子不尽相同。具体而言，对 R10mm、RX1day、R95p、CWD、CDD 影响最大的气候因子分别为 Niño 3.4、EASM、EASM、PDO 和 SASM，贡献率为 18%、24%、25%、22%和 14%。值得注意的是，对于 CDD，气候因子 PDO 对其也有较大的影响，贡献率为 13.8%。此外，EASM 对洞庭湖流域极端降水指数的影响最大，平均贡献率为 13%。

在洞庭湖子流域上各个大尺度气候因子对极端降水指数的贡献也表现出区域差异性。在 R10mm 方面，Niño 3.4 是资水流域、沅江流域的主要驱动因子，贡献率为 20%、26%，而湘江流域、澧水流域和环湖区分别受 NAO、EASM 和 TPI 的影响最大，其贡献率为

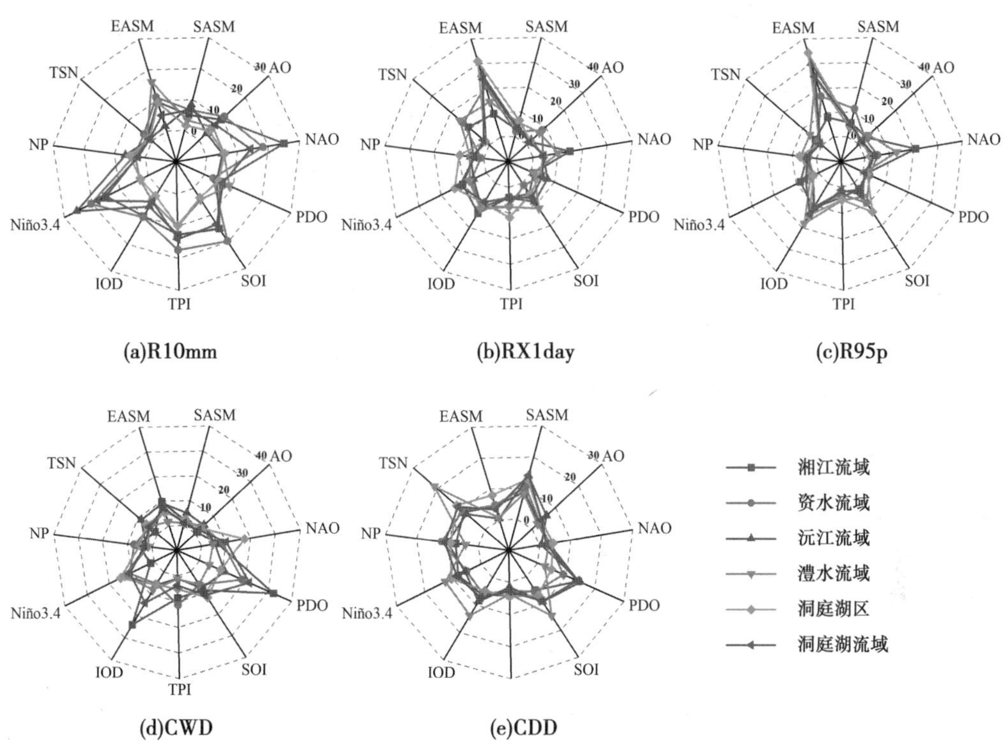

图 4-7　影响洞庭湖流域及其子流域不同极端降水指数的大尺度气候因子贡献率　(%)

25%、16%和 10%。对于 RX1day,资水流域、沅江流域和环湖区的最大驱动因子均为 EASM,贡献率分别为 21%、25%和 31%,而湘江流域、澧水流域的最大驱动因子分别是 NAO 和 Sunspot,其贡献率均为 15%。相似的是,EASM 仍然是资水流域、沅江流域、澧水流域和环湖区对 R95p 影响最大的气候因子,贡献率分别为 17%、30%、24%和 34%,而湘江流域的最大驱动因子是 NAO,贡献率为 21%。CWD 在湘江流域、资水流域与在沅江流域、澧水流域的最大驱动因子分别一致,为 PDO 和 Niño 3.4,贡献率为 32%、19%、13%、13%,而在环湖区主要受 NAO(18%)的影响。CDD 在湘江流域和沅江流域的最大驱动因子是 PDO,贡献率为 14%和 15%,而资水流域、澧水流域和环湖区的主要驱动因子分别为 NP(12%)、Sunspot(21%)、SASM(13%)。

4.3.4.3　评估大尺度气候因子的交互作用对极端降水指数的影响

大量研究表明,区域极端降水对大尺度气候因子的响应通常与多种因子的共同作用密切相关。探究不同大尺度气候因子之间的交互作用对极端降水指数的影响有助于进一步理解极端降水变化机制。因此,本书采用地理探测器中的"交互作用探测"模块来评估两个大尺度气候因子共同作用时对极端降水指数产生的不同程度影响,并确定两因子的交互类型。

图 4-8 显示了洞庭湖流域及其子流域的双因子交互作用结果。从图 4-8 可以看出,EASM 同样在因子交互作用中占据重要地位,它与大多数气候因子的交互作用对极端降水的变化具有更大的解释力。以 R95p 为例,EASM 和 AO 对其的解释力分别为 25%和 2%,而 EASM∩AO 对其的解释力增加到 59%,是对 R95p 解释力最强的交互作用因子组,表明洞庭湖流域 R95p 的变化主要是由 EASM 和 AO 共同作用所引起的。

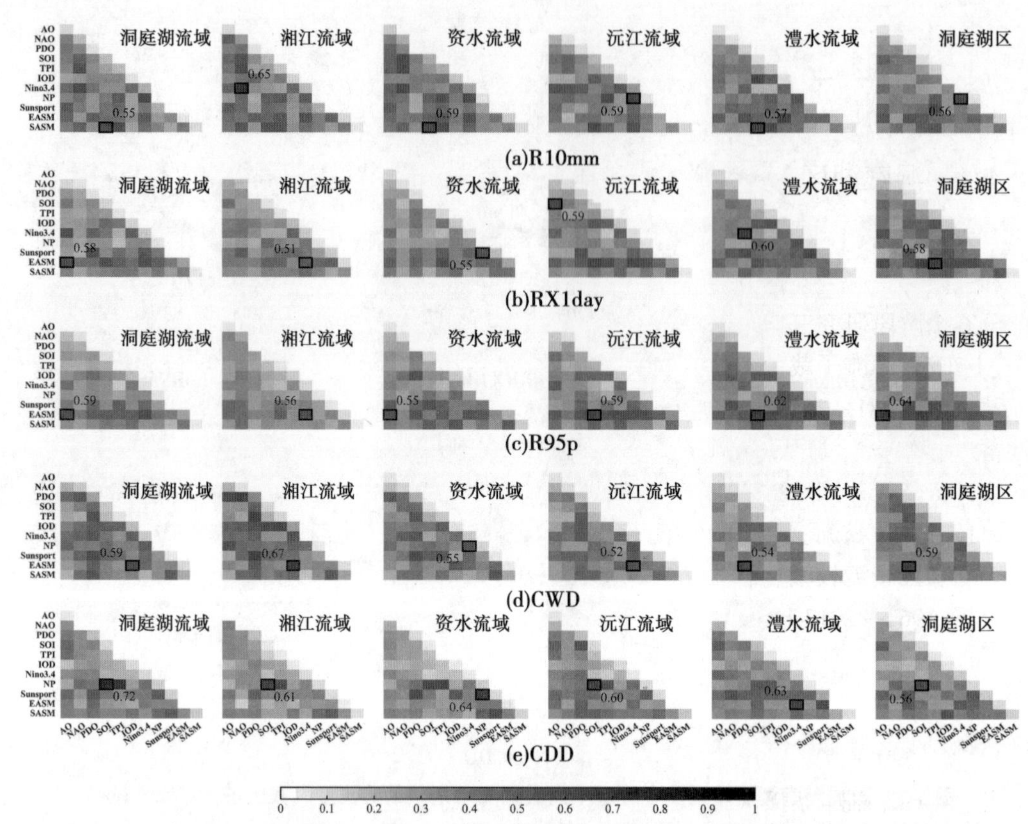

图 4-8　大尺度气候因子之间的交互作用对洞庭湖流域及其子流域上极端降水指数的影响评估结果

(粗方框表示对极端降水指数具有最大解释力的交互作用因子组；
数值表示两个因子的交互作用对极端降水指数的最大贡献率)

从空间角度来看,不同子流域上对同一极端降水指数具有最大解释力的因子交互组存在差异。以 CDD 为例,湘江流域、沅水流域和环湖区的 SOI∩NP 交互作用具有最强解释力,而资水和澧水流域具有最强解释力的交互组则分别为 NP∩TSN 和 Niño 3.4∩EASM。值得注意的是,洞庭湖各子流域上对 RX1day 解释力最强的交互因子组均不相同。此外,对于单个极端降水指数而言,相同的因子交互组在不同的子流域上可能产生不同程度的影响。例如,PDO∩EASM 分别在澧水流域和环湖区上对 CWD 具有最强解释力,其值为 54%和 59%。

不同的两个因子共同作用时均增加了对洞庭湖流域及其子流域极端降水指数的解释力,主要包括两种类型:双因子增强和非线性增强。在洞庭湖流域,不同因子的交互作用对 R95p 均表现出非线性增强,然而 SOI∩TPI 对 R10mm 和 CWD,SOI∩Niño 3.4 对 R10mm 和 CDD,以及 TPI∩Niño 3.4 对 R10mm 和 RX1day 则表现出了双因子增强。两因子的交互结果在洞庭湖子流域上显示出了复杂的情况。以 CDD 为例,在湘江流域,SOI∩TPI 表现为双因子增强作用,而在其他子流域均表现为非线性增强。值得一提的是,SOI∩Niño 3.4 的相互作用在所有子流域上均为双因子增强。此外,对于不同的极端降水指数,相同两因子的交互作用类型也存在着明显的差异。

4.4　洞庭湖水系变化对洪水过程的影响

4.4.1　洞庭湖区入湖洪水分析

20 世纪 50 年代以来,由于自然演变和人类活动影响,如下荆江裁弯、长江干流葛洲坝和三峡等工程的兴建,荆江三口分流分沙发生了显著变化。考虑到人类活动的影响,因此分 6 个阶段研究三口分流分沙变化:①下荆江裁弯前(1961—1966 年);②下荆江中洲子、上车湾、沙滩子裁弯期(1967—1972 年);③葛洲坝截流前(1973—1980 年);④三峡水库蓄水前(1981—2002 年);⑤三峡水库蓄水试运行后(2003—2008 年);⑥三峡水库实验性蓄水(175 m)运行后(2009—2017 年)。

4.4.1.1　三口分流变化趋势

1. 三口年径流量变化趋势

将长江干流枝城、三口(新江口、沙道观、弥陀寺、康家岗、管家铺)水文站资料进行统计分析,1961—2017 年长江干流的年均径流量为 4 355 亿 m^3,松滋口(新江口、沙道观)、太平口(弥陀寺)以及藕池口(康家岗、管家铺)的年均径流量分别为 379 亿 m^3、139 亿 m^3 和 243 亿 m^3。图 4-9 给出了三口年均径流量随时间变化过程,三口年均径流量逐渐减小,除松滋口变化稍微平缓,太平口和藕池口均呈现比较显著的减少趋势。

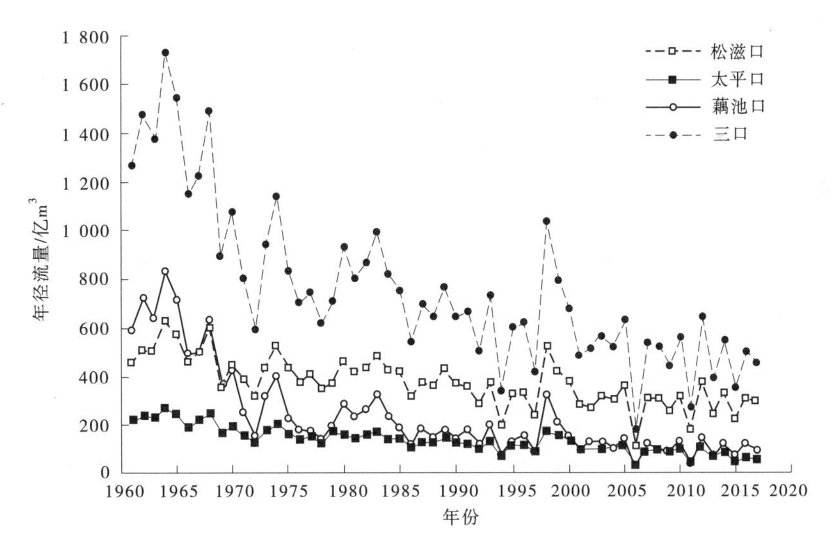

图 4-9　三口年径流量变化过程

表 4-5 给出了不同时期长江干流枝城站径流量、三口分流变化情况。可以看出,1961—2017 年长江干流枝城站径流量无明显趋势变化,但三口年均分流量由 1961—1966 年的 1 425 亿 m^3 减少到 2009—2017 年的 464 亿 m^3,减少 961 亿 m^3;分流比由 31.79%减少到 11.09%。其中,藕池口分流量减少最大,由 1961—1966 年的 670 亿 m^3 减少到 2009—2017 年的 102 亿 m^3,减少 568 亿 m^3,在三口中变化最大。

表 4-5　三口多年平均径流量及分流比

起止年份	径流量/亿 m^3					分流比/%
	枝城	松滋口	太平口	藕池口	三口合计	
1961—1966	4 482	524	231	670	1 425	31.79
1967—1972	4 217	442	185	387	1 014	24.05
1973—1980	4 358	425	165	245	835	19.02
1981—2002	4 404	368	131	181	680	15.44
2003—2008	4 077	292	94	110	496	12.14
2009—2017	4 184	285	76	102	463	11.09

采用 M-K 法和 Pettitt 法对三口径流量演变趋势进行分析。图 4-10 给出了长江三口站点年径流量的 M-K 趋势分析结果。结果表明,在 1969 年以前,三口年径流量呈现上升趋势,但在 1969 年之后,三口径流量一直呈下降趋势,三口站点及三口总入湖年径流量的 UF 线和 UB 线相交于 1985 年,并突破了 95%置信水平,表明三口年径流量在 1985 年发生了显著突变。表 4-6 给出了三口站点年径流量 Pettitt 突变检验结果。研究结果表明,三口站点年径流量均在 1985 年发生了显著突变,这一状况与 M-K 法检验结果一致。

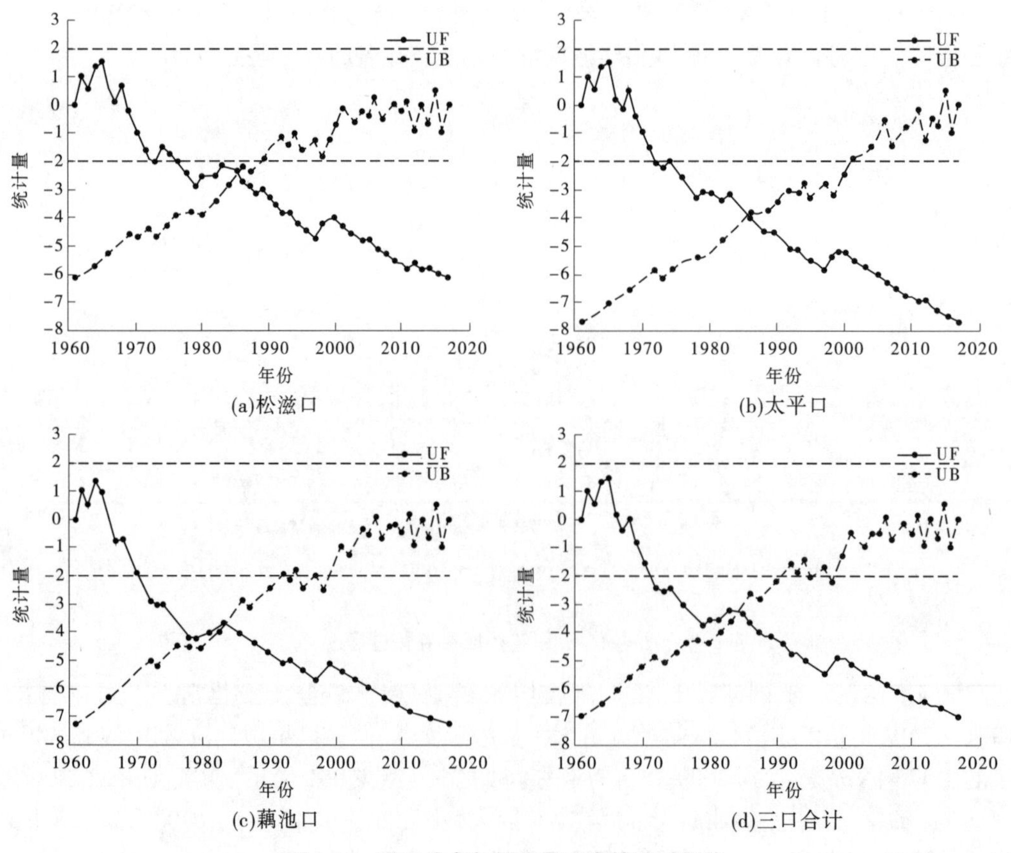

图 4-10　三口站点年径流量突变检验过程线

表 4-6　三口站点年、夏季及非夏季径流量 Pettitt 检验结果

站点	时期	径流量		
		统计量 K_t,N	突变年份	显著性水平
松滋口	年	656	1985	2.24×10^{-6}
	夏季	602	1985	1.95×10^{-5}
	非夏季	708	1990	2.34×10^{-7}
太平口	年	722	1985	1.24×10^{-7}
	夏季	702	1985	3.07×10^{-7}
	非夏季	692	1980	4.78×10^{-7}
藕池口	年	712	1985	1.95×10^{-7}
	夏季	710	1985	2.14×10^{-7}
	非夏季	678	1989/1990	8.80×10^{-7}
三口合计	年	704	1985	2.80×10^{-7}
	夏季	692	1985	4.78×10^{-7}
	非夏季	702	1990	3.07×10^{-7}

2. 三口径流量分时段变化趋势

表 4-7 给出了夏季(6—8 月)和非夏季(9 月至翌年 5 月)的平均径流量。可以看出，1961—2017 年松滋口、太平口、藕池口夏季和非夏季均呈减小的趋势。相比于裁弯前的 1961—1966 年，下荆江裁弯后(1973—1980 年)松滋口、太平口及藕池口夏季径流量分别减少 14.8%、25.6%和 59.8%，非夏季分别减少 33.6%、47.1%、78.7%，可见下荆江裁弯对三口的分流产生了较大的影响，非夏季减少幅度远大于夏季减少幅度，三口中藕池口减少幅度最大；三峡水库正式运行后，三口分流进一步减少，相比于 1961—1966 年，松滋口、太平口及藕池口夏季径流量分别减少 38.3%、60.0%和 82.2%，非夏季分别减少 71.7%、90.2%、96.1%，除松滋口外，太平和藕池口的减少幅度在 60%以上，特别是在非夏季，太平口和藕池口来流减少了 90%以上。由此可见，三峡水库运行大幅减少了三口分流量，对非夏季产生了较大影响，这也是洞庭湖区域产生干旱的重要原因之一。

表 4-7　三口年内不同时段平均径流量　单位：亿 m^3

起止年份	6—8 月				9 月至翌年 5 月			
	松滋口	太平口	藕池口	合计	松滋口	太平口	藕池口	合计
1961—1966	412	180	545	1 137	113	51	127	291
1967—1972	357	148	335	840	86	37	53	176
1973—1980	351	134	219	704	75	27	27	129
1981—2002	315	116	168	599	53	15	13	81
2003—2008	257	83	103	443	36	11	7	54
2009—2017	254	72	97	423	32	5	5	42

同样采用 M-K 法和 Pettitt 法对三口径流量演变趋势进行分析。图 4-11 给出了三口夏季和非夏季径流量趋势变化过程结果。研究表明，在夏季，三口站点从 1970 年开始呈减少趋势，并均在 1985 年发生了显著突变；在非夏季，三口站点在 1965 年之前呈波动趋势，但在 1965 年之后呈减少趋势，UF 和 UB 线相交于 1978 年左右，并突破了 95%置信水平，表明非夏季径流在 1978 年发生了显著突变，非夏季发生突变的时间早于夏季。根据表 4-6 给出的夏季和非夏季 Pettitt 法检验结果，夏季同样在 1985 年发生了显著突变，但非夏季发生突变时间与 M-K 法检测结果有所区别。

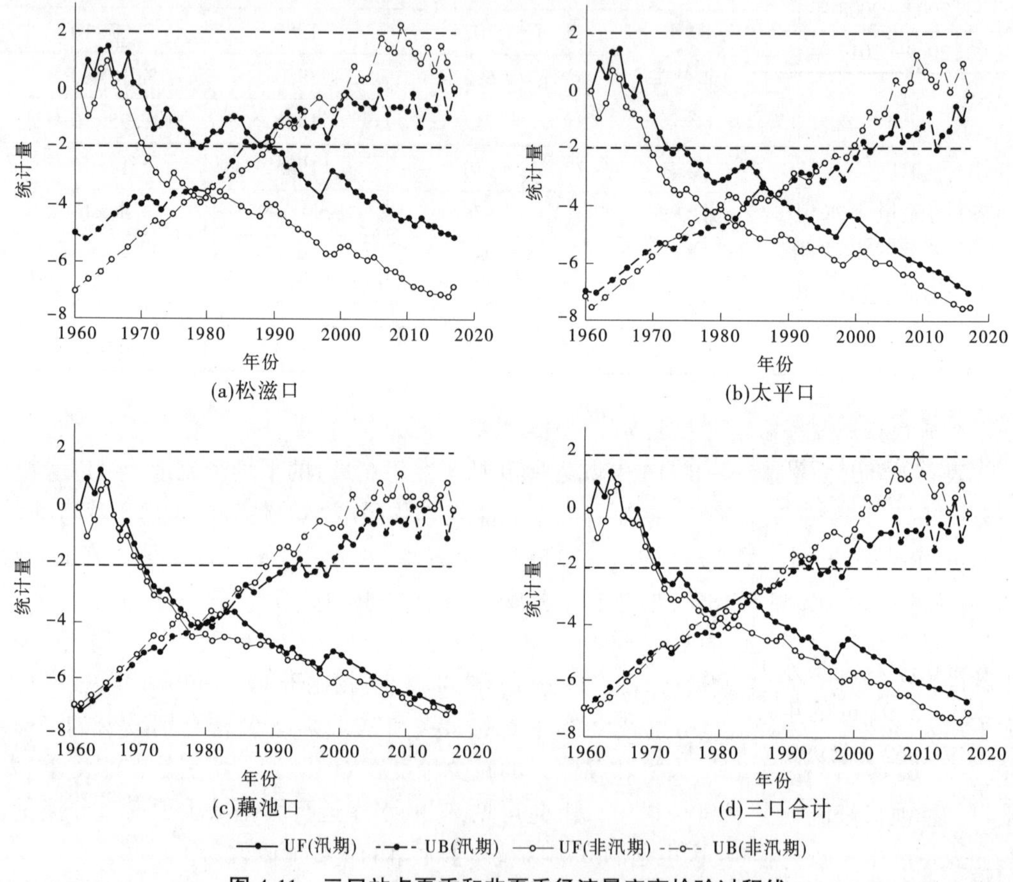

图 4-11　三口站点夏季和非夏季径流量突变检验过程线

三口分流量的持续减少导致三口断流期延长。表 4-8 给出了三口控制站年断流天数。可以看出，沙道观、弥陀寺、藕池管家铺、藕池康家岗四站连续多年出现断流，且断流天数逐渐增加。下荆江裁弯前，沙道观站不断流，弥陀寺、藕池管家铺、藕池康家岗三站断流天数分别为 35 d、17 d 和 213 d，而在裁弯后，沙道观断流 71 d，其余三站分别断流 70 d、145 d 和 258 d；葛洲坝和三峡枢纽建成运行后，三口断流时间进一步增加。特别是 2006 年，沙道观、藕池管家铺断流期长达半年以上，藕池康家岗站甚至断流累积长达 336 d；2011 年，沙道观站断流长达 245 d，康家岗站断流长达 320 d。这与荆江河段冲刷下切，三口口门段逐渐淤积萎缩造成三口通流水位抬高有关。

表 4-8　三口控制站年断流天数统计

时段	多年平均年断流天数/d			
	沙道观	弥陀寺	藕池管家铺	藕池康家岗
1961—1966 年	0	35	17	213
1967—1972 年	0	3	80	241
1973—1980 年	71	70	145	258
1981—2002 年	171	155	167	248
2003—2008 年	199	145	186	257
2009—2017 年	184	132	179	281

前述研究表明,三口河道来流不断减少,但夏季洪水威胁并未减少。图 4-12 给出了 1961 年、1980 年、2002 年和 2012 年三口五站水位流量关系。可以看出,松滋西支(新江口站)同流量下水位变化不明显,特别是 2012 年同流量水位有所降低;松滋东支(沙道观站)同流量下水位明显上升;当沙道观站流量为 1 500 m^3/s 时,1980 年水位比 1961 年水位高 1.0 m,2002 年水位比 1980 年水位高 0.9 m,2012 年水位与 2002 年水位持平;当虎渡河(弥陀寺站)流量为 2 000 m^3/s 时,1980 年水位比 1961 年水位高 0.8 m,2002 年水位比 1980 年水位高 0.9 m,2012 年水位和 2002 年水位持平;藕池西支(康家岗站)同流量水位抬升显著,当流量为 200 m^3/s,1980 年水位比 1961 年水位高 0.8 m,2002 年水位比 1980 年水位高 1.3 m;当水位为 38 m 时,2012 年、1980 年和 1961 年对应的流量分别为 200 m^3/s、400 m^3/s 和 1 300 m^3/s。当藕池东支(康家岗站)流量为 3 000 m^3/s,相比于 1961 年,2012 年、1980 年水位分别抬高 3.0 m 和 1.2 m。

三口河系地区其他站点同流量下水位变化较为明显,下荆江裁弯前至三峡水库运用前相比,松澧洪道石龟山水文站 10 000 m^3/s 对应水位抬高了 3.35 m;松虎洪道安乡水文站 6 000 m^3/s 对应水位抬高了 1.45 m;1954—2002 年,松虎洪道安乡站超过 1954 年的洪峰水位 35.91 m 的年份有 11 年;其中 1996 年最高洪峰水位 37.53 m,超过 1954 年最高洪峰水位 1.62 m;1998 年最高洪峰水位 38.25 m,超过 1954 年最高洪峰水位 2.34 m;2003 年最高洪峰水位 38.00 m,超过 1954 年最高洪峰水位 2.09 m。

由此可见,分流河道衰退并未减弱洪水威胁。受荆江裁弯影响,除松滋西支外,其他河道同流量水位抬升较为明显,这对三口地区防洪产生了较为显著的影响;而三峡蓄水后,三口五站同流量水位变化较小,基本维持在三峡蓄水前的水位。

4.4.1.2　三口分沙变化趋势

1. 三口年输沙量变化趋势

三口分流量的减少,导致三口分沙量呈显著减少态势,见表 4-9。2009—2017 年与 1961—1966 年相比,三口年均分沙量减少 19 378 万 t,减少了约 96%。下荆江裁弯后与裁弯前相比,三口年均分沙量减少 9 185 万 t,减少了 45.5%,其中松滋口和太平口这一时期减少较少,而藕池口减少较多,藕池西支康家岗减少了 78.4%,藕池东支管家铺减少了 62.2%。葛洲坝枢纽蓄水后到三峡枢纽蓄水前这一时期,三口分沙减少较少,而在三峡蓄水后的 2003—2008 年,相比于裁弯后的 1973—1980 年,松滋西支新江口、松滋东支沙道

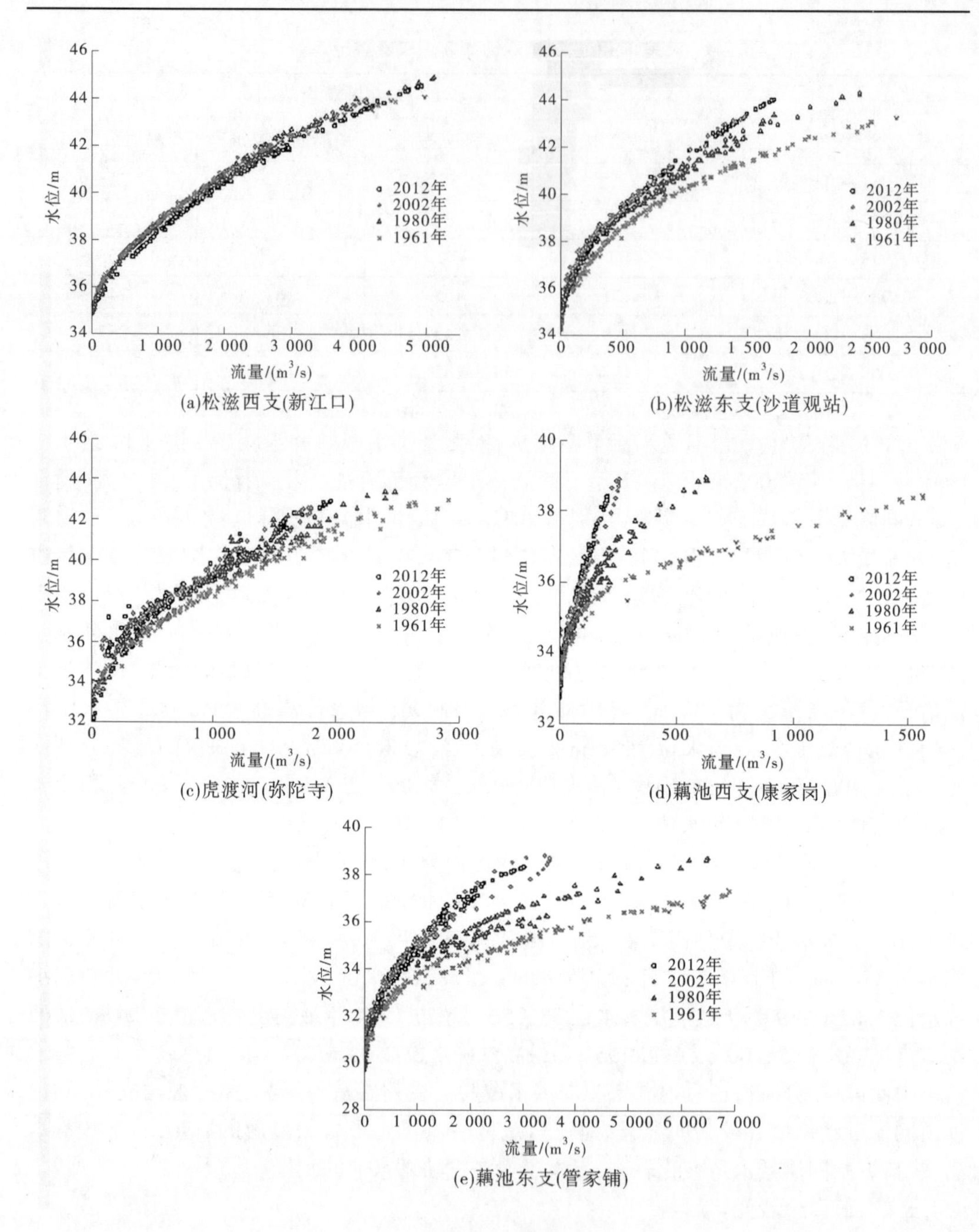

图 4-12　三口站

观、太平口弥陀寺、藕池西支康家岗和藕池东支管家铺分沙进一步分别减少 2 860 万 t、1 117 万 t、1 732 万 t、192 万 t 和 3 830 万 t，三口五站合计减少 9 731 万 t，减少幅度分别为 84.2%、87.3%、90.1%、90.1%和 91.5%，三口总分沙减少 88.5%。由此可见，三峡蓄水后加剧了三口分沙的减少。

表 4-9　不同阶段三口多年平均输沙量　　单位：万 t

起止年份	松滋口		太平口	藕池口		三口
	新江口	沙道观	弥陀寺	康家岗	管家铺	
1961—1966	3 683	1 956	2 459	986	11 098	20 182
1967—1972	3 306	1 501	2 079	455	6 255	13 596
1973—1980	3 397	1 280	1 922	213	4 185	10 997
1981—2002	3 142	972	1 516	165	2 544	8 339
2003—2008	537	163	190	21	355	1 266
2009—2017	229	67	260	5	243	804

图 4-13 给出了长江三口站点年输沙量 M-K 趋势分析结果。研究表明：1970 年以前，三口年输沙量总体处于上升趋势，但在 1970 年之后，三口输沙量一直呈下降趋势，这与三口年径流量变化趋势基本一致；同时，也说明荆江裁弯后，对三口输沙产生了较大的影响。松滋口年输沙量 UF 和 UB 线相交于 2000 年，并突破了 95%置信水平，表明松滋口年输沙量在 2000 年发生了显著突变，而太平口、藕池口和三口总入湖输沙量均在 1990 年代初发生了显著突变。表 4-10 给出了三口年输沙量 Pettitt 突变检验结果。研究发现，三口站点年输沙量均在 1990 年或 1991 年发生了显著突变，这与 M-K 法检验结果基本一致。

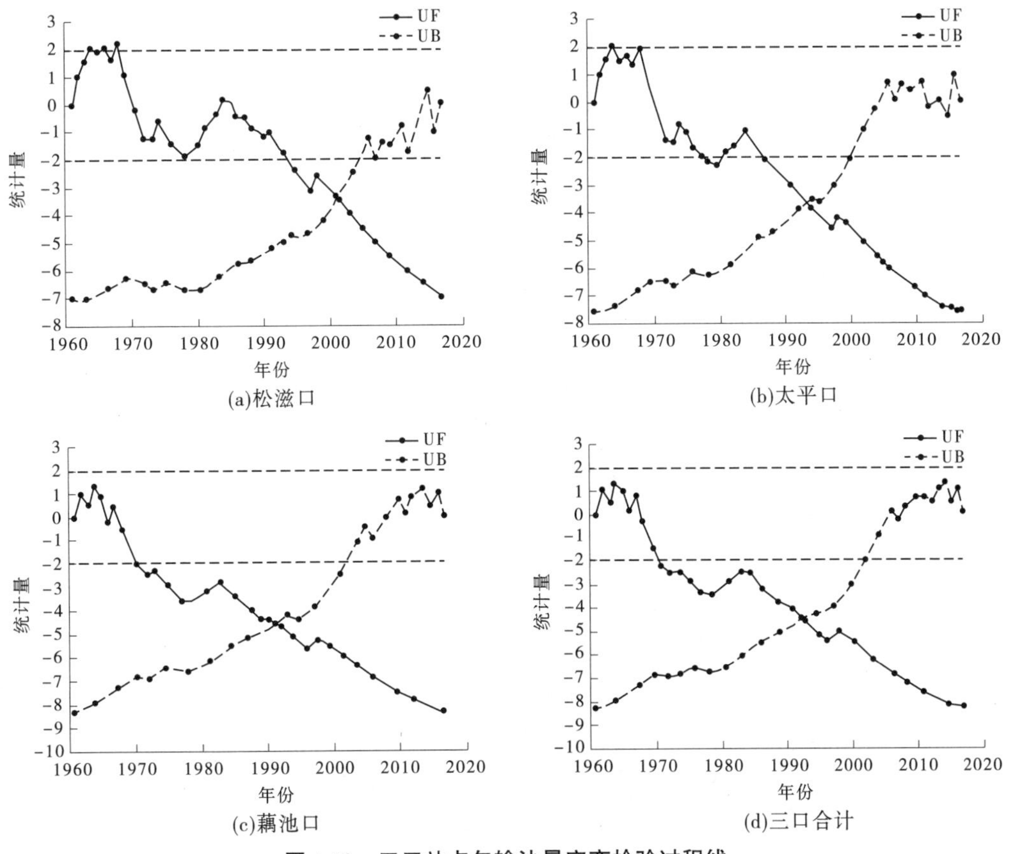

图 4-13　三口站点年输沙量突变检验过程线

表 4-10　三口站点年、夏季及非夏季径流量 Pettitt 法检验结果

站点	时期	径流量		
		统计量 K_t,N	突变年份	显著性水平
松滋口	年	728	1991	9.39×10^{-8}
	夏季	718	1991	1.49×10^{-7}
	非夏季	736	1991	6.46×10^{-8}
太平口	年	746	1991	4.03×10^{-8}
	夏季	738	1991	5.88×10^{-8}
	非夏季	736	1990	6.46×10^{-8}
藕池口	年	748	1990	3.67×10^{-8}
	夏季	748	1990	3.67×10^{-8}
	非夏季	696	1989	4.00×10^{-7}
三口合计	年	758	1990/1991	2.27×10^{-8}
	夏季	748	1991	3.67×10^{-8}
	非夏季	776	1990	9.42×10^{-9}

2. 三口径流量分时段变化趋势

表 4-11 给出了夏季(6—8 月)和非夏季(9 月至翌年 5 月)的平均输沙量。可以看出,1961—2017 年松滋口、太平口、藕池口夏季和非夏季输沙量均呈减小的趋势。由表 4-11 可知,1961—2017 年,三口夏季和非夏季输沙量在两个主要时段均发生变化。主要表现:一是荆江裁弯后,相比于裁弯前的 1961—1966 年,下荆江裁弯后(1973—1980 年)松滋口、太平口及藕池口夏季输沙量分别减少 15.8%、19.8%和 62.3%,非夏季分别减少 29.3%、38.6%、78.5%,表明荆江裁弯后,对三口输沙影响较大,其中影响最大的为藕池口,此外对非夏季的影响也比夏季大;二是三峡蓄水后,相比于 1973—1980 年,松滋口、太平口及藕池口夏季输沙量进一步分别减少 93.2%、85.9%和 94.6%,非夏季分别减少 98.9%、92.7%、89.1%,三口夏季和非夏季输沙减少幅度均在 90%以上,由此可见三峡水库运行大幅减少了三口分沙量。

图 4-14 给出了三口夏季和非夏季输沙量趋势变化过程线。结果表明,夏季,三口站点变化趋势和突变年份和年输沙量变化基本一致。而非夏季,三口站点发生显著突变的年份均早于夏季,松滋口、太平口、藕池口和三口非夏季输沙发生突变年份分别为 1994 年、1990 年、1988 年和 1989 年;同样,Pettitt 法也检测到三口站点夏季和非夏季输沙在 1990 年左右发生了显著突变。

表 4-11 三口年内不同时段平均输沙量 单位:万 t

起止年份	6—8 月				9 月至翌年 5 月			
	松滋口	太平口	藕池口	合计	松滋口	太平口	藕池口	合计
1961—1966	5 116	2 198	11 131	18 445	535	267	981	1 783
1967—1972	4 388	1 874	6 228	12 490	430	210	498	1 138
1973—1980	4 309	1 762	4 199	10 270	378	164	211	753
1981—2002	3 878	1 426	2 641	7 945	245	94	76	415
2003—2008	684	185	373	1 242	17	5	5	27
2009—2017	293	249	226	768	4	12	23	39

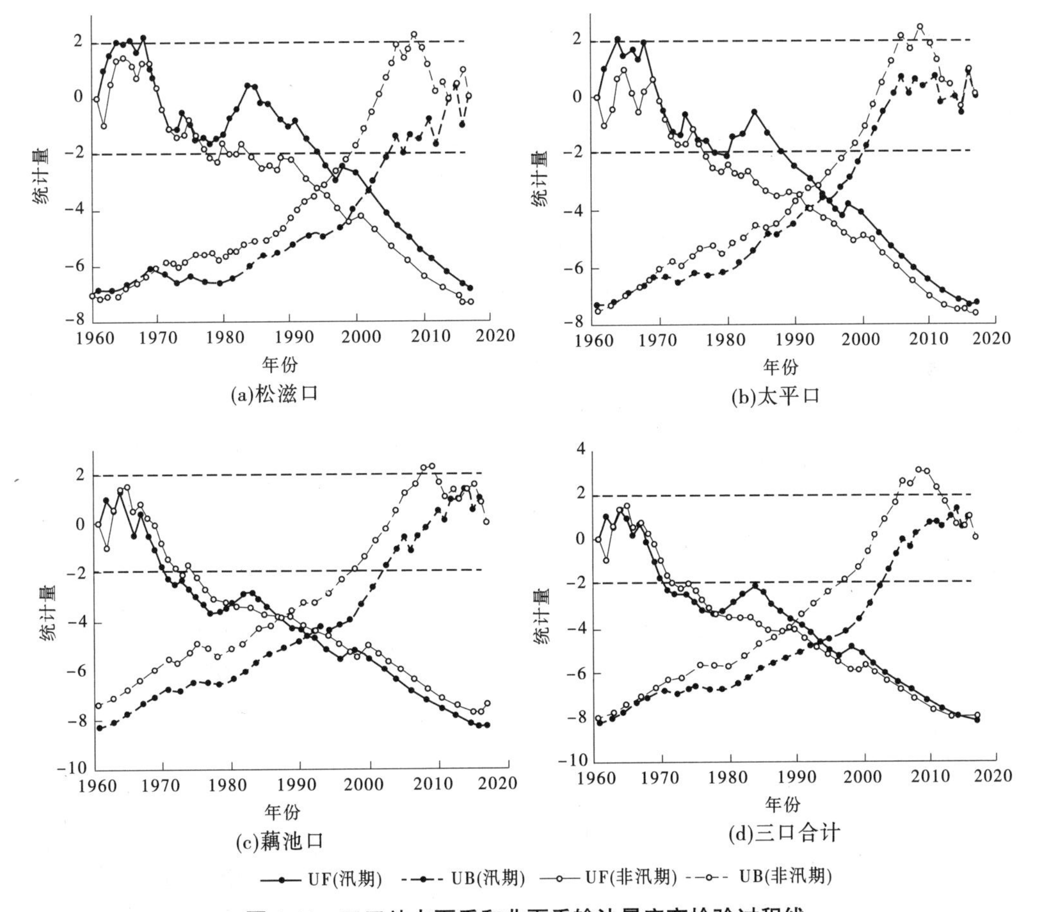

图 4-14 三口站点夏季和非夏季输沙量突变检验过程线

4.4.2 四水水沙演变规律

4.4.2.1 四水径流变化趋势

图 4-15 给出了湘江、资水、沅水和澧水控制站点及四水总入湖年径流量变化过程，表 4-12 给出了四水年、夏季及非夏季径流量 Pettitt 法检验结果。由结果可知，四水总入湖径流量发生突变的年份为 1992 年，但统计量表明，四水总入湖径流量并未发生显著突变；同时，湘、资、沅和澧径流量的统计量，表明四水各流域径流量并未发生显著突变。

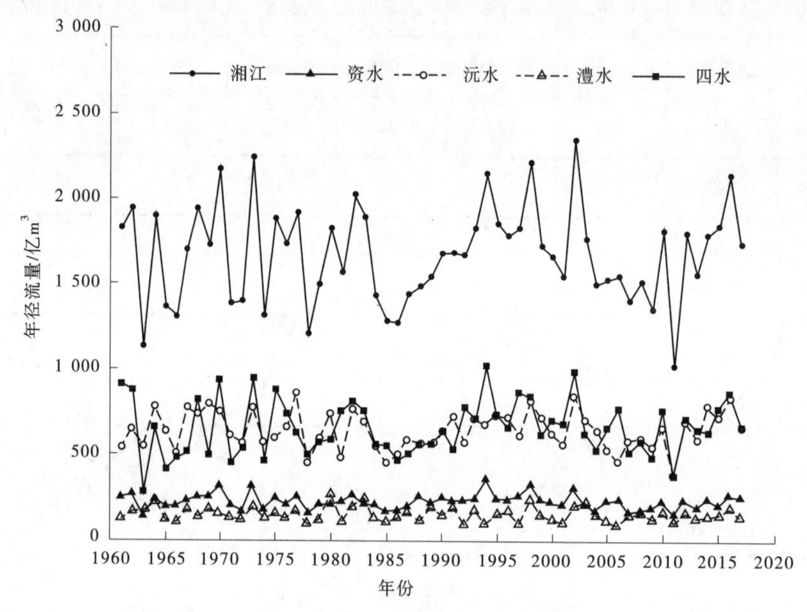

图 4-15 四水年径流量变化过程

表 4-12 四水年、夏季及非夏季径流量 Pettitt 法检验结果

站点	时期	径流量		
		统计量 K_t, N	突变年份	显著性水平
湘江	年	232	1991	0.36
	夏季	198	1991	0.57
	非夏季	300	1980	0.11
资水	年	168	2002	0.81
	夏季	162	1977	0.87
	非夏季	248	1980	0.28
沅水	年	134	2013	1.13
	夏季	146	1980	1.01
	非夏季	218	1988	0.44

续表 4-12

站点	时期	径流量		
		统计量 K_t, N	突变年份	显著性水平
澧水	年	92	1983	1.53
	夏季	160	2004	0.89
	非夏季	382	1999	0.02
四水合计	年	138	1992	1.09
	夏季	128	2003	1.19
	非夏季	294	1988/1989	0.13

4.4.2.2　四水输沙量变化趋势

湘江输沙量在 1970 年之前呈减少趋势，但在 1970—1985 年一直呈增加趋势，并在 1985 年后输沙量一直呈下降趋势，且 UF 和 UB 线交于 1997 年，并达到 95%的置信水平，表明输沙量呈现显著减少趋势；资水输沙量变化趋势与湘江基本一致，在 1998 年发生了显著突变；沅水输沙量在 1961—1980 年一直呈增加趋势，在 1980 年后呈减少趋势，UF 和 UB 线交于 1994 年，并达到 95%的置信水平，表明输沙量呈现显著减少趋势；澧水输沙量在 1975 年之前呈增加趋势，同样在 1975 年之后呈减少趋势，并在 1995 年发生了显著突变。四水总入湖输沙量变化规律和湘江基本一致，1985 年之前，输沙量增加，1985 年之后输沙量减少，并在 1995 年发生了显著突变。

图 4-16、图 4-17 分别给出了四水年输沙量突变检验过程线，以及四水夏季和非夏季输沙量突变检验过程线。结果表明，四水夏季输沙量演变规律和年输沙量演变规律基本一致，但非夏季输沙量变化规律各不相同。湘江非夏季输沙量变化规律表现为 1970 年呈减少趋势，1971—2005 年一直呈增加趋势，之后发生了突变，但并未突破 95%的置信水平，未发生显著突变；资水非夏季输沙量在 1991 年之前呈减少趋势，1991—1995 年呈增加趋势，1996 年之后呈减少趋势，并突破了 95%的置信水平，表明在 2010 年发生了显著突变；沅水非夏季输沙量一直呈减少趋势，并在 1995 年发生了显著突变；澧水非夏季输沙量同样呈减少趋势，并在 1995 年发生了显著突变；四水非夏季总入湖输沙量在 1995 年之前一直是波动变化，1995 年后呈减少趋势，并在 1998 年发生了显著突变。

四水年、夏季及非夏季输沙量的 Pettitt 突变检验结果表明，四水的年、夏季及非夏季输沙量均发生了显著突变（$P \leqslant 0.05$），这与 M-K 检测方法得到的结论基本一致，同时，年输沙量和夏季输沙量发生突变的年份基本一致。具体如表 4-13 所示。

4.4.3　出入洞庭湖水沙变化

本书采用三口和四水的年水沙量作为入洞庭湖的年水沙量，城陵矶（七里山）水文站的年水沙量为出洞庭湖的年水沙量；进出洞庭湖的年水量差为其他小支流和湖区雨水进入洞庭湖的年水量，进出洞庭湖的年沙量差可以反映在洞庭湖区沉积下来的年沙量。表 4-14 给出了不同时期进出洞庭湖的年径流量和年输沙量，进出洞庭湖的年径流量变化过程如图 4-18 所示，进出洞庭湖的年沙量变化过程如图 4-19 所示。

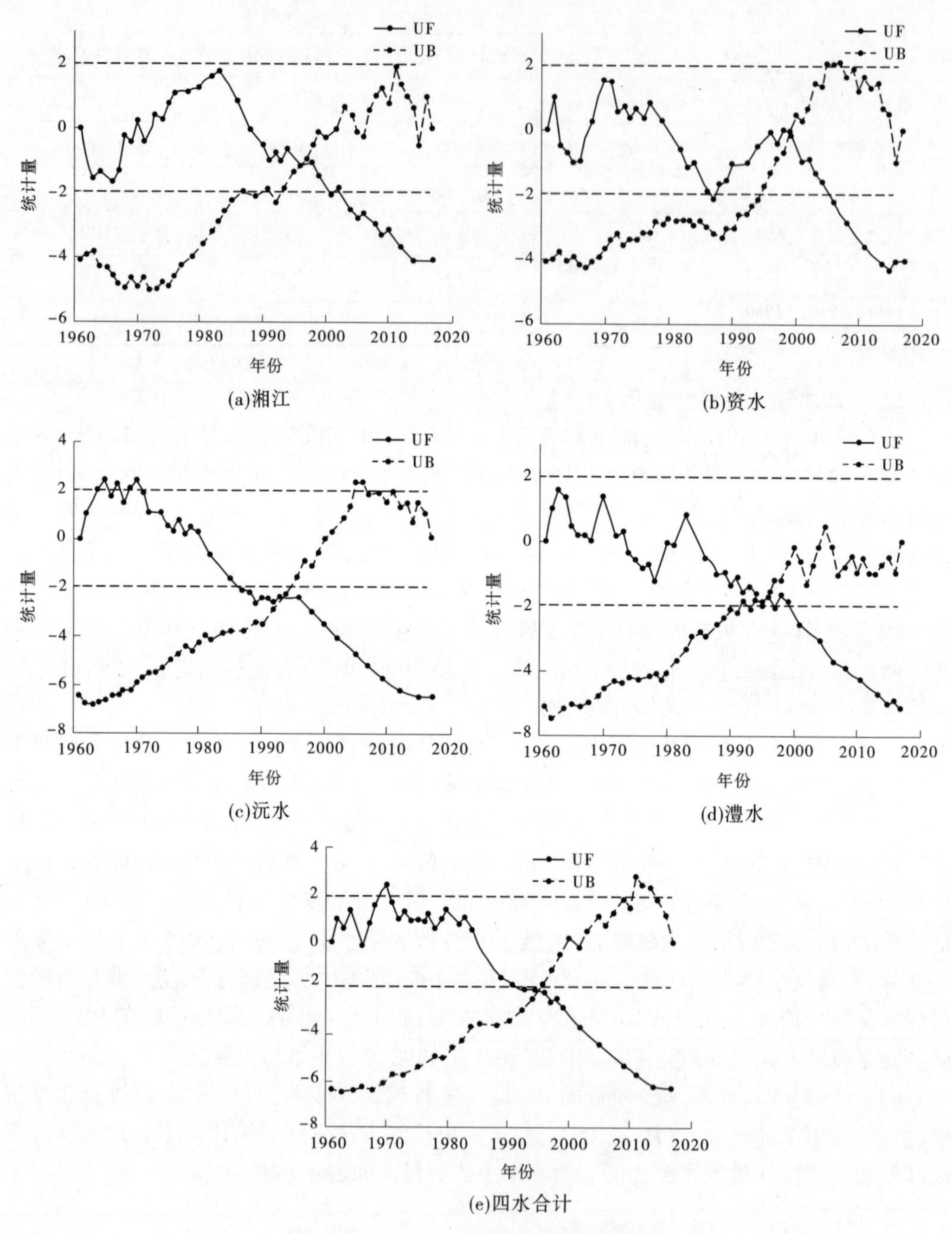

图 4-16　四水年输沙量突变检验过程线

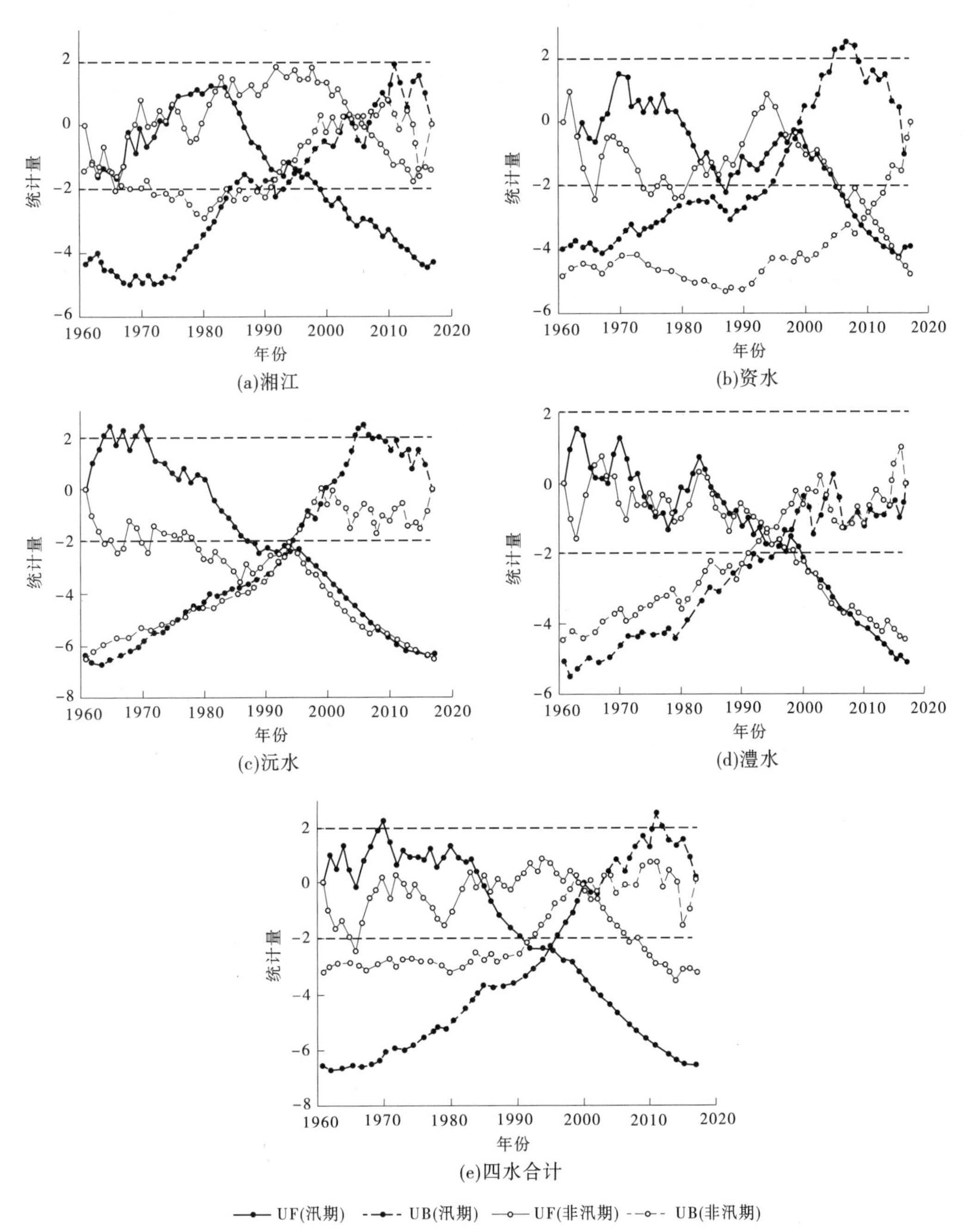

图4-17　四水夏季和非夏季输沙量突变检验过程线

表 4-13　四水年、夏季及非夏季输沙量 Pettitt 法检验结果

站点	时期	径流量		
		统计量 K_t,N	突变年份	显著性水平
湘江	年	516	1985/1986	4.16×10^{-4}
	夏季	558	1986	9.90×10^{-5}
	非夏季	358	1998	0.033 79
资水	年	596	1999	2.45×10^{-5}
	夏季	564	1999	7.99×10^{-5}
	非夏季	598	1994	2.27×10^{-5}
沅水	年	730	1996	8.55×10^{-8}
	夏季	722	1996	1.24×10^{-7}
	非夏季	736	1994	6.46×10^{-8}
澧水	年	596	1991	2.45×10^{-5}
	夏季	596	1998	2.45×10^{-5}
	非夏季	520	1990/1993	3.65×10^{-4}
四水合计	年	714	1984	1.78×10^{-7}
	夏季	782	1984	7.79×10^{-8}
	非夏季	512	1998	4.74×10^{-4}

表 4-14　不同时期进出洞庭湖的平均年径流量和输沙量

起止年份	径流量/亿 m^3				输沙量/万 t			
	入湖径流量		出湖径流量	水量差	入湖输沙量		出湖输沙量	沙量差
	三口	四水	城陵矶		三口	四水	城陵矶	
1961—1966	1 425	1 580	3 228	223	20 182	2 853	5 710	−17 324
1967—1972	1 014	1 723	2 967	230	13 596	4 049	5 232	−12 414
1973—1980	829	1 705	2 778	244	10 997	3 657	3 833	−10 821
1981—2002	680	1 726	2 728	322	8 339	2 127	2 778	−7 688
2003—2008	495	1 543	2 290	251	1 266	820	1 527	−558
2009—2017	464	1 676	2 506	366	804	759	2 214	650

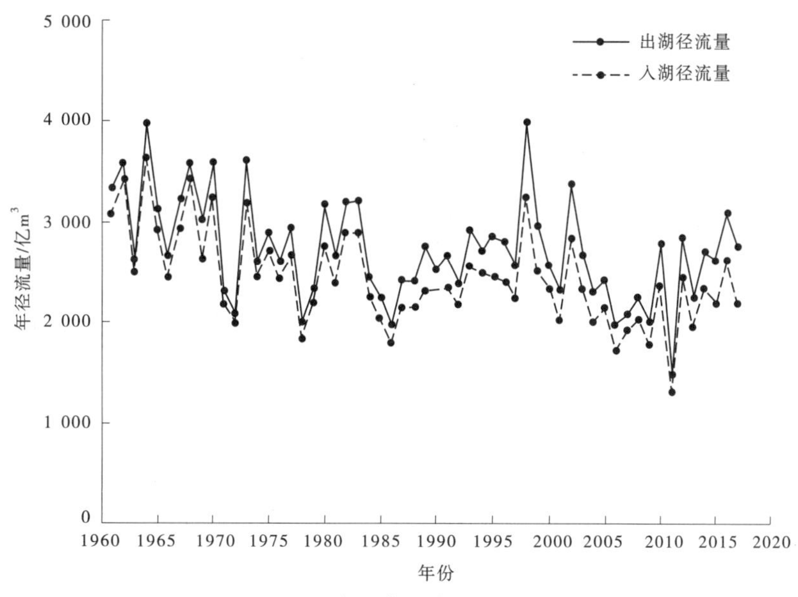

图4-18　进出洞庭湖的年水量变化过程

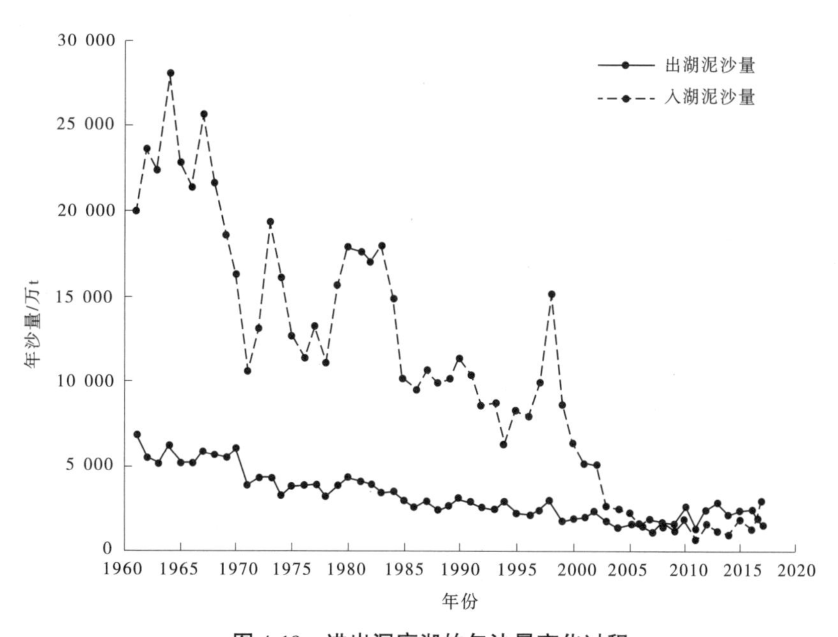

图4-19　进出洞庭湖的年沙量变化过程

研究表明，由于三口分流呈减少趋势，而四水径流量并未发生明显变化，导致进出洞庭湖的年径流量呈减少状态，三口占入湖径流量的比重进一步减少，1961—1966年洞庭湖总入湖径流量为3 005亿m^3，三口占比48.4%，2009—2017年总入湖径流量为2 140亿m^3，三口占比降至21.7%。洞庭湖出湖径流量由1961—1966年的3 228亿m^3减至2009—2017年的2 506亿m^3。1961—2017年，出湖径流量与入湖径流量的水量差并未发生明显变化，表明这一时期洞庭湖区自产径流量变化不大。

前述分析表明,三口和四水年沙量均呈减少趋势,进入洞庭湖的年沙量呈显著减少趋势,出洞庭湖的年沙量减少速度相对较慢,而淤积在湖区的年沙量呈不断减少态势,特别是2008年后,出洞庭湖输沙量大于入洞庭湖的泥沙,表明该时期洞庭湖已开始冲刷。1961—1966年,入湖输沙量为23 035万t,其中三口占总入湖输沙量的87.6%,而到了2009—2017年,入湖输沙量为1 563万t,三口占总入湖输沙量的51.4%。洞庭湖出湖输沙由1961—1966年的5 710万t减至2009—2017年的2 214万t。图4-18和表4-14表明,2008年以前,出湖泥沙量远小于入湖泥沙量,这一时期洞庭湖处于淤积阶段,而在2008年以后,出湖泥沙量大于入湖泥沙量,洞庭湖开始出现冲刷。

采用M-K趋势分析法和Pettitt法检验进出洞庭湖水沙变化,研究表明(见表4-15),出入湖径流量均在1978年左右发生了显著突变,并在1970年后一直呈下降趋势;Pettitt法得到的结果表明,出入湖径流量在1983年发生显著突变,两种检验方法得到的结论基本一致;入湖沙量在1991年左右发生显著突变,自1970年开始一直呈下降趋势,出湖沙量自1961年开始一直呈下降趋势,并在1984年发生了显著突变,见图4-20。

表4-15 出入洞庭湖水沙Pettitt检验结果

站点	径流量			输沙量		
	统计量K_t,N	突变年份	显著性水平	统计量K_t,N	突变年份	显著性水平
入湖	436	1983	0.001	774	1991	1.04×10^{-8}
出湖	358	1983	0.03	798	1985	3.13×10^{-9}

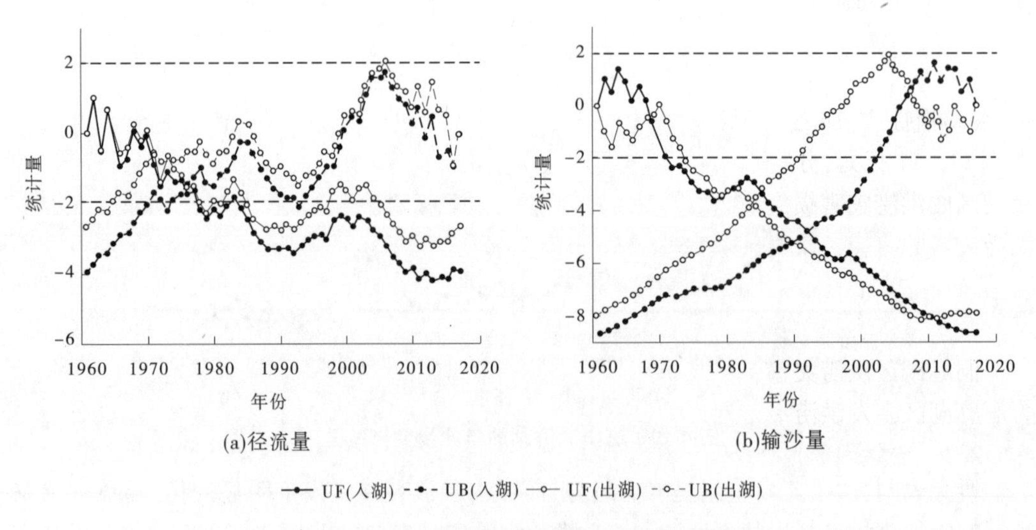

图4-20 出入洞庭湖水沙突变检验过程线

4.5　洞庭湖洪涝灾害致灾机制研究

4.5.1　洞庭湖的洪涝灾害特点

4.5.1.1　洪涝灾害频繁

公元618年至1949年的1 331年间,长江共发生大洪水223次,平均6年1次,而洞庭湖更频繁。据史料记载,公元1400年至1949年的550年中,共发生大范围洪涝灾害120次,平均4.6年出现一次。20世纪50—70年代平均每4~5年一次大水灾,80年代平均3~4年一次大水灾。20世纪90年代以来,除1992年、1997年、2000年、2001年外,其他年份均为大水年。洞庭湖区的洪涝灾害越来越频繁。

4.5.1.2　洪涝灾难成灾率增高

在1931—1990年的14次大洪涝灾害中,平均每年受洪涝面积为18.0万hm^2,占湖区耕地面积的40%,多年平均成灾率54.2%。而在1991—2000年的6次大洪涝灾害中,平均每年受洪涝面积达32.8万hm^2,约占湖区耕地面积的61.5%,其中以1995年、1998年受洪涝面积最大,分别占全区耕地面积的55.7%及62.3%。由于受洪涝危害的面积增大,多年平均成灾率上升至61.0%,其中1995年、1998年洪涝成灾率达62.3%以上。由此可以认为,洞庭湖区进入20世纪90年代后,洪涝致灾成害的能力明显增强,以至于致灾成害的面积亦显著扩大。

4.5.1.3　洪涝灾害损失增大

以20世纪90年代为例,据统计,在1991—2000年的6年大洪涝灾害中,洞庭湖堤垸区共计直接经济损失达325.39亿元(系227个堤垸区),平均每年为54.23亿元,分别为1931—1990年大洪涝灾害损失值的5倍和17倍。由于洞庭湖区是我国重要的粮棉基地,且易损性大,加之农村防洪能力低,在大洪涝灾害中,农村灾损达186.26亿元,城镇灾损为139.11亿元,分别为1931—1990大洪涝灾害损失值的11倍和7倍。2002年和2003年湖区的洪涝灾害损失也具有相同的特点。由此表明,20世纪90年代以来,洞庭湖区大洪涝灾害的直接经济损失呈显著增大趋势,且农村灾损大于城镇。

4.5.2　洞庭湖洪涝灾害成因分析

洞庭湖区洪涝灾害是自然因素和人为因素综合作用的结果。自然地理、气候条件等为洞庭湖区多发洪涝灾害提供了自然基础,而人类活动强化了洪涝灾害的发生频率。

4.5.2.1　自然因素

1.地形因素

洞庭湖地处长江中下游荆江南岸,是长江中游最为典型的通江型湖泊,北纳荆江三口来水,吞吐湖南四水,且湖区东、西、南三面均有丰富的水系发育,总集水面积达25.9万km^2。在夏季,湘、资、沅、澧四水多年平均入湖水量为1 080亿m^3。洞庭湖又处于平江、浏阳、醴陵、江华和道县等5大暴雨中心的下游地区,夏季为洞庭湖提供了丰沛的水源。1998年6月1日至8月31日湖区区间产水量达246亿m^3,超过1954年的区间产水量;

荆江三口总入湖水量达 1 972 亿 m^3,远超过 1996 年同期总入湖总量。洞庭湖多年平均径流量 2 862 亿 m^3,相当于鄱阳湖的 3 倍、黄河的 6 倍、太湖的 10 倍。加上洞庭湖是长江唯一的过水性通江湖泊,超过 1/2 的长江水量通过洞庭湖过境,荆江三口每年夏季都有将近 1 046 亿 m^3 的超额洪水入汇洞庭湖;如果长江洪水和湖南四水夏季洪水遭遇汇集,将在湖区形成巨大的超额洪水。城陵矶是洞庭湖唯一的出口,且夏季受长江下游洪水的顶托,众多因素决定了湖区极易多发洪涝灾害。由于长江顶托严重,1998 年 8 月 20 日城陵矶出现最高水位 35.94 m 时,出湖量仅 2.88 万 m^3/s,而 1954 年最高水位 34.55 m 时,出湖流量有 4.35 万 m^3/s。

从地质构造上看,洞庭湖属于雪峰山脉的一个断拗盆地,其地形呈西北高、东南低的形态,大体呈从西南往东北倾斜的蝶形盆地,形成了湖区中心低、四周高的典型的向心状水系,为荆江三口来水、湖南四水洪水汇流以及湖区暴雨径流的迅速集中汇合提供了有利的地势条件。长江经过第一阶梯到第二阶梯后直接进入东部平原区,河道明显展宽,沿途卡口多,坡降减缓,流速减慢,泥沙落淤,由宜昌站到入海口的总长达 1 800 km,而落差却只有 50 m,洪水入海受阻。加上湖区内江湖水网分布密集,95%以上的耕地均靠堤垸阻隔夏季洪水,一旦夏季洪水集中入汇湖区,洞庭湖区很容易形成水高田低、易受洪涝灾害入侵的不利格局。

2. 气候因素

大气环流异常是夏季降水增多的根源。洞庭湖地处湘中北亚热带湿润型季风气候区,受东南季风、副热带高压及西风带环流综合影响,具有不稳定的天气系统,形成了冬季干冷少雨、春季雨水较多、夏季高温重湿、秋季秋高气爽的气候特征。湖区多年平均降水量 1 331 mm,雨季明显,雨量充沛集中,夏季多暴雨,4—9 月为多雨季节,集中于全年降水量的 66%,由于雨量集中,出现洪涝的可能性最大。

西太平洋副热带高压的活动是决定梅雨锋系及其降水带位置的主要天气系统之一,当副热带高压脊线停留在 20°N~25°N 时,梅雨在此带位置常常处于 27°N~32°N 区域内,洞庭湖区正处于这个多雨地带,因此副热带高压脊线在 20°N~25°N 停留时间长短与洞庭湖区洪涝灾害有着直接关系。

根据气象部门对环流形势图的分析结果可知:50°N 左右的北东亚至乌拉尔山地区,多阻塞形势,有 60%~100%的时间都存在不同的地区阻塞高压,它对长江中游流域梅雨期有着重要影响。它不仅使降水天气过程稳定,持续时间长、还可导致北方冷空气不断南下,与南方暖湿空气交接于江淮地区,给江淮地区造成饱雨天气,这是造成梅雨延长、暴雨频繁的主要原因之一。此外,特大暴雨连续性,多集中在夏季副热带峰区上,气旋的发生和发展一般都在峰区上进行。研究表明,长江中游暴雨发生与气旋活动和西风急流(副热带峰区的位置)密切相关。受天气气候的影响,连续性、集中性暴雨是造成洞庭湖区洪涝灾害的主要原因之一。

青藏高原气候异常带来的大量降水也是洞庭湖致灾的直接原因。青藏高原是世界最高山脉所在地区,南面孟加拉湾是世界上最大的热带风暴中心。海水温度冷暖变化是天气气候变化的主要动力源。湖南省气象部门根据 1960—1997 年的有关资料进行分析研究,研究表明,在厄尔尼诺次年,洞庭湖区发生洪涝灾害的频率达到 78%,明显高于洪涝灾害的气候频率(30%),见表4-16。表4-16表明,1960—1998年在厄尔尼诺年,洞庭湖区出现非洪涝灾害年的频率较大,达到77%(10/13),而在厄尔尼诺次年则以出现洪涝灾害年的频率较大,也达到77%(10/13)。当然,上述厄尔尼诺与洞庭湖区洪涝灾害的相关关系结论是基于统计分析得出的,因此并非所有厄尔尼诺次年都会发生洪涝灾害,只有结合环流形势特别是副热带高压出现异常变化的情况进行综合分析,才能得出可靠的结论。

表4-16　厄尔尼诺与洞庭湖区洪涝灾害发生的关系

厄尔尼诺	当年	次年	厄尔尼诺	当年	次年
1963	非洪涝灾害年	洪涝灾害年	1986	非洪涝灾害年	非洪涝灾害年
1965	非洪涝灾害年	洪涝灾害年	1987	非洪涝灾害年	洪涝灾害年
1969	洪涝灾害年	洪涝灾害年	1991	非洪涝灾害年	非洪涝灾害年
1972	非洪涝灾害年	洪涝灾害年	1992	非洪涝灾害年	洪涝灾害年
1976	非洪涝灾害年	洪涝灾害年	1994	洪涝灾害年	洪涝灾害年
1982	非洪涝灾害年	洪涝灾害年	1997	非洪涝灾害年	洪涝灾害年
1983	洪涝灾害年	非洪涝灾害年			

3. 水文因素

洞庭湖承纳湖南四水来水来沙,同时长江洪水经荆江三口汇入湖区,荆江三口和出湖口城陵矶是长江与洞庭湖相互联系的纽带,由此构成了一个复杂的、相互制约、相互影响的江湖关系系统。

当夏季洪水发生时,湘、资、沅、澧四水的干流和尾间的水位会变化,是洪涝灾害发生的关键因素。洞庭湖区的洪水除来自本区的降水外,还要接纳来自湘、资、沅、澧四水流域和湖区以上的长江流域的降水。湘、资、沅、澧四水如果同时暴雨,洪水一并汇入洞庭湖,往往容易造成特大洪涝灾害。城陵矶是洞庭湖唯一出水口,湖南四水、长江三口入湖洪峰从这里注入长江,夏季的时候,城陵矶口由于受长江高水位顶托,洞庭湖排出的湖水拥堵,甚至出现长江洪水倒灌洞庭湖,引起湖区大范围的洪涝灾害。此外,洞庭湖内部芦苇丛生,滞流阻水,也严重影响其泄洪功能。

4.5.2.2　人为因素

1. 围湖造田,蓄洪能力减弱

历史上,中原地区人口多次南迁于洞庭湖区,毁林开荒,引起水土流失,洞庭湖区泥沙淤积增多。中华人民共和国成立前,封建主竞相围垦,湖区垸内耕地面积达3 956.8万hm^2;中华人民共和国成立后一段时间内,地方政府盲目围湖垦殖,湖区总围垸面积达10 042.5 km^2,造成洞庭湖原始湖面的萎缩。洞庭湖湖区泥沙淤积和过度围垦,其面积由原来的6 200 km^2(1825年)减少到的4 350 km^2(1949年)。加之长江上游植被破坏和水土流失,荆江河床抬高,洞庭湖泥沙淤积加快,湖泊面积进一步缩减到现在的2 670 km^2,调蓄洪水的容积由293亿m^3减小到174亿m^3。洞庭湖蓄水面积较少,调蓄洪水能力降低,导致湖区洪涝灾害频发。

2. 森林植被破坏,水土流失严重

多年来,长江上游和四水流域由于人类盲目滥砍滥伐,大量森林植被遭到人为破坏,暴雨加快地表径流导致流域水土流失严重,大量泥沙进入河道致使河流淤积。同时,洪水挟带大量泥沙汇入洞庭湖,湖泊容积被动减小,降低了湖泊的调洪能力。长江上游水土流失主要为金沙江下游、乌江上游、嘉陵江流城、沱江流城、三峡库区(重庆—鄂西段)。20 世纪 50 年代初,长江流域的水土流失面积达到 29 万 km^2,20 世纪 90 年代,水土流失面积则达 56 万 km^2,40 年间长江流域的水土流失面积增加了将近一倍,流域内年土壤侵蚀量达 24 亿 t,其中上游地区水土流失面积 35 万 km^2,年土壤侵蚀量 16 亿 t。根据资料统计,20 世纪以来,长江上游的原始森林面积减少了 85%,四川西部和云南北部的高山原始森林覆盖面积由 50% 下降至 21.9%,而三峡库区上游的森林覆盖率由 40%(20 世纪 50 年代)下降至 10%。根据 1951—2011 年实测水文泥沙数据资料统计,洞庭湖区多年平均入湖泥沙量 1.41 亿 t,其中 81%的泥沙均来自荆江三口,洞庭湖多年平均出湖泥沙量仅为 0.39 亿 t,年平均淤积量为 171 万 t,约为鄱阳湖泥沙淤积量的 14 倍。1951—2002 年洞庭湖区和三口洪道泥沙淤积总量为 62.5 亿 t,如果按照 1995 年的湖泊面积 2 625 km^2,再加上三口洪道面积 1 307 km^2,用两者面积之和来进行分摊,可得出淤积厚度大约为 1.0 m,年均淤高 3.5 cm。

为了抵御长江流域和洞庭湖的洪水,人们被迫不断加高堤防工程,逐渐使长江中下游变成了我国的第二条“悬河”,夏季时,长江流域洪水位比两岸要高出数米有时甚至是十几米。目前,以长江干流荆江河段表现的最为明显,荆江河段的河床已高出两岸 8 m 之多,事实上已经成为名副其实的“悬河”,一旦洪水来临,堤防工程不堪重负造成河堤决口,将给两岸造成严重的后果。

4.5.3　洞庭湖区洪水灾害孕灾环境变化

洞庭湖区洪水灾害孕灾环境变化主要体现在气候变化和人类活动的影响。气候变化和人类活动(如河湖整治和利用等重大水利工程建设)均会引起湖区上游来水、来沙量变化,进而对入湖洪水过程产生较大影响,现有研究表明,引起洞庭湖流域洪水过程发生变化的主要原因是人类活动的影响。

4.5.3.1　气候因素

近年来,全球气候转暖趋势愈发显著,必定造成海陆水体蒸发旺盛,在一定程度上为海陆大部分地区降水量的增加提供了条件。洞庭湖流域内河流以降水补给为主,流域水量的大小与降水量的变化紧密相关。而气候变化主要以降水量为载体来体现对洞庭湖区径流量的影响。每个地方洪水发生的时间与气候相关,极端气候一出现致使气候异常,长江上下游雨季有所重复,便会造成长江上游与洞庭湖流域洪水汇集,发生流域性大洪水。研究表明,洞庭湖区暴雨空间分布不均,中部、北部相对偏少,西南部和东北部偏多。在全球气候变暖的大背景下,洞庭湖区极端降水和暴雨频次明显增加。

4.5.3.2　人为因素

人类活动主要通过整治和利用重大水利工程建设影响洞庭湖区来水和来沙量变化,进而对洪水过程产生较大影响。

1. 下荆江裁弯

1967—1972年，下荆江分别实施了中洲子裁弯工程和上车湾裁弯工程以及沙滩子发生自然裁弯，3处裁弯共缩短河长78 km，使荆江裁弯以上河段产生溯源冲刷，水位下降，上、下荆江经历了长达20年的河道调整过程，在裁弯以下至汉口河段产生了一定的淤积，对洪水位有一定的抬高作用。

下荆江裁弯直接减少了三口分流量，也直接减少了三口分沙量。下荆江裁弯后，水流行程缩短、流速加快，同流量下水位普遍下降1.1~1.6 m，导致三口分流能力降低、分流量减少。下荆江裁弯后与下荆江裁弯前相比，枝城5 000 m^3/s、10 000 m^3/s、15 000 m^3/s、20 000 m^3/s和25 000 m^3/s对应荆南三口分流量分别减少了约150 m^3/s、900 m^3/s、1 430 m^3/s、2 140 m^3/s和2 820 m^3/s。1980年与1962年相比，枝城站来水相差不大，荆南三口分流量却减少550亿 m^3，减少了37%。

荆江系统裁弯使得淤积萎缩，进一步加速了三口分水分沙的减少。表4-17给出了1955—1985年三口分流河道淤积情况。实测资料分析表明，由1955—1985年分流河道淤积百分数为：松滋西支5.77%、中支24.6%、东支(包括湖北段)18.6%；虎渡河14.5%；藕池西支和中支47.0%、东支(北景港)16.2%。三口年均淤积2 523万 t。

表4-17　1955—1985年三口分流河道淤积

项目	松滋河				虎渡河	藕池河		
	西支	中支	东支	合计		中、西支	东支	合计
进口站名	新、沙	新、沙	新、沙	新、沙	弥陀市	康、管	营家铺	康、管
进口含沙量/(kg/m^3)	1.167 4	1.167 4	1.167 4	1.167 4	1.31	1.79	1.79	1.79
流量/(m^3/s)	351.09	796.63	381.40		339.83	296.17	516.83	
出口站名	官垸	自治局	大湖口		借用安乡	厂窑	北景港	
出口含沙量/(kg/m^3)	1.100	0.88	0.95		0.84	0.949	1.50	
年平均淤积量/万 t	74.7	723	262	1 060	204	786	473	1 259
年平均进口输沙量/万 t	1 293	2 935	1 397	5 625	1 405	1 674	2 919	4 593
年平均淤积百分数/%	5.77	24.6	18.6	18.8	14.5	47.0	16.2	0.274
年淤积厚度/m	0.030	0.120	0.120		0.068	0.138	0.106	

2. 葛洲坝水利枢纽工程

葛洲坝水库运用后，水库拦沙、清水下泄，荆江河道冲刷使得同流量水位进一步降低，三口分流能力进一步减弱，从而使得三口分流量进一步减少。三峡水库运用前的2001—2002年与葛洲坝水库运用后的1981—1982年相比，枝城5 000 m^3/s、10 000 m^3/s、15 000 m^3/s、20 000 m^3/s和25 000 m^3/s对应荆南三口分流量分别减少了约20 m^3/s、130 m^3/s、280 m^3/s、760 m^3/s和900 m^3/s。2000年与1980年相比，枝城径流量相差不大，三口分流量减少了约251亿 m^3。

3. 三峡水利枢纽工程

受长江上游水利工程拦沙、水土保持减沙和河道采砂等影响，长江上游输沙量减少趋势明显。2003—2010 年三峡水库年均入库沙量约 2.0 亿 t,较 1991—2002 年的均值减少了约 42%。由于三峡水库拦蓄,出库泥沙减少幅度更大,含沙量也相应地大量降低,2003—2010 年宜昌站年平均输沙量 0.49 亿 t,较 1991—2002 年的均值减少了 90%,含沙量也降低了 89%。由于清水下泄,荆江和三口河段河床均发生了一定程度的变化。

1)长江干流河道冲淤变化

根据长江水利委员会水文局观测统计,三峡水库蓄水运用后至 2012 年,宜昌至湖口河段总体表现为“滩槽均冲”,以基本河槽为主,约占平滩河槽冲刷量的 90%。从冲淤量沿程分布来看,河道冲刷以宜昌至城陵矶段为主。

宜昌至汉口河段,2002 年 10 月至 2003 年 10 月、2003 年 10 月至 2004 年 10 月、2004 年 10 月至 2005 年 10 月河床冲刷量分别为 2.24 亿 m^3、1.24 亿 m^3、1.45 亿 m^3;之后冲刷强度有所减弱,2005 年 10 月至 2006 年 10 月、2006 年 10 月至 2007 年 10 月河床冲刷量分别为 0.10 亿 m^3、1.06 亿 m^3。2007 年 10 月至 2008 年 10 月,宜昌至汉口河段总体表现为淤积,平滩河槽淤积泥沙 0.33 亿 m^3。2008 年 10 月至 2012 年 10 月,荆江河段冲刷了近 3.75 亿 m^3。表 4-18 给出了长江宜昌—汉口河段沿程冲淤量,河道冲刷以宜昌至城陵矶段为主,总冲刷量为 8.1 亿 m^3,河床平均冲深约 1.2 m。

表 4-18　三峡水库运用后宜昌—汉口河段冲淤量　　单位:亿 m^3

河段	2002—2003	2003—2004	2004—2005	2005—2006	2006—2007	2007—2008	2008—2012	2002—2012
宜昌—枝城	-0.38	-0.21	-0.23	-0.001	-0.23	0.007	-0.42	-1.46
上荆江	-0.25	-0.46	-0.50	0.08	-0.42	-0.01	-1.74	-3.30
下荆江	-1.14	-0.82	-0.24	-0.33	-0.08	-0.02	-0.76	-3.38
城陵矶—汉口	-0.48	0.24	-0.48	0.15	-0.34	0.36	-0.83	-1.37
宜昌—汉口	-2.24	-1.24	-1.45	-0.10	-1.06	0.33	-3.75	-9.51

注:0*表示 200*年,比如 02 表示 2002 年。

2)三口河道冲淤变化

三峡水库蓄水运用以来,三口分流河道整体出现冲刷。根据 2003—2011 年三口河道实测 1∶5 000 地形资料,计算三口河道冲淤量(见表 4-19)。三峡水库运用后(2003—2011 年),三口洪道洪水河槽总冲刷量为 0.752 亿 m^3。其中,松滋河总冲刷量为 0.352 1 亿 m^3,占三口洪道总冲刷量的 47%;虎渡河冲刷量为 0.149 3 亿 m^3,占总冲刷量的 20%;松虎洪道冲刷量为 0.073 7 亿 m^3,占总冲刷量的 10%;藕池河总冲刷量为 0.176 9 亿 m^3,占总冲刷量的 23%。

表 4-19　三峡蓄水后三口河道冲淤统计　　单位:万 m^3

河名	1995—2003 年	2003—2005 年	2005—2006 年	2006—2009 年	2009—2011 年	2003—2011 年
松滋河	348	-1 411	-187	499	-2 421	-3 521
虎渡河	1 317	-878	263	-320	-558	-1 493
松虎洪道	-95	-969	-269	-94	596	-737
藕池河	3 108	-2 162	-937	50	1 280	-1 769
合计	4 676	-5 421	-1 131	135	-1 103	-7 520

三峡水库蓄水运用以来，藕池河的冲刷主要发生在2003—2006年，共冲刷了0.310亿m^3。2006—2011年转为持续淤积，共淤积了0.133亿m^3。至2011年，松滋河和虎渡河仍保持持续冲刷趋势。松虎洪道在2003—2009年为冲，但呈冲刷强度不断减弱趋势，共冲刷了0.1332亿m^3。2009—2011年由冲转淤，共淤积了0.0596亿m^3。

2003—2011年，三口洪道冲刷的沿程分布主要表现为：松滋河水系冲刷主要集中在口门段、松西河及松东河，其他支汊冲淤变化较小，采穴河表现为较小的淤积。虎渡河冲刷主要集中在口门至南闸河段，南闸以下河段冲淤变化相对较小。松虎洪道表现为较强的冲刷。藕池河冲淤变化表现为枯水河槽以上发生冲刷，枯水河槽冲淤变化较小，其口门段、梅田湖河段等冲刷量较大。

口门段在三峡水库蓄水后的冲淤变化：松滋口口门段表现为较强的冲刷，冲刷量为750万m^3，滩槽均表现为冲刷；虎渡河口门段表现为冲刷，冲刷量为270万m^3；藕池河口门发生冲刷，冲刷量为227万m^3。

综上所述，三峡工程蓄水后，由于荆江冲刷多、三口河道冲刷少（有的甚至不冲），从而使三口河道入湖径流量继续减少，而由于泥沙大幅度淤在水库，出库含沙量减少（三峡水库运用后入湖含沙量仅0.234 kg/m^3，而建库前为0.907 kg/m^3，尤其是2011年入湖含沙量仅为0.053 kg/m^3），加之径流量减少，入湖沙量大幅衰减。

4.四水控制性工程

长江流域水沙变异的主要影响因素有流域水土保持、水库拦沙、河道采砂和过度建设等，其中水库拦沙作用明显。根据1983年、1993年和2014年的湖南省水利统计年鉴分析，1983年湖南省共修建了大型水库11个，总库容39.93亿m^3，中型水库220个，小型水库12489个，总库容143.2亿m^3。截至1993年，湖南省共修建了大型水库31个，中型水库49个，小型水库26751个，累计库容由1983年的183.13亿m^3增加至558.74亿m^3。到2014年，湖南省共修建了43座大型水库，中型水库335座，累计库容增加至565.63亿m^3。综上所述，全省范围内，累计库容呈增加趋势，特别是1983—1993年期间。干、支流上大量水库等水利工程的建设，在一定程度上影响四水流域的输沙量变化。

分沙分流的变化导致洞庭湖的冲淤分布、洲滩出露时间、动植物生长环境等发生变化，从而影响着区域洪涝灾害防治、水资源开发利用以及湿地生态环境保护等问题。

4.6 结 论

本书分析了洞庭湖流域夏季极端降水的时空分布规律，并辨析洞庭湖水系变化对洪水过程的影响，最后通过评估流域超标准洪水洪涝灾害成因和洪涝孕灾环境变化，评价洞庭湖水系变化环境下对流域防洪安全影响，揭示流域超标准洪水致灾机制。本章主要结论如下：

（1）在1960—2020年的61年间，洞庭湖流域的极端降水频率和总量有所增加，但只有R50mm、R95p和R99p的变化具有统计学意义。同时，极端降水强度在0.05或0.01的水平上显著增加。相比之下，CWD以−0.015 d/a的速率显著下降（$p<0.05$）。这意味着洞庭湖流域降水效率提升，发生短时强降水事件更加频繁，尤其是湘江流域的极端降水

频率更有可能增加，且增加得更快。此外，雪峰山北麓至武陵山南麓之间的丘陵地区是全流域极端降水变化的高值区，更容易发生强降水事件。

（2）洞庭湖流域及其子流域在年际尺度上的准3年（IMF1）和准6年（IMF2）周期变化相对稳定，而年代际周期在各子流域上显示出明显的区域差异变化。此外，IMF1和IMF2对原始序列周期变化的方差贡献率之和超过60%，这表明年际变化在整个洞庭湖流域及湘江、资水、沅江、澧水、环湖区各子流域极端降水变化中发挥了更重要的作用。

（3）在洞庭湖流域，只有SDII、CWD和CDD表现出显著的海拔依赖性。同时，我们注意到极端降水指数与海拔高度之间的相关性在低海拔地区并不明显。相反，在高海拔高度（720~1 266 m）下，大部分极端降水指数与海拔高度的相关性最强，尤其是极端降水总量指数。

（4）在洞庭湖流域，GDM发现Niño3.4、EASM、EASM、PDO和SASM是对极端降水关键指数（R10mm、RX1day、R95p、CWD和CDD）影响最大的单一因素。其中，洞庭湖流域极端降水对EASM的响应最为强烈。此外，相比于单因子的贡献，双因子的交互作用往往增加了对洞庭湖流域及其子流域极端降水变化的解释力，并且以非线性增强为主。EASM与其他因素的交互作用可能是区域极端降水时空变化的主要驱动力。

（5）从典型区域极端降水日的环流特征来看，均有利于极端降水的产生。例如，从500 hPa位势高度场来看，华北至洞庭湖流域形成低压槽，且西太平洋副热带高压西伸加强，均有利于极端降水的产生，有利于太平洋水汽到达我国内陆。从水汽输送通量来看，区域极端降水水汽主要来自于南印度洋。从700 hPa风场来看，极端降水的分布位置与气旋性漩涡的分布位置一致。从水汽输送通量散度来看，极端降水相应区域为净获得水汽。

（6）从洞庭湖水系变化对洪水过程的影响来看，三口和四水的年沙量均呈减少趋势，进入洞庭湖的年沙量呈显著减少趋势，出洞庭湖的年沙量减少速度相对较慢，而淤积在湖区的年沙量呈不断减少态势，特别是2008年后，出洞庭湖输沙量大于入洞庭湖的泥沙，表明该时期洞庭湖已开始冲刷。1961—1966年，入湖输沙量为23 035万t，其中三口占总入输沙量的87.6%，而到了2009—2017年，入湖输沙量为1 563万t，三口占总入湖输沙量的51.4%。洞庭湖出湖输沙由1961—1966年的5 710万t减至2009—2017年的2 214万t。其中，2008年以前，出湖泥沙量远小于入湖泥沙量，这一时期洞庭湖处于淤积阶段，而在2008年以后，出湖泥沙量大于入湖泥沙量，洞庭湖开始出现冲刷。采用M-K趋势分析法和Pettitt法检验进出洞庭湖水沙变化，出入洞庭湖湖径流量均在1978年左右发生了显著突变，并在1970年后一直呈下降趋势。Pettitt法得到的结果表明，出入湖径流量在1983年发生显著突变，两种检验方法得到的结论基本一致；入湖沙量在1991年左右发生显著突变，自1970年开始一直呈下降趋势，出湖沙量自1961年开始一直呈下降趋势，并在1984年发生了显著突变。

（7）洞庭湖区洪涝灾害是自然因素和人为因素综合作用的结果。自然地理、气候条件等为洞庭湖区多发洪涝灾害提供了自然基础，而人类活动强化了洪涝灾害的发生频率。随着人类文明的进展，改造自然能力的提升，洞庭湖区洪涝灾害孕灾环境发生了新的变化。随着工农业二氧化碳排放的增加,引起全球气候变暖,洞庭湖湖区暴雨频次增多,洪涝灾害频次也随之增加。长期以来,由于各种天灾人祸,尤其是随着人口的过快增长,森林植被遭到极大破坏,森林覆盖率不断下降,导致水土流失,湖区泥沙淤积加重,洞庭湖蓄洪排洪能力减弱,应引起人们的高度重视。

第5章 超标准洪水立体监测及多源信息融合

5.1 基于无人机和无人船平台的洪泛区地理信息采集与三维建模

5.1.1 基于无人机和无人船平台的洪泛区测绘系统构建

随着测绘技术的发展,无人机、无人船等新型测量平台技术逐渐成熟。本书设计了一种基于无人机和无人船平台的洪泛区地形测绘系统,分别搭载激光雷达、多拼相机、多波束测深仪等设备,在大地测量获取的高精度基准坐标的基础上,根据无人船吃水浅的特点,全面获取洪泛区的水上水下三维地形、三维模型,实现洪泛区地形等值线提取、地形三维建模和洪泛区资产等评估调查等功能,为洪泛区洪水灾害损失评估、核查提供数据支持。

基于无人机和无人船平台的洪泛区地形测绘系统由大地测量分系统、机载分系统、船载分系统以及数据分系统组成。洪泛区地形测绘系统框架如图5-1所示。

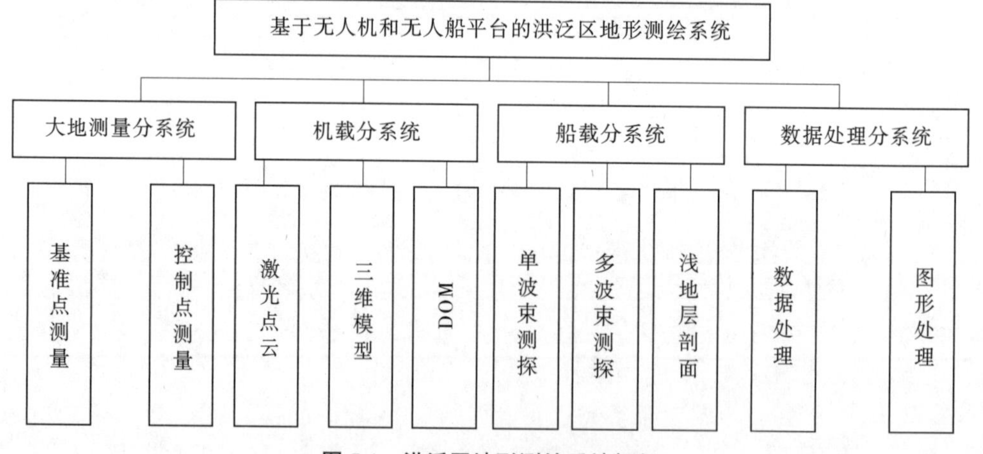

图5-1 洪泛区地形测绘系统框架

5.1.1.1 大地测量分系统

洪泛区有时涉及水面较宽,可能导致无人机和无人船测量数据的相对精度较高,而绝对精度不足。本次以湖南CORS网为基础通过GNSS测量基站控制点的三维坐标。

大地测量分系统的主要作用是:①作为洪泛区规划建设的依据和基准数据;②确保无人机倾斜摄影和无人船作业期间的RTK高精度位置定位及地面检核点(外部检核)的精确检核;③对无人机航摄、水下测量数据进行精确纠正;④对不同数据成果进行坐标转换。

5.1.1.2　机载分系统

无人机航空摄影作为空间数据采集的重要手段,具有快速高效、机动灵活和成果精细的特点。面向洪泛区等高危险地区,可以快速获取高分辨率正射影像和激光点云等数据。本章利用大地测量提供的高精度控制点信息,提高无人机测量绝对精度。机载分系统主要用于获取陆上部分成果。

多拼相机用于获取真三维模型及 DOM 数据。在低水位时间段,通过无人机进行水陆交界处数据获取,可以扩大水上数据获取范围,提高与水下数据的重叠度,以提高数据拼接的精确度。

5.1.1.3　船载分系统

与大型测量船相比,无人船质量轻、体积小,具有机动灵活、吃水浅、能应对复杂环境等特点,非常适合浅水区域的地形勘测,可获取洪泛区浅水深数据。

船载分系统通过搭载多波束测深仪可以高效完成水下地形测量任务。同时,搭载浅地层剖面仪可同步获取水下地质等信息。无人船在洪水期间进行浅水测量,作业时尽可能至最浅水区作业。对于因水浅而无法测量的区域,由人工 RTK 补测。

5.1.1.4　数据分系统

系统获取的多源数据如何处理、展示和分析是实现数据成果应用的重要一环。

由于数据种类多、格式不同、水陆地理参考也不统一,在对这些数据进行处理与管理中,应建立统一的地理坐标系统,确定出工作时各传感器位置中心在地理坐标系下的位置和姿态信息,用于后续的空间配准,并根据不同要求对各类数据进行预处理,完成水下多波束与陆面点云数据的配准融合,形成完整的洪泛区水上水下地形数据。

数据分系统集成展示多源数据,可实现二三维数据加载、浏览、量测、图层控制等基本功能。利用多源的基础数据,还可模拟洪水涨落、洪泛区淹没、转移应急响应、个性化专题数据展示等内容。依托软件构建的三维应用场景,叠加相应的专题信息,构建一个交互式应用成果,突出每一个洪泛区特征,显示其数据成果、空间位置关系。

5.1.2　无人机倾斜摄影与三维建模技术

倾斜摄影技术方面的基础理论研究在我国直至 2010 年才正式成为测绘地理信息与测绘遥感两个领域新的热点。全自动精细化的实景三维模型技术构建正成为当今遥感技术和三维计算机视觉领域所研究的热点之一。利用无人机和倾斜的摄影及测量等技术获取实时影像,可以同时提高三维模型设计的图像真实度、精度以及三维建模计算效率,具有设计作业安全高效、成本低等众多明显优势。倾斜摄影可以有效提升模型的生产效率,缩短作业完成时间,把无人机原本承担大量重复性的外业工作任务转变为内业工作,降低操作者外业劳动强度。目前,国内学者对倾斜摄影的技术在各行业的应用进行了广泛的研究,但是对不同机型和软件对于建模效果以及成本控制的研究还较少。本章通过三维全景模型构建的对比来验证不同机型以及软件的优缺点,可以在以后的任务中选择合适的机型、软件、飞行高度来减少任务量,节省成本,具有重要的现实意义。倾斜摄影技术作为一项先进的航空测量技术,能够最大程度地增加拍摄区域面积,通过数字影像、摄影测量技术与无人机技术相结合的方式,实现航空测量。无人机设备挂载相机,采集地面的垂直影像和倾斜影像,再由软件进行处理,将拍摄的物体与空间上的点进行组合,借助地面像控点、空间 GPS 信息,获取具有倾斜角度的像片数据资料。

5.1.2.1　布设像控点

像控点是无人机倾斜成像摄影以及业内影像信息解析采集和三维建模计算的理论基础,用于自动纠正无人机上因定位传感器受限或因电磁传感器干扰等而容易产生的目标位置偏移、坐标精度要求过低以及无人机因使用气压计可能产生的高层差值变化过大等问题。像控点的布设及位置要求应相对均匀有效地分布于在航摄区域航向和与旁向航线方向重叠的区域范围内,像控点选点要求一般应是选择点在观测场地比较平坦、相对观测位置基本固定和易于快速而准确地进行摄影测量、记录目标影像是比较清晰且是最易于判刺的两个地方,像控点一般是有标靶式像控点和油漆式像控点,油漆式的目标像控点主要分为喷漆式目标和涂漆式目标。

5.1.2.2　航摄参数设计

航摄参数和设计方法的主要技术指标包括地面分辨率、航行高度和像片重叠度系数等。

1. 地面分辨率

地面分辨率(GSD)是指每毫米所能辨别的黑白相隔的线对数(线对/cm),通常以像元的大小来表示,一般像元越小,地面分辨率越高,信息量越大。GSD 应注意首先必须根据航摄成图的全国总幅比例尺、地形特点分布等实际自然条件进行分析确定,通常以表 5-1 作为参考。

表 5-1　地面分辨率取值参考标准

成图比例尺	地面分辨率/cm
1:500	≤5
1:1 000	8~10
1:2 000	15~20

2. 航行高度

航行高度由相机参数和地面分辨率决定,计算公式如下:

$$H = \frac{f \cdot \mathrm{GSD}}{\alpha} \tag{5-1}$$

式中:H 为航行高度,m;f 为镜头焦距,mm;GSD 为地面分辨率,m;α 为像元尺寸,mm。

如果想要提高模型的精度,可以适当降低无人机的航行高度,但航行高度过低会导致像片数量过多,增加外业像控和内业建模的工作量,并且航高过低会增大安全风险。《低空数字航空摄影规范》(CH/T 3005—2021)规定:摄影分区内地形高差不应大于 1/6 航高,因此综合考虑建模精度、工作量、规范和安全等因素,在满足各项技术精度指标的前提下来确定相对适宜的航行高度。

3. 像片重叠度

用于地形测量的航摄影片必须使影像覆盖整个测区,而且能够进行立体测图,相邻像片应有一定的重叠度。同一航线内相邻像片间的重叠影像称为航向重叠,相邻航线像片间的重叠影像称为旁向重叠。重叠大小用像片的重叠部分与像片边长比值的百分数表示,称为像片重叠度。

航向重叠度一般取60%~80%,旁向重叠度一般取30%~75%。重叠度计算公式如下:

$$p_x = p'_x + (1 - p'_x)\frac{\Delta h}{H} \tag{5-2}$$

$$q_y = q'_y + (1 - q'_y)\frac{\Delta h}{H} \tag{5-3}$$

式中:p_x、q_y 分别为像片上的航向重叠度和旁向重叠度(%);p'_x、q'_y分别为航摄像片的航向和旁向标准重叠度;Δh 为相对于摄影基准面的高差,m;H 为摄影航高,m。

由此可知,像片重叠度由相较于基准面的高差 Δh 决定,Δh 为0时,像片重叠度与标准值相同,因此在设计像片重叠度时要考虑高差因素,一般适当增加重叠度以满足精度要求。

5.1.2.3　航线规划

航线规划设置的飞行高度要高于拍摄区域中最高建筑物25%以避免发生撞击。通过高级设置可设置采集像片的重叠率。为了提高模型质量,采用的重叠率为航向重叠率80%,旁向重叠率为70%。确定重叠度、航行高度后计算航线距离,航线距离即为相邻两航带间隔。在航线规划完毕后,需要对场地进行勘察,选择行人较少、空旷的场地作为起降场地。

5.1.2.4　实景三维建模技术

在无人机对研究区域进行数据采集后,可对采集的影像数据进行预处理。首先,检查照片质量,结合影像的POS数据、布设的像控点等信息进行空中三角测量,然后通过图像几何畸变校正、图像增强、影像拼接等处理,生成三维模型。处理遥感影像的三维建模过程如图5-2所示。

目前,Context Capture、Photo Scan、DJI Terra 以及 Pix4Dmapper 为业界主流的倾斜摄影建模平台,通过建模速度、模型精度、工作量等方面对四款软件进行对比,如表5-2所示,综合各项参数后选择 Context Capture 和 DJI Terra 作为本次实景三维模型建模平台。

5.1.3　多波束测深系统及其校正技术

5.1.3.1　多波束测深系统

多波束测深系统也称为条带式测深系统,是利用声波在水体的传播特性来测量水深的一种声学探测技术。该系统利用安装于测量船底部的声学换能器阵列,按照一定的角度向河底发射超宽声波波束,并接收河底反向散射的回波信号,根据各角度反射声波到达接收换能器的时间和相位,经过信号解算得到多个探测点的水深值,这是一个主动识别和进行异常校正的测深过程,其水深测量值是根据发射声波探测河底的往返时间与声波在

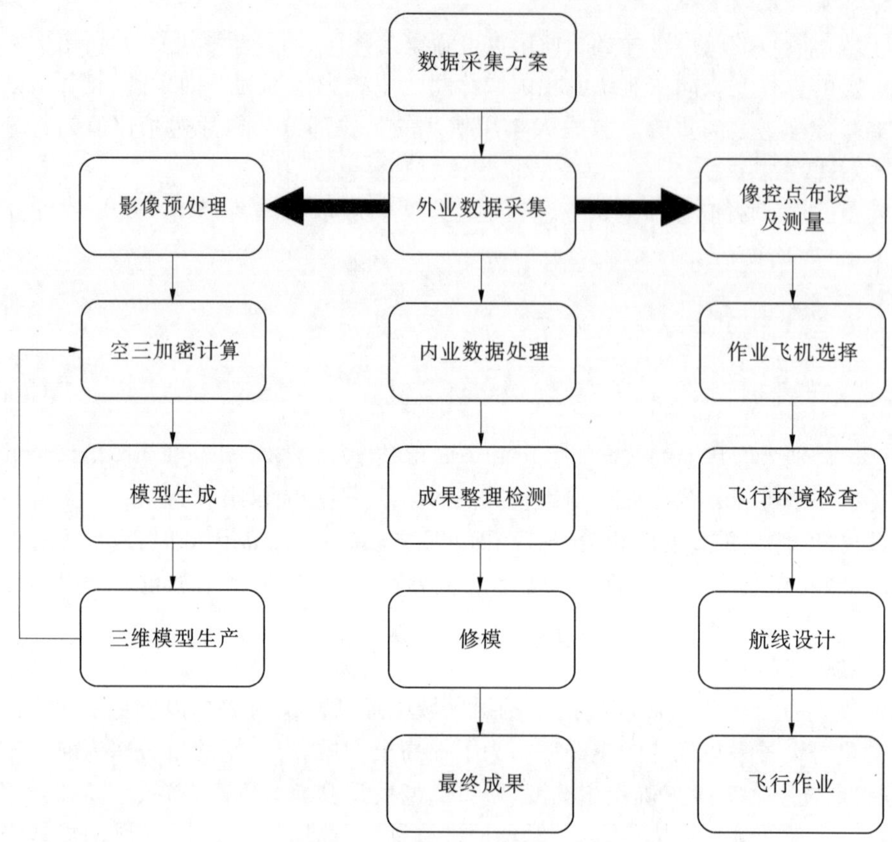

图 5-2　遥感影像三维建模流程

河水中的传播速度来确定的,探测原理见图 5-3。

多波束测深系统在工作过程中,发生声学换能器姿态的指向、上下高度、左右倾斜度、前后倾斜度等变化,会引起探测波束位置和波束在水体中的传播时间误差,对水深地形测量精度具有直接的影响,测量误差示意见图 5-4。因此,在水下测绘过程中,需对多波束测深系统进行正确校正并设定正确参数,以获得高质量的测深数据,并最大限度地提高测量精度和效率。

表 5-2　建模软件综合对比

软件名称	建模速度	模型精细度	输出格式种类	工作量	难易度	软件价格
Context Capture	快	高	多	中	高	中
Photoscan	中	中	少	多	低	低
Pix4Dmapper	中	中	少	多	中	高
DJI Terra	最快	中	少	少	低	高

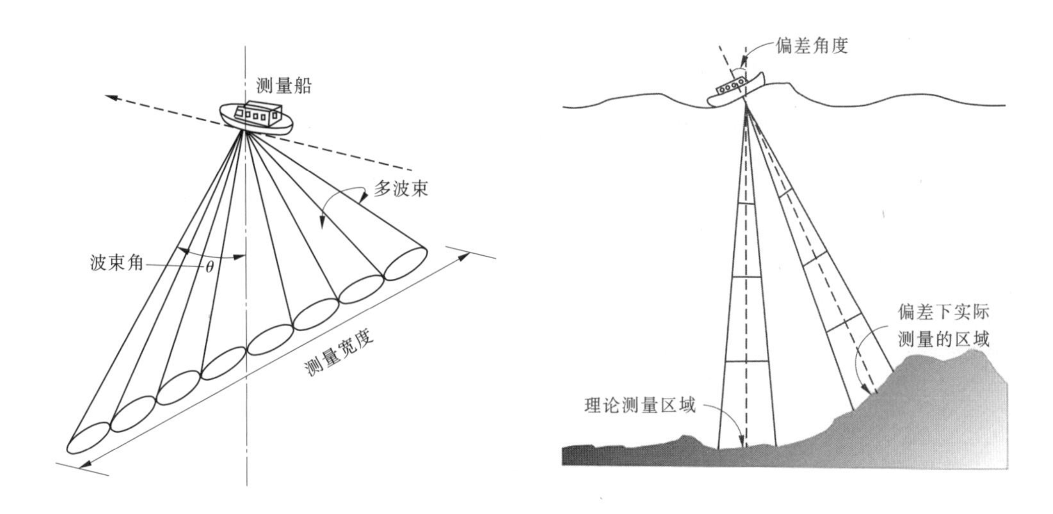

图 5-3　多波束测深系统探测原理　　　　图 5-4　多波束测深系统测量误差示意

5.1.3.2　多波束测深系统校正

多波束测深系统校正作业由多个过程组成，包括声速校正、横摇纵摇校正、艏摇及升沉校正、延时校正等。

1. 声速校正

影响多波束测探数据的因素有很多，其中海水声速（简称声速）是影响多波束测深数据的一个重要因素。因此，为测深系统提供当时当地准确的声速值是获取可靠水深测量数据的基本保证之一。此外，多波束测深系统对所输入的声速数据量有一定的限制，不同的声速数据取点，也会对测量结果产生影响。为了获得准确可靠的水深测量数据，必须进行声速改正。声速校正的声速剖面原理见图 5-5。

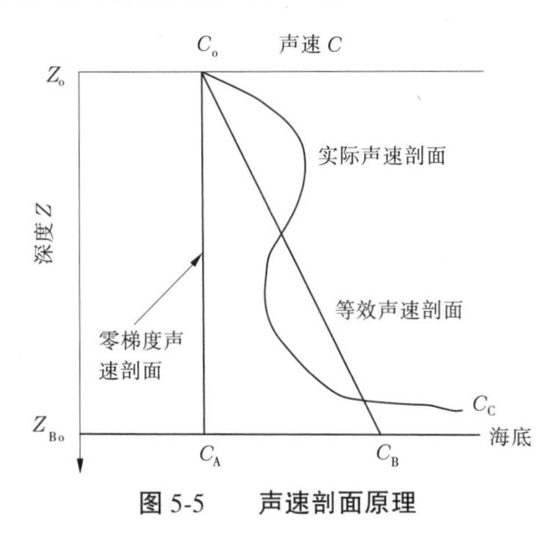

图 5-5　声速剖面原理

如图 5-5 所示，在水质均匀的理想情况下，测量的水体声速剖面为零梯度声速剖面（C_o-C_A）；实际工作中，水体多不均匀，不同层位声速性质差异较大，测量所得的水体声速剖面不规则（C_o-C_C）；经过声速校正后，所得水体声速剖面为规则的等效声速面（C_o-C_B）。

2. 横摇纵摇校正

在测量船上安装多波束测深系统设备时和测量作业过程中，很难保证多波束换能器基阵中心的三坐标轴与测量船中心的三坐标轴完全重合，且随船体运动出现横摇、纵摇和艏摇，如图 5-6 所示。因此，多波束测深系统在正式工作之前，必须正确、严格地进行各项系统参数的校正测定。需要测定的系统参数有横摇偏角、纵摇偏角和艏摇偏角等。

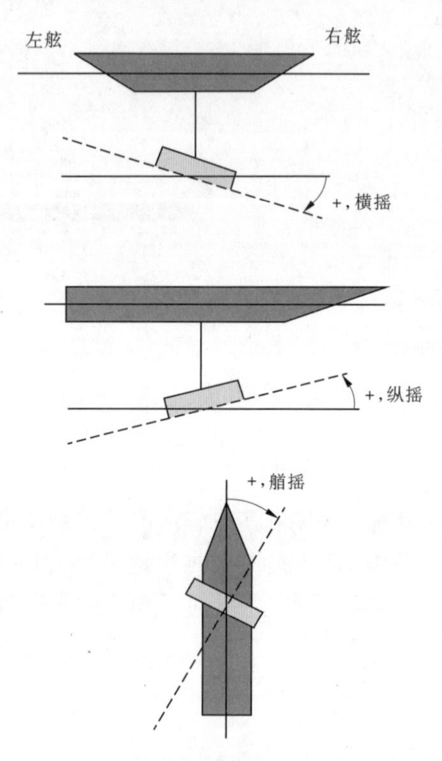

图 5-6　多波束测深系统横摇、纵摇、艏摇示意

在平坦的河底，横摇角度误差导致水深误差大，而且随着波束角及纵摇、横摇角度的增大而增加，当波束角 $\theta>30°$时，横摇角度误差引起的水深相对误差会超过 0.1%。纵摇参数校正时，精度须小于±0.1°；而横摇参数校正时，精度须达到±0.01°。对纵摇、横摇角度的偏差参数校正值的获取，主要通过实测法和剖面重合法。实测法即在实际测量中借助地形图中等深线或地物间距离和坡度的计算获得参数的方法，横摇、纵摇实测校正示意图见图 5-7 和图 5-8。

横摇偏差可用下式计算：

$$D_R = \arctan\left(\frac{D_Z}{2D_a}\right) \tag{5-4}$$

式中：D_R 为横摇偏差，(°)；D_Z 为测线往返方向上测量的水深差，m；D_a 为垂直航迹方向的距离，m。

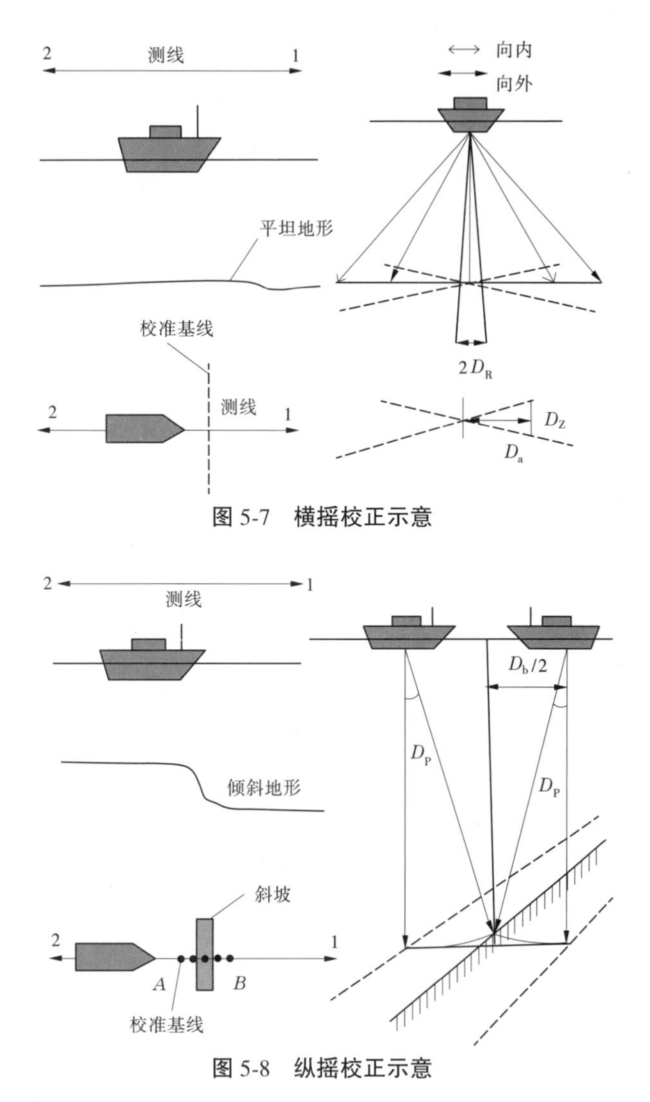

图 5-7　横摇校正示意

图 5-8　纵摇校正示意

纵摇偏差可用下式计算：

$$D_P = \arctan\left(\frac{D_b}{2H}\right) \tag{5-5}$$

式中：D_P 为纵摇偏差，(°)；D_b 为两次测量的地形特征沿相反航迹方向偏移量，m；H 为测量水深，m。

3. 艏摇及升沉校正

艏摇偏差使测点位置以中央波束为原点旋转同一角度，造成位移在中央波束处为 0，离中央波束越远，位移越大，导致测量数据的错误。艏摇偏差的校正应选择特征地形进行，测量船通过两条平行测线（测线间距应保证边缘波束重叠不小于 10%），以相同速度相同方向各测量一次。利用数据采集系统进行校正时，沿航向选择重合部分的波束，通过比较重叠部分的两个剖面确定的最小偏差即为艏摇偏差。如图 5-9 所示，河底孤立目标物实际位置在 B 处，当调查船从左侧测线经过时，目标物探测位置移动到 A 处，当调查船从右侧测线经过时，目标物探测位置移动到 C 处，则艏摇偏差可用下式计算：

$$Y(\theta)=\arctan\left(\frac{D_c}{2d}\right) \tag{5-6}$$

式中：$Y(\theta)$ 为艏摇偏差，(°)；D_c 为目标物位置两次测量相差距离，m；d 为调查船移动时与目标物之间的最小距离，m。

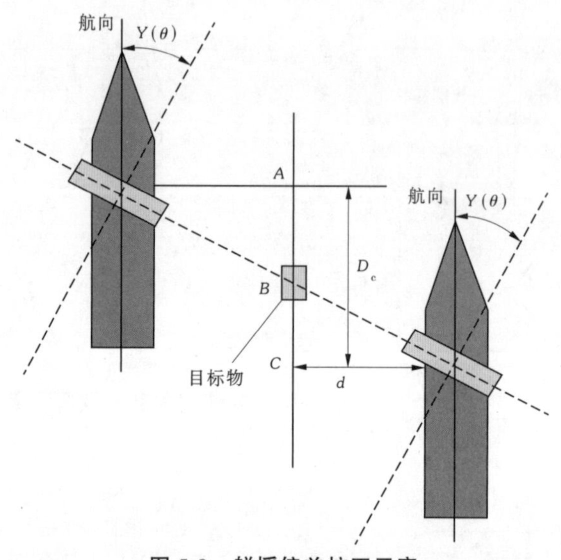

图 5-9　艏摇偏差校正示意

4. 延时校正

当 GPS 接收机与多波束采集数据之间存在时间延迟时，会导致测量地形在航向上发生整体偏移，即为延时偏差。对这种误差的校正方法为：在测区内选定一个典型目标 A，布设一条通过 A 的测线，校正过程见图 5-10。

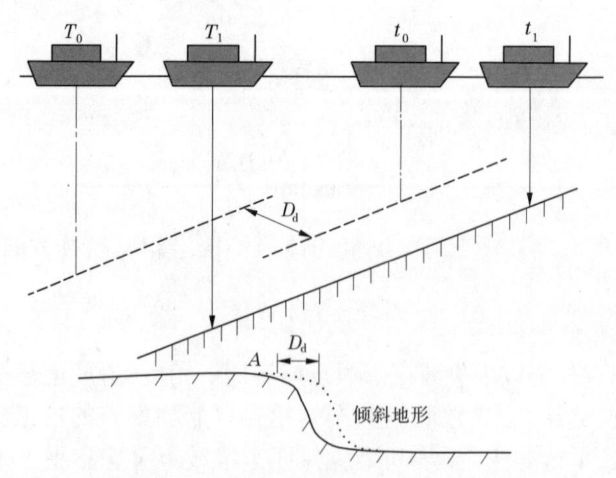

注：T_0、T_1 分别为较低航速通过典型目标的开始时间、结束时间；t_0、t_1 分别为较高航速通过典型目标的开始时间、结束时间。

图 5-10　时间延迟校正示意

延时校正可用下式计算：

$$D_T = \frac{D_d}{(V_h - V_l)} \tag{5-7}$$

式中：D_T 为时间延迟，s；D_d 为两次测量的特征地形沿相同航迹方向的偏移量，m；V_h 为较高的航速，m/s；V_l 为较低的航速，m/s。

校正时沿航向选择特征地形的中央波束，利用多波束系统软件自动计算，分粗算、精算、极精算三步进行，逐步缩小计算范围，得出最优值。通常，可以利用软件的断面查看器判读校正效果，如果特征地形吻合或者吻合趋势较好，则校正值可以采用。

5.1.4　典型洪泛区的三维地形建模

根据课题研究需要，本书选择浏阳河下游曙光垸及金牌站至浏阳河口作为典型分蓄洪研究区域，需要完成约 6 km^2 航空摄影测量数据获取及三维模型生产加工和约 15 km 河道测量。浏阳河下游曙光垸倾斜摄影作业范围如图 5-11 所示。

图 5-11　浏阳河下游曙光垸倾斜摄影作业范围

5.1.4.1　陆面倾斜摄影测量

1. 航空摄影平台

采用索尼 D-OP3000 倾斜摄影平台（见图 5-12）搭载有下视、前视、左视、右视、后视共 5 个相机，同步获取 5 个方向的航空影像。其主要技术参数分别为：相机有效像素：2 430 万像素；传感器尺寸：23.5 mm×15.6 mm；镜头焦距：25 mm 定焦（下视），35 mm 定焦（倾斜）；平台总重：相机整体质量≤3 kg；姿态调整：<0.5°，2 自由度陀螺稳定；减震方式：2 级减震；最短曝光间隔：2 s；作业高度：80～1 500 m；影像分辨率：约 1.6 cm（100 m 时）。

摄影平台影像获取方式及连续几组影像的获取分别见图 5-13。5 个不同角度影像如图 5-14 所示。

图 5-12　倾斜航空摄影平台

(a)航空影像获取全景

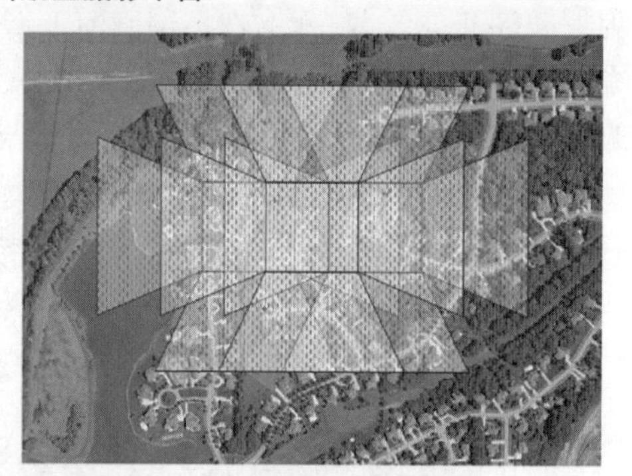
(b)连续几组影像获取

图 5-13　摄影平台影像获取示意图

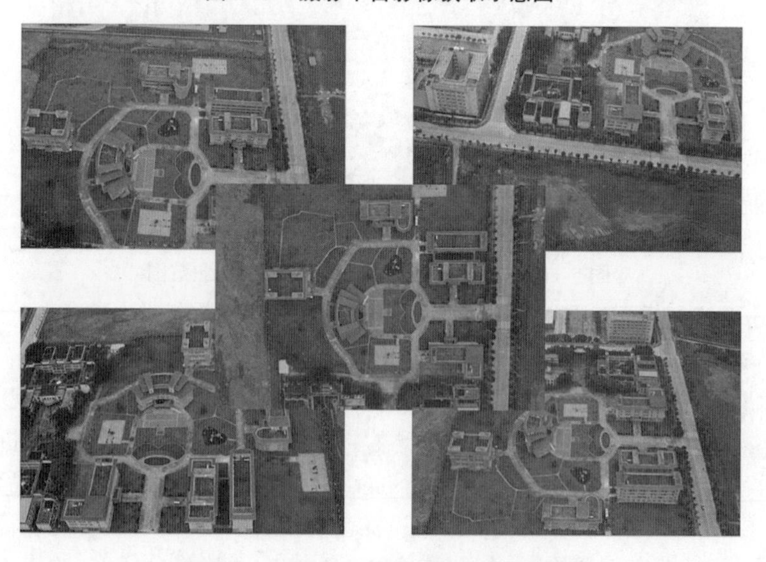

图 5-14　倾斜摄影获取的不同角度影像

2. 数据处理软件

三维建模采用的软件是法国 Smart 3D Capture 自动建模系统，该系统是基于图形运算单元 GPU 的快速三维场景运算软件，整个过程无须人工干预地从简单连续影像中生成最逼真的实景真三维场景模型，具有快速、简单、全自动，身临其中的实景真三维模型，广泛的数据源兼容性和优化的数据输出、格式输出等优势。模型成果所有建筑物的空间关系和纹理，均采用分层显示技术（LOD），分层多达 20 层以上，以保证任何配置计算机均能流畅地显示地物模型，充分详细地表达建筑物细部特征。

运用倾斜摄影技术获取沿线的倾斜影像及正射影像数据，通过合理布设部分野外像控点，然后将影像数据、POS 数据、野外像控点数据导入 Smart 3D Capture 自动建模系统进行批处理。在计算三维模型数据或 3D TIN 纹理方面，Smart 3D Capture 自动建模系统并不需要人工干预。人工参与工作主要对质量控制和野外控制点对相应同名点航空影像的选择或当需要用外部软件编辑修饰三维模型时，需要人工对修改过的三维模型纹理进行清除，然后导入系统中进行新的纹理贴面。

为保障客户的不同需求，Smart 3D Capture 自动建模系统可生产的数据产品有 DSM、TDOM、点云数据和三维模型。三维模型的数据格式具有多兼容性，可输出的数据格式有 s3c、obj、osg（osgb）、dae 等。

自动建模技术整体架构如图 5-15 所示。

图 5-15　自动建模技术整体架构

3. 像控点的敷设与测量

1）内业选点

内业选点主要依据以下步骤进行：

（1）在奥维互动地球或原有影像资料图上导入设计航线，在航线范围内选取、标记控制点位置，然后输出概图，用于指导控制点作业分区和交通路线设计。

（2）根据航带的分布，为控制整个测区，像控点点位需选在第一条航带以上、最后一条航带以下的范围内。

（3）选取点位时，需考虑航带间的重叠范围，一般应选在旁向重叠的中心线附近。

（4）在航带出现交叉区域时，应在交叉区域适当增加像控点数量。

（5）点位必须选择影像上的明显目标点，以便于正确的刺点和立体观察时辨认点位。

2）外业敷设

根据内业所选取的点位到现场进行控制点敷设。

（1）像控点所处地面尽量平整，无高低落差，确保刺点时不产生高程异差；点位所在地物应与周围地物有明显色差，点位所处位置应该规则，以多边形菱角为佳。

（2）像控点敷设时，应注意周围高物的遮挡，尽量选较为广阔的地方进行敷设。

（3）尽量选一些无干扰信息的位置，避免后期采集时出现较大误差。

（4）选点时还需察看点位地物近期是否会发生变化或遭人为破坏，尽量避开人流量大和人为活动多的地方。

测区像控点布设如图 5-16 所示。

3）像控点测量

像控点的测量主要采用 GPS-RTK 方法，测定控制点的平面位置和高程，建立测量控

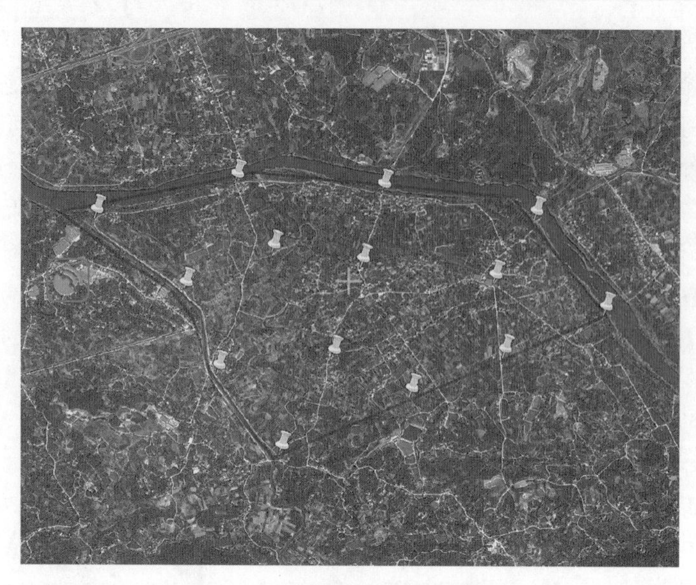

图 5-16　测区像控点布设示意图

制网。野外观测的作业要求如下：

(1)两次观测,每次采集 30 个历元,采样间隔 1 s。

(2)接收机在观测过程中不应在接收机近旁使用对讲机或手机;雷雨过境时应关机停测,并取下天线,以防雷电。

(3)两次观测成果需野外比对结果,比对值为两次初始化采集的最后一个历元的空间坐标,较差依照平面较差不超过 5 cm,大地高较差不超过 5 cm 的精度标准执行;不符合要求时,加测一次;如果三次各不相同,则在其他时间段重新观测。

图 5-17 为像控点测量现场照片。

(a)

图 5-17　像控点测量现场照片

(b)

(c)

续图 5-17

4. 航飞摄影

航飞前应进行航线规划，通常情况下，航线可按东西向或南北向直线飞行；特定条件下也可根据地形走向与专业测绘的需要，沿线路、河流、海岸、境界等任意方向飞行。本次对测区航线相关参数设置如图 5-18 所示。

1）摄区覆盖

航线设计根据测区形状及倾斜摄影影像重叠率的要求，飞行航向、旁向重叠般设计为 80%～85%，最小不小于 80%，航线覆盖范围超出摄区边界至少一条基线，以保证最边缘地区侧视影像不缺失。高点按 25%设计，最小不小于 20%。

2）倾斜角

像片倾斜角及倾俯角一般小于 4.5°，在像片航向和旁向重叠度符合规范要求的前提下最大不超过 12°，出现超过 8°的航片不多于总数的 10%。

3）旋偏角

像片旋偏角一般不大于 8°，在确保像片航向和旁向重叠度满足要求的前提下，个别最大旋偏角不超过 15°，在一条航线上达到或接近最大旋偏角限差的像片数不得连续超

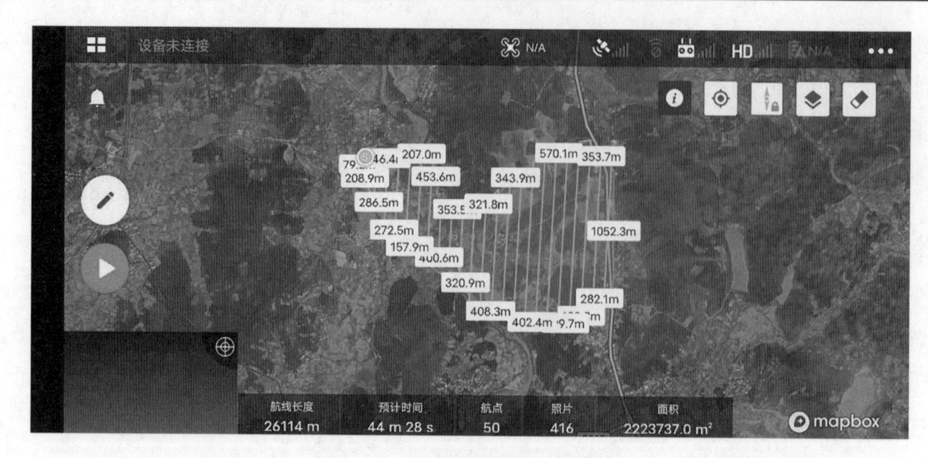

图 5-18　测区航线规划与设置

过三片;一个摄区内出现最大旋偏角的像片数不得超过摄区像片总数的 4%。

4) 分辨度

所获取影像为真彩色数字影像,分辨率为 1.2 cm。

5) 航高保持

飞机保持固定高度,严格按照预设航线飞行,同一条航线上相邻像片的航高差不大于 20 m;最大航高与最小航高之差不大于 50 m;航摄区域内的实际航高与设计航高之差不大于 50 m。

6) 分区航高

分区内的地形高差不大于 1/4 相对航高;摄影基准面的高度,以分区内具有代表性的高点平均高程与低点平均高程之和的 1/2 求得;航空摄影的绝对航高为摄影基准面的高度与相对飞行高度之和。

7) 影像质量

影像质量特别强调影像清晰,反差适中,颜色饱和,色彩鲜明,色调一致。有较丰富的层次、能辨别与地面分辨率相适应的细小地物影像,满足外业全要素精确调绘和室内判读的要求。

8) 补摄重摄

航摄过程中出现绝对漏洞、相对漏洞及其他严重缺陷时必须及时补摄漏洞,对于影像内业加密选点和模型连接的相对漏洞及局部缺陷(如云、云影、斑痕等),选择在漏洞处补摄,补摄航线的长度设定为超过漏洞外一条基线。

9) 照片数据

照片数据及时整理分类备份,像片号文件名应与摄区数据序号保持一一对应关系。航摄资料清单包括航摄日期、摄区代号、摄区照片以及相机鉴定参数。

5. 测量数据检查

1) 航空影像数据检查

首先,检查影像数据地面分辨率是否达到要求。其次,通过目视观察,影像质量应确保影像清晰,反差适中,颜色饱和,色彩鲜明,色调一致。有较丰富的层次、能辨别与地面分辨率相适应的细小地物影像,满足外业全要素精确调绘和室内判读的要求。再次,通过人机交互检查法进行影像重叠度的检查,确保影像重叠度是否达到要求。最后,进行航空影像数据预处理,影像数据编号采用以相机为单位的流水编号,一般以飞行方向为编号的增长方向;同一相机内影像编号不允许重复。当有补飞航线时,补飞航线的航片流水号在原流水号基础上增加位数。

2) 野外像控点选刺

航空影像控制点的判刺精度为 0. 1 mm,点位应选在影像清晰的明显地物点,一般可选在交角良好的细小线状地物交点、影像小于 0. 2 mm 的点状地物中心,地物拐角点或固定的点状地物上。弧形地物、阴影、交角小于 30°的线状地物交叉不得作为刺点目标。航空影像控制点应选用高程变化较小的目标,航空影像控制点在各张相邻的及具有同名点的像片上均应清晰可见,选择最清晰的一张像片作为刺点片。

6. 数据处理与建模

1) 技术路线

三维建模技术路线如图 5-19 所示。

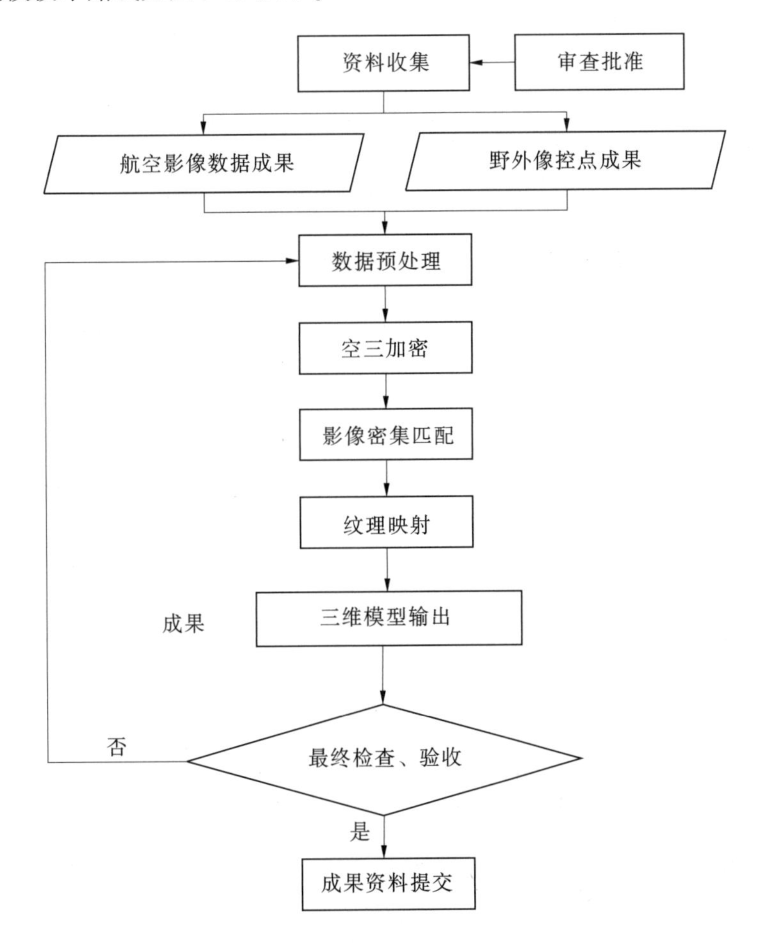

图 5-19　三维建模技术路线

2)空中三角测量

自动化空中三角测量加密在 Smart 3D Capture 自动建模系统中加载测区影像,人工给定一定数量的控制点,软件采用光束法区域网整体平差,以一张像片组成的一束光线作为一个平差单元,以中心投影的共线方程作为平差单元的基础方程,通过各光线束在空间的旋转和平移,使模型之间的公共光线实现最佳交会,将整体区域最佳地加入控制点坐标系中,从而恢复地物间的空间位置关系。软件平差计算采用多视影像联合平差。在多视影像联合平差时需充分考虑影像间的几何变形和遮挡关系,结合 POS 系统提供的多视影像外方位元素,采取由粗到精的金字塔匹配策略,在每级影像上进行同名点自动匹配和自由网光束法平差,可得到较好的同名点匹配结果。同时,建立连接点和连接线、像控点坐标、GPU/IMU 辅助数据的多视影像自检校区域网平差的误差方程,通过联合解算,确保平差结果的精度。

空三加密结果见图 5-20,航空影像在空中的位置关系见图 5-21。

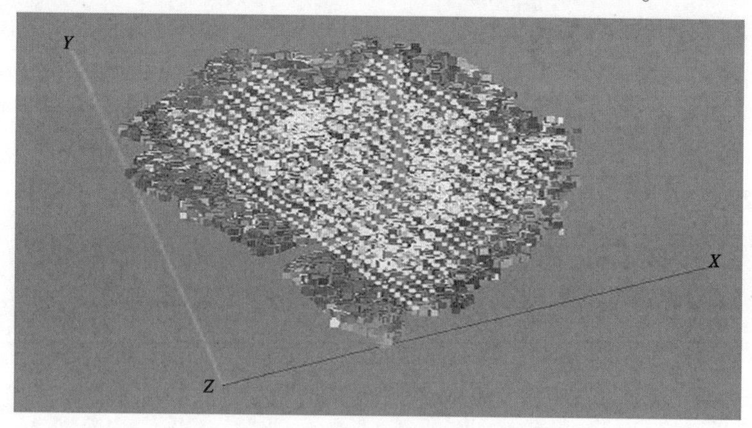

图 5-20　空三加密结果

图 5-21　航空影像在空中的位置关系

3)多节点并行计算

三维模型数据生产是采用 Smart 3D Capture 自动建模系统软件。Smart 3D Capture 自动建模系统是为满足多节点并行计算而设计的,因而最大化了计算速率。此外,用户无须深究如何安排工作,只需设置子节点的环境变量工作目录,即可参与运算。所设计的并行体系架构是基于专用磁盘存储访问的高端 GPU 计算机群,允许多个节点快速访问数据和高效计算。

4)成果数据输出

3D 数字模型自动地生成与实际一致的三维场景。由三维建模软件处理的倾斜三维模型数据是由二进制存储的、带有嵌入式链接纹理数据(.jpg)的 OSGB 格式。

典型区域陆面 3D 输出成果见图 5-22。

图 5-22　**典型区域陆面 3D 输出成果**

5.1.4.2　水下地形测量

1.无人船搭载多波束测量平台

多波束测深系统与传统的单波束测深系统每次测量只能获得测量船垂直下方一个海底测量深度值相比,多波束探测能获得一个条带覆盖区域内多个测量点的海底深度值,实现了从"点—线"测量到"线—面"测量的跨越,其技术进步的意义十分突出。

多波束测深系统能够有效探测水下地形,得到高精度的三维地形图。其工作原理是利用发射换能器阵列向河底发射宽扇区覆盖的声波,利用接收换能器阵列对声波进行窄波束接收,通过发射、接收扇区指向的正交性形成对河底地形的照射脚印,对这些脚印进行恰当的处理,一次探测就能给出与航向垂直的垂面内上百个甚至更多的河底被测点的水深值,从而能够精确、快速地测出沿航线一定宽度内水下目标的大小、形状和高低变化,比较可靠地描绘出河底地形的三维特征。多波束系统是由多个子系统组成的综合系统,对于不同的多波束系统,虽然单元组成不同,但大体上可将系统分为多波束声学系统(MBES)、多波束数据采集系统(MCS)、数据处理系统和外围辅助传感器。

无人船搭载多波束平台创造性地将多波束测深系统集成到水文无人船上能获取测深数据,具有侧扫下扫加声呐探测功能,提供下方水域和水底 3D 视图。

无人船搭载多波束地水下测量作业模式如图 5-23 所示。测量前,换能器固定安装在无人船底中部,主机固定在船舱内,架设并调试好无线电通信设备,确保设备与岸上工作站之间的通信顺畅。

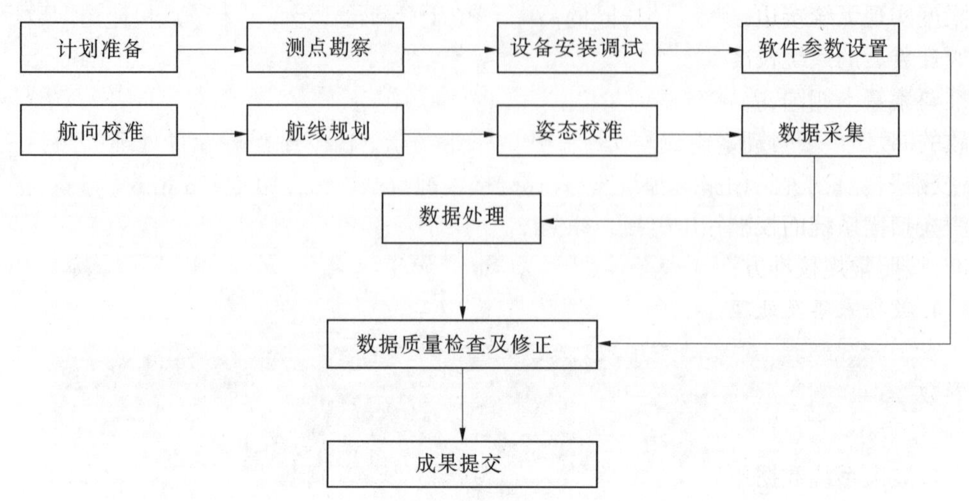

图 5-23 无人船搭载多波束的水下测量作业模式

在岸边架设 GPS 基准站,设置相关测量参数,使无人船按照事先设定好的航线航行,并启动测量。测量数据经专业后处理软件处理并检查后,形成最终成果。

2. 基站架设

架设岸上接收机基站,使用电台 1+1 工作模式或 CORS 模式,待移动站接收机收到差分信号,收敛为固定解状态后开始进行参数转换等工作,校准结果满足精度要求后设置移动站的 GPGGA 输出,并连接到无人船上。基站架设作业如图 5-24 所示。

图 5-24 基站架设作业

3. 系统安装及校准

与大部分移动测量设备类似,为了保证测量准确度,多波束测深与三维激光扫描一体化移动测量系统也要进行正确的安装并进行严格的系统校准。相对于多波束测深系统,移动激光扫描系统对测量时自身姿态变化更为敏感,因此对姿态测量系统测量准确度要求更高。为了达到测量要求,系统集成方案选择了将激光扫描系统与姿态测量系统刚性连接在同一个金属安装架上,使两个系统在三维空间相对位置严格一致,保证了姿态系统所输出的姿态信息准确地反映三维激光扫描系统的变化。多波束测深系统安装,与单独多波束测深系统安装要求相同。为了使水下多波束扫测范围和船载三维激光扫测范围最大限度实现无缝接边,多波束换能器采取朝向激光扫描的方向倾斜40°方式安装。

安装后的系统校准,需要针对多波束测量系统和三维激光扫描系统分别进行,二者的校准要素基本相同,差异是对于激光扫描系统来说的,因为安装时采取了与姿态系统严格一致的同一个基座的刚性连接方式,并使二者指向严格一致,因此校准要素不包含Heading校准。在校准特征地形选择上,最好选择水面有一定高度的灯塔或者其他柱状物体作为激光扫描系统的校准特征参照物,完成激光扫描系统安装误差校准。多波束测深系统校准,按照常规校准方法和校准要素,选择合适的水下地形区域进行相关要素校准。

4.数据采集及处理

安装校准完成之后,对洪泛区及周边陆域区进行了一体化测量,同步采集多波束水深地形数据和水面以上的三维激光扫描数据,对陆域区利用无人机测量系统进行低空全覆盖测量。

多波束系统数据预处理主要包括定位数据处理,声速剖面数据处理,潮位数据处理,姿态数据处理,深度数据处理(包括声速校正、横摇纵摇校正、艏摇校正、延时校正等)和数据编辑、去噪、合并、清项;图型处理是对预处理后得到的水深数据进行网格化,生成数字地形模型(DTM),最终形成河道地形图,数据处理流程如图5-25所示。其处理流程复杂,某一方面出错,则会影响整个数据的精度。

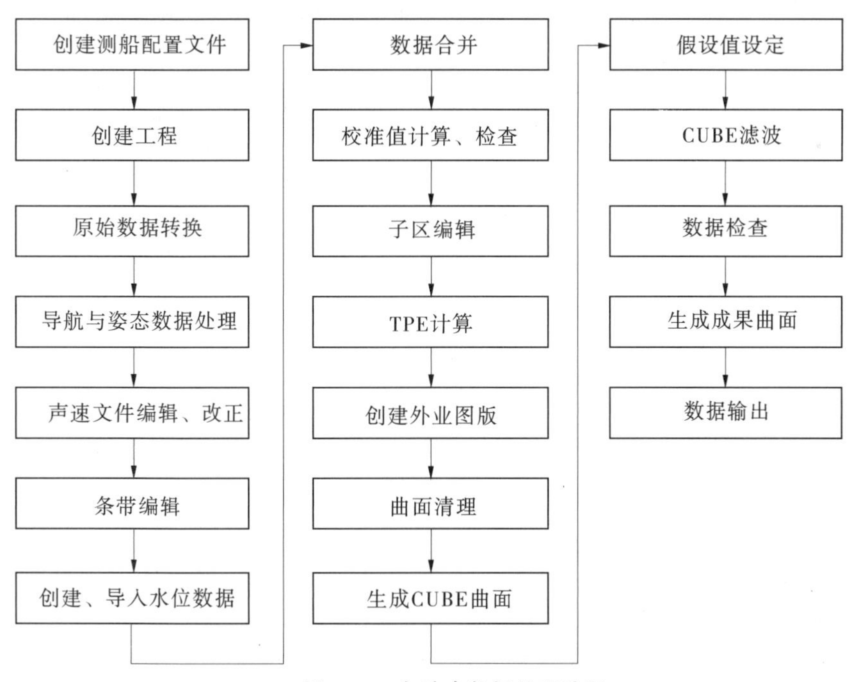

图5-25　多波束数据处理流程

经过数据处理,最终输出的水下部分河道3D影像如图5-26所示。

图 5-26　水下部分河道 3D 影像生成示意图

5.1.5　洪泛区蓄水量估算与洪水位-蓄水量关系

基于淹水程度及地形资料，估算出堤垸内的蓄水量。蓄水量估算的公式为

$$S = \sum_{i=1}^{n} A_i \times \Delta H \tag{5-8}$$

式中：S 为总的蓄水量，m^3；i 为当前网格的数目；n 为网格的总数目；ΔH 为每个网格水面与湖底的高程差，m；A_i 为水淹没网格的面积，m^2。

根据典型洪泛区地形图，按式(5-8)计算不同水位(1985 国家高程基准)对应的洪泛区蓄水量，表 5-3 为不同水位与典型洪泛区内蓄水量的关系。

表 5-3　典型洪泛区水位与蓄水量关系

水位/m	蓄水量/万 m^3
35.00	26.64
36.00	56.75
37.00	116.46
38.00	232.74
39.00	428.24
40.00	676.06
41.00	966.22
42.00	1 310.79

图 5-27 为典型洪泛区水位与蓄水量的关系曲线图，经拟合，其水位与蓄水量之间的相关系数达到了 0.99，拟合公式为

$$S = 0.002\ 8Z^2 - 0.197\ 2Z + 3.475\ 6 \tag{5-9}$$

式中：Z 为堤垸内水位，m；S 为在水位下堤垸内的蓄水量，亿 m^3。

当已知水位后，即可通过式(5-9)推算出堤垸某一水位下的蓄水量。

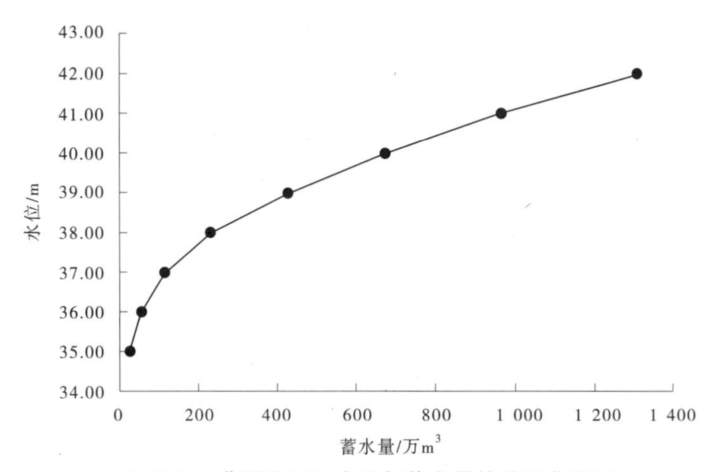

图5-27　典型洪泛区水位与蓄水量的关系曲线图

5.2　多源监测信息融合技术

面向实时洪水预报调度精细网格演算需求，研发了预报时效0~10 d、空间分辨率1 km、时间分辨率1 h的无缝隙、高精度、定量化、网格化浏阳河实况和预报降水面雨量产品计算体系，形成了集多源资料融合实况、基于欧洲短期模式预报相融合的0~10 d中实况及短期预报为一体的浏阳河流域智能网格预报产品，有效提升了面雨量产品精度和洪水预报精度。

5.2.1　降水数据源

浏阳河流域雨水情监测由长沙市水文局管理。长沙市水情预报及雷达中心有三套雨水情数据：自建遥测系统的水雨情数据、雷达监测降雨数据和欧洲短期模式预报降雨数据。

5.2.1.1　报汛站网

图5-28为浏阳河流域报汛站网分布图，基于自建遥测系统的水雨情数据分析，共有遥测站点126个，其中水文站、水位站和水库站69个，雨量站57个。水情数据中，主要以河道水位为主，水文站的流量数据较少，雨量站时间序列较长。

5.2.1.2　雷达监测站网

研究区域共安装3部X波段双偏振相控阵雷达，安装站点分别是土桥站（东经113.268 887°，北纬28.019 395°，海拔95 m）、嵩山站（东经113.394 578°，北纬28.322 440°，海拔180 m）和仙圣潭站（东经113.738 549°，北纬28.170 767°，海拔402 m），安装站点情况及组网探测覆盖区域见图5-29和图5-30。双偏振和相控阵相结合的雷达探测技术可显著提高雷达定量降水的准确性和精细化水平，是目前实现精准的流域面雨量定量监测的最有效方案。

5.2.1.3　0~10 d短中期精细化降水预报

共享欧洲气象中心短期模式降雨预报产品，其预见期为10 d、时间分辨率为3 h、空间分

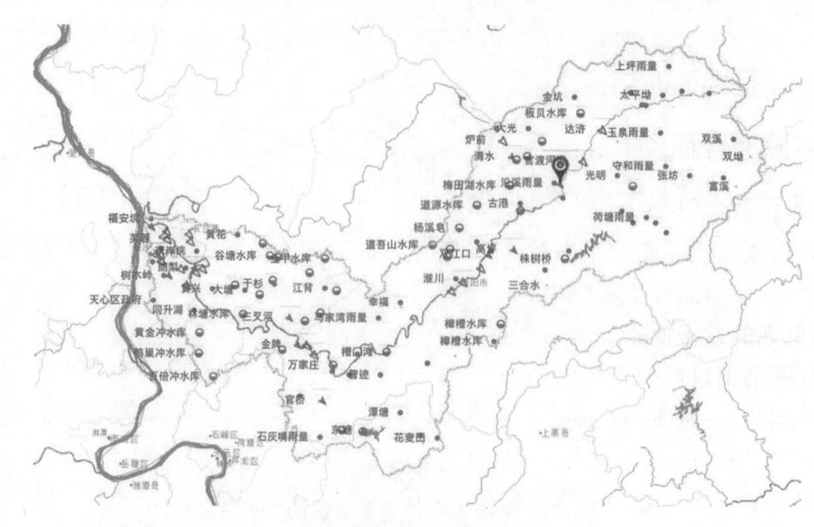

图 5-28　浏阳河流域遥测站点分布

(a)土桥站　　(b)嵩山站　　(c)仙圣潭站

图 5-29　雷达站点图

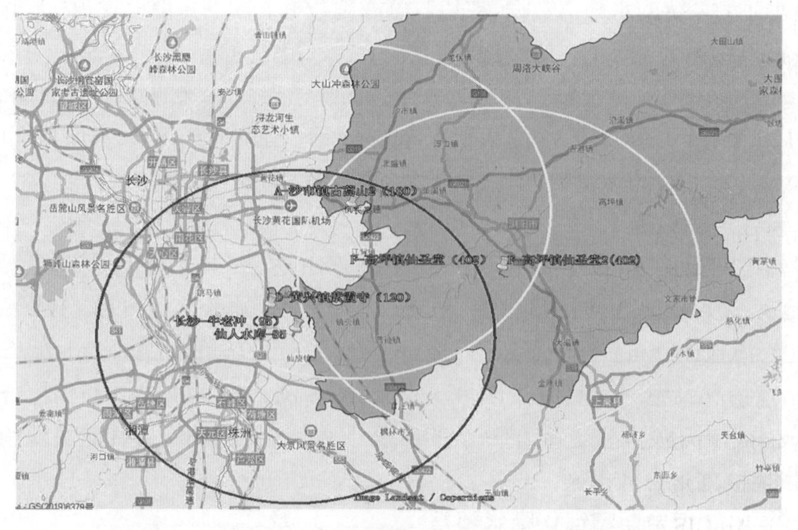

图 5-30　长沙雷达组网探测覆盖区域示意图(半径 45 km)

辨率为 5 km、每日 2 次更新。其预报结果优于各类客观预报产品，有效提升了短期网格预报水平，降水预报的可用时效从 2 d 提高至 7~10 d，并适应浏阳河流域气象降水预报需求。

5.2.2　多源融合面雨量计算方法

5.2.2.1　多源融合目标

洪水预报模型所需面雨量信息需要融合两种不同来源的降水信息：一是模拟期的实测面雨量系列，此实测面雨量系列由实测点雨量生成，以空间离散点方式逐时点雨量系列；二是预见期的预报面雨量系列。此预报面雨量系列由预报网格面雨量生成，以公里网格方式逐时网格雨量系列，用于预报未来洪水情况。对于两种不同来源降水融合处理，常常面临以下问题：一是实测点雨量缺测引起面雨量计算精度。由于实测点雨量在地点、强度、时间等要素的随机性很强，雨量站点分布不均，流域内雨量站点时有缺测情况发生，对于传统的算术平均法、泰森多边形法等固定站点、固定权重的流域面雨量计算方法，在雨量站点缺测资料情况下严重影响流域面雨量计算值的准确性。二是两种空间分布方式需要融合成统一面雨量系列。实测点雨量采用离散点方式，预报网格雨量采用等网格方式，需要处理成统一的流域面雨量逐时系列。因此，研究点面融合的流域面降雨时序计算方法，充分考虑雨量资料缺测情况下流域面雨量、不同空间分布方式统一融合，提高流域面雨量计算的准确性，是十分必要的。

采取空间尺度升降转换和时间尺度权重融合的方式，将多尺度、多时效的降水融合实况、1~10 d 短中期等各类精细化降水实况和预报产品进行空间、时间融合协同，最终统一到一套浏阳河流域时空融合的高精度降水实况预报系列，其空间分辨率为 1 km×1 km、时间分辨率为 1 h、产品更新时次为每小时。

5.2.2.2　多源融合方法

多源融合方法面向洪水预报对模拟期和预报期不同降水信息统一处理的业务需求，基于实测点雨量信息和预报网格降水信息，采用统一网格反距离权重插值方法，按“先空间、后时间”的计算顺序，统一处理成 1 km×1 km 网格逐时降水，按预报区域边界与网格进行空间相交匹配，获取预报区域网格降水及网格面雨量，生成包含实测点雨量和预报网格雨量的逐时预报区域面雨量时序降水信息，满足洪水预报模型计算需求。此方法充分利用流域内所有报汛雨量站，统一实测点雨量和预报网格雨量的数据格式，基于空间相交获取预报区域面雨量，提高了流域面雨量计算精度，解决了传统固定雨量站固定权重在雨量缺测下导致面雨量整体偏小、实测点雨量和预报网格雨量融合不便的问题，为流域水量计算、洪水预测预报提供可靠的面雨量信息。

多源融合技术方案主要步骤如下：

(1)针对某一流域出口断面经纬度地理信息，基于全国 30 m DEM，经过数据填注、流向计算、累计流量计算等步骤，提取流域边界。

(2)收集流域内所有雨量站点经纬度信息，提取时段内具有报汛资料的雨量站点和雨量信息。依据降水量不超过所设定的时段降水阈值(800 mm)，排除可疑雨量站点。

(3)基于 ArcGIS 构建流域内 1 km×1 km 网格，网格范围是流域边界外扩 5 km，以便获取周边雨量站点，提高周边网格插值所用雨量站权重。

(4)逐时段将雨量信息用反距离权重插值到网格点上。找出与格点 $H(i,j)$ 在半径 10 km 距离范围内的雨量站点,根据反距离权重系数,即各雨量站点对格点 $H(i,j)$ 的值 $z(i,j)$ 的影响随其距格点 $H(i,j)$ 的距离的增大而缩小,反映在权重上,距离小的权重大,距离大的权重小,定义距离倒数的某次幂为权函数。

$$w = \frac{1}{1 + a \times d^2(i,j)}$$

$$d^2(i,j) = (x_k - x_i)^2 + (y_k - y_i)^2, k = 1,2,\cdots,n \tag{5-10}$$

式中:n 为雨量站数;(x_k,y_k) 为雨量站点坐标;a 为随要素场的不同而不同的经验系数,在具体将雨量资料插值到网格点上时,一般需分以下几步来做:

一是因网格面略大于流域分布区域,因此处于流域边界外的格点值应为 0,即

$$Z(I,J) = 0 \tag{5-11}$$

二是对于流域界内的格点,则以格点 $H(i,j)$ 为圆心,以适当的 R=10 km 为搜索半径,求出位于 R 范围内的所有雨量站点,并按其距离由小到大排序 $\{d_i,d_s,\cdots,d_k\}$(k 为搜索的站数),然后分为三种情况来处理:

第一,如果距格点距离最近的站点距离 $d_i \leqslant R/10$,说明该站点与该格点距离很近,可不考虑其他雨量站点对该格点的影响,该站点雨量值直接等于格点值,即

$$Z(I,j) = a(i',j') \tag{5-12}$$

式中:$a(i',j')$ 为雨量站值。

第二,R 范围内的站数 $k \geqslant 5$ 个,则格点值按距离最近 5 个进行距离权重插值求解:

$$z(i,j) = \frac{\sum_{i=1}^{k} a(i',j') \times w_i}{\sum_{i=1}^{k} w_i} \tag{5-13}$$

(5)进行流域栅格提取,通过 ArcGIS 栅格裁剪工具,将插值栅格面用流域边界进行裁剪,生成插值栅格格网。

(6)找出流域内的所有网格点后,将流域内所有格网值累加除以格网数,即可计算出流域面雨量。

$$\overline{P} = \frac{\sum_{i=1}^{N} R_i}{N} \tag{5-14}$$

式中:P 为流域面雨量;R_i 为插值到格点上的雨量值;N 为流城内的格点数。

计算流城内子流城的面雨量,可采用上述步骤计算子流域或任意闭合区域的面雨量。

(7)预报网格雨量插值。采用 ECMWF 短期模式降水,其网格为 10 km×10 km,未来 240 h 逐 3 h 系列,按每个网格作为点雨量方式,按步骤(4)方式,插值成 1 km×1 km 网格逐时雨量系列。

(8)流域面雨量计算。通过 1 km×1 km 网格与流域边界空间相交方式,提取流域内所有 1 km×1 km 网格信息,针对逐时 1 km×1 km 实测网格雨量和预报网格雨量系列,统计平均获取流域面雨量网格系列。

点面融合的流域面降水时序计算方法框图如图 5-31 所示。

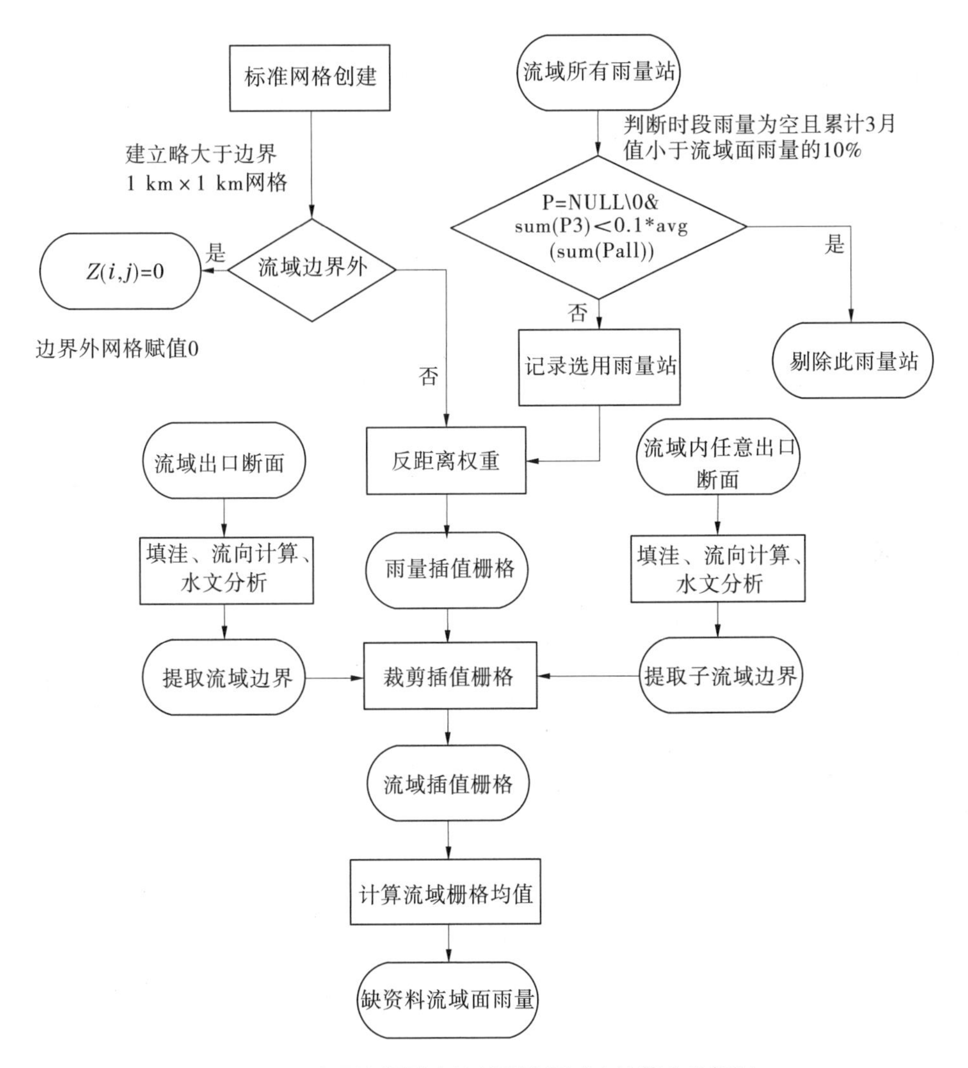

图 5-31　点面多源融合流域面降雨时序计算方法框图

5.2.3　浏阳河多源融合面雨量计算应用

5.2.3.1　实测降水量网格插值

依据浏阳河流域报汛站网，按 0.01 网格进行降雨插值，生成对应 1 h、6 h、1 d 等时段 netCDF 格式文件，并基于此文件，统计生成预报区域的面雨量，并以等雨量线、网格雨量等形式前端展现，见图 5-32。

5.2.3.2　欧洲短期模式降雨量网格插值

依据欧洲短期模式数值预报降雨，按 0.01 网格进行降水插值，生成对应 1 h、6 h、1 d 等时段 netCDF 格式文件，并基于此文件，统计生成预报区域的面雨量，并以等雨量线、网格雨量等形式前端展现，见图 5-33。

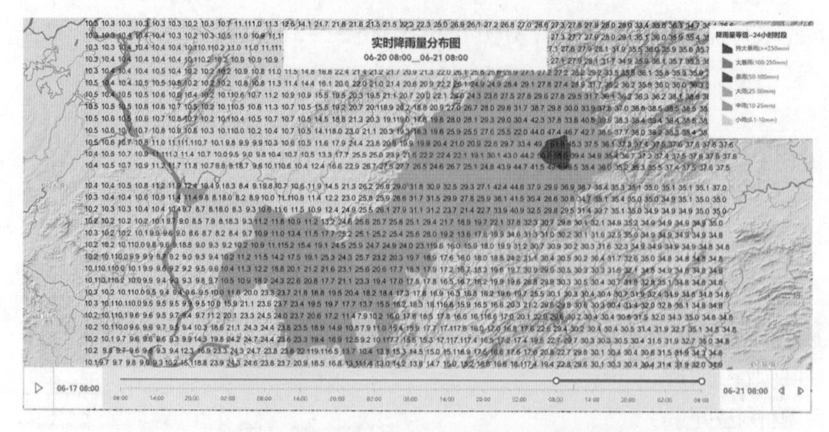

图 5-32 报汛站网实测点雨量等雨量面及网格降水分布

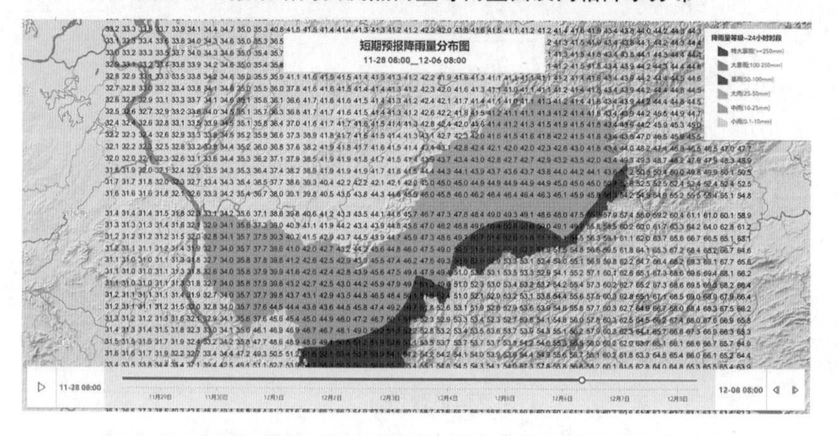

图 5-33 欧洲短期模式数值预报降雨等雨量面及网格降水分布

5.2.3.3 多源降雨融合面雨量计算

基于报汛站网实测点雨量和欧洲短期模式数值预报降水的 0.01 网格降雨插值，分别生成洪水预报模拟期和预报期的面雨量系列（见图 5-34），有效避免了实测点雨量缺测对面雨量质量的影响，有机融合了实测点雨量和预报网格雨量在空间和时间上分辨率等多源数据，提高了区域面雨量计算质量，为提高洪水预报精度提供了数据质量保障。

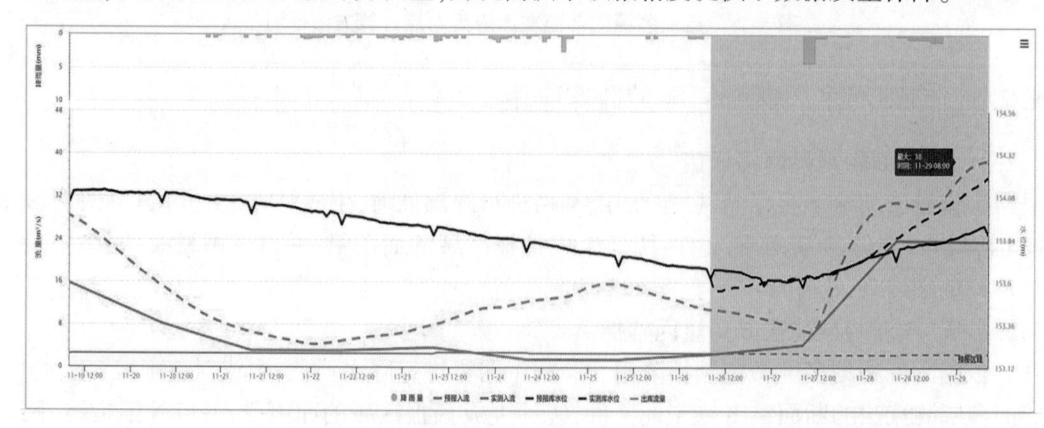

图 5-34 多源降雨信息区域面雨量系列融合计算

5.3　超声波时差法流量监测系统自率定技术

超声波时差法自 1973 年在湖南省枧梨水文站流量测验中试验研究开始,在我国已有近 50 年的研究发展历程,并得到了初步的应用,尤其在一些人工河渠的流量监测中发挥了重要作用。但天然河道由于河道断面不规整,加之影响因素较为复杂,超声波时差法所测到的一个或多个水平层流速对全断面流速是否具有很好的代表性,或者能否建立起超声波时差法所测水平层流速与断面实际流速的关系,直接决定了时差法测流系统建设及投产应用的成败。因此,在天然河道超声波时差法监测系统建设初期,都需要经过深入的技术论证和较长时间的系统比测率定工作,因而在一定程度上制约了超声波时差法在河流流量监测中的推广应用。

本书研究了基于垂向流速分布的层流速与断面流速转换模型,在实际应用中只需测量二层或二层以上的信息互补层流速,即可通过所获取的层流速信息进行断面的流速分布的识别,完成断面流量计算,进而实现天然河道流量实时在线。应用该转换模型无须另行布设一套常规流量测量设施对系统进行比测和率定,从而使超声波时差法在天然河道的流量测验中真正成为独立于常规流量测验方法之外的一种新的监测方法。

5.3.1　超声波时差法的流量计算与常规率定

河渠水流流速在横断面上的分布是不均匀的,通常可表示为

$$v = f(h, B) \tag{5-15}$$

式中:v 为流速;h 为水深;B 为水面宽。

因此,流经河渠横断面的瞬时流量可用以下积分形式表示:

$$Q = \int_0^h \int_0^B v \mathrm{d}h \mathrm{d}B = \int_0^h \int_0^B f(h, b) \mathrm{d}h \mathrm{d}B \tag{5-16}$$

式中:Q 为流量;其余符号意义同前。

当应用超声波时差法测量时,得到的流速值为水平层流速,如将其值表示为v_h,则河渠瞬时流量可表达为

$$Q = \int_0^h v_h b \mathrm{d}h \tag{5-17}$$

式中:b 为时差法测速对应的水平层河宽,其值为 $b=f(h)$;其余符号意义同前。

按照换能器的数量和安装方式的不同,超声波时差法测流的方式有多层测流法和单层测流法等。

5.3.1.1　多层测流法流量计算

多层测流法是沿河渠两岸不同水深位置平行安装多对换能器,在断面上测出不同水深的水平层平均流速,得到断面流速分布变化,据以计算各水平层流量进而推算断面流量。多层测流法的多声道换能器固定安装布置如图 5-35 所示。

多层测流法的断面流量计算与常规流速仪法类似,采用分层部分流量累加,其有限差分公式为

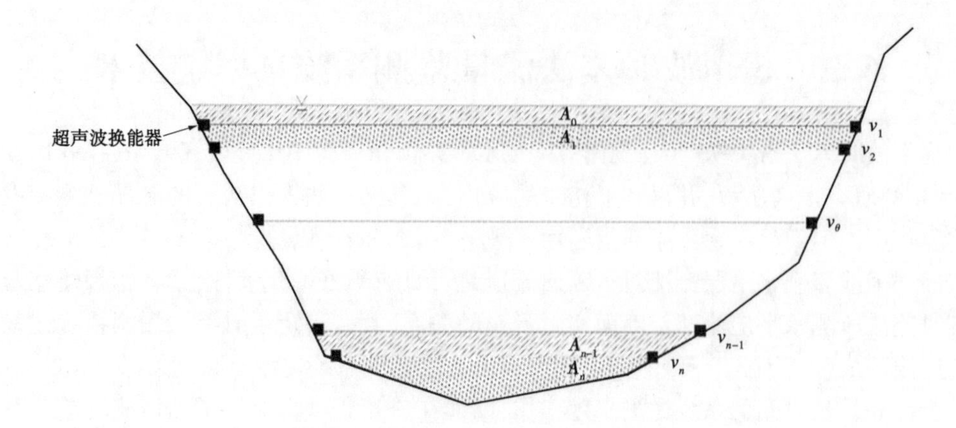

图 5-35　多层测流法的多声道换能器固定安装布置

$$Q = \frac{k_{表}v_1 + v_1}{2}A_0 + \sum_{\mu=1}^{n-1}\frac{v_\mu + v_{\mu+1}}{2}A_\mu + k_{底}v_nA_n \tag{5-18}$$

式中：v_μ 为第 μ 个测速层的水平层流速，当 $\mu = n$ 时即为河底盲区边界流速；A_μ 为第 μ 部分过水断面面积；$k_{表}$为表层流速系数；$k_{底}$为底层流速系数；其余符号意义同前。

有些时差法测流系统在设计时，为了尽可能多的密集水层流速且减少换能器数量成本，采用单声道换能器安装在可滑动的轨道上，通过换能器的上下滑动以测到多个水层。例如，在湖南省椰梨、湘潭、茅坪、冷水江等水文站的超声波时差法测流试验中，单声道换能器安装采用了轨道搭载行车方式。即在河道两岸设置轨道，将换能器安装在行车架上，用绞车驱动行车在轨道上上、下运行，因此在水位涨落幅度较大时能测到预定水层的流速。每次测流时换能器自水面往下逐层施测。因此，当能测到水面流速时，多层测流法流量计算式(5-18)可写为

$$Q = \sum_{\mu=0}^{n-1}\frac{(v_\mu + v_{\mu+1})}{2}A_\mu + k_{底}v_nA_n \tag{5-19}$$

5.3.1.2　**单层测流法流量计算**

单层测流法是沿河渠两岸分别选择一个合适的固定位置，水平安装一对换能器，以换能器测得的该水平层水平平均流速代表全断面平均流速，据以推算断面流量。单层测流法的换能器布置如图 5-36 所示。

单层测流法断面流量计算公式可表示为

$$Q = A\overline{V} = Ak_\theta v_\theta \tag{5-20}$$

式中：$\overline{V}$ 为断面平均流速；A 为断面面积；v_θ 为固定测速层层流速；k_θ 为水平层流速与断面平均流速转换系数，一般称为水平层流速系数；其余符号意义同前。

5.3.1.3　**超声波时差法流量测验系统的率定**

由式(5-18)、式(5-19)和式(5-20)可以看出，应用超声波时差法进行河渠流量测量时，无论多层测流法还是单层测流法，均难以通过测量得到完整的剖面流速分布。因此，超声波时差法应用中在仪器安装后必须进行系统率定，以建立测量流速与断面实际平均流速之间的关系，即求式(5-18)～式(5-20)中 $k_{表}$、$k_{底}$或 k_θ。

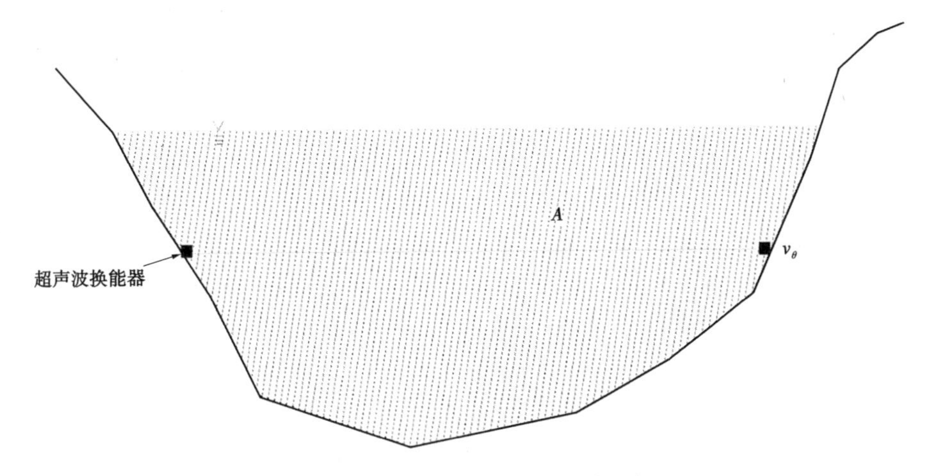

图 5-36　单层测流法换能器安装示意图

1. 多层测流法流速系数率定计算

对于多层测流法而言,系统率定的主要问题是推算表层流速系数和底层流速系数。一般水面流速可通过转子流速仪或电波流速仪测量,因此表层流速系数$k_{表}$可通过实测水面流速与时差法测得的水下第一层水平流速推算,即

$$k_{表} = \frac{v'_0}{v_1} \tag{5-21}$$

式中:v'_0为通过转子流速仪或电波流速仪测量求得的水面平均流速;v_1 为时差法测得的水下第一个水平层流速。

河底流速由于无法直接测量,通常只能通过转子流速仪多线多点法精测或走航式声学多普勒流速剖面仪法(ADCP)测得全断面流量后,由式(5-18)或式(5-19)间接求得。

当运用多声道固定安装换能器进行多层测流时,其底层流速系数可用下式求得

$$k_{底} = \frac{Q' - k_{表} v_1 A_0 - \sum_{\mu=1}^{n-1} \frac{(v_\mu + v_{\mu+1})}{2} A_\mu}{v_n A_n} \tag{5-22}$$

式中:Q'为转子流速仪或 ADCP 法测得的断面流量;其余符号意义同前。

当采用轨道搭载行车安装换能器进行多层测流时,其底层流速系数为

$$k_{底} = \frac{Q' - \sum_{\mu=0}^{n-1} \frac{(v_\mu + v_{\mu+1})}{2} A_\mu}{v_n A_n} \tag{5-23}$$

因此,对于多层测流法而言,时差法在投产前必须率定出 $k_{底}$(或 $k_{表}$和 $k_{底}$)与水位或其他可施测到的水力要素之间的关系。

2. 单层测流法流速系数率定计算

实际上,大部分应用时差法的水文测站采用单层测流法,实际施测到的流速是一个水平层流速。因此,单层测流法能否投产应用,取决于施测到的水平层流速能否很好地代表全断面平均流速。所以,在单层测流法投产前必须布置一套转子流速仪或 ADCP 法测流方案,与单层时差法同步进行流量精密测量,以率定时差法实测水平层流速与相应全断面

平均流速之间的关系,即推求水平层流速与全断面平均流速之间的系数k_θ,由式(5-20)可得

$$k_\theta = \frac{Q'}{Av_\theta} \tag{5-24}$$

如果各级水位或其他可施测到的水力要素(如水平层流速等)与k_θ之间存在稳定的相关关系,则单层法可以投产应用。如果k_θ与水位或其他可施测到的水力要素之间关系散乱,则说明时差法测到的水平层流速的代表性较差,需要调整时差法测速层位置,直到寻找到最优代表测速层位置。

可见,无论多层测流法还是单层测流法,均需对时差法测流系统进行率定。因此,在时差法设施布置时,必须按《河流流量测验规范》(GB 50179—2015)的要求布置一套转子流速仪法或 ADCP 测流设施,与时差法同步进行全断面流量的精密测量,以分析时差法测量流速与全断面流速之间的关系。天然河道由于水情条件复杂,率定期可能需要一个很长的过程,不仅费时费力,还将导致时差法难以及时投产,发挥效益,这对于时差法在新设水文测站中的应用是十分不利的。

5.3.2 基于垂向流速分布的层流速与断面流速转换模型

河流垂向流速分布即横断面上不同位置垂线的流速分布变化,它主要受水深、河床糙率、含沙量、上下游断面变化等诸多因素的影响,其形态十分复杂,因此需对不同分布形态的流速分布的断面流量计算方法进行深入探讨。根据明渠流速垂向和横向的分布规律结合特征点流速提取,王二平等提出了流量自动化测量方法;王鸿杰等提出了基于横断面垂线平均流速分布的流量计算模型;韩继伟等结合时差法测流计算中一些实际问题,提出了虚拟垂线流速时差法流量计算方法;陈卫东等通过构建曲面流速分布模型用于在自动测流系统的流量计算。虽然近年来一些学者通过流速分布规律的分析,提出了改进河渠流量测验计算的一些方法并有一定的效果,但均有一定的适用条件。在长期的超声波时差法测流试验中,我们发现不同水平层流速信息总是存在一定的互补性,每一个水平层流速都是断面流速分布规律的反映,通过两个及其以上的信息互补层流速信息的技术挖掘和模式适配,可以得出流速在河道断面上的形态分布,结合断面面积测量信息,进而可以获取断面流量信息成果。

5.3.2.1 水平层流速与断面流速的转换模型

时差法测到的流速为河道断面上的水平层流速,其他未测到层均为非实测区。通常的做法是加密测层,使测到的多层流速尽可能反映流速在断面上的分布形态,其他非实测区流速通过已测到的水平层流速进行内插或趋势外延,这就对时差法的测层数量有一定的要求。研究明渠水流流速垂线分布通常有三种主要方法。一是利用天然河道实测资料分析得出经验关系公式;二是对水流运动方程进行假设与简化处理,结合实测资料分析得到半经验半理论公式;三是通过数值计算方法求解水流运动方程以获得垂线流速分布。本次融合三种方法,以典型的对数分布和反正弦分布为原型,通过层流速信息提取和数值计算方法,以获得垂线流速分布。

1. 对数型流速分布情形

天然河渠垂线流速对数型分布公式为

$$v_\theta = v_* \left(\frac{C}{\sqrt{g}} + \frac{1 + \ln\theta}{K_1} \right) \tag{5-25}$$

$$v_* = \sqrt{ghs} \tag{5-26}$$

式中:v_θ 为河渠断面垂线上相对水深为 θ 处的流速;θ 为从河底起算的相对水深值,其值为 0~1;v_* 为动力流速;C 为谢才系数;g 为重力加速度,一般取 $g = 9.81\ \mathrm{m/s^2}$;K_1 为卡门常数;h 为垂线水深;s 为水面坡降。

根据式(5-25)和式(5-26),可推得垂线平均流速公式为

$$v_\varphi = C\sqrt{hs} \tag{5-27}$$

于是,测流断面上的断面平均流速可按式(5-28)求得

$$\overline{V} = \frac{1}{A}\int_0^B v_\varphi h \mathrm{d}B = \frac{1}{A}\int_0^B C\sqrt{s} h^{1.5} \mathrm{d}b \tag{5-28}$$

进一步写成有限差分形式,则有

$$\overline{V} = \frac{C\sqrt{s}}{A}\sum_{\mu=1}^{n} h_\mu^{1.5} b_\mu \tag{5-29}$$

式中:h_μ 为第 μ 部分面积平均水深($\mu = 1, 2, \cdots, n$);b_μ 为第 μ 部分面积部分水面宽;其余符号意义同前。

如在断面安装 1—1 和 2—2 这 2 个固定水平层换能器,或利用行车在断面上测定 1—1 和 2—2 这 2 个固定水平层流速,如图 5-37 所示。

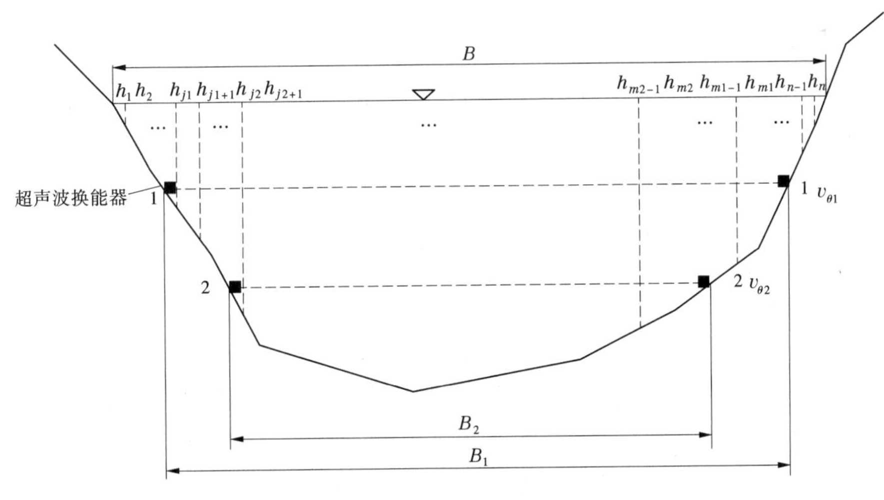

图 5-37　二固定层测流法换能器安装示意图

则对于第 1 个水平层面言,其层平均流速可经适当变换后积分求得,即

$$v_{\theta_1} = \frac{1}{B_1}\int_0^{B_1} \left[C\sqrt{hs} + \frac{\sqrt{ghs}}{K_1}(1 + \ln\theta) \right] \mathrm{d}B \tag{5-30}$$

式中:v_{θ_1} 为第 1 个水平层平均流速;B_1 为第 1 个水平层河面宽度;其余符号意义同前。

进一步将式(5-30)写成有限差分形式,并以 j_1 代表第 1 个固定层以下起始垂线号,m_1 代表第 1 个固定层以下最终垂线号,则有

$$v_{\theta_1} = \frac{C\sqrt{s}}{B_1}\left[\sum_{\mu=j_1}^{m_1} h_\mu^{0.5} b_\mu + \frac{\sqrt{g}}{CK_1}\sum_{\mu=j_1}^{m_1}(1+\ln\theta_\mu)\,h_\mu^{0.5} b_\mu\right] \tag{5-31}$$

令

$$N_{11} = \sum_{\mu=j_1}^{m_1} h_\mu^{0.5} b_\mu$$

$$N_{12} = \sum_{\mu=j_1}^{m_1}(1+\ln\theta_\mu)\,h_\mu^{0.5} b_\mu$$

则第 1 个水平层平均流速公式,即式(5-31)可简写为

$$v_{\theta_1} = \frac{C\sqrt{s}}{B_1}\left[N_{11} + \frac{\sqrt{g}}{C\kappa}N_{12}\right] \tag{5-32}$$

因卡门常数 κ 与水面流速系数 K_0 之间有水力联系,且有

$$\kappa = \frac{\sqrt{g}K_0}{C(1-K_0)} \tag{5-33}$$

将式(5-33)代入式(5-32),则有

$$v_{\theta_1} = \frac{C\sqrt{s}}{B_1}\left[N_{11} + \frac{1-K_0}{K_0}N_{12}\right] \tag{5-34}$$

由式(5-20)可推得,层流速系数 $k_\theta = \overline{V}/v_\theta$,因而对于第 1 个水平层流速系数可表示为

$$k_{\theta_1} = \frac{\overline{V}}{v_{\theta_1}} = \frac{B_1 N}{N_{11} + \frac{1-K_0}{K_0}N_{12}} \tag{5-35}$$

其中,$N = \sum_{\mu=1}^{n} h_\mu^{1.5} b_\mu$。

由式(5-35)可知,河渠断面的水平层流速系数主要与河渠断面的形态和测验河段的水面流速系数 K_0 有关,而河渠断面形态可以通过断面测量资料获得。至此,水平层流速系数的推算问题又转换成了水面流速系数的推算问题。

在图 5-38 中,再对第 2 个水平层求层平均流速,并以 j_2 代表第 2 个固定层以下起始垂线号、m_2 代表第 2 个固定层以下最终垂线号,同理可得

$$v_{\theta_2} = \frac{C\sqrt{s}}{B_2}\left[N_{21} + \frac{1-K_0}{K_0}N_{22}\right] \tag{5-36}$$

$$k_{\theta_2} = \frac{B_2 N}{N_{21} + \frac{1-K_0}{K_0}N_{22}} \tag{5-37}$$

式中:v_{θ_2} 为第 2 个水平层平均流速;B_2 为第 2 个水平层河面宽度;k_{θ_2} 为第 2 个水平层流速系数,且有

$$N_{21}=\sum_{\mu=j_2}^{m_2}h_\mu^{0.5}b_\mu$$

$$N_{22}=\sum_{\mu=j_2}^{m_2}(1+\ln\theta_\mu)h_\mu^{0.5}b_\mu$$

再由式(5-20)对第 1 个水平层和第 2 个水平层分别求断面流量,则有

$$k_{\theta_1}v_{\theta_1}=k_{\theta_2}v_{\theta_2} \tag{5-38}$$

将式(5-35)和式(5-37)代入式(5-38),则有

$$K_0=1\Big/\left(1+\frac{B_2v_{\theta_2}N_{11}-B_1v_{\theta_1}N_{21}}{B_1v_{\theta_1}N_{22}-B_2v_{\theta_2}N_{12}}\right) \tag{5-39}$$

由式(5-39)可知,水面流速系数仅与断面形态及 2 个水平层水平流速有关。

因此,在应用超声波时差法测流时,投产应用前可每次施测 2 个水平层流速,结合断面测量资料,即可由式(5-39)计算出水面流速系数K_0。再按式(5-35)和式(5-37)便能顺利求解 2 个固定水平层的层流速系数k_{θ_1} 和 k_{θ_2}。

2. 反正弦垂线流速分布情形

反正弦垂线流速分布是根据涡流互换理论推导出来的万能流速分布模式,其垂线流速分布式为

$$v_\theta=v_\varphi\left[1+\left(\frac{\pi}{8}-\arcsin\sqrt{1-\theta}+\sqrt{\theta}\sqrt{1-\theta}\right)\frac{\sqrt{2g}}{K_4C}\right] \tag{5-40}$$

式中:K_4 为反正弦分布万能系数,当设定反正弦垂线流速分布与对数型流速分布水面流速相等时,可推得 $K_4=\frac{\sqrt{2}\pi}{8}\kappa$;π 为圆周率,取 3. 141 6;其余符号意义同前。

同样对图 5-38 中的第 1 个水平层通过积分求层平均流速,即

$$v_{\theta_1}=\frac{1}{B_1}\int_0^{B_1}v_\varphi\left[1+\left(\frac{\pi}{8}-\arcsin\sqrt{1-\theta}+\sqrt{\theta}\sqrt{1-\theta}\right)\frac{\sqrt{2g}}{K_4C}\right]\mathrm{d}B$$

以式(5-27)代入上式,且写成有限差分形式,得

$$v_{\theta_1}=\left[\left(\frac{C}{\sqrt{g}}+\frac{\sqrt{2}\pi}{8K_4}\right)N_{11}-\frac{\sqrt{2}}{K_4}N_{13}\right]\frac{\sqrt{gs}}{B_1} \tag{5-41}$$

其中,$N_{13}=\sum_{\mu=j1}^{m1}h_\mu^{0.5}b_\mu(\arcsin\sqrt{1-\theta}+\sqrt{\theta}\sqrt{1-\theta})$。

因 $K_4=\frac{\sqrt{2}\pi}{8}\kappa=\frac{\sqrt{2g}\pi}{8C}\frac{K_0}{1-K_0}$,代入式(5-41)即得

$$v_{\theta_1}=\left[\left(1+\frac{1-K_0}{K_0}\right)N_{11}-\frac{8(1-K_0)}{\pi K_0}N_{13}\right]\frac{\sqrt{gs}}{B_1} \tag{5-42}$$

与式(5-35)同样的求解思路,第 1 个水平层流速系数为式(5-29)与式(5-42)之比,于是有

$$k_{\theta_1} = \frac{\overline{V}}{v_{\theta_1}} = \frac{B_1 N}{\left(1 + \frac{1 - K_0}{K_0}\right) N_{11} + \frac{8(1 - K_0)}{\pi K_0} N_{13}} \tag{5-43}$$

同理,对第 2 个水平层可求得

$$v_{\theta_2} = \left[\left(1 + \frac{1 - K_0}{K_0}\right) N_{21} - \frac{8(1 - K_0)}{\pi K_0} N_{23}\right] \frac{\sqrt{gs}}{B_2} \tag{5-44}$$

$$k_{\theta_2} = \frac{\overline{V}}{v_{\theta_2}} = \frac{B_2 N}{\left(1 + \frac{1 - K_0}{K_0}\right) N_{21} + \frac{8(1 - K_0)}{\pi K_0} N_{23}} \tag{5-45}$$

式中, $N_{23} = \sum_{\mu = j_2}^{m_2} h_\mu^{0.5} b_\mu \left(\arcsin\sqrt{1 - \theta} + \sqrt{\theta}\sqrt{1 - \theta}\right)$ 。

将式(5-42)~式(5-45)代入式(5-38),适当整理后即得

$$K_0 = \frac{1}{\left[1 + \frac{B_1 v_{\theta_1} N_{21} - B_2 v_{\theta_2} N_{11}}{B_2 v_{\theta_2}\left(N_{11} - \frac{8}{\pi} N_{13}\right) - B_1 v_{\theta_1}\left(N_{21} - \frac{8}{\pi} N_{23}\right)}\right]} \tag{5-46}$$

可见,运用反正弦垂线流速分布式同样可以通过施测 2 个水平层流速,结合断面测量资料,由式(5-46)计算出水面流速系数。然后据式(5-43)和式(5-45)求解 2 个水平层的层流速系数。

5.3.2.2 多层测流法盲区流速推算

多层测流法通过施测多个水平层的层平均流速,能较好地控制河渠断面的垂向流速分布,但由于河渠断面实际形态的限制,不允许整个断面都利用测验仪器测到水流流速,这个不能运用测验仪器施测水流流速的区域,称为盲区。盲区流速测量是水文测验学中所需要解决的若干问题中最为复杂的问题之一,但到目前为止尚没有有效的解决途径。因此,在多层测流法中必须提出盲区流量的近似估算方法。对于一般河渠断面,按轨道行车安装换能器方式的多层测流法,其盲区主要是近河渠底部的邻近断面区域。盲区流速只能用盲区顶部的实测流速去估算,一般的方法是用底层顶部流速乘以底层流速系数得到底层平均流速,即

$$v_{底} = k_{底} v_n \tag{5-47}$$

鉴于底部水流受河渠底部断面形态的影响,其流速分布较为复杂,考虑垂线流速分布万能公式,即反正弦垂线流速分布式(5-40)推算盲区垂线平均流速。以之代入垂线平均流速公式(5-27),可计算河渠断面上某一垂线第 n 个水平层以下部分的平均流速,即

$$v'_\varphi = \frac{1}{\theta_n}\int_0^{\theta_n} v_\theta \mathrm{d}\theta \tag{5-48}$$

式中:v'_φ 为某垂线第 n 个水平层以下部分,即河底至第 n 个水平层垂线段的平均流速;θ_n 为某垂线第 n 层处从河底起算的相对水深;其余符号意义同前。

式(5-48)经积分变换,并令:

$$M=\int_0^{\theta_n}\left(\arcsin\sqrt{1-\theta}-\sqrt{\theta}\sqrt{1-\theta}\right)\mathrm{d}\theta$$
$$=\frac{\pi}{4}-\left(\frac{1}{2}-\frac{2\theta_n-1}{4}\right)\sqrt{\theta_n}\sqrt{1-\theta_n}-\left(\frac{1}{2}-\theta_n\right)\arcsin\sqrt{1-\theta_n}-\frac{1}{8}\arccos(1-2\theta_n)$$

则有

$$v'_\varphi=\left[\left(\frac{C}{\sqrt{g}}+\frac{\sqrt{2}\pi}{8K_4}\right)-\frac{\sqrt{2}M}{\theta_n K_4}\right]\sqrt{ghs} \tag{5-49}$$

于是，盲区流量即底层流量为

$$Q_{底}=\int_0^{B_n}v'_\varphi h_y\mathrm{d}B \tag{5-50}$$

式中：$Q_{底}$为底层流量（盲区流量）；B_n 为第 n 个水平层河面宽；h_y 为第 n 个水平层以下部分的水深，即从河渠底部至第 n 个水平层的高度，它随断面起点距变化，通常表征为 $h_y=f(B)$；其余符号意义同前。

将式(5-50)写成有限差分形式，即有

$$Q_{底}=\left[\left(\frac{C}{\sqrt{g}}+\frac{\sqrt{2}\pi}{8K_4}\right)N_4-\frac{\sqrt{2}}{K_4}N_5\right]\sqrt{gs} \tag{5-51}$$

其中

$$N_4=\sum_{\mu=j}^{m}h_\mu^{0.5}h_{y,\mu}b_\mu$$
$$N_5=\sum_{\mu=j}^{m}\frac{M_\mu}{\theta_{n,\mu}}h_\mu^{0.5}h_{y,\mu}b_\mu$$
$$M_\mu=\frac{\pi}{4}-\left(\frac{1}{2}-\frac{2\theta_{n,\mu}-1}{4}\right)\sqrt{\theta_{n,\mu}}\sqrt{1-\theta_{n,\mu}}-\left(\frac{1}{2}-\theta_{n,\mu}\right)\arcsin\sqrt{1-\theta_{n,\mu}}-\frac{1}{8}\arccos(1-2\theta_{n,\mu})$$

式中：h_μ 为断面上第 μ 根垂线的水深；$h_{y,\mu}$ 为断面上第 μ 根垂线上第 n 个水平层以下部分的水深；b_μ 为断面上第 μ 部分水面宽；j、m 分别为底层起始垂线和终了垂线的序号；其余符号意义同前。

因此，河渠底层平均流速可表示为

$$v_{底}=\frac{Q_{底}}{A_n}=\left[\left(\frac{C}{\sqrt{g}}+\frac{\sqrt{2}\pi}{8K_4}\right)N_4-\frac{\sqrt{2}}{K_4}N_5\right]\frac{\sqrt{gs}}{A_n} \tag{5-52}$$

根据式(5-52)，断面上第 n 个水平层水平平均流速可写成

$$v_n=\left[\left(\frac{C}{\sqrt{g}}+\frac{\sqrt{2}\pi}{8K_4}\right)N_1-\frac{\sqrt{2}}{K_4}N_3\right]\frac{\sqrt{gs}}{B_n} \tag{5-53}$$

其中

$$N_1=\sum_{\mu=j}^{m}h_\mu^{0.5}b_\mu$$
$$N_3=\sum_{\mu=j}^{m}h_\mu^{0.5}b_\mu\left(\arcsin\sqrt{1-\theta}+\sqrt{\theta}\sqrt{1-\theta}\right)$$

将 $K_4=\frac{\sqrt{2g}\pi}{8C}\frac{K_0}{1-K_0}$ 代入式(5-53)后，将式(5-52)和式(5-53)代入式(5-47)，经分析

整理后可得

$$k_{底} = \frac{\left[\left(1 + \frac{1 - K_0}{K_0}\right) N_4 - \frac{8(1 - K_0)}{K_0 \pi} N_5\right] B_n}{\left[\left(1 + \frac{1 - K_0}{K_0}\right) N_1 - \frac{8(1 - K_0)}{K_0 \pi} N_3\right] A_n} \tag{5-54}$$

由式(5-54)可知,底层流速系数仅与底层断面形状和水面流速系数 K_0 有关。因此,当底层区域划定后,即可由水面流速系数 K_0 和底层断面测量资料由式(5-54)计算底层流速系数 $k_{底}$。

如果多层测流法换能器不是采用轨道行车方式,而是采用多组换能器固定安装方式,还存在表层无法测到水面流速的情形,对于这种情形的多层测流法,其表层流速系数公式也可采用底层流速系数相同的思路推导。

5.3.3 实例验证

湘潭站是湘江进入洞庭湖的总控制站,控制集水面积 81 638 km^2,历史实测最高水位 41.95 m(1994 年 6 月 18 日),历史实测最大流量 26 200 m^3/s(2019 年 7 月 12 日)。该站测验河段顺直,河床由细沙、卵石组成,断面基本稳定,高水时水面宽可达 750 m。长江和洞庭湖洪水的回水影响可达测验断面,因此该站受洪水涨落率和长江与洞庭湖的回水顶托综合影响,水位流量关系较为复杂,常用绳套曲线、连时序和落差法等方法整编流量资料。为探索超声波时差法在宽河道应用的可行性,该站曾连续 10 余年进行了超声波双机时差法测流试验,取得了大量的试验资料。

本次应用该站的超声波时差法试验资料,对基于垂向流速分布的层流速与断面流速转换模型及超声波时差法流量监测系统自率定方法进行实例验证。

5.3.3.1 层流速与断面流速转换的验证

收集湘潭站 92 次超声波时差法二层法测速试验资料,时差法测速层设置方式如下:

(1)当水位高于 38.50 m 时,时差法测速层为 30.0 m 与 37.5 m 固定高程层(水文站冻结基面高程,下同)。

(2)当水位在 34.50~37.50 m 时,时差法测速层为 30.0 m 与 34.2 m 固定高程层。

以 92 次超声波时差法测速数据,用式(5-39)和式(5-46)分别推算对数型和反正弦流速分布对应的水面流速系数 K_0,绘制水位与水面流速系数关系线,根据水位与水面流速系数查算不同水位的水面流速系数 K_0,结合河道断面测量资料由式(5-35)和式(5-37)求解对数型流速分布相应不同固定点高程层水位与层流速系数关系,或由式(5-43)和式(5-45)求解反正弦垂线流速分布相应不同固定点高程层水位与层流速系数关系。图 5-38 所示即为反正弦垂线流速分布相应的水位与水面流速系数关系及 30.00 m、34.20 m、37.50 m 固定高程层的水位与层流速系数关系图。

上述 92 次时差法测速试验的同时用测船搭载转子流速仪多法多点法同步测流,92 次流量测次的流量变幅为 493~19 200 m^3/s。取二层测速试验中的任一层流速值,据式(5-20)和相应的层流速系数求解时差法流量值,以转子流速仪测量成果为标准值,分别计算单次流量误差、系统误差、标准差和随机不确定度。

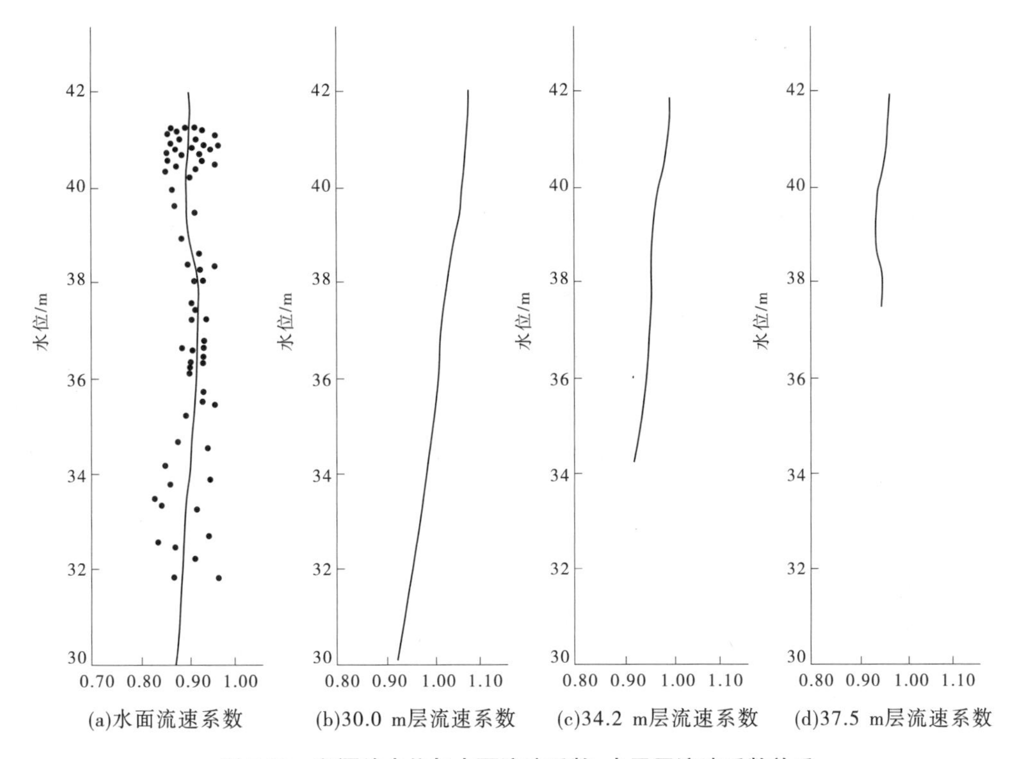

图5-38　湘潭站水位与水面流速系数、水平层流速系数关系

(1)单次流量误差:

$$R_i = \frac{Q_{\mathrm{ms},i} - Q_{\mathrm{mc},i}}{Q_{\mathrm{mc},i}} \times 100 \tag{5-55}$$

式中:R_i为第i次流量相对误差(%);$Q_{\mathrm{ms},i}$为第i个时差法测次计算的流量值,$\mathrm{m^3/s}$;$Q_{\mathrm{mc},i}$为第i个转子流速仪多线多点法测次的流量值,$\mathrm{m^3/s}$。

(2)系统误差:

$$m_Q = \frac{1}{n}\sum_{i=1}^{n}\left(\frac{Q_{\mathrm{ms},i} - Q_{\mathrm{mc},i}}{Q_{\mathrm{mc},i}} \times 100\right) \tag{5-56}$$

式中:m_Q为流量系统误差,%;n为流量测次总数。

(3)标准差:

$$\sigma_Q = \left[\frac{1}{n-1}\sum_{i=1}^{n}\left(\frac{Q_{\mathrm{ms},i} - Q_{\mathrm{mc},i}}{Q_{\mathrm{mc},i}} \times 100\right)^2\right]^{1/2} \tag{5-57}$$

式中:σ_Q为流量标准差,%;其余符号意义同前。

(4)随机不确定度:

$$X'_Q = 2\sigma_Q \tag{5-58}$$

式中:X'_Q为置信水平为95%的随机不确定度;其余符号意义同前。

按上述计算的92次流量测量统计的误差结果列入表5-4。

表 5-4　由单层流速系数推算时差法流量误差统计

流速分布形式	对数型分布	反正弦分布
单次流量误差范围/%	-5.0~4.9	-4.0~4.3
系统误差/%	-0.1	0
测次标准差/%	2.5	2.2
测次随机不确定度/%	5.0	4.4

5.3.3.2　多层法盲区流速系数率定验证

收集湘潭站 21 次超声波时差法多层法测速试验资料，利用图 5-39 中根据二层法率定的水面流速系数关系，结合由断面测量和垂线布设资料，可与层流速系数计算方法类似，按式(5-54)得到水位与底层流速系数关系线。对每次多层法流量测次由测时水位查相应 $K_{底}$ 值，由式(5-19)计算多层测流法流量值。同样，以转子流速仪同步测流成果为标准值，分别计算单次流量误差、系统误差、标准差和随机不确定度。21 次成果的误差统计如表 5-5 所示。

表 5-5　多层法底部流速系数推算时差法流量误差统计

流速分布形式	对数型分布	反正弦分布
单次流量误差范围/%	—	-2.5~2.0
系统误差/%	—	0
测次标准差/%	—	1.0
测次随机不确定度/%	—	2.0

5.3.3.3　二层法单次测速系统自率定流量验证

以上 2 种验证计算，是以收集多个测次流速测量资料后建立水位与水面流速系数的平均关系实现流量计算的。这种方式对于新设测站应用时差法而言，仍然需要一段前期资料收集时间，通过测量 2 个或 3 个以上水层流速以获取流速分布参数(如水面流速系数和层流速系数等)，建立该测验断面的水位或其他因素与流速系数关系后，才能实现层流速与断面流速的转换计算。

由式(5-39)可知，每个单次二层水平层测速即可即时计算相应于对数型分布水面流速 K_0 值，将 K_0 代入式(5-35)和式(5-37)可求得 2 个水平层相应于对数型分布的层流速系数。同理，由式(5-46)可获得每个单次二层水平层测速均可计算相应于反正弦分布的水面流速 K_0 值，由 K_0 代入式(5-43)和式(5-45)可求得 2 个水平层相应于反正弦分布的层流速系数。因此，可以通过单次超声波时差法二水平层测速直接获取层流速与断面平均流速转换系数。对 92 次超声波时差法二层测速资料单次独立求解层流速系数并相应计算流量，同样以转子流速仪同步测流成果为标准值，进行误差统计，结果列入表 5-6。

表 5-6　二层法单次测速自率定时差法流量误差统计

流速分布形式	对数型分布	反正弦分布
单次流量误差范围/%	-7.0~7.5	-7.2~7.0
系统误差/%	-0.5	-0.2
测次标准差/%	4.0	3.5
测次随机不确定度/%	8.0	7.0

由表5-6可知，由于受流速脉动和其他偶然因素的影响，利用单次二层测速的层流速信息直接进行层流速与断面流速的转换计算，流量误差较通过多次二层测速资料建立层流速系数转换关系线后推算的流量误差偏大。这与图5-39(a)单次水面流速系数相对平均关系线的偏离情况基本相应。与《河流流量测验规范》(GB 50179—2015)比较，表5-6的误差基本达到二类精度水文站流量测验精度要求。

5.3.4　讨论

(1)湘潭站的超声波时差法实例验证结果表明，通过层流速与断面平均流速转换模型计算的流量成果精度基本满足正常水文测验的精度要求。其中，多层法利用多测次测层流速信息自率定出水位(或其他水力因素)与底层测速系数关系后，其流量测算精度已高于《河流流量测验规范》(GB 50179—2015)一类站精度；二层法收集一定数量双层测速次数自率定出水位(或其他水力因素)位与层流速系数关系后，其流量测算精度满足《河流流量测验规范》(GB 50179—2015)一类站精度；利用二层单次测速信息即时解算层流速与断面流速转换系数后直接推算流量，其流量测算精度有所降低，但基本可达到《河流流量测验规范》(GB 50179—2015)二类站精度要求。

(2)本次构建的垂向流速分布的层流速与断面流速转换模型，完全是利用超声波时差法自身的测速信息进行层流速与断面平均流速的转换计算的，可使超声波时差法成为独立于其他常规测流方法的一种流量测验方法，因此不必另行布设一套如转子流速仪等常规测验设施对其进行比测率定，从而使超声波时差法流量监测系统能够建成即投产、投产即应用。建成初期可应用模型由层流速即时转换为断面流速，进而计算断面流量；累积一定测次后，可通过历次测验计算的水面流速系数建立水位(其他水力因素)与水面流速系数关系，如建立的水位(其他水力因素)与水面流速系数为稳定的单一关系，则可相应推求其水位(其他水力因素)与层流速系数关系，应用该关系线查出层流速系数计算流量可较为有效地消除流速脉动影响等带来的测验误差，提高测量测算精度。

(3)从本次构建的层流速与断面流速转换模型看，层流速系数主要取决于水流的结构特征(公式中以K_0表征)和河流断面形态。因此，一方面，超声波时差法测速层的布置应能反映河流断面流速垂向分布的信息，以期能实现测速层之间的流速分布信息的互补，实际分析发现，当二层之间相距过近时，计算的K_0与均值离差较大。有关测层间距怎样布设最优，尚待进一步研究。另一方面，当河流断面发生较大变化或测站控制条件发生较大变化致使流速垂向分布规律改变时，应对层流速系数进行校正和检验。本书湘潭站验证结果表明，由单次测速信息即时转换断面流速推算的流量，其误差比应用多测次率定关系线后转换断面流速推算流量，误差有所增大，这种方式对于受严重变动回水影响等造成流速垂向分布不规则变化的测站是否适用，也待进一步验证。

5.4　中小河流洪水流量在线监测系统

湖南省属于中亚热带季风湿润气候区，全省多年平均年降水量1 450 mm。湖南省内所发洪水主要是暴雨所致,灾害性洪水一般发生在4—9月,与暴雨时空分布一致。随着人类活动持续不断的影响,特别是中小河流的大面积开发、农村城镇化建设的加快,中小河流地区下垫面的滞水性、渗透性、降雨径流关系等均发生明显的变化。集水区天然调蓄能力减弱,汇流速度明显加快,径流系数也明显增大,结果导致雨洪径流及洪峰流量增大,峰现时间提前,行洪历时缩短,洪水总量增加。如果采用水文资料移用,会存在较大偏差,不能满足中小河流地区洪水预报要求。为实现湖南省中小河流暴雨洪水的自动监测和预测预警,逐步提高中小河流的洪水灾害防御能力。为保障人民生命财产安全和国民经济建设提供高效可靠的水文技术服务,需要在中小河流布设站点合理的流量自动监测站,定时对河道断面流量进行实时监测。

中小河流集雨面积普遍较小,受暴雨影响大,汇流时间短,河道流量具有"来势迅猛、暴涨暴落、洪量高度集中、泥沙含量急剧增大"等显著特点。特别众多的水工程特别是近年来河流的梯级开发,不仅改变了河流的自然属性,而且改变了水文站所在河段的水、沙特性和测验的控制条件,尤其是水利工程运行后的频繁调节,给正常的水文测验工作带来了极大的困难,水文资料的可靠性受到冲击,造成设立多年的水文站被迫撤销、迁移或改级;部分水文站被迫数次迁移,站无定所,有些站甚至陷入无处可迁、举步维艰的境地,直接影响到水文资料的连续性。当前,受水工程和人类活动影响的水文测验问题已不是局部、少数现象,而是涉及全国各流域、水系,具有相当普遍性的问题。伴随着我国经济建设的快速发展,其影响的范围将会不断扩大,影响的程度将会更加明显,水文测验面临的形势将会日趋严峻,这是一个不可回避的具有挑战性的课题,是一个集法规、技术、手段为一体的综合性的难题。本书采用非接触式雷达流量和多普勒代表垂线法实现河流流量的自动化监测和遥测,可将水位、流量采集仪器集合于一体达到中小河流水文测站无人值守的目标。

5.4.1 系统研究的水力学基础

中小河流由于影响因素的不同组合,流速在垂线上的分布可能存在较大的差异,某一固定层或某几个固定点很难与断面平均流速建立相对规律的相关关系,但流速的横向分布相对变异不大,因此垂线的平均流速与断面平均流速有可能建立较好的相关关系。

5.4.1.1 单一垂线与断面平均流速关系

当测流断面中某一测流垂线的平均流速与断面平均流速有较好的关系时,称该垂线为测流断面平均流速的代表垂线,该垂线水深即为代表垂线水深,其垂线的流速为代表垂线平均流速。

假设相对稳定的测流断面某一垂线的平均流速与测流断面平均流速之间存在如下关系:

$$\bar{v} = kv_{\mathrm{m}} \tag{5-59}$$

式中:$\bar{v}$为断面平均流速;v_{m}为某一垂线平均流速;k为相关系数。

影响水面流速系数的因素主要有断面形状、河床糙率、水面比降等。以较为接近天然河流的垂线流速分布曲线即对数型流速分布曲线公式作为分析的理论依据。

根据国内实际应用经验和有关水力学公式推导可得以下流速计算公式。相对于全断面而言,有

$$\bar{v} = \frac{\beta^*}{n}\bar{h}^{y+0.5}s^{0.5} \tag{5-60}$$

对于垂线平均流速有

$$v_{\mathrm{m}} = \frac{1}{n}h_{\mathrm{m}}^{y+0.5}s^{0.5} \tag{5-61}$$

式中:$y = 2.5\sqrt{n} - 0.13 - 0.75(\sqrt{n} - 0.10)\sqrt{R}$;$\beta^*$ 为万能形状参数,其值一般可表达为 $\beta^* = \frac{1}{A\sqrt{\bar{h}}}\int_0^B h^{\frac{3}{2}}\mathrm{d}b$;$n$ 为糙率;R 为水力半径;$\bar{h}$ 为断面平均水深;h_{m} 为垂线水深;s 为水力坡降;A 为过水断面面积;B 为水面宽;b 为垂线距水边的距离。

将式(5-60)和式(5-61)代入式(5-59),可得

$$k = \beta^*\left(\frac{\bar{h}}{h_{\mathrm{m}}}\right)^{y+0.5} \tag{5-62}$$

在通常情况下,宽浅河流断面的 β^* 值为一常数。如果在水位涨落过程中,能找到一条垂线,当 $\bar{h}/h_{\mathrm{m}}$ 随水位涨落变化过程中保持不变,则 k 值保持不变,那么该垂线流速与断面平均流速间存在有相对稳定的线性关系。

5.4.1.2　多垂线与断面平均流速关系

对于河道宽阔,断面几何形状复杂,水力条件变化复杂,以单一垂线作为代表线与断面平均流速建立相关关系有时不理想,因此需要选配若干条垂线进行组合,即组合垂线作为断面平均流速代表线,才有可能使代表线流速与断面平均流速有更好的相关性。在此情况下,可以将该断面划分为若干个形状单一的部分断面(部分断面划分的个数由断面形状的实际情况确定),这样每个部分断面均可以找到一条垂线,其流速和相应的部分断面流速呈线性关系。此时,断面流量为各部分之和,即

$$Q = Q_1 + Q_2 + \cdots + Q_N \tag{5-63}$$

于是有

$$\begin{aligned}\bar{v}A &= v_1A_1 + v_2A_2 + \cdots + v_NA_N \\ \bar{v} &= \frac{A_1}{A}v_1 + \frac{A_2}{A}v_2 + \cdots + \frac{A_N}{A}v_N \\ &= \alpha_1v_1 + \alpha_2v_2 + \cdots + \alpha_Nv_n\end{aligned} \tag{5-64}$$

式中:$Q, Q_1, Q_2, \cdots, Q_N$ 分别为全断面流量和第 1,2,…,N 部分断面流量;$\bar{v}, v_1, v_2, \cdots, v_{3N}$ 分别为全断面平均流速和第 1,2,…,N 部分断面平均流速;$A, A_1, A_2, \cdots, A_N$ 分别为全断面面积和第 1,2,…,N 部分断面面积;$\alpha_1, \alpha_2, \cdots, \alpha_N$ 分别为 $v_1, v_2, \cdots, v_N$ 的面积权重系数。

假定式(5-59)存在,则各部分断面流速分别为:$\bar{v}_1 = k_1v_{m1}, \bar{v}_2 = k_2v_{m2}, \cdots, \bar{v}_N = k_Nv_{mN}$。于是有

$$kv_{\mathrm{m}} = \alpha_1k_1v_{\mathrm{m}1} + \alpha_2k_2v_{\mathrm{m}2} + \cdots + \alpha_Nk_Nv_{\mathrm{m}N} \tag{5-65}$$

式中：$v_{\mathrm{m}}, v_{\mathrm{m1}}, v_{\mathrm{m2}}, \cdots, v_{\mathrm{m}N}$分别为断面平均组合代表流速、断面各相应部分断面平均流速的单线代表线流速；$k, k_1, k_2, \cdots, k_N$ 分别为断面平均组合代表流速、断面各相应部分单线代表线流速与断面平均流速、断面各相应部分断面平均流速的相关系数。

于是有

$$\begin{aligned} v_{\mathrm{m}} &= \alpha_1 \frac{k_1}{k} v_{\mathrm{m1}} + \alpha_2 \frac{k_2}{k} v_{\mathrm{m2}} + \cdots + \alpha_N \frac{k_N}{k} v_{\mathrm{m}N} \\ &= \lambda_1 v_{\mathrm{m1}} + \lambda_2 v_{\mathrm{m2}} + \cdots + \lambda_N v_{\mathrm{m}N} \end{aligned} \tag{5-66}$$

式中：$\lambda_i = \alpha_i \dfrac{k_i}{k}, i = 1,2,\cdots,N$。对于矩形断面有：$k = k_1 = k_2 = \cdots = k_N$。

可见，断面平均组合代表流速是各组合断面代表线流速的加权平均值，其权重值与各部分面积的大小和形状等有关。在实际工作中，可以通过实测资料以相关分析方法求得。在 v_{m} 求得之后，即可建立 v_{m} 与 v 或 Q 关系，推算断面平均流速或断面流量。

当各垂线获取的流速为水面流速时，式(5-66)可表示为

$$\begin{aligned} v_m &= \alpha_1 \frac{k_1}{k} k'_1 v_{01} + \alpha_2 \frac{k_2}{k} k'_2 v_{02} + \cdots + \alpha_N \frac{k_N}{k} k'_N v_{0N} \\ &= k'_1 \lambda_1 v_{01} + k'_2 \lambda_2 v_{02} + \cdots + k'_N \lambda_N v_{0N} \end{aligned} \tag{5-67}$$

式中：$k'_1, k'_2, \cdots, k'_N$ 为各垂线水面流速系数；其余符号意义同前。

一般同一断面垂线流速分布形式基本相同，因此近似可以断面平均水面流速系数代表各垂线水面流速系数，即取

$$k'_1 = k'_2 = \cdots = k'_N = \overline{K}$$

故式(5-67)可表示为

$$v_{\mathrm{m}} = \overline{K}(\lambda_1 v_{01} + \lambda_2 v_{02} + \cdots + \lambda_N v_{0N}) \tag{5-68}$$

5.4.1.3　水面流速系数的理论论证

根据卡门对数流速分布公式：

$$v_y = v_0 + \frac{v_*}{\kappa} \ln\xi \tag{5-69}$$

式中：v_y 为垂线上距河底 y 处的流速；v_0为垂线上的水面流速；v_* 为动力流速，$v_* = \sqrt{ghs}$，其中 g 为重力加速度，h 为垂线上的水深，s 为水面比降；κ 为卡门常数；ξ 为自河底起算 y 处的相对水深。

用式(5-69)求垂线平均流速：

$$\begin{aligned} v_{\mathrm{m}} &= \int_0^1 \left(v_0 + \frac{v_*}{\kappa} \ln\xi \right) \mathrm{d}\xi \\ &= v_0 \int_0^1 \mathrm{d}\xi + \frac{v_*}{\kappa} \int_0^1 \ln\xi \mathrm{d}\xi \\ &= v_0 - \frac{v_*}{\kappa} = v_0 - \frac{\sqrt{ghs}}{\kappa} \end{aligned}$$

断面流量应为

$$
\begin{aligned}
Q &= \int_0^B v_m h \mathrm{d}b = \int_0^B \left(v_0 - \frac{\sqrt{ghs}}{\kappa}\right) h \mathrm{d}b \\
&= \int_0^B v_0 h \mathrm{d}b - \frac{\sqrt{gs}}{\kappa} \int_0^B h^{\frac{3}{2}} \mathrm{d}b \\
&= Q_0 - \frac{\sqrt{gs}}{\kappa} \int_0^B h^{\frac{3}{2}} \mathrm{d}b
\end{aligned}
$$

以虚流量 $Q_0 = \overline{V}_0 A$ 除以上式，即得

$$
\overline{K} = \frac{Q}{Q_0} = 1 - \frac{\sqrt{gs\overline{h}}}{\eta \overline{V}_0} \cdot \frac{\int_0^B h^{\frac{3}{2}} \mathrm{d}b}{A\sqrt{\overline{h}}} \tag{5-70}
$$

由式(5-70)可知，断面平均水面流速系数与水流条件和断面形状有关，且小于 1。实际工作中可以通过对比观测资料分析确定。

5.4.2　缆道雷达波流量在线监测系统研究

5.4.2.1　测量传感器与相关设备仪器的安装

雷达波测速探头等主要仪器安装采用缆道悬吊测流设备方式。安装结构如图 5-39 所示。雷达波测速探头安装在不锈钢野外机箱底部，野外机箱利用 4 个滑轮悬挂在 2 根主导轨钢丝绳上，利用循回牵引钢丝绳牵引。野外机箱采用扁状长方体，主要是减少风阻系数，降低强风下的仪器摆动，野外机箱具有防雨、防潮、防锈、防蚊虫和散热功能。

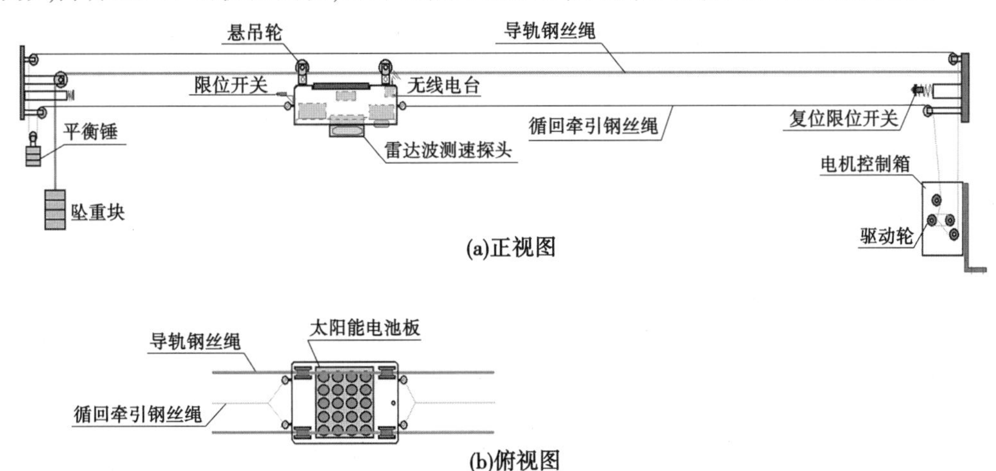

图 5-39　测流设备安装结构示意图

为降低系统功耗，野外机箱的重量尽量减少，同时考虑抗击风阻，保持野外机箱垂直，也要适当给野外机箱加大配重，兼顾水文站内电机功率和减速机的传动比，计算合适的转矩和机箱配重大小。野外机箱采用钢丝绳直接牵引，以控制雷达波测速探头移动到所测垂线上方。缆道钢丝绳通过 5 组导向轮控制连接，直流电机通过减速器直接连接到机箱上的驱动轮上。通过对直流电机正反转的控制，实现雷达波测速探头的前后移动。驱动轮转轴上安

装光栅编码器,通过对光栅编码器输出脉冲的采集,计算驱动轮转数,从而计算出雷达波测速探头的前进(后退)距离,控制雷达波测速探头达到设定的测速垂线上方。

野外机箱采用不锈钢材料,箱体结构要便于设备的安放和维护,要求防雨、防潮、防锈、防晒、防蚊虫进入和通风散热,确保机箱内仪器设备正常工作,不受外界自然条件下极端气候的影响,外型以尽量减小风阻为条件,内部空间以能安放需要的设备为条件,预留配重物安放位置,箱体体积要尽量小。为避免强风造成雷达波测速探头测量角度的变化产生的测量误差,在野外机箱内部安装倾斜计,系统控制器在雷达波测速探头测量前先测量倾斜角度,当发现倾斜角度超过设定值后,暂缓该次测量,等角度恢复到小于设定值后,再进行流量测验。

野外机箱内部的设备供电和数据通信采用无线连接方式,系统控制器直接用无线电台连接雷达波测速探头。雷达波测速探头的供电采用机箱上的太阳能电池板和内部安装的蓄电池。

雷达波测速探头安装在不锈钢材料的安装罩上,安装罩斜面与水平方向成 58°的倾斜角度。安装罩顶部翻边为横板,安装罩的横板架搁在野外机箱的底部板上。雷达波测速探头采用螺钉安装在安装罩上,这样雷达波测速探头和野外机箱连接为一个整体,且拆卸检修方便。

即使野外机箱在实际运行过程中有一定的偏斜角度,由于雷达波测速探头内置有角度传感器,可实际测量倾斜角度,雷达波测速探头按倾斜的角度自动修正实测水面流速数据。雷达波测速探头安装结构图如图 5-40 所示。

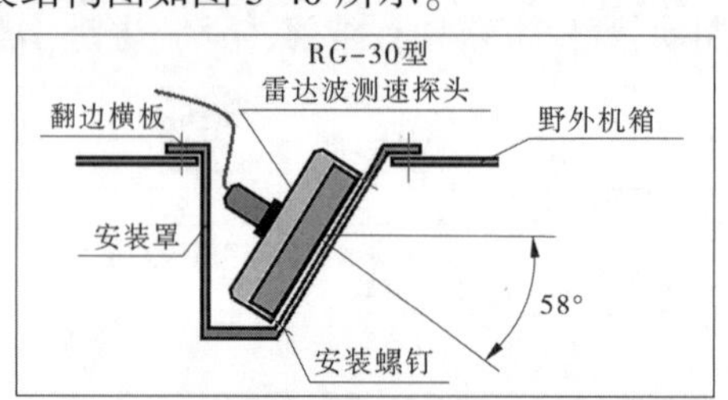

图 5-40　雷达波测速探头安装结构图

5.4.2.2　雷达波测速测量机器人自动控制

缆道式雷达波自动测流系统主要由缆道系统、直流电机、直流蓄电池、系统主控设备、雷达测速探头、水位采集设备、远程通信设备、系统状态监控设备、短信报警设备,中心站流量计算设备(如测流计算机)、视频监控设备等组成。整个系统框图如图 5-41 所示。

缆道式雷达波自动测流系统采用无人值守模式,当需要测流时,系统控制器给直流电机上电,将雷达波测速探头开出移动到第 1 条垂线位置上方,然后通过电台给雷达波测速探头发送启动工作指令,雷达波测速探头收到指令后,开始进行水面流速测验,当完成第 1 条垂线水面流速测验后,系统控制器启动直流电机将雷达波测速探头开出移动到第 2 条垂线位置上方,并启动雷达测速探头开始进行第 2 条垂线水面流速测验。如此重复完成指定所有垂线水面流速的测验后,系统控制器记录当前雷达测速探头停止位置并给直流电机断电,然后将实测出的各条垂线水面流速数据和当前水位通过无线通信模块发送到中心站,中心站流量计算设备接收到各条垂线的水面流速数据后,根据率定的垂线水

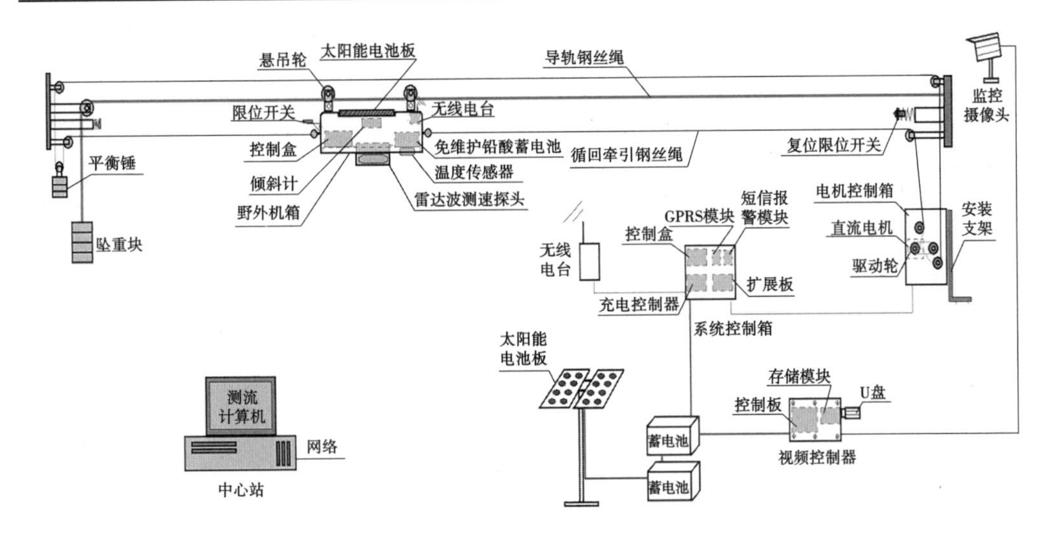

图 5-41　缆道式雷达波自动测流系统设备组成

面流速关系计算出断面平均流速，根据实测的水位数据计算过水断面面积，从而实现流量的实时测验。系统控制器同时将遥测站蓄电池电压等工况信息一并发送到中心站。

当开始下次流量测验时，系统控制器根据上次记录的雷达波测速探头位置，实测最后一条垂线的水面流速，当完成最后一条垂线水面流速测验后，系统控制器启动电机反转，将雷达波测速探头开回移动到倒数第二条垂线上方，启动雷达波测速探头开始倒数第二条垂线水面流速测验，如此重复完成指定所有垂线水面流速的测验后，系统控制器记录当前雷达波测速探头停止位置并给直流电机断电，然后将实测流速数据等信息发送到中心站。

系统控制器对雷达波测速探头的移动控制首先从起点距开始，直到完成最后一条垂线水面流速测验后，雷达波测速探头停止在最后一条垂线流速上方。下次测验时，系统控制器控制直流电机反转，控制雷达波测速探头从对岸开始往起点距方向移动，当完成第一条垂线水面流速测验后，雷达波测速探头停止在第一条垂线流速上方。系统控制器对雷达波测速探头的移动控制如此反复循环，为防止移动累计误差，系统控制器间隔一段时间（例如 3 d，时间可设置，确保累计误差小于 0.5 m）将雷达波测速探头移动直到撞击到<复位限位开关>，根据设定的<复位限位开关>所在起点距位置，自动修正雷达波测速探头的当前起点距位置，从而消除移动所产生的累计误差。

1. 系统控制工作原理

系统控制器、蓄电池、直流电机箱、通信模块、视频控制器等都安装在水位自记井房内，缆道钢丝绳直接连接进水位自记井中，悬挂在钢丝绳上的野外机箱和雷达测速探头也在水位自记井中。水位自记井朝向测流断面的一面采用敞开式结构，便于雷达波测速探头的自动进出。

野外机箱内部安装倾斜计、温度传感器、蓄电池、太阳能电池板及控制电路板，机箱下部安装雷达波测速探头。野外机箱内部的设备供电通过电路板进行控制，当需要测流时，电路板给野外机箱内的设备供电，完成测流后，电路板给野外机箱内的设备断电。

系统控制箱对雷达波测速探头的移动定位控制是通过采集安装在直流电机控制箱驱动轮轴上的光栅编码器信号计算实现。当驱动轮转动时，带动光栅编码器转动，光栅编码器每转一圈,会输出 60 个脉冲信号。系统控制箱根据采集到的光栅编码器脉冲信号数据,可计算出驱动轮的旋转圈数,从而计算出周长。缆道钢丝绳有一定的垂度,根据现场实测率定每条垂线的实际长度和输出脉冲数量,对水平移动误差进行修正,将每条垂线的修正值输入控制器内部存储芯片上,可根据实际情况任意修改。

测流断面不同水位下的各条施测垂线起点距设置在系统控制箱内部存储芯片上,可根据需要任意修改。在每次测流前,系统控制箱实时采集当前水位,根据当前水位确定施测垂线的数量和起点距位置。

断面流量的施测次数也可灵活修改,每日施测次数、施测时间主要根据以下 8 种情况确定:

(1)常规定时施测模式。

(2)水位上涨超过中水设定值施测模式。

(3)水位上涨超过高水设定值加密施测模式。

(4)临时手动加测模式。

(5)当洪水水位超过设定的警戒值,测站的通信设备自动开机,接收中心水文站的远程召测;水位低于设定的警戒值后通信设备自动关机,恢复定时通信机制。

(6)强风停测模式,当室外风速较大,雷达波测速探头倾斜角度超过设定角度后,系统控制器停止水面流速测验,当风速较小,雷达波测速探头倾斜角度小于设定角度值后,系统控制器恢复雷达波测速探头正常工作。

(7)低水位停测模式,当水位低于设定的停测水位值后,系统控制器停止测流系统运行。当水位高于设定的停测水位值后,再恢复为常规定时施测模式。

(8)低温停测模式,当工作环境温度低于设定的停测温度(如零摄氏度)时,系统控制器停止测流系统运行。当环境温度高于设定的停测温度时,系统再恢复为常规定时施测模式。

流量的测量模式参数设置在系统控制箱内部存储芯片上,可根据需要任意修改。在每次完成测量后,系统控制箱将各条垂线起点距、水面流速、当前工作电压等参数打包发送到中心站。中心站流量计算设备接收到数据后,根据流速流量计算模型、水位面积关系表,计算出断面实测流量数据。

2. 系统整体结构体系

整个控制系统结构示意图如图 5-42 所示。由图 5-42 可见,整个系统分成 6 大部分。第 1 部分是系统控制部分,主要设备安装在系统控制箱中。第 2 部分为直流电机控制部分,主要设备安装在电机控制箱中。第 3 部分是视频采集控制部分,主要由监控摄像头、3G 视频服务器、存储硬盘和无线远传模块、中心站视频监控计算机等设备组成。第 4 部分由雷达波测速探头、无线电台、控制板、倾斜计、温度传感器、限位开关、蓄电池、太阳能板和充电控制器等设备组成,全部设备安装在雷达控制箱中,雷达控制箱通过悬吊转向轮安装在简易缆道的导轨钢丝绳上。第 5 部分由太阳能电池板和蓄电池组成,蓄电池安装在电池箱中,太阳能电池板架设在室外。第 6 部分为中心站的测流计算机及流量数据接收处理软件。

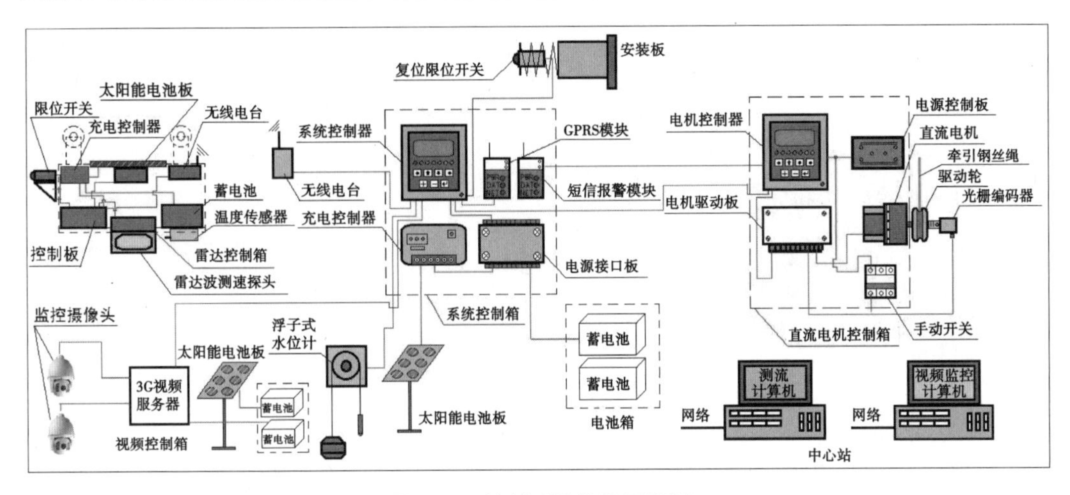

图 5-42　控制系统结构示意图

5.4.2.3　流量监测信息处理

流量监测计算软件主要是实现数据的实时接收及处理、按模型计算断面平均流速、断面面积计算、流量计算处理、图表生成及输出等功能，主要包括数据接收处理模块、流速计算模型模块、流量计算模块、数据存储及管理模块、图表输出模块、数据格式转换等软件模块内容。系统软件应具有通用性，其设计应充分考虑各种测量模式、数学计算模型满足不同水文站不同水文特性下的工作模式。

测流系统进行流量测验时，由系统控制器输出水位、流速等数据。系统控制器通过 GPRS 信道将数据发送到中心站，同时通过 RS232 接口将数据在本地输出。系统控制器的数据输出接口如图 5-44 所示。

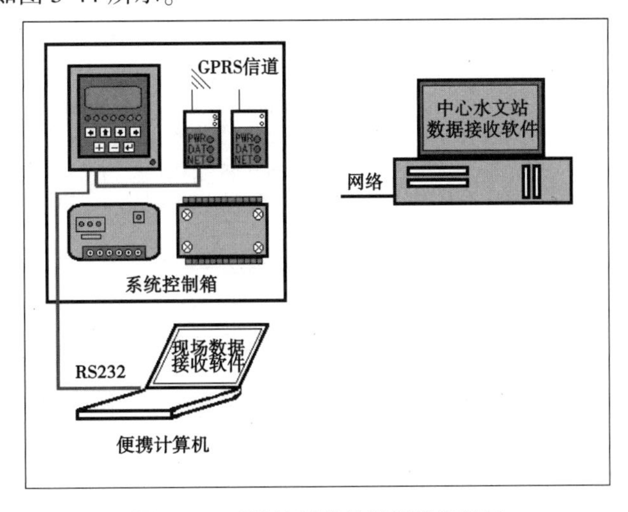

图 5-43　系统控制器的数据输出接口

由图 5-43 可见，缆道式雷达波自动测流软件分为中心站数据接收解析软件和现场数据接收解析软件。中心站数据接收解析软件利用网络接收系统控制器发送的水位、流速等数据，根据设定的流速关系系数，测流大断面数据，测速垂线起点距位置等信息，实时解析计算各垂线平均流速、部分流速和流量等。中心站数据接收软件实时显示系统运行状态,并显示最近一段时间的水位流量关系线,同时召测现场视频监控图像并显示。通过网络接收数据的中心站软件主界面如图 5-44 所示。

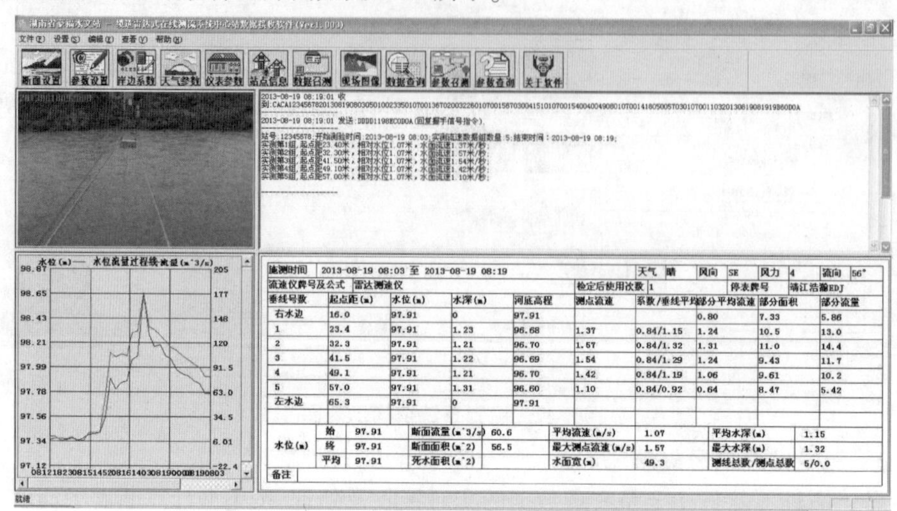

图 5-44　中心站数据接收解析软件主界面

中心站软件能接收和管理测站的在线测流数据信息,自动完成各测站流速、流量计算整理,并按水文规范生成和发送测流成果。

系统控制器通过 RS232 接口实时输出测验数据,用户可在现场通过便携计算机连接数据输出接口,并在计算机上运行现场数据接收软件,即可实时查看系统测验数据,便于现场比测率定。现场数据接收软件主界面如图 5-45 所示。

施测时间	2013-08-16 13:03:10 至 2013-08-16 13:19:52				天气		风向	风力	流向
流速仪牌号及公式	雷达测速仪				检定后使用次数	1	停表牌号	靖江浩瀚EDJ	
垂线号数	起点距(m)	水位(m)	水深(m)	河底高程	测点流速	系数/垂线平均	部分平均流速	部分面积	部分流量
右水边	15.6	98.23	0	98.23			0.91	9.14	8.33
1	22.8	98.23	1.57	96.66	1.56	0.84/1.31	1.39	11.3	15.7
2	30.3	98.23	1.52	96.71	1.75	0.84/1.47	1.44	14.2	20.5
3	39.7	98.22	1.50	96.72	1.69	0.84/1.42	1.44	12.3	17.8
4	47.7	98.21	1.53	96.68	1.75	0.84/1.47	1.46	12.8	18.6
5	56.1	98.22	1.60	96.62	1.71	0.84/1.44	1.00	12.6	12.6
左水边	65.8	98.22	0	98.22					

水位(m)								
	始	98.23	断面流量(m^3/s)	93.5	平均流速(m/s)	1.30	平均水深(m)	1.44
	终	98.22	断面面积(m^2)	72.2	最大测点流速(m/s)	1.75	最大水深(m)	1.63
	平均	98.22	死水面积(m^2)		水面宽(m)	50.2	测线总数/测点总数	5/0.0
备注								

图 5-45　现场数据接收解析软件主界面

数据接收处理模块具有接收、监控、显示、整编等功能。能按《水文资料整编规范》(SL/T 247—2020)要求完成日平均流量和日平均水位表推算。日平均流量和日平均水位表的推算可分时间段完成。自动测流系统资料整编软件主界面如图 5-46 所示。

其流速计算模型模块能通过测量的垂线水面流速数据来计算出断面平均流速,

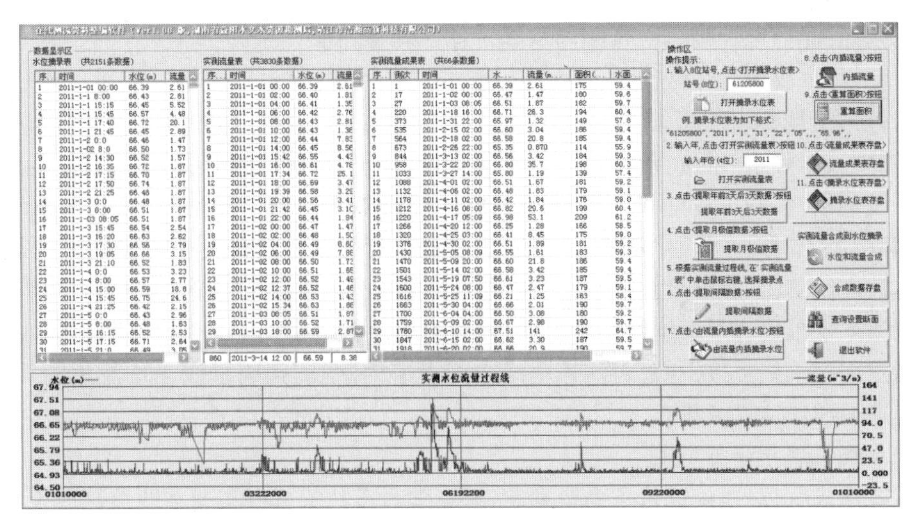

图5-46　资料整编软件主界面

图5-47即为采用浮标水面流速系数计算垂线平均流速的系统界面。

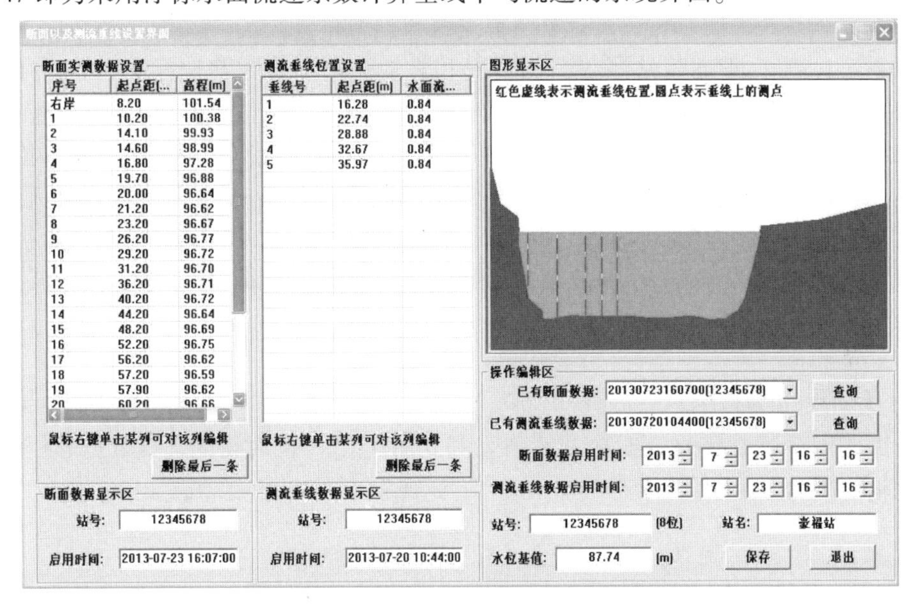

图5-47　平均流速计算模型参数设置界面

其流量计算模块能实现断面的流量计算,包括:根据水位值计算断面面积,根据流速计算模块得到的断面平均流速和断面面积计算流量,根据流量数据计算径流量等。

数据存储及管理模块可对经过初步处理后的原始数据及时写入计算机内的数据库中,当写入失败时,系统具备缓存能力;可实现实时查询操作,并通过人机界面对数据库内的数据进行必要的增加、删除、修改等日常维护操作和数据库备份。

图表输出模块可输出水位、流量日月年报表及水位、流量过程线等。

5.4.2.4　系统无线视频监控

现场图像和监控视频通过4G/5G网络实时传送到中心水文站。无线视频监控软件主要通过网络实时接收遥测站的监控视频图像数据,并给遥测站点发送各类控制指令。

视频监控具有实时监控、视频回放和录像下载等功能。

5.4.2.5　示范应用

示范站流域集水面积431 km^2。该站于1958年11月设立，1959年1月1日起正式观测，观测项目有降水、水位、流量。该站主要为探求流量特征值的时空分布规律，为区域水资源开发利用、水利工程建设管理和防汛抗旱提供基本依据，同时兼作某大型水库入库站。因其远离县城，工作、生活极不方便，为真正达到无人值守有人管理，课题组在该站探索雷达波在线测流的可行性并成功安装调试了缆道雷达式在线监测系统。该站雷达波数字化测流系统采用2根缆道做运动导轨，由直流电机带动牵引钢丝绳，将雷达测速探头移动到指定测速垂线上方，通过对测速垂线水面流速的测验，完成垂线平均流速的计算，再根据流速面积法计算流量。

1. 系统比测分析与率定

系统建成后，对系统进行了系统率定，并以缆道雷达式流量实时在线监测成果与现行常规流速仪测流成果进行了比测分析。比测期共同步测流71次，其中高水26次、中水38次、低水7次。

1) 雷达波在线系统与转子流速仪水面流速的比测分析

在系统比测时，根据该站测验断面情况和常规流量测验方案选择23.2 m、31.2 m、40.2 m、48.2 m、56.2 m、61.2 m共6根固定垂线，每次在雷达波测流时，同时用转子流速施测水面流速，以比较雷达波施测流速的准确性。点绘各垂线水位与雷达波水面流速、转子流速仪水面流速关系，发现各垂线二簇关系线并无明显偏离，点绘各垂线雷达流速与转子流速仪水面流速相关图，进行雷达波水面流速与转子流速仪水面流速的相关分析。

假定转子流速仪测定的水面流速为真值，并以 y 表示。同时，以 x 表示雷达波实测流速。设每一组数据为$(x_i, y_i)(i=1,2,3,\cdots,n)$，则二者的关系可表示为

$$y = ax + b \tag{5-71}$$

式中：a 为斜率；b 为截距。

由实测资料通过最小二乘法，可求得 a 和 b 估计值，并同时得到二组数据的相关系数 R。其值分别可由以下各式求得：

$$\hat{a} = \frac{\sum_{i=1}^{n}(x_i - \bar{x})(y_i - \bar{y})}{\sum_{i=1}^{n}(x_i - \bar{x})^2} \tag{5-72}$$

$$\hat{b} = \bar{y} - \hat{k}\bar{x} \tag{5-73}$$

$$R = \frac{\sum_{i=1}^{n}(x_i - \bar{x})(y_i - \bar{y})}{\sqrt{\sum_{i=1}^{n}(x_i - \bar{x})^2 \sum_{i=1}^{n}(y_i - \bar{y})^2}} \tag{5-74}$$

其中，$\bar{x} = \frac{1}{n}\sum_{i=1}^{n} x_i$，$\bar{y} = \frac{1}{n}\sum_{i=1}^{n} y_i$。

对各条垂线独立进行最小二乘分析，可得到各垂线雷达波测速与转子流速仪水面实

测流速的相关分析结果,即

(a)23.2 m 垂线:
$$\begin{cases} y = 1.025\,7x - 0.045 \\ R^2 = 0.988\,7 \end{cases}$$

(b)31.2 m 垂线:
$$\begin{cases} y = 0.986\,2x + 0.093 \\ R^2 = 0.995\,2 \end{cases}$$

(c)40.2 m 垂线:
$$\begin{cases} y = 1.009\,2x - 0.012\,9 \\ R^2 = 0.996\,8 \end{cases}$$

(d)48.2 m 垂线:
$$\begin{cases} y = 1.021\,8x - 0.034\,9 \\ R^2 = 0.997\,4 \end{cases}$$

(e)56.2 m 垂线:
$$\begin{cases} y = 1.030\,9x - 0.028\,9 \\ R^2 = 0.997\,1 \end{cases}$$

(f)61.2 m 垂线:
$$\begin{cases} y = 1.043\,9x - 0.032\,4 \\ R^2 = 0.995\,2 \end{cases}$$

各垂线雷达流速与转子流速仪水面流速的相关分析结果汇总见表5-7。各垂线雷达波测流与转子流速仪水面流速(图中简称"水面流速")相关分析图如图5-48～图5-53所示。

表5-7　各垂线雷达波流速与转子流速仪水面流速的相关分析

垂线起点距/m	23.2	31.2	40.2	48.2	56.2	61.2
相关系数 R^2	0.988 7	0.995 2	0.996 8	0.997 4	0.997 1	0.995 2
相关线斜率 a	1.025 7	0.986 2	1.009 2	1.021 8	1.030 9	1.043 9
截距 b	-0.045	0.009 3	-0.012 9	-0.034 9	-0.028 9	-0.032 4
相关公式	y=1.025 7x-0.045	y=0.986 2x+0.009 3	y=1.009 2x-0.012 9	y=1.021 8x-0.034 9	y=1.030 9x-0.028 9	y=1.043 9x-0.032 4

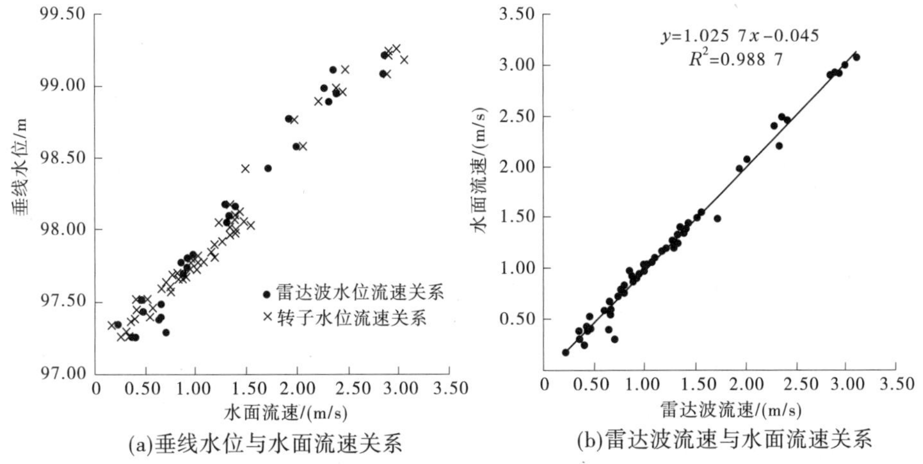

(a)垂线水位与水面流速关系　　(b)雷达波流速与水面流速关系

图5-48　固定垂线23.2 m雷达波测流与水面流速比较

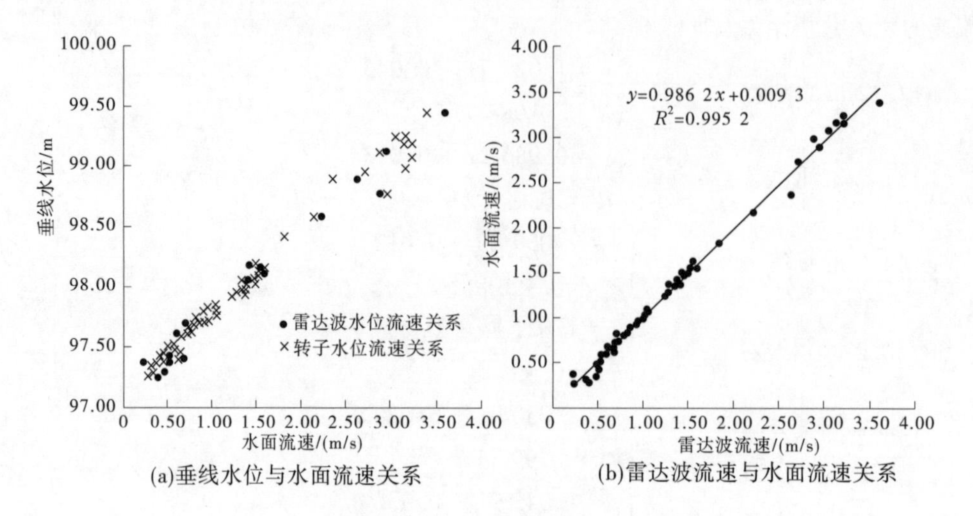

(a)垂线水位与水面流速关系　　(b)雷达波流速与水面流速关系

图 5-49　固定垂线 31.2 m 雷达测速与水面流速比较

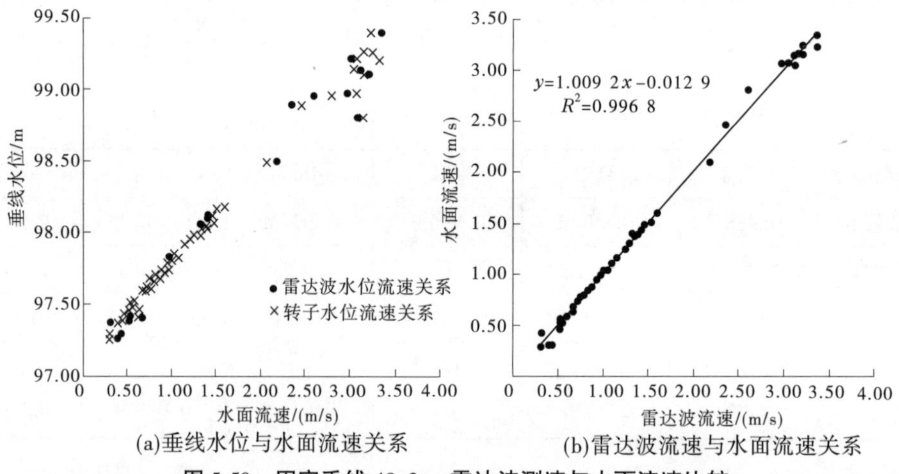

(a)垂线水位与水面流速关系　　(b)雷达波流速与水面流速关系

图 5-50　固定垂线 40.2 m 雷达波测速与水面流速比较

由图 5-48~图 5-53、表 5-7 可知，各垂线雷达波流速与转子流速仪水面流速相关系数 R^2 均在 0.98 以上，近似于 1；直线相关曲线斜率 a 在 0.98~1.05，截距在 0.01~-0.05，可见其斜率 a 近似于 1，截距近似于零。

令各次测量的雷达与转子流速仪的换算系数为

$$k_i = \frac{x_i}{y_i} \tag{5-75}$$

令各次测量的雷达与转子流速仪的相对误差为

$$r_i = \frac{x_i - y_i}{y_i} \times 100\% \tag{5-76}$$

则平均流速换算系数为

$$k = \sum_{i=1}^{n} k_i / n \tag{5-77}$$

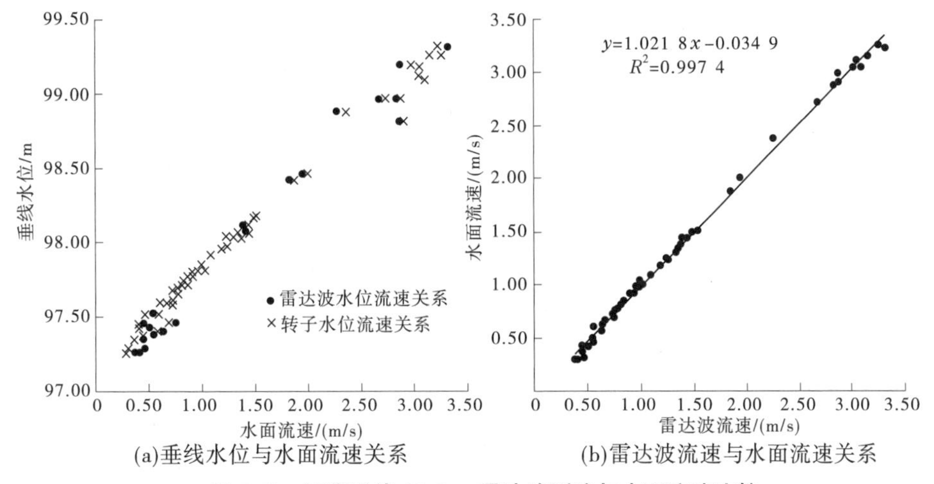

(a)垂线水位与水面流速关系　(b)雷达波流速与水面流速关系

图 5-51　固定垂线 48.2 m 雷达波测速与水面流速比较

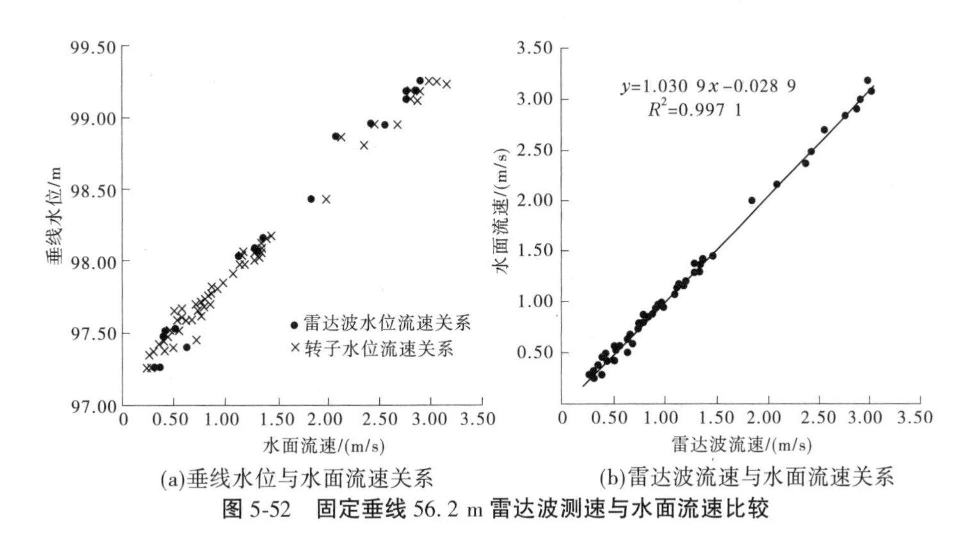

(a)垂线水位与水面流速关系　(b)雷达波流速与水面流速关系

图 5-52　固定垂线 56.2 m 雷达波测速与水面流速比较

流速测量平均误差(系统误差)为

$$\bar{r} = \sum_{i=1}^{n} r_i / n \tag{5-78}$$

流速测量标准差为

$$s = \sqrt{\frac{\sum_{i=1}^{n} r_i^2}{n-1}} \tag{5-79}$$

据式(5-75)~式(5-79)分析各垂线流速换算系数和相关误差指标,成果列入表 5-8。从分析成果可知,各垂线流速换算系数为 0.96~1.02;平均误差范围为 1.0%~4.7%,均为正偏离;标准差范围为 7.7%~19.1%。从各垂线的误差分布看,存在近岸壁垂线误差大于中泓垂线的趋势。流速换算系数、平均误差和标准差的断面横向分布见图 5-54~图 5-56。

根据各垂线雷达波流速和转子流速仪水面流速的单点误差分析,流速小于 0.5 m/s

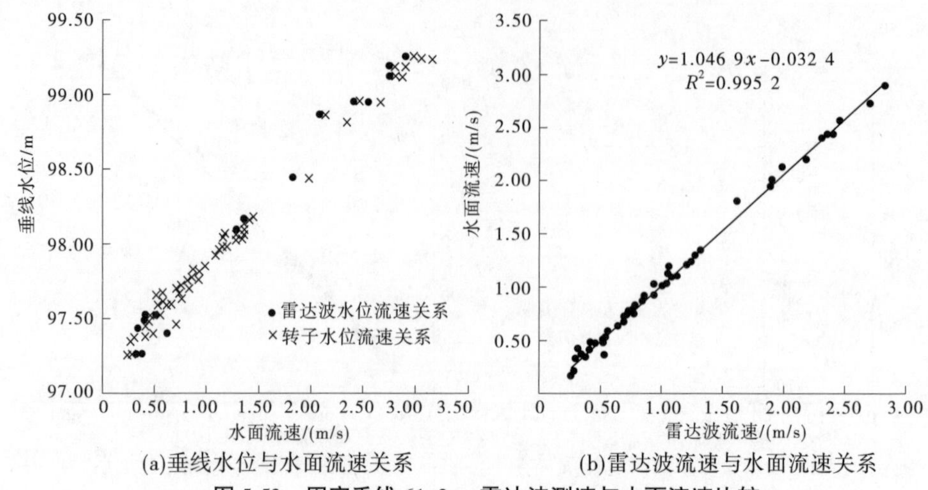

(a)垂线水位与水面流速关系　　(b)雷达波流速与水面流速关系

图 5-53　固定垂线 61.2 m 雷达波测速与水面流速比较

的测次普遍存在误差偏大的现象,因此对各垂线流速大于 0.5 m/s 的测次独立进行了流速系数和相关误差分析和统计。各垂线流速大于 0.5 m/s 时雷达与转子流速仪水面流速换算系数和平均误差、标准差指标一并列入表 5-8;流速换算系数、平均误差和标准差的断面横向分布一并绘于图 5-54~图 5-56。

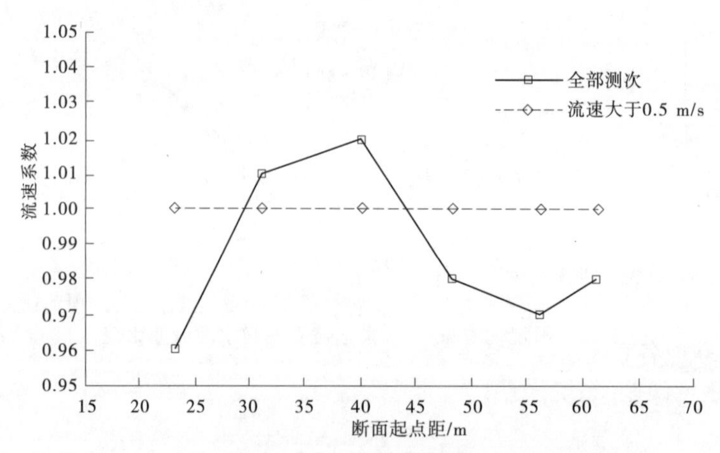

图 5-54　雷达波测速与水面流速换算系数的断面横向分布

从表 5-8 和图 5-54~图 5-56 可见,当流速大于 0.5 m/s 时,各垂线流速系数均为 1.0,说明雷达波施测的流速与转子速仪施测的水面流速存在很好的一致性,除近岸壁的 61.2 m 垂线为-1.9%略大外,其余 5 条垂线的平均误差由全部正偏离缩小至-0.4%~0.4%;标准差均小于 5%,较全部测次统计的指标大幅降低。

2)雷达波流速与垂线平均流速的转换关系分析

由上文分析可知,雷达波测速与转子流速仪施测的水面流速没有明显的差异,特别是当流速大于 0.5 m/s 时,二者吻合良好,因此可以认为雷达波测速对河渠的水面流速具有较好的代表性。系统在获取各垂线水面流速后,怎样转换为垂线平均流速是系统能否正常投入运用的关键问题之一。为研究雷达波施测水面流速与垂线平均流速的关系,在系

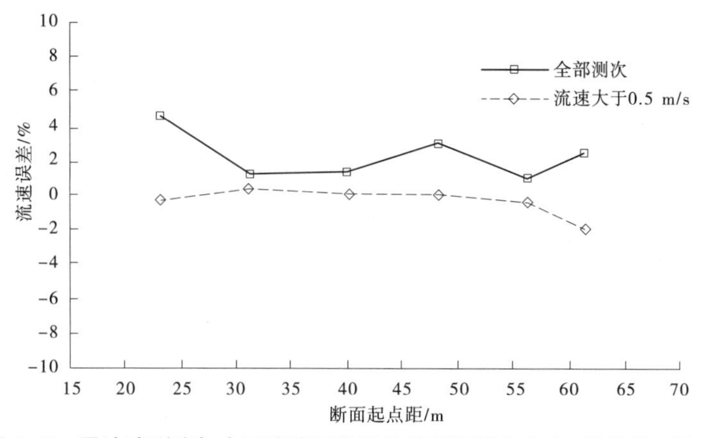

图 5-55　雷达波测速与水面流速平均误差的断面横向分布(误差以%计)

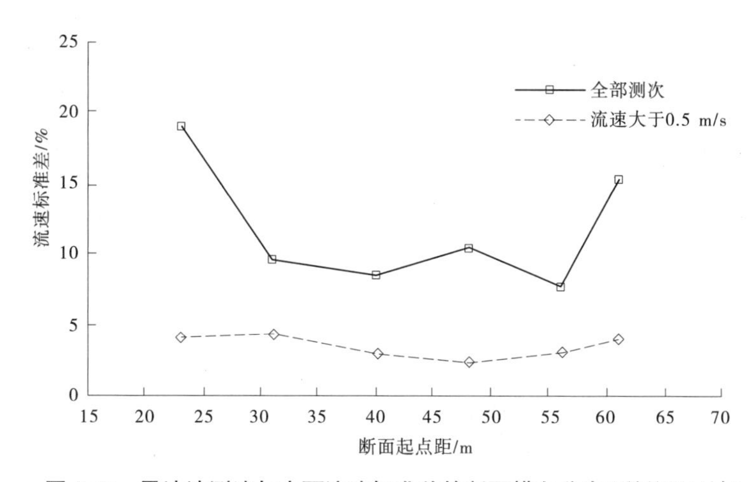

图 5-56　雷达波测速与水面流速标准差的断面横向分布(误差以%计)

统比测中,同步获取各垂线雷达波水面流速与垂线平均流速。垂线平均流速的获取方法有以下 3 种:

表 5-8　各垂线雷达与转子流速仪水面流速换算误差分析结果

垂线起点距/m		23.2	31.2	40.2	48.2	56.2	61.2
平均流速换算系数	全部测次	0.96	1.01	1.02	0.98	0.97	0.98
	流速>0.5 m/s 测次	1.00	1.00	1.00	1.00	1.00	1.00
平均误差/%	全部测次	4.7	1.3	1.4	3.1	1.0	2.5
	流速>0.5 m/s 测次	−0.3	0.4	0.1	0.1	−0.4	−1.9
标准差/%	全部测次	19.1	9.5	8.5	10.5	7.7	15.3
	流速>0.5 m/s 测次	4.1	4.4	3.0	2.3	3.1	4.0

(1)以五点法,施测垂线上的点流速后,按式(5-80)计算垂线平均流速:

$$v_m = \frac{1}{10}(v_{0.0} + 3v_{0.2} + 3v_{0.6} + 2v_{0.8} + v_{1.0}) \tag{5-80}$$

式中：v_m 为垂线平均流速；v_y 为从水面起算，垂线相对水深 y 处的点流速，$y=0.1,0.2,0.6,0.8,1.0$。

(2)以一点法，获得相对水深0.6处流速后，用该流速作为垂线平均流速，即

$$v_m = v_{0.6} \tag{5-81}$$

(3)以积分法获得垂线平均流速，即

$$v_m = \int_0^1 v\mathrm{d}h \tag{5-82}$$

在实际工作中，要有ADCP定点测定垂线平均流速。

点绘各垂线比测测次水位-雷达水面流速和水位-垂线平均流速关系（见图5-57～图5-62），可以看出，各垂线二组关系点据，虽高水有呈绳套趋势，但通过点群重心得到的平均关系线走向基本一致，二组关系线线型具有高度的相似性。

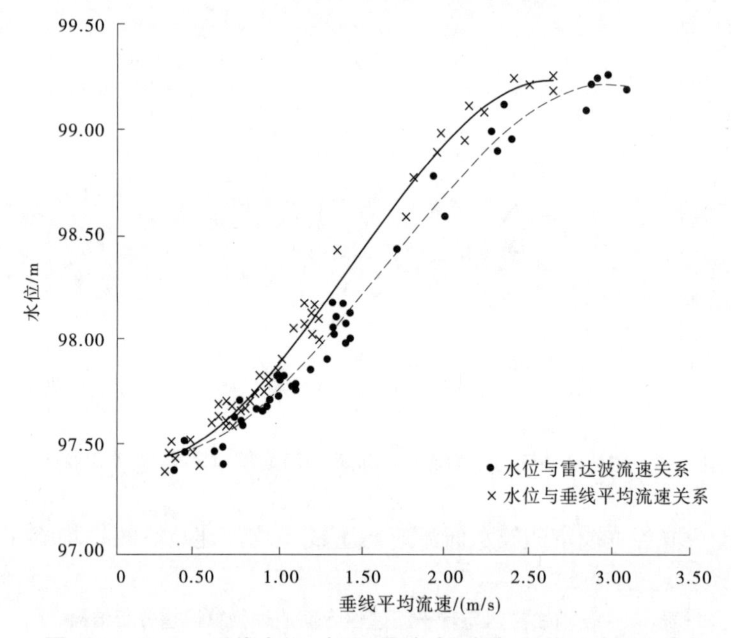

图5-57　23.2 m垂线水位-水面(雷达波)流速、垂线平均流速关系

令垂线水面流速系数为 K'，则

$$K' = \frac{v_m}{v_0} \tag{5-83}$$

其中，v_m 由转子流速仪点流速推算或由ADCP直接获得，v_0 由雷达波流速仪测定。

点绘各垂线雷达波流速-垂线水面流速系数（$v_0 - K'$）和水位-垂线水面流速系数（$Z-K'$）关系图，见图5-63～图5-68。由图中可以看出，二图的点群都相对较为集中，且都存在高水、高速点群较低水、低速点群更为密集的规律。

计算各垂线比测测次水面流速系数均值，结果列入表5-9。由表5-9可见，各垂线平均系数稳定在0.85～0.86，在断面上横向分布变化甚微，如图5-69所示。因此，在系统投

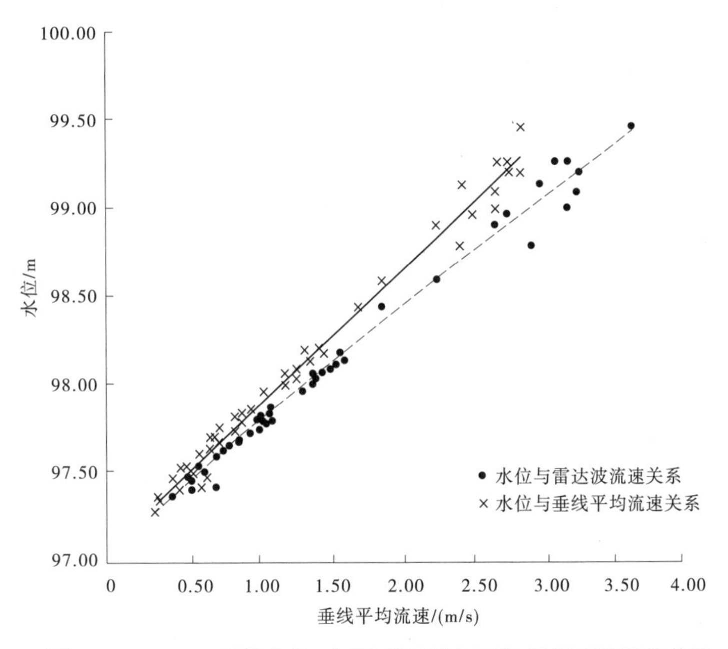

图 5-58　31.2 m 垂线水位-水面(雷达波)流速、垂线平均流速关系

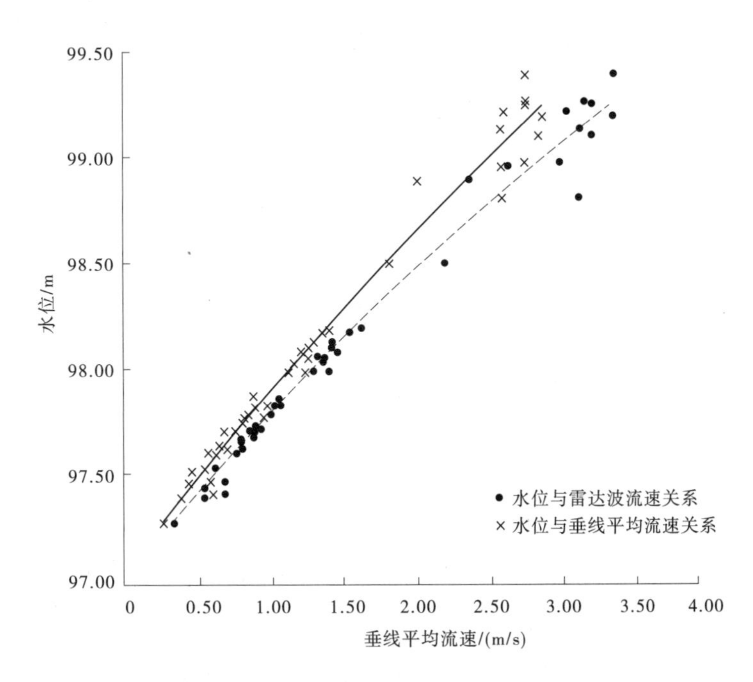

图 5-59　40.2 m 垂线水位-水面(雷达波)流速、垂线平均流速关系

入运用时,可取各垂线水面流速系数的均值作为断面水面流速系数,以简化计算。

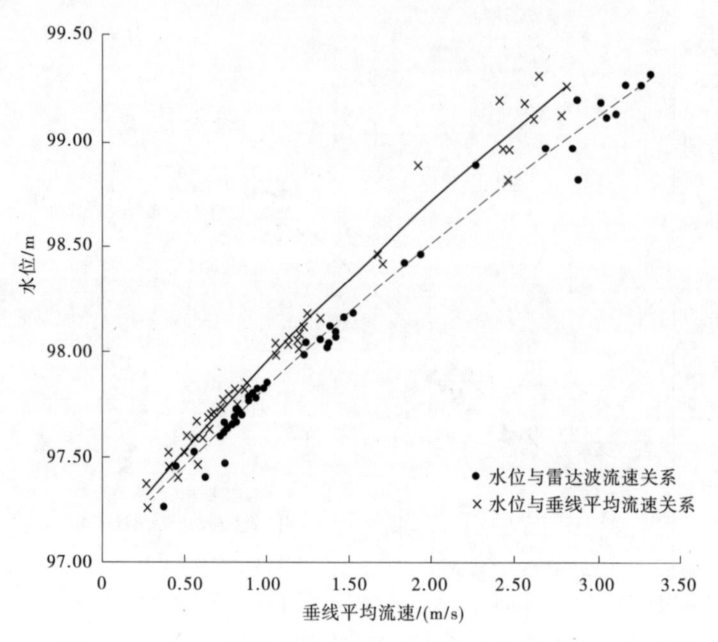

图 5-60　48.2 m 垂线水位-水面(雷达波)流速、垂线平均流速关系

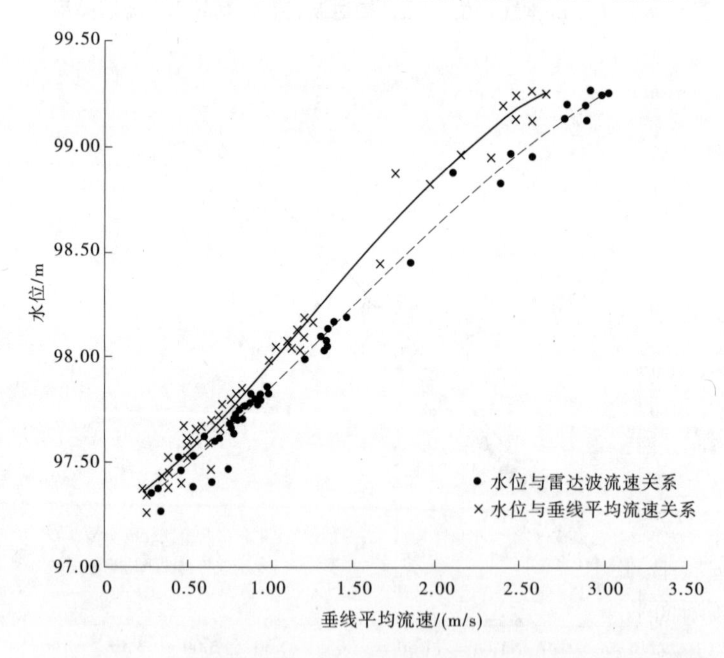

图 5-61　56.2 m 垂线水位-水面(雷达波)流速、垂线平均流速关系

表 5-9　各垂线雷达波流速与垂线平均流速转换系数分析结果

垂线起点距/m	23.2	31.2	40.2	48.2	56.2	61.2
垂线流速系数	0.860	0.856	0.857	0.853	0.850	0.851
各垂线流速系数均值	0.855*					

注：* 由于各垂线系数十分接近，为简化起见，可取各垂线系数的均值作为断面流速系数。

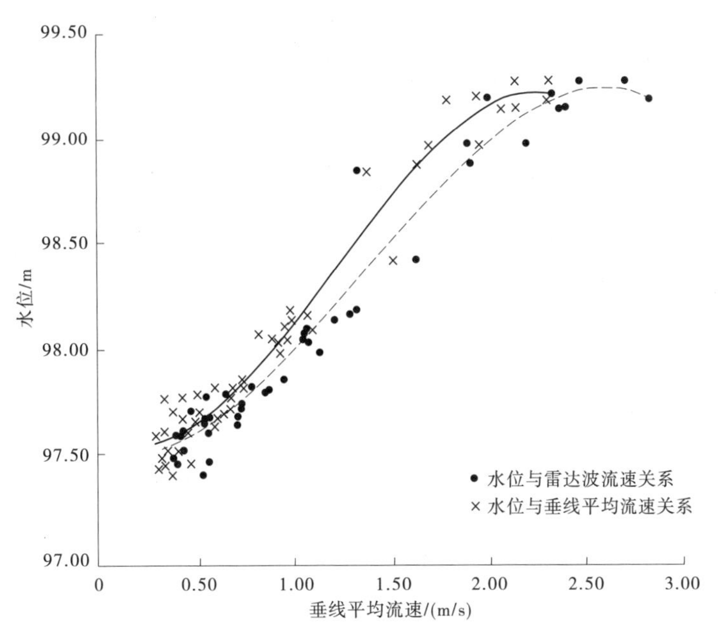

图 5-62　61.2 m 垂线水位-水面(雷达波)流速、垂线平均流速关系

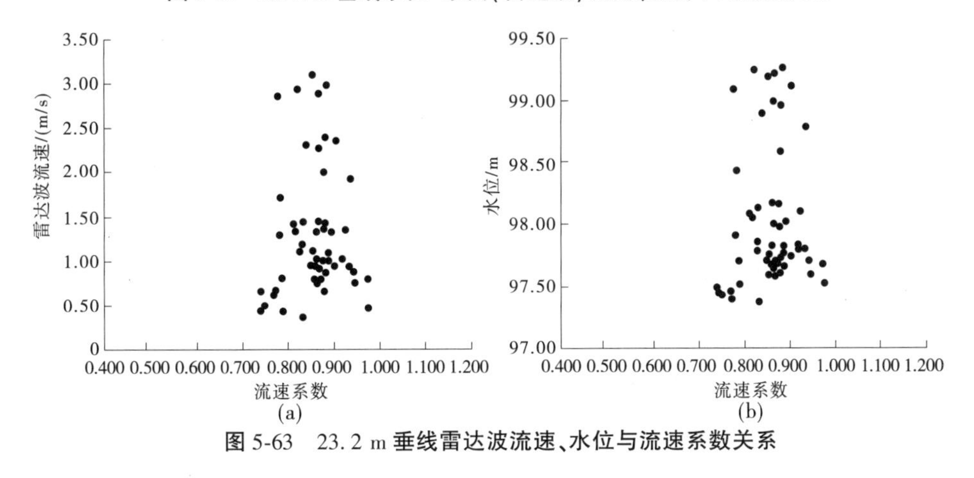

图 5-63　23.2 m 垂线雷达波流速、水位与流速系数关系

2. 雷达波流量实时在线监测系统推流验证

比测期间,高、中、低水位级通过自然洪水条件下的常规转子流速仪和雷达波实测流量71次比测,按断面平均流速系数转换为断面流量,形成2个系列实测流量成果,分别定线推流进行成果比较。根据水利行业标准《水文资料整编规范》(SL 247—2012)的相关定线规定,2个系列实测流量测次均可定为单一水位流量关系曲线,并进行符号检验、适线检验和偏离检验。

以常规转子流速仪和雷达波实测流量形成的2个系列实测流量系列成果定线的检验结果和主要定线精度指标一并列入表5-10。从表5-10中2个系列成果定线的检验均满足要求,定线精度指标雷达波测流测次精度略低于转子流速仪成果,其主要原因是雷达波测次在流速小于0.5 m/s时,测点的离散程度比转子流速度测度要高。但豪福水文站作

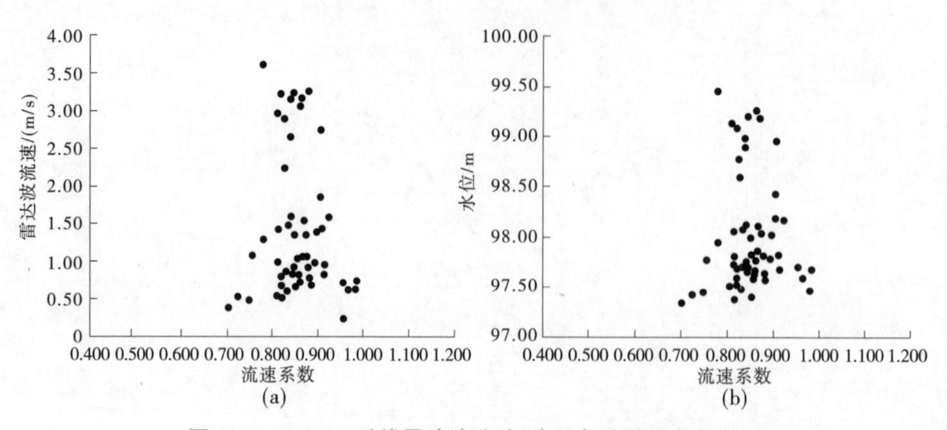

图 5-64　31.2 m 垂线雷达波流速、水位与流速系数的关系

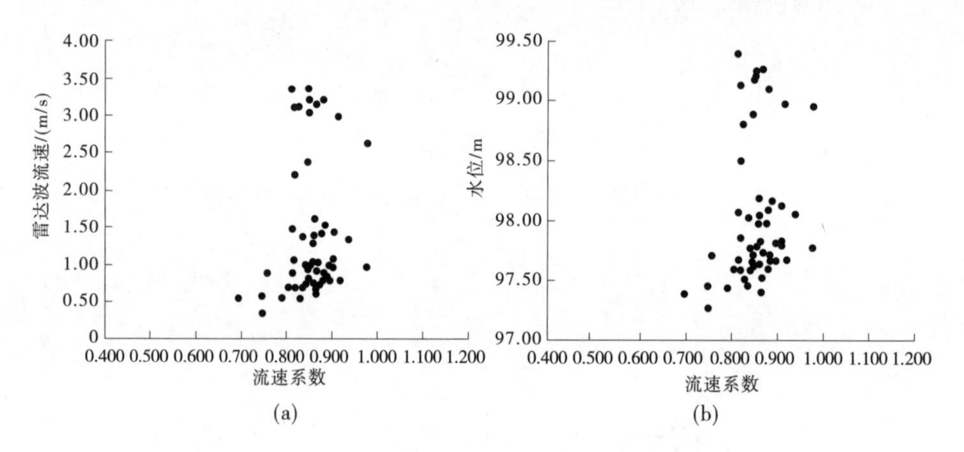

图 5-65　40.2 m 垂线雷达波流速、水位与流速系数关系

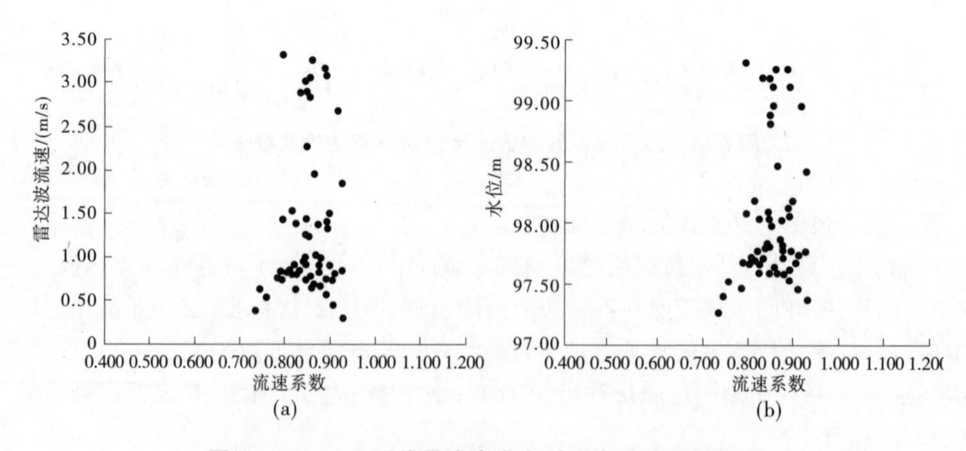

图 5-66　48.2 m 垂线雷达波流速、水位与流速系数关系

为二类精度站，雷达波测次定线测点标准差 5.0%，随机不确定度 10.0%完全达到规范规定的流速仪法测流定线精度要求，且高于规范规定的浮标测流测流定线的精度要求（比

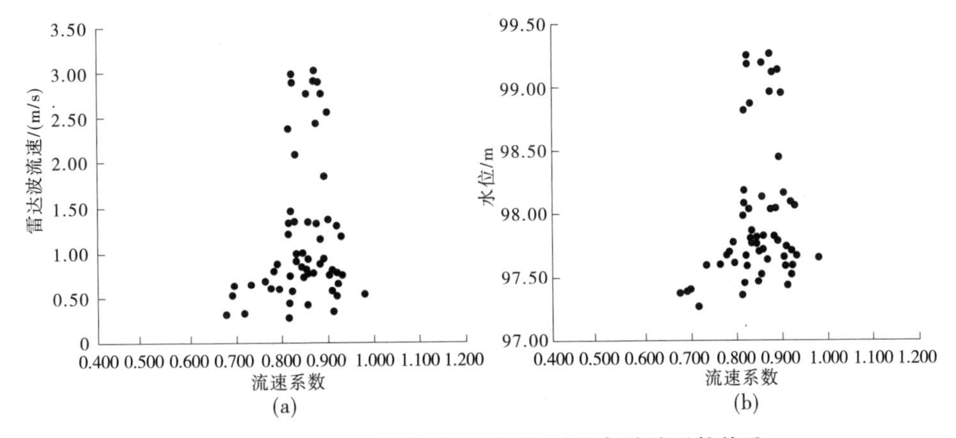

图 5-67　56. 2 m 垂线雷达波流速、水位与流速系数关系

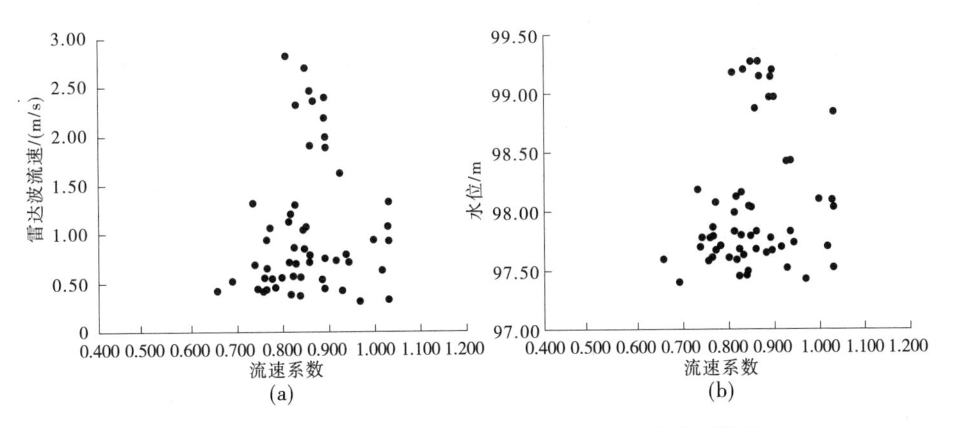

图 5-68　61. 2 m 垂线雷达波流速、水位与流速系数关系

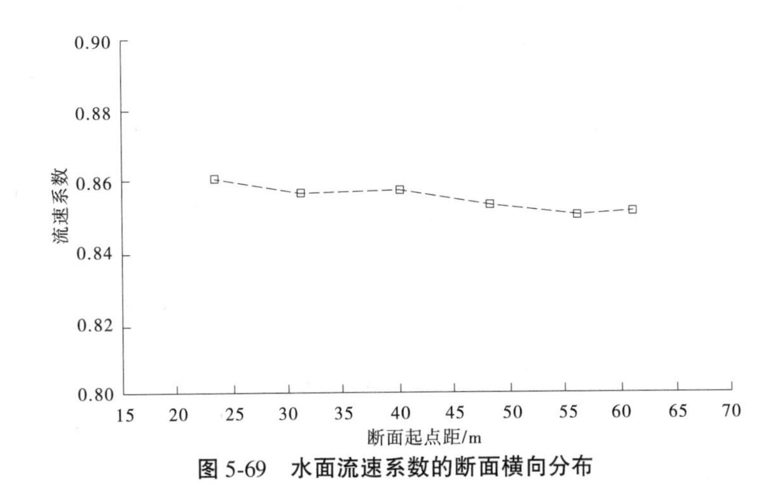

图 5-69　水面流速系数的断面横向分布

流速仪测流定线精度随机不确定度可增大 2%~4%)。

表 5-10　雷达波与转子流速仪测次定线检验结果

测流方式	指标名称	指标符号	指标值与检验结果	
雷达波测流	样本容量	N	64	
	符号检验	u	0.74(允许:1.15)	合格
	适线检验	U	0.88 /免检	合格
	偏离数值检验	$\|t\|$	0.56(允许:1.65)	合格
	标准差/%	S_e	5.0	
	随机不确定度/%	X_Q	10.0	
	系统误差/%	μ_Q	-0.3	
转子流速仪测流	样本容量	N	63	
	符号检验	u	0.88(允许:1.15)	合格
	适线检验	U	-0.13/免检	合格
	偏离数值检验	$\|t\|$	1.57 (允许:1.65)	合格
	标准差/%	S_e	4.0	
	随机不确定度/%	X_Q	8.0	
	系统误差/%	μ_Q	-0.8	

注:符号检验取显著性水平 $a=0.25$;偏离数值检验取显著性水平 $a=0.10$。

雷达波在线监测流量和转子流速仪测算流量测次确定的水位流量关系曲线分别见图 5-70 和图 5-71,推算的水位流量过程线分别见图 5-72 和图 5-73。

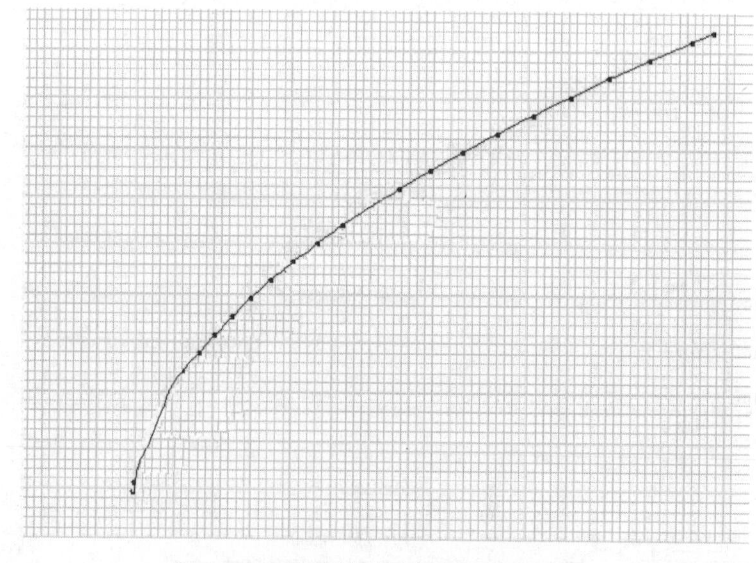

图 5-70　雷达波测流测次水位流量过程线

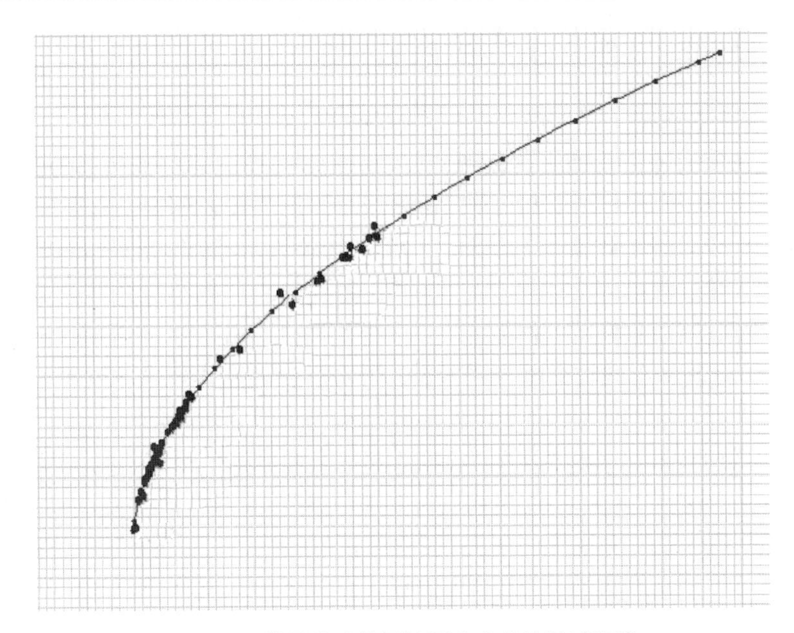

图5-71　转子流速仪测流测次水位流量过程线

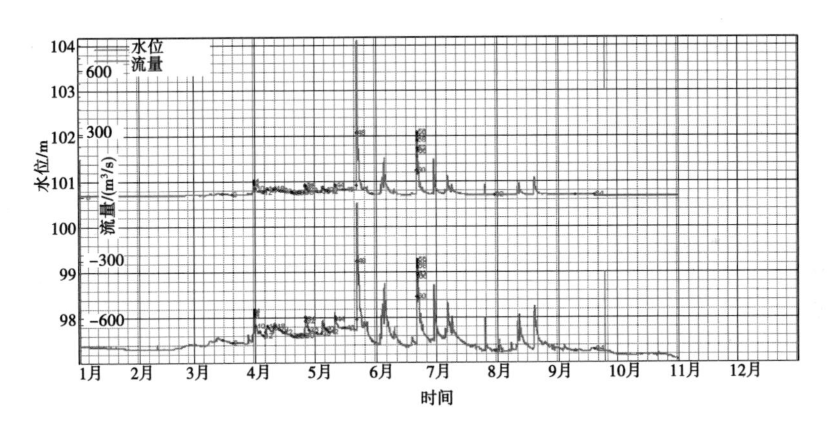

图5-72　雷达波在线系统推算的水位流量过程线

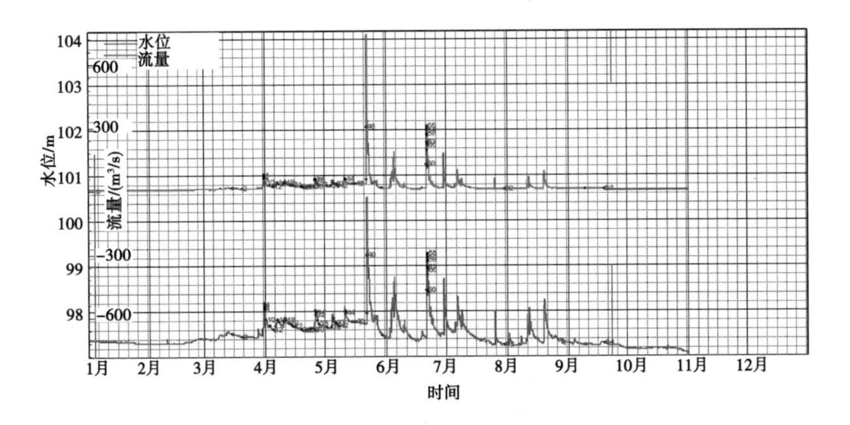

图5-73　转子流速仪测流推算的水位流量过程线

5.4.3　多普勒代表垂线流量实时在线监测系统研究

5.4.3.1　系统总体结构

代表垂线法实时流量自动监测系统，利用声学多普勒流速剖面仪（ADCP）作为流速测验主机，由工控机控制缆道移动 ADCP 对测流断面上的代表垂线流速进行自动监测，根据率定建立的代表垂线平均流速与断面平均流速的关系，计算出断面平均流速。同时，工控机通过水位采集仪接收浮子水位计的水位数据，通过水位面积关系表计算出过水断面面积，从而实现实时流量在线自动监测。

ADCP 测流探头采用缆道悬吊方式安装，非测流时间，缆道将 ADCP 探头提出水面悬吊在空中。当测流时间到时，测流计算机先采集水位信息，再给缆道发送启动指令；缆道将 ADCP 探头移动到指定代表垂线位置，再下降到水面以下指定深度后，缆道控制系统给测流计算机发送“ADCP 探头到位”的信息；测流计算机接到该指令后，通过无线电台给 ADCP 控制器发送流速采集指令；ADCP 控制器接到该指令后，启动 ADCP 探头开始流速测验并将测量的原始数据传回给 ADCP 控制器，由 ADCP 控制器解析出流速数据并通过无线电台发送到测流计算机中；测流计算机对接收数据分析处理并计算出流量，将测流时间、水位和流量存入数据库中；当完成流量数据采集和计算后，测流计算机给缆道控制系统发送复位指令，缆道控制系统将 ADCP 探头提出水面，准备下次的流量测验。系统总体结构如图 5-74 所示。

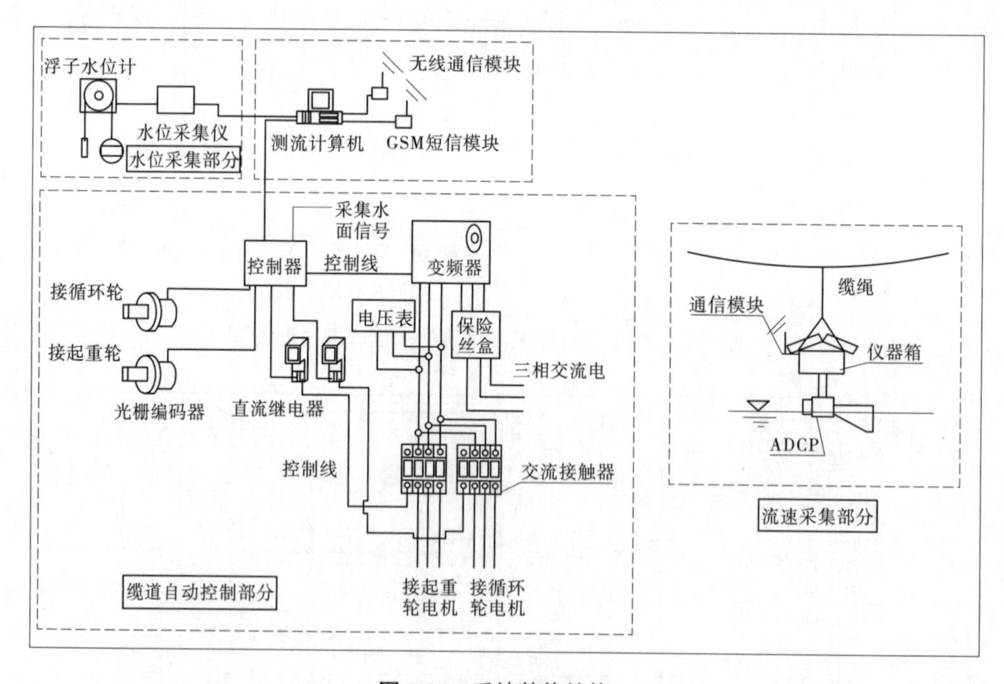

图 5-74　系统整体结构

由控制结构图可见，整个系统分成 4 大部分：第 1 部分是水位采集处理部分，第 2 部分是缆道电机和绞车自动控制部分，第 3 部分是流速、定位信号采集传输部分，第 4 部分是控制软件和数据接收处理软件。

适合于代表垂线法实时流量自动监测系统工作的缆道控制系统的研制成功，为在线测流系统的实现打下了坚实的基础。该缆道控制系统由缆道、绞车、仪器箱、水面信号传感器、信号源、太阳能板、蓄电池、缆道控制台（包括变频器、测距仪、信号接收器等）、控电柜和计算机等组成，其缆道控制系统结构示意图如图 5-75 所示。

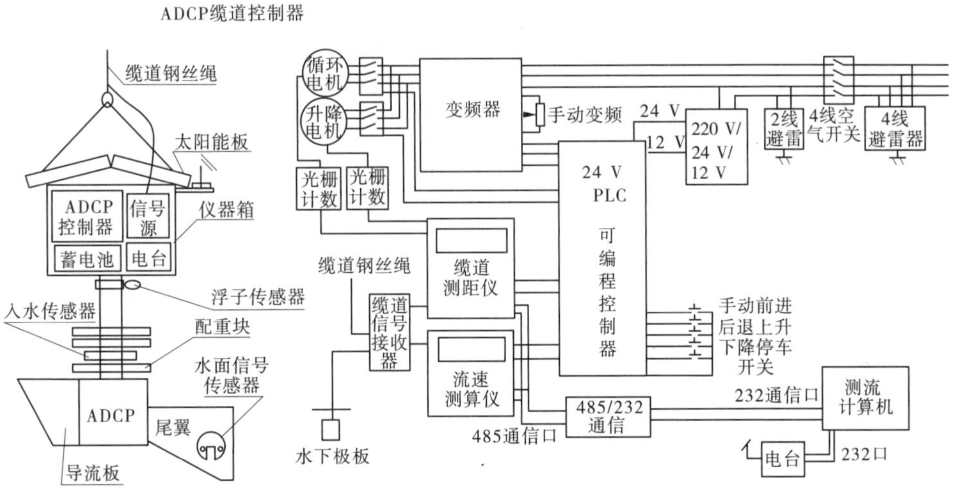

ADCP缆道控制器

图 5-75　缆道控制系统结构示意图

5.4.3.2　系统测流模式

测流设备采用走航式 ADCP，由缆道吊挂，接受 ADCP 控制仪控制。测流工作方案分单垂线、二垂线、多垂线、浮船自动采集和自动测量共 5 种模式，可根据实际情况任选一种工作模式。

1. 单垂线测流模式

单垂线测流模式工作过程为预先在测流计算机设定每组测次、ADCP 单元长度、测流断面资料等参数。

当启测的提前启动时间到时，测流计算机向缆道控制系统发送启动指令，启动缆道移动测流设备到测验位置停车；缆道停车后，缆道控制系统将起测指令发送给测流计算机。测流计算机收到起测指令后，先进行时间判断再采集水位（当收到起测指令的时间小于启测时间，等待启测时间到时，测流计算机先采集水位；当收到起测指令的时间大于启测时间，立即采集水位。如果超过单次测量延时时间后，测流计算机还没有收到缆道控制器反馈的起测指令，立即通过报警模块报警），然后通过无线传输设备向 ADCP 控制仪发送垂线测流指令，ADCP 控制仪收到指令后启动走航 ADCP 探头开始测量。ADCP 开始测量时，根据设定的单元长度得出 ADCP 测得的对应每个深度单元的矢量流速，主要包含东向流速矢量和北向流速矢量，ADCP 控制仪解析出这两个方向的流速后分别通过无线传输设备发送到测流计算机内，流量解析处理软件将两个流速矢量合成计算出每个水层的流速矢量和流向，这样就完成了垂线的矢量流速分布的测量。垂线流速测完后，ADCP 控制仪发出指令停止 ADCP 设备工作,同时测流计算机向缆道控制系统发送垂线测流完成指令,缆道控制系统收到该指令后,控制缆道绞车将测流设备提升出水面 2 m 位置后停车。测流计算机对采集的水位和测得的垂线流速数据进行分析处理,根据建立好的水位与断面面积关系、垂线平均流速与断面平均流速的关系和比测率定的流量计算模型算得流量。

2. 二垂线测流模式

二垂线测流模式工作过程为预先在测流计算机设定每组测次、ADCP 单元长度、测流断面资料等参数,与缆道控制系统约定垂线编号和位置。

当启测的提前启动时间到时,测流计算机向缆道控制系统发送 1 号垂线启动指令,缆道控制系统收到指令后,启动缆道从 1 号垂线初始位置移动测流设备下降到 1 号垂线测验位置停车;缆道停车后,发送起测指令给测流计算机,测流计算机收到起测指令后,先进行时间判断再采集水位(当收到起测指令的时间小于启测时间,等待启测时间到时,测流计算机先采集水位;当收到起测指令的时间大于启测时间,测流计算机立即采集水位。如果超过单次测量延时时间后,测流计算机还没有收到缆道控制器反馈的起测指令,立即通过报警模块报警),然后测流计算机通过无线传输设备向 ADCP 控制仪发送 1 号垂线流速起测命令,ADCP 控制仪收到命令后启动 ADCP 探头开始测量。ADCP 开始测量时,其工作原理与单垂线模式一样。1 号垂线流速测完后,测流计算机发出 1 号垂线测流完成指令给缆道控制系统,缆道控制系统收到该指令后,控制缆道绞车将测流设备移动到 2 号垂线测流位置并发出 2 号垂线测流指令给测流计算机,测流计算机通过无线向 ADCP 控制仪发送 2 号垂线流速起测命令,ADCP 控制仪收到命令后启动 ADCP 探头开始测量。当 2 号垂线测流完成后,ADCP 控制仪发送指令停止 ADCP 设备工作,同时测流计算机向缆道控制系统发出 2 号垂线测流完成指令,缆道控制系统收到该指令后,控制缆道将测流设备提升出水面 2 m 位置,然后水平移动到 1 号垂线位置停机,等待下次测量,也可在 2 号垂线测流完成后,ADCP 控制仪发出指令停止 ADCP 设备工作,同时测流计算机向缆道控制系统发出 2 号垂线测流完成指令,缆道控制系统收到该指令后,控制缆道绞车将测流设备从 2 号垂线提出水面 2 m 位置后停机;下次测量从 2 号垂线测起,然后测 1 号垂线,测完后停在 1 号垂线水面上 2 m 位置等待下次测量,以此类推。测流垂线每组定时间隔的启测次序可按 1-2,1-2,…,1-2 的垂线号序循环,此种方式缆道运行次数较多,但控制程序相对简单。测流垂线每组定时间隔的启测次序也可按 1-2,2-1,1-2,…,2-1 的垂线号序循环,此种方式缆道运行次数较少,但控制程序要复杂些。测流计算机对采集的水位和测得的两垂线流速数据进行分析处理,根据建立好的水位与断面面积关系、两垂线平均流速与断面平均流速的关系和比测率定的流量计算模型算得流量。

3. 多垂线测流模式

多垂线测流模式工作过程为预先在测流计算机中设定当前采用多垂线法测流,设定垂线数量,每根垂线的起点距和垂线河底高程,设定测流设备入水深度、启测时间、缆道提前启动时间量和测量间隔。在缆道控制系统中设定测流设备出水面高度,将测流设备移动到 1 号垂线水面上空 2 m 位置作为初始位置,并将缆道测距仪 Y/N 软控制开关置为 Y,确定待命。其缆道和计算机自动控制过程与二垂线模式基本相同,只是完成所设定全部垂线的流速测验后，ADCP 探头必须水平移动到 1 号垂线位置停机，等待下次测量。

4. 浮船自动采集模式

当出现缆道控制故障时，可以通过手动方式将测速设备放置在代表垂线处，在测流软件上设置启动“浮船自动采集模式”，在该模式下，测流计算机不再与缆道控制系统通信。当到达流速测验时间后，直接通过无线通信模块控制 ADCP 开始代表垂线的流速测验。

5. 自动测量模式

当由于交流停电造成无法通过缆道控制完成流速流量的在线监测时，可以通过手动方式将测速设备放置在代表垂线处。通过对 ADCP 控制仪的设定，当 ADCP 控制仪在一段时间内(默认是 120 min)没有接收到测流计算机发送的测流指令后，自动转成“自动测量模式”。

ADCP 控制仪进入自动测量模式后，ADCP 控制仪按照设定的采集时间间隔、采集组数等参数，启动代表垂线上的 ADCP 探头自动采集流速，然后计算出代表垂线的平均流速并保存在 ADCP 控制仪的数据存储器上。当恢复交流供电后，测流计算机从 ADCP 控制仪上下载存储器里的流速数据，人工输入对应测流时间的水位值，计算机将根据流量计算模型算得流量，以满足交流停电时的流量监测。

5.4.3.3　系统研究关键技术

1. ADCP 传感器的装载

ADCP 传感器的装载采用缆道悬吊测流设备方式。安装结构如图 5-76 所示。仪器箱用缆道钢丝绳吊挂，仪器箱底部通过不锈钢管直接与测流设备紧固连接。测流设备外装导流罩和导向舵，其探头以上部位直接用 PVC 管套上，以防测流设备受太阳直晒后温度升高。仪器箱内装放测流设备控制仪、无线通信设备、信号源、太阳能充电控制器、太阳能蓄电池。为了抗击风阻，保持缆绳垂直，适当给仪器箱加大配重，同时考虑水文站内电机功率和水文绞车减速机的传动比，计算合适的转矩和配重大小。仪器箱外顶部安装太阳能电池板，且太阳能电池板适当倾斜，以防太阳电池能板积雨沉沙，影响太阳光照射。仪器箱采用不锈钢材料，箱体结构便于设备的安放和维护，且通风散热防雨防晒，外形为圆筒形以尽量减小风阻，内部空间满足需要安放的设备，并预留仪器箱平衡用配重物的安放位置，箱体体积越小越好。缆道控制测流设备在测流时入水，不测流时提出水面 2 m。此种方式的优点是测流设备挂漂浮物的机会大大减少，同时探头表面不易生水藻；缺点是在大流速下仪器倾斜角度可能会超过 15°，影响测流数据的有效性。由于水文站一般全年高洪水位的时间不长，在高洪水位下可改用缆道控制流速仪测流，为此要设计一套铅鱼与在线测流设备相互更换的机械装置。

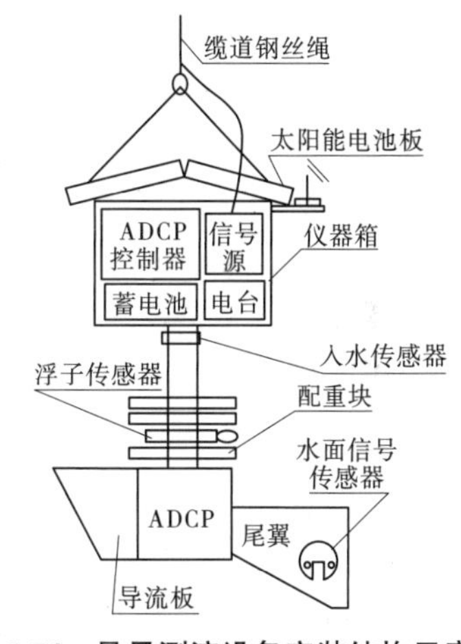

图 5-76　悬吊测流设备安装结构示意图

2. 缆道悬吊测流装置的自动控制

采用测流计算机定时启动“缆道自动控制程序”，缆道控制系统模式分单垂线缆道自动控制模式、二垂线缆道自动控制模式、多垂线缆道自动控制模式。缆道控制系统和测流计算机都安装在缆道房内，两者之间的通信采用 RS-232C 接口有线连接。在与测流设备探头齐平的适当位置安装水面信号发生器，非测流状态时缆道控制系统根据水面信号控制缆道提升 2 m 高度以保持测流设备脱离水面。缆道控制系统在满足垂线法在线测流自动控制模式下，要保留原有缆道流速仪法测流的半自动控制方式和手摇缆道绞车机构。在缆道测距仪中增加软开关选项功能，可设定切换到 Y（悬吊测流设备受计算机指令控制自动完成单垂线和多垂线流速测验）和 N（悬吊铅鱼与机械流速仪完成半自动全断面流速测验）两种缆道控制方式。

1）单垂线缆道自动控制模式

在单垂线流量测验模式下，缆道和计算机自动控制的过程如下：首先，缆道将测流设备移动到垂线水面上空 2 m 位置作为测流前初始状态位置；其次，在缆道控制系统中设定测流设备出水面高度（假定 2 m），并将缆道测距仪 Y/N 软控制开关置为 Y，确定待命；最后，在测流计算机中设定测流设备入水深度（假定 20 cm）、启测时间（假定 13:00）、缆道提前启动时间量（假定 3 min）和测量间隔（假定 1 h）。

当测流计算机的时钟到 12:57 时，测流计算机通过串口向缆道控制系统发送（包含测流设备入水深度和测流垂线起点距等信息的）启动指令，缆道控制系统收到启动指令后，启动缆道移动测流设备下降，当测流设备探头入水时安装在此位置的水面信号发生器发出水面信号，该信号通过缆道钢丝绳传回缆道控制系统，缆道控制系统根据此信号控制再下降 20 cm 停车；缆道停车后，缆道控制系统将起测指令通过串口发送给测流计算机，测流计算机通过无线通信模块开始控制测流设备进行流速测验。测流完成后，测流计算机向缆道控制系统发出测流完成指令，缆道控制系统收到该指令后控制缆道将测流设备提升出水面 2 m 位置然后停机，等待下次测量。

缆道从移动测流设备下降到将测流设备提升出水面 2 m 位置然后停机为测流过程时段，在该段时间，缆道接收的水面信号作为控制测流设备从水面入水深 20 cm 的测算控制信号。缆道将测流设备提升出水面 2 m 位置然后停机到缆道重新启动移动测流设备下降前为非测流过程时段，该时段的水面信号作为水位上涨时控制缆道提升 2 m 的信号。在非测流时段与测流时段的交界处，可能存在缆道控制的冲突。例如：在缆道控制系统接收测流计算机启动指令的前几秒，当水位上涨使水面开关入水而发出水面信号，此水面信号在启动缆道向上提升的过程中，缆道控制系统接收到测流计算机的启动指令，将启动缆道自动控制程序发出缆道下降信号造成信号控制冲突。为解决此问题，缆道控制系统接收到测流计算机的启动指令时，首先应判断缆道是否正在运行，如正在运行发出停车指令后再启动缆道自动控制程序发出缆道下降指令。或不作判断，不管缆道是否在运行，先发停车指令再启动缆道自动控制程序发出缆道下降指令，以避免冲突。

2）二垂线缆道自动控制模式

在二垂线流量测验模式下，其缆道和计算机自动控制过程如下：首先，在测流计算机中设定当前采用二垂线法测流,设定二垂线编号分别为 1 号垂线和 2 号垂线以及二垂线起点距位置,设定测流设备入水深度(假定 20 cm)、启测时间(假定 13:00)、缆道提前启动时间量(假定 3 min)和测量间隔(假定 1 h),将测流设备移动到 1 号垂线水面上空 2 m 位置作为初始位置;其次,在缆道控制系统中设定测流设备出水面高度(假定 2 m),并将缆道测距仪 Y/N 软控制开关置为 Y,确定待命。

当测流计算机的时钟到 12:57 时,测流计算机通过串口向缆道控制系统发送(包含测流设备入水深度和测流垂线起点距等信息)启动指令,缆道控制系统收到启动指令后,启动缆道从 1 号垂线初始位置移动测流设备下降,当测流设备探头入水时安装在此位置的水面信号传感器发出水面信号,该信号通过缆道钢丝绳传回缆道控制系统,缆道根据此信号控制再下降 20 cm 停车。缆道停车后,缆道控制系统将 1 号垂线起测指令发送给测流计算机,测流计算机通过无线通信模块控制测流设备开始 1 号垂线的流速测验。1 号垂线测流完成后,测流计算机向缆道控制系统发出垂线测流完成指令,缆道控制系统收到该指令后,控制缆道将测流设备提升出水面 2 m 位置,然后水平移动到 2 号垂线位置再下降,当测流设备探头入水时发出水面信号,该信号通过缆道钢丝绳传回缆道控制系统,缆道根据此信号控制再下降 20 cm 停车。缆道停车后,缆道控制系统将 2 号垂线起测指令发送给测流计算机,测流计算机通过无线通信模块控制测流设备开始 2 号垂线的流速测验。2 号垂线测流完成后,测流计算机向缆道控制系统发出垂线测流完成指令,缆道控制系统收到该指令后,控制缆道将测流设备提升出水面 2 m 位置,然后水平移动到 1 号垂线位置停机,等待下次测量。也可在完成 2 号垂线测量后,控制缆道将测流设备提升出水面 2 m 位置停机,下次测量从 2 号垂线位置起测,然后再移动到 1 号垂线位置测量,测完后控制缆道将测流设备提升出水面 2 m 位置停机,下次测量又从 1 号垂线位置起测,以此类推。此种方式可减少缆道运行次数,主要是在设计程序控制方面相对要复杂一些,在程序设计时,考虑采用这种方式。

在非测流时段与测流时段的交界处,存在的缆道控制信号冲突的解决方法与单垂线缆道自动控制模式解决方法相同。

3)多垂线缆道自动控制模式

在多垂线流量测验模式下,其缆道和计算机自动控制过程如下:首先,在测流计算机中设定当前采用多垂线法测流,设定垂线数量,每根垂线的起点距和垂线河底高程,设定测流设备入水深度、启测时间、缆道提前启动时间量和测量间隔;其次,在缆道控制系统中设定测流设备出水面高度,将测流设备移动到 1 号垂线水面上空 2 m 位置作为初始位置,并将缆道测距仪 Y/N 软控制开关置为 Y,确定待命。其缆道和计算机自动控制过程与二垂线模式基本相同,只是完成所设定全部垂线的流速测验后,必须将探头移动到 1 号垂线初始位置再停机,下次测量又从 1 号垂线位置开始测起。

3. 测流控制系统管理

代表垂线法实时流量自动监测系统控制管理软件的研发,一是坚持采用模块化程序设计,以方便今后软件的升级和更新;二是采用 C 语言编写,尽量减小程序容量;三是程序的编写尽量考虑与大多数操作系统兼容;四是界面必须友好、直观、易懂、易学且操作方便。

软件功能模块、判断控制逻辑、系统控制软件工作流程框详见图 5-77。

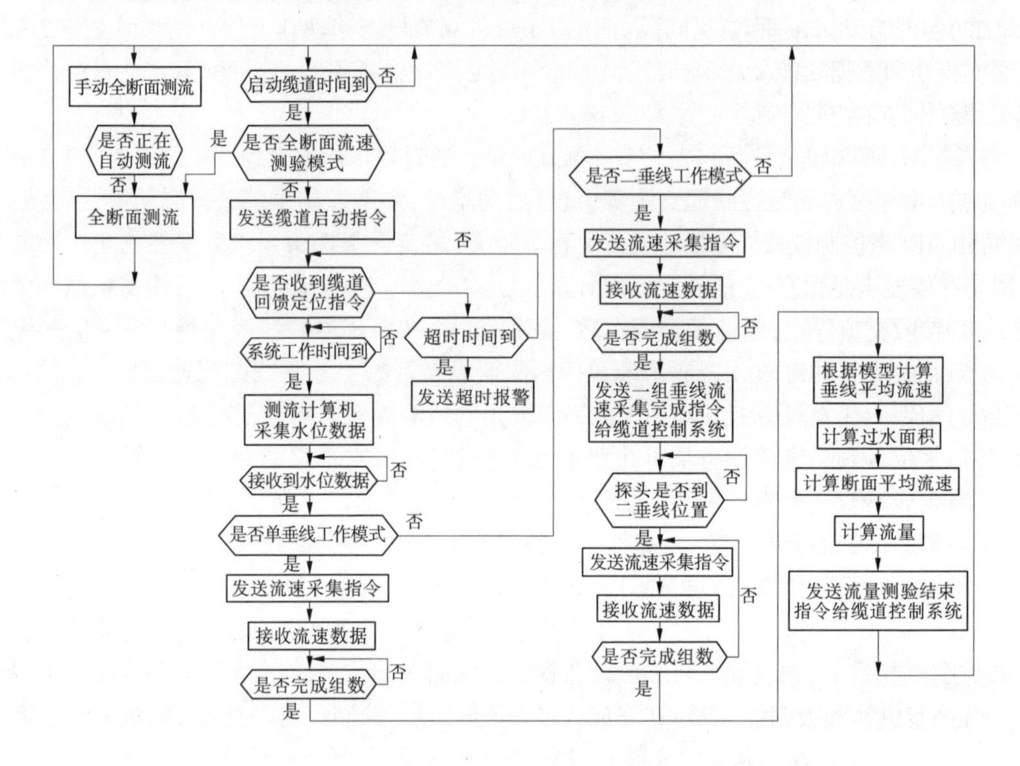

图 5-77　软件功能模块、判断控制逻辑、系统控制软件工作流程

软件研制中对测流计算机与缆道的交互控制问题、二垂线模式测流的软件编控问题、原始测量数据的解析、处理和修正算法以及安全保护等问题进行了深入探讨，主要解决了缆道和测流计算机的联机互控问题。

(1) ADCP 数据解析，表层、底层等异常数据的分析处理以及幂函数外延算法对表层、底层数据的插补修正方法。

(2) 测流计算机和缆道在无人值守情况下的全自动控制以及安全保护技术的解决。

(3) 二垂线和多垂线测流模式的程序控制和数据处理办法。

(4) 旁瓣影响造成测量数据失真的修正算法。

(5) 自动识别干扰数据，修正异常数据，保证层流速数据的精确性。

(6) 自动监控供电、仪器箱入水等情况，保护系统设备安全。

(7) 根据不同的流速集，采用不同的计算系数和公式。

(8) 根据不同的水深情况，自动启用 ADCP 的标准测量模式或浅水测量模式。

(9) 测量数据的入库保存、查询检索、整编，各种常用报表的文本输出和打印。

5.4.3.4　系统功能及技术要求

1. 测流计算机系统功能及技术要求

测流计算机系统功能及技术要求包括：

(1)测流控制处理软件需有灵活的参数设置以满足单垂线、二垂线、多垂线测流模式和缆道在非测流时段的召测模式。

(2)定时自动采集垂线的流速数据和水位数据。具有与缆道控制系统通过 RS232 接口交换指令和数据功能。在测流计算机的非测流时段,当需要召测一次流量时,人工通过测流计算机选定测量模式,并给缆道控制发送指令启动“缆道自动控制程序工作方式”,缆道按选定的测量模式移动测流设备完成一次流量测验。

(3)将测量的数据通过通信模块发送到测流计算机,当测流计算机因停电不能工作时,可由 ADCP 控制仪接管并暂时将数据保存在自带的固态存储器上,ADCP 控制仪自带的固态存储器满足保存一个月的流速数据。

(4)接收交流停电、箱体入水、通信异常等报警信息并通过 GSM 模块短信报警。

(5)将接收到的流速数据和水位数据进行合理性判别和修正处理。

(6)根据所建立的模型得到断面平均流速和过水面积,计算实时流量。

(7)水位、流速、流量数据存入数据库中。

(8)生成日、月、年流量报表和过程线。

(9)所建模型的参数能进行人工设定和调整。

(10)根据计算机时钟自动校正 ADCP 控制仪时钟。

(11)ADCP 参数自动调整和人工设定可任选,可通过测流计算机远程无线设定 ADCP 工作参数。

(12)蓄电池和太阳能板供电系统保证整个系统在连续 20 d 阴天的情况下仍能正常工作。

(13)分层流速和北向、东向分量等中间过程数据都保存入数据库,方便研究查询。

(14)试验阶段设置选项,可采用 1 点法、2 点法、3 点法和 5 点法用 ADCP 模拟流速仪法测量流速数据。

(15)水位流量过程线和日志文件、分层流速、相关报表等都能打印输出。

(16)可根据设定的水位、流速预警阈值发出声音和短信报警。

(17)测流计算机有停电后来电自动启动功能并恢复正常工作模式。

(18)测流数据采集传送方式有两种:一是测流计算机如测 10 组次,只发出一次流速采集指令,ADCP 根据事先设定采集完 10 组数据后一次传回测流计算机,测流计算机分析本次测量数据若数据有效测次达到 70%为有效,否则发出测量无效报警或重测;二是测流计算机如测 10 组次,每组发一次流速采集指令,在规定时间内数据没传回不予理睬,接着发下组流速采集指令,发完 10 次采集指令后,若数据有效测次达到 70%为有效,否则发出测量无效报警或重测。

(19)按照系统功能和约定的数据通信协议技术要求,实现测流计算机与缆道控制系统的交互控制。

(20)系统能导出满足南方片水文资料整编软件所要求的实测流量成果表格式文件,格式如下(注:格式暂定):时间,水位,1 号垂线平均流速,2 号垂线平均流速,1 号最大层流速,2 号最大层流速,断面平均流速,断面面积,流量等。

上述各列数据的填写均应满足《水文资料整编规范》(SL/T 247—2020)的要求,所有数据均保存在文本文件中,文件名命名规则为:前 8 位为该站测站编码,后 4 位为资料年份,后缀为“. txt”,所有数据可单行追加到文件中,也可一次性导入文件中。

2. 缆道控制系统功能及技术要求

缆道控制系统功能及技术要求包括:

(1)缆道控制系统应有升降和水平移动限程,超过限程应自动停机并报警。

(2)缆道及控制系统应有防雷和抗电磁干扰措施。

(3)只有在缆道升降和平移时动力电源才接通,平时应保持断开状态。

(4)只有接收处理控制单元电路处于长期通电工作状态,且该单元应能抗强电磁干扰,温度在-5~50 ℃、湿度在 0~95%、电压在±25%的范围内该单元应能正常且高稳定的工作,要求 MTBF≥25 000 h。

(5)缆道升降和平移的累积误差控制。

(6)应能方便地通过开关切换快速转换为手动模式,在自动模式下,当正在升降时也能强行切换为手动模式(切换时缆道可自动停车)。

(7)保留缆道流速仪法测流的半自动控制方式和手摇缆道绞车机构。

(8)缆道钢丝绳采用不旋转钢丝绳。

(9)缆道控制系统能接收测流计算机按约定的通信协议发送的控制指令,并按指令要求完成规定的缆道自动控制程序。

为方便在高洪水位下将垂线法在线测流转换为缆道流速仪法测流,建一套铅鱼与在线测流设备相互更换的装置。

3. ADCP 控制仪主要功能和技术要求

ADCP 输出的原始数据量非常大,需要将输出的数据解析出系统需要的数据,然后传输到岸上的流量计算机中计算流量。所以,ADCP 控制仪的主要功能如下:

(1)控制 ADCP 工作,当接收到岸上计算机发出的工作命令后,启动 ADCP 开始工作。当完成数据采集后,将 ADCP 设置成休眠状态,以降低系统功耗。

(2)解析 ADCP 发送的原始数据,然后通过通信模块发送给测流计算机。

(3)监控蓄电池和太阳能板供电电压的工况参数,发现异常及时报警。

(4)采集仪器箱底部入水报警信号。

(5)完成对通信模块的控制,当发现通信模块工作异常,通过 LED 指示灯等报警方式报警,并尝试给通信模块断电重启。

(6)保存测量原始数据,存储容量为 256 千字节,按每小时测量一次计算,可存储 200 d 的数据。

(7)当交流停电时,自动切换到由 ADCP 控制仪控制,按预先设定的时间间隔控制 ADCP 定时测量并保存测量数据;当交流电恢复时,计算机通过无线召回停电期间 ADCP 控制仪中保存的测量数据。

5.4.3.5　系统软件设计

系统软件主要是实现数据的实时接收及处理、按模型计算断面平均流速、断面面积计算、流量计算处理、图表生成及输出等功能,主要包括数据接收处理模块、流速计算模型模块、流量计算模块、数据存储及管理模块、图表输出模块、数据格式转换等软件模块内容。系统软件应具有通用性,其设计应充分考虑各种测量模式、数学计算模型和各种自动控制方式满足不同水文站不同水文特性下的工作模式。

1. 数据接收处理模块

数据接收处理模块具有以下功能特点:

(1)接收功能。实时接收垂线测量点发来的各种数据;对接收来的所有数据进行解码、纠错、合理性判别处理,各种数据的合理性判断、纠错或插补规则可人工进行设定。

(2)监控功能。包括通信监控、数据监控、报警监控、实时数据显示等多个方面的要求。

通信监控:每天统计接收数据次数,计算每天的畅通情况。

数据监控:为消除水流脉动,流速测验按照《河流流量测验规范》(GB 50179—2015)需要历时 100 s 左右,该测流历时任意选择。或者选择多测次平均计算流速。同时,实时监控显示测量点的工作状态信息。

报警监控:实时监控系统设备的运行情况,发生故障时及时给出报警。实时接收测量点上传的电压情况数据,存储运行分析结果,发生故障时及时给出报警。

实时数据显示:在屏幕上实时显示采集的数据。

(3)管理功能。远程 ADCP 控制仪工作参数设置修改;测流启动时间、测量间隔、报警阈值、实时召测控制程序等参数的设置。

(4)日志管理。系统工作状态(蓄电池电压、通信信号强弱等参数)及数据发送接收状态每天应自动作为工作日志文件保存,方便以后对有关问题分析时查询。同时,记录系统重大事件或故障、报警等信息,供故障排除、责任认定使用。

(5)召测功能。当需要实时采集流量数据时,在测流计算机的非测流时段,人工通过测流计算机选定测量模式,并给缆道控制发送指令启动"缆道自动控制程序工作方式",缆道按选定的测量模式移动测流设备完成流量测验。

2. 流速计算模型模块

流速计算模型是通过测量的垂线流速数据来计算出断面平均流速,具有以下基本功能:

(1)具有多种代表垂线平均流速计算模型,比如可采用 1 点法、2 点法、3 点法、5 点法或算术平均法计算垂线平均流速。

(2)具有多垂线流速测验和流量算法计算功能。

(3)具有根据垂线流速自动计算出断面平均流速功能。

(4)模型参数可以人工进行修正。

(5)模型具有通用性,通过参数的改变可以适合各种河道的使用。

(6)模型中的代表流速可以人工设定。

(7)模型能根据人工实测的数据进行参数自动修正。

(8)模型具有可维护性和操作性。

(9)操作使用、维护方便实用。

3. 流量计算模块

该模块主要进行断面流量计算,其功能包括:根据水位值计算断面面积;根据模型得到的断面平均流速和断面面积计算流量;根据流量数据计算过水量;水位/面积关系人工修正。

4. 数据存储及管理模块

数据存储及管理模块主要是针对数据库的,所有测量和计算的数据都要存储在计算机内的数据库中,只需要对数据库进行必要的管理和操作。其功能如下:

(1)数据存储。对经过初步处理后的原始数据及时写入计算机内的数据库中,当写入失败时,系统具备缓存能力。

(2)数据维护。对数据进行必要的维护和管理。数据维护功能主要有:可以对其进行维护和管理工作;可以对数据库通过表名或关键字进行简单的查询操作,这样可以方便管理员对数据库的维护工作;可以通过人机界面对数据库内的数据进行必要的增加、删除、修改等日常维护操作;可以对数据库进行备份。

5. 图表输出模块

图表输出模块功能如下:水位日、月、年报表的显示和打印;流量日、月、年报表的显示和打印;水位过程线的显示和打印;流量过程线的显示和打印;水位、流速、流量等参数主画面实时显示。

5.4.3.6 示范应用

选用蒙公塘水文站作为应用示范站。该站实测最高水位 70.18 m,对应水面宽 79 m,对应最大水深 7.87 m;常年平均水位 65.25 m,对应水面宽 56 m,对应最大水深 2.94 m;水位变幅 5.43 m;实测断面平均流速 3.22 m/s,实测最大点流速 5.00 m/s,实测最小流速 0。

1. 系统比测方案

代表垂线多普勒流量实时在线监测系统在正式投产前,用流速仪法同步进行测流,用以率定 ADCP 工作参数和线面流速关系。比测采用了单垂线、双垂线、多垂线等对比施测方法。均以用流速仪法计算的垂线平均流速为真值率定 ADCP 的运行参数。

(1)ADCP 代表垂线法与流速仪五点法垂线平均流速比测。采用测船施测,在基本断面上游 10 m 处架设吊船过河索,抛铁锚在河低固定测船,流速仪施测点距 59 m 垂线上游 2.0 m 处;一般流速仪法与 ADCP 同步施测,如固定 ADCP 在 10:00 开始测流,至 10:06 结束,流速仪从 9:55 开始施测至 10:06 左右结束。采用流速仪五点法共施测 59 m 固定垂线平均流速 34 次,实测最大垂线平均流速 0.55 m/s,相应水位 67.01 m,实测最小垂线平均流速 0.096 m/s,相应水位 66.67 m。

(2)ADCP 代表垂线法断面流量与走航 ADCP 全断面法流量比测。采用走航 ADCP 全断面法测流与固定 ADCP 代表垂线法所测流量进行比测分析;在基本断面上游 10 m 处架设吊船过河索,人工牵引过河索移渡,走航 ADCP 全断面法在测船上,距测船 40 cm;走航 ADCP 全断面法在比测前按蒙公塘水文站测验河段的基本情况进行了参数的重新设置;一般走航 ADCP 以一个来回两个单程的流量的平均值作为一次流量,测船横向移动速度小于水的流速;由于蒙公塘水文站受上下游电站开关闸的影响,加上今年降水偏少,来水量偏少,每天都长时间的关闸蓄水发电,比测一般选取在开闸放水时进行,也有在关闸的时候进行比测测次。走航 ADCP 全断面法测流基本步骤如下:在固定 ADCP 代表垂线法设定每 20 min 进行一次测验的前提下,如 10:00 固定开始测流,走航 ADCP 探头在 9:40 左右入水,有 10 min 左右的时间让探头适应水环境,同时做好测流前的各项准备工作,9:50 左右移渡测流,从右岸至左岸,在 59 m 处稍作停留,10:00 达到河对岸,计算岸边流量,停止测流;在启动测流程序之后从左岸还回右岸,在返回的过程中同样在 59 m 处稍作停留,达到右岸后停止测流,一般在 10:10 结束,测流平均时间对应固定 ADCP 代表垂线法测流时间 10:00;一个来回作为一次测流成果;在 59 m 固定垂线处稍作停留的目的是让走航 ADCP 在 59 m 处有较长的测速时间,以便用走航 ADCP 测出 59 m 固定垂线的平均流速,与固定 ADCP 代表垂线法所测垂线平均流速进行比较分析。在走航 ADCP 测完流后,及时进行了数据处理,形成了走航 ADCP 全断面法流量成果表,用走航 ADCP 全断面法所测流量与固定 ADCP 代表垂线法所测流量进行相对误差分析;在走航 ADCP 航迹图上读取 59 m 垂线的垂线平均流速,用于与固定 ADCP 代表垂线法所测平均流速进行相对误差分析。采用走航 ADCP 全断面法与固定 ADCP 代表垂线法进行对比 135 次,采用走航 ADCP 全断面法同步比测最大流量 191 m^3/s,相应水位 67.38 m,最小流量为 −1.99 m^3/s。固定 ADCP 代表垂线法实测最大流速 1.1 m/s,最大流量 197 m^3/s,相应水位 67.41 m。

2. 比测成果分析

(1)代表垂线平均流速比测分析。为了确定固定 ADCP 代表垂线法所测代表垂线的平均流速是否具有代表性,采用了两种方法进行比测,一是采用流速仪五点法所施测的垂线平均流速与固定 ADCP 代表垂线法所测垂线平均流速进行误差分析;二是采用在走航 ADCP 全断面法航迹图上读取 59 m 代表垂线处的垂线平均流速与固定 ADCP 代表垂线法 59 m 代表垂线处的垂线平均流速进行误差分析。比测的数据标准差为 6.85%,总不确定度为 13.7%。从计算的相对误差和标准差来看,固定 ADCP 代表垂线法所测 59 m 垂线平均流速具有较好的代表性,基本满足流速测验的要求,即固定 ADCP 代表垂线法所测 59 m 垂线平均流速可用于蒙公塘水文站的流速测验。

(2)断面流量比测分析。采用走航 ADCP 全断面法所测流量与固定 ADCP 代表垂线法所测流量进行比测分析,以走航 ADCP 全断面法所测的流量作为真值,用固定 ADCP 代表垂线法所测流量与走航 ADCP 全断面法所测的流量列表进行相对误差分析和标准差计算。分析确定原定的代表性垂线与断面平均流速系数是否合理,用 59.0 m 代表垂线平均流速所计算出来的流量是否具有代表性,59 m 代表垂线平均流速与断面平均流速的系数 K 值。

流量在 30 m^3/s 以上时,走航 ADCP 全断面法所测流量与固定 ADCP 代表垂线法所测流量的相对误差较小,其标准差 $se=8.73\ \%$,按三类精度站的误差标准基本满足要求,即流量≥30 m^3/s 时,固定 ADCP 代表垂线法垂线平均流速≥0.21 m/s,固定 ADCP 所测流速与基本断面的平均流速系数 $K=0.77$,可以用固定 ADCP 代表垂线法所测的流量作为整编的实测流量成果。

流量在 20~30 m^3/s,固定 ADCP 代表垂线法垂线平均流速在 0.13~0.21 m/s 时,固定 ADCP 代表垂线法所测流量有点系统偏小,需要对代表垂线的流速系数进行适当调整,系数调整前走航 ADCP 全断面法所测流量与固定 ADCP 代表垂线法所测流量的标准差 $se=8.83\%$;经线性分析 59.0 m 代表垂线平均流速系数 $K=0.79$。

流量在 10~20 m^3/s,固定 ADCP 代表垂线法垂线平均流速在 0.093~0.13 m/s 时,固定 ADCP 代表垂线法所测流量与走航 ADCP 全断面法所测流量系统偏小较大,需要对代表垂线的流速系数进行调整;经线性分析 59.0 m 代表垂线平均流速系数 $K=0.82$。

流量在 10 m^3/s 以下,固定 ADCP 代表垂线法垂线平均流速小于 0.093 m/s,走航 ADCP 全断面法所测流量与固定 ADCP 代表垂线法所测流量的相关性不太好,主要是在低流速、小流量的情况下,采用走航 ADCP 全断面法施测本身存在较大的误差;另外,当上下游电站关闸蓄水时,在基本断面左右岸两边形成死水,这可以从走航 ADCP 流速航迹图上看出来,采用走航 ADCP 全断面法测流量时左右岸两边死水参与了流量的计算,所以对比数据点非常散乱。而固定 ADCP 代表垂线法所测垂线在中泓位置,左右岸存在死水,确定代表垂线的流速系数 $K=0.55$。

3. 比测结论

蒙公塘水文站流速仪五点法垂线平均流速与固定 ADCP 代表垂线法垂线平均流速相对误差分析其标准差为 6.85%,总不确定度为 13.7%。另外,对蒙公塘站走航 ADCP 全断面法查读 59 m 垂线流速与固定 ADCP 代表垂线法垂线平均流速比测相对误差分析其标准差为 8.28%,总不确定度为 16.56%。由此说明,固定 ADCP 代表垂线法流速符合实际情况。

(1)当流量为 30 m^3/s 以上时,代表垂线平均流速系数 $K=0.77$。

(2)当流量为 20~30 m^3/s,代表垂线平均流速系数 $K=0.79$。

(3)当流量为 10~20 m^3/s,代表垂线平均流速系数 $K=0.82$。

(4)当流量为 10 m^3/s 以下,代表垂线平均流速系数 $K=0.55$。

5.4.4　讨论

众所周知,河流水文测报特别是主要水文要素如流量、水位等测验具有十分重要的作用。各种水工程的规划设计、防汛抗旱和生态环境保护所依据的水文分析、预报的准确性和可靠性,在很大意义上取决于水文测报工作的方法和仪器设备。湖南由于中小河流水文站分布广、地域宽、站点多,特别是山溪性河流汇流速度快、洪水陡涨陡落等特点,加之由于涉水工程的建设与运行使得水文条件极大改变,河流流量测验极为困难,这就向水文信息的采集和处理提出了新的更为复杂的任务。

(1)在分析山溪性河流水流特点和水力条件的基础上,探索了河流断面中垂线流速与断面流速的关系,并用对数垂线流速推导经验公式,为雷达波流速仪和多普勒流速仪代表垂线法在中小河流测速的运用奠定了基础。

（2）对雷达波流量实时在线监测系统的系统结构、施测模式、测速雷达的牵引方式及主要设备的选型进行优化研究，并根据河流水文、水力条件和特点，研制了固定安装式、双轨缆道牵引式和双轨缆道自驱式等三种流量测验模式的雷达波流量实时在线监测系统。示范建设的豪福水文站雷达波流量实时在线监测系统的比测和率定分析表明，雷达波流量实时在线监测的测量精度完全达到国家标准《河流流量测验规范》（GB 50179—2015）和水利行业标准《水文资料整编规范》（SL/T 247—2020）规定的二类精度站流速仪法测流定线精度要求，且高于浮标法测流定线的精度要求，因此可广泛用于高洪流量的抢测。

（3）多普勒代表垂线流量实时在线监测系统，在监测方法上采用代表垂线简化了测验方式，突破了传统的测验方法、方式和手段；在监测方式上依靠先进科学技术，实现了无人值守的全天候在线流量的实时监测、自动存储和无线传输；在技术手段上，充分利用当前国内外的先进技术设备，利用工控机控制 ADCP 和无人值守缆道的自动运行实现对代表垂线流速的自动化测量和信息处理；在技术创新上，实现了工控机与自主研发的自控缆道联机互控完成复杂的工作运行过程有利于解决常规测验方法和手段无法解决的水工程影响下河流断面流量测验问题。它在蒙公墉水文站的成功投产应用大大减少了人、财、物的投入，提高了流量测验工作质量、测验资料质量和效率。

（4）充分运用现代光电和自控技术，可以尽可能不直接接触或减少对水流结构的扰动，快速准确测量水流流速，是中小河流流量监测的新方法和新途径，示范应用和推广取得了较好的社会效益和经济效益，具有很好的应用价值。

第 6 章　浏阳河流域洪水预报预警及精细模拟

本章研究构建高时空分辨率流域网格分布式水文模型,实现全流域网格化预报预警及精细模拟。提出流域分布式水文模型网格参数优化方法,建立基于系统响应函数的洪水预报全息实时校正方法,采用混合构架的多核集群高性能并行计算技术,开发分布式气象-水文多尺度耦合模型系统,提高超标准洪水预报的准确性和时效性,提升超标准洪水的预报水平。

6.1　洪水预报模型

浏阳河流域地处山区湿润气候带,径流的来源是降水。多年的研究和实践表明,这类地区的降水产流机制主要是蓄满产流。因此,本书采用三水源蓄满产流模型(SMS_3)、三水源滞后演算模型(LAG_3)和分布式模型构建概念性模型预报方案,水库调度基础模型采用水量平衡模型。

6.1.1　三水源蓄满产流模型(SMS_3)

6.1.1.1　模型原理

三水源蓄满产流模型包括蒸散发量计算、产流量计算和分水源计算三部分。

1. 蒸散发量计算

流域蒸散发量采用三层蒸发模式计算,计算公式如下:

$$E_{\mathrm{p}} = KE_0 \tag{6-1}$$

式中:E_{p} 为蒸散发能力;E_0 为实测蒸发量;K 为蒸发折算系数。

$$E = \begin{cases} E_{\mathrm{p}} & \text{当 } P + WU \geqslant E_{\mathrm{p}} \text{ 时} \\ (E_{\mathrm{p}} - WU - P)\dfrac{WL}{WLM} & \text{当 } P + WU < E_{\mathrm{p}} \text{ 且 } \dfrac{WL}{WLM} > C \text{ 时} \\ C(E_{\mathrm{p}} - WU - P) & \text{当 } P + WU < E_{\mathrm{p}} \text{ 且 } \dfrac{WL}{WLM} \leqslant C \text{ 时} \end{cases} \tag{6-2}$$

式中:C 为深层蒸发折算系数;WU、WL 为上、下层土壤含水量;WLM 为下层张力水容量;P 为降水量;E 为计算蒸发量。

2. 产流量计算

用流域蓄水容量曲线来考虑流域面上土壤缺水量与蓄水容量相等。设点蓄水容量为 W_{m},其最大值为 W_{mm},又设流域蓄水容量曲线是一条 b 次抛物线,则该曲线可以用下式表示:

$$\frac{f}{F} = 1 - \left(1 - \frac{W_m}{W_{mm}}\right) \tag{6-3}$$

据此可求得流域平均蓄水容量 WM 为

$$WM = \frac{W_{mm}}{1 + b} \tag{6-4}$$

与某个土壤含水量 W 相应的纵坐标值 a 为

$$a = W_{mm}\left[1 - \left(1 - \frac{W}{WM}\right)^{\frac{1}{1+b}}\right] \tag{6-5}$$

当扣去蒸发量后的降水量 PE 小于 0 时，不产流；大于 0 时，则产流。

产流又分局部产流和全流域产流两种情况：

（1）当 $PE+a<W_{mm}$ 时，局部产流量为

$$R = PE - WM + W + WM\left[1 - \frac{PE + a}{W_{mm}}\right]^{1+b} \tag{6-6}$$

（2）当 $PE+a \geqslant W_{mm}$ 时，全流域产流量为

$$R = PE - (WM - W) \tag{6-7}$$

当流域不透水面积比 IMP 不等于 0 时，只要将式(6-4)改写成 $WM = \frac{W_{mm}(1-IMP)}{1+b}$ 即可。这时各式也会有相应的变化。

3. 分水源计算

对湿润地区以及半湿润地区汛期的流量过程线进行分析，径流成分一般包括地表径流、壤中流和地下径流三种成分。由于各种成分的径流的汇流速度有明显的差别，因此水源划分是很重要的一环。在本模型中，水源划分是通过自由水蓄水库进行的。

由产流得到的产流量 R 进入自由水蓄水库，连同水库原有的尚未出流完的水，组成实时蓄水量 S。自由水蓄水库的底宽就是当时的产流面积比 FR，它是时变的。KI、KG 分别为壤中流和地下水的出流系数。各种水源的径流量的计算公式如下：

当 $S+R \leqslant SM$ 时

$$RS = 0$$

$$RI = (S + R) \cdot KI \cdot FR$$

$$RG = (S + R) \cdot KG \cdot FR$$

当 $S+R>SM$ 时

$$RS = (S + R - SM) \cdot FR$$

$$RI = SM \cdot KI \cdot FR$$

$$RG = SM \cdot KG \cdot FR \tag{6-8}$$

由于在产流面积 FR 上的自由水的蓄水容量不是均匀分布的，将 SM 取为常数是不合适的，也要用类似流域蓄水容量曲线的方式来考虑它的面积分布。为此也采用抛物线，并引入 EX 为其幂次，则有

$$\frac{f}{F} = 1 - \left(1 - \frac{S_m}{S_{mm}}\right)^{EX} \tag{6-9}$$

$$SSM = (1 + EX)SM \tag{6-10}$$

$$AU = SSM\left[1 - \left(1 - \frac{S}{SM}\right)^{\frac{1}{1+EX}}\right] \tag{6-11}$$

当 $PE+AU<SSM$ 时

$$RS = \left[PE - SM + S + SM\left(1 - \frac{PE + AU}{SMM}\right)^{1+EX}\right]FR \tag{6-12}$$

当 $PE+AU \geqslant SSM$ 时

$$RS = (PE + S - SM)FR \tag{6-13}$$

6.1.1.2　模型参数及其调试

三水源蓄满产流模型是一个概念性模型,其参数都具有明确的物理意义,原则上可以根据其物理意义来确定其数值。但由于量测上的困难,在实际工作中又难以做到,大多按规律与经验,或类似流域的参数值,确定一套模型参数的初始值,然后用模型模拟出产汇流过程,并与实际过程进行比较和分析,以过程的误差最小为原则,用人工试错和自动优选相结合方式率定参数。

(1)*K*:流域蒸散发折算系数。实测的蒸发量(由蒸发皿得到)乘以 *K* 就是流域蒸散发能力。

在通常情况下,*K* 参数率定所采用的目标函数是多年的水量平衡。

(2)*WM*(*WUM*、*WLM*、*WDM*):流域平均的蓄水容量,以 mm 计。它是反映流域干旱程度的指标,分成三层,相应的容量系数是 *WUM*、*WLM* 和 *WDM*。由于上层按蒸散发能力蒸发,所以 *WUM* 对计算蒸散发量因而对产流量的计算还是有一些影响的。*WLM* 与 *WDM* 的影响很小。*WM* 的取值要保证在全部过程中土壤含水量 *W* 不会出现负值。若出现负的 *W*,就要加大 *WM*。因此,在半湿润地区的 *WM* 比湿润地区的大,在半干旱地区,*WM* 又更大一些。而 *WM* 的加大主要在于加大 *WDM*。

(3)*C*:深层蒸发折算系数。这个参数对湿润地区影响极小,而对半湿润地区及半干旱地区则影响较大。*C* 值与 *WLM* 和 *WDM* 的和有关,和越大,深层蒸发就越难以发生,*C* 值就越小,反之则大。它对久旱以后的中长期径流的影响较大。因此,可用久旱以后的中长期径流的模拟情况来调试 *C* 值,同时可对 *WDM*+*WLM* 的值做相应的调整。

(4)*IMP* 和 *B*。*IMP* 是不透水面积占全流域面积的比例。若有详细的地图,可以量出,但一般都只取值 0.01 或 0.02,主要由径流过程线上的小突起来判断,这些小洪水过程大多由不透水面积上产生的直接径流产生,故可由这些小洪水的拟合好坏来确定与调整 *IMP* 的值。

B 是流域蓄水容量曲线的方次,它反映流域面上蓄水容量分布的不均匀性。在很大程度上,它取决于流域地形地貌地质情况的均一程度,若差异较大则 *B* 值也大。*B* 和 *IM* 对全流域蓄满的洪水不起作用,但在局部产流时是有作用的。*B* 值对径流量在时程上的分配还是有一定影响的。*B* 值大时,先少后多;*B* 值小时,则先大后小。但这种影响是有限的。*B* 的取值范围一般在 0.15~0.3,或更大些。

(5)*KG* 和 *KI*。*KG*、*KI* 分别为自由水蓄水库的地下水出流系数及壤中流出流系数,对应着自由水蓄水孔的 2 个出流孔,是并联结构。自由水蓄水库总的出流系数为两者之和($KG+KI$),消退系数则为 1-($KG+KI$),它决定了直接径流的退水历时 N(天数)。若 N 为 3 d,$KG+KI \approx 0.7$;若 N 为 2 d,则 $KG+KI \approx 0.8$。这就是说,KG 与 KI 之和可根据 N 来推算,而对流量过程线的分析,可以从流量过程线落水段的转折点,粗估壤中流与地下水的量值,其比值就是 KI/KG 的值。知道了 KG 与 KI 的和及比值,就可分别求出 KI 与 KG 的估计值,放进模型中去进一步调试。

(6)SM:流域平均的自由水蓄水容量。这是个比较重要的参数,决定了地表径流与另两种径流在量上的比例关系,与洪峰的形状、高低有较大关系,优选调试时往往以洪峰为主要目标。自由水蓄水库是一个并联结构的线性水库。由于使用时段递推计算的差分格式,对雨强有均化作用。所以,计算时段长不同,所取的 SM 值也应有所变动。时段越短,相应的 SM 越大。

(7)EX:自由水蓄水容量曲线的指数,表示自由水容量在流域面上分布的不均匀性,与流域蓄水容量曲线中的 B 相仿。EX 的影响不太大,一般流域取 1.5 即可。

6.1.2　三水源滞后演算汇流模型(LAG_3)

6.1.2.1　模型原理

流域对净雨过程的作用表现为推移和坦化。净雨过程经过推移和坦化后变成洪水过程线,其原因为降水输入位置离出口断面有远近之分、流速在流域面积上分布不均等。

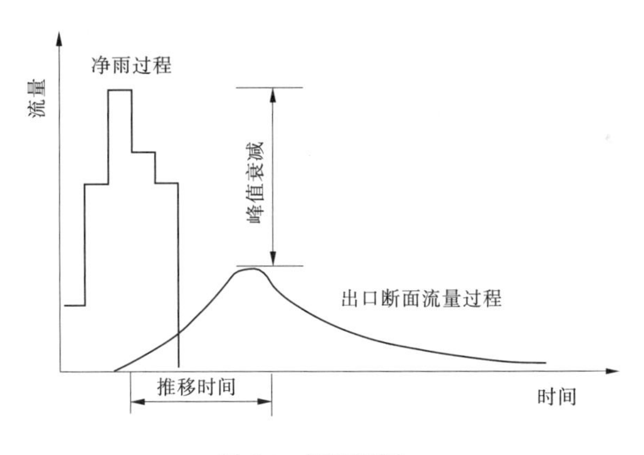

图 6-1　模型原理

1. 基本概念性元素

1) 线性渠道

线性渠道如图 6-2 所示。其中,T 为流域滞时,反映推移程度的大小。

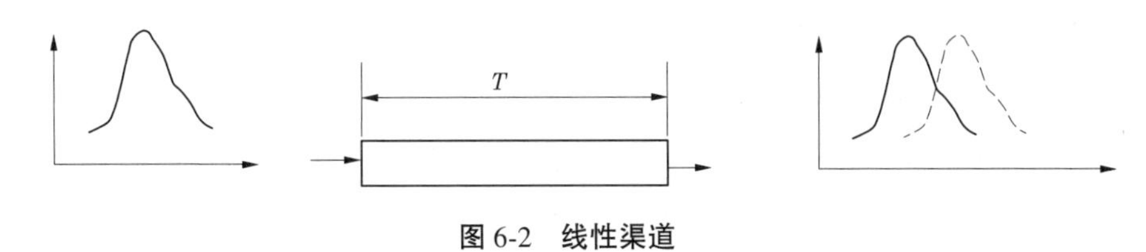

图 6-2　线性渠道

线性渠道主要模拟推移，只有重心的推移，形状不发生变化。

2）线性水库

线性水库（见图6-3）可用下式表示：

$$W = KQ$$

其中：W 为蓄水量；K 为水库蓄量常数；Q 为出流量。

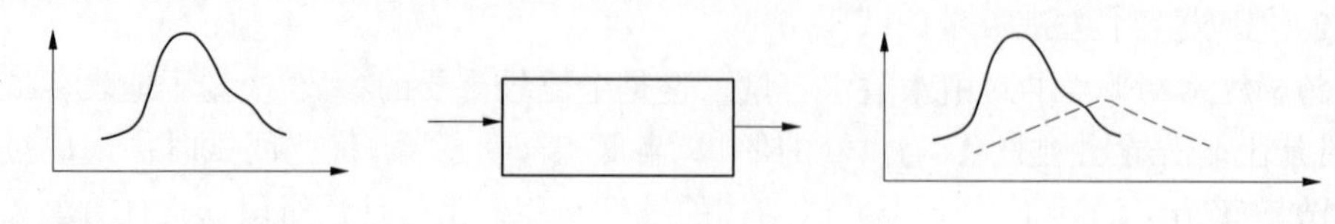

图6-3　线性水库

线性水库主要模拟洪水的坦化。

2. 基本原理

滞后演算法就是把洪水波运动中的平移与坦化两种作用分开且一次处理。水流经一连串“线形渠道”滞后一段时间以代表平移，同时经一连串“线性水库”调蓄演算以代表坦化。此方法由 C. O. Clark 在1954年首先用于大流域汇流，后推广应用于河道汇流。这种方法很简便，在平移作用明显的情况下，如长河段汇流问题、大流域汇流问题和非线性问题，能取得令人满意的效果。

滞后演算法的基本原理如图6-4所示。

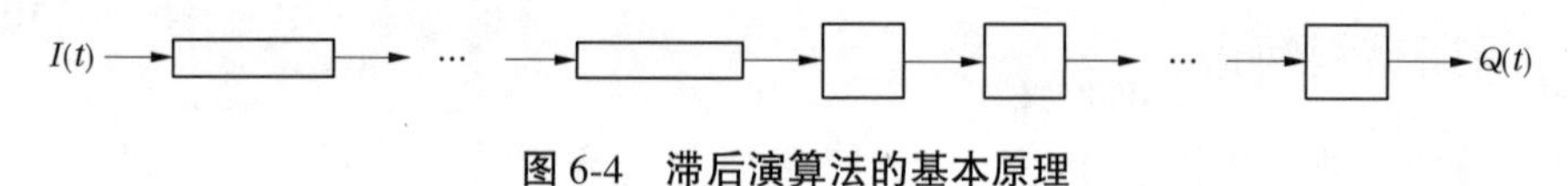

图6-4　滞后演算法的基本原理

类似纳希瞬时单位线，可以用水流运动连续方程和动力方程联解，并应用拉普拉斯变换，推求出滞后演算法瞬时单位线计算公式如下：

$$u(0,t) = 0 \qquad (0 \leqslant t \leqslant n\tau)$$

$$u(0,t) = \frac{1}{\kappa(n-1)!}\left(\frac{t-n\tau}{\kappa}\right)^{n-1} \leqslant \exp\left(-\frac{t-n\tau}{\kappa}\right) \quad (n\tau < t \leqslant \infty) \tag{6-14}$$

滞后演算法瞬时单位线中的三个参数，τ 为每个线性渠道滞时，n 为线性渠道个数（$n\tau$ 即为系统滞时），κ 为调蓄系数，均可由水文学方法根据水文资料分析出，亦可由矩法推求得到。

3. 三水源滞后演算模型

与三水源新安江产流模型相匹配，三水源滞后演算模型用于汇流演算，包括单元流域汇流和河道汇流。

单元流域汇流包括坡地汇流和河网汇流。

坡地汇流指水体在坡面上的汇集过程。在该汇流阶段，三水源产流模型中经过水源划分得到的地面径流的调蓄作用不大，直接进入河网，成为地面径流对河网的总入流；壤中流进入壤中流水库，经过壤中流水库的消退，成为壤中流对河网的总入流；地下径流进入地下水蓄水库，经过地下水蓄水库的消退，成为地下水对河网的总入流。

河网汇流指水流由坡面进入河槽处,沿河网的汇集过程。在该汇流阶段,汇流特性受制于河槽水力学条件,各种水源一致。三者之和为河网总入流,经过滞后演算汇至单元出口。

河道汇流指根据各单元出口至流域出口和河槽的水力特性,用分段马斯京根连续演算把各单元出口流量演算至流域出口,再做线性叠加。

6.1.2.2　模型参数及其调试

汇流模型只处理河网汇流问题,与产流模型无关,因此汇流模型的参数与产流模型的参数,性质上是完全独立的。汇流参数决定流量过程,要提高洪水过程的模拟精度,汇流参数十分敏感。

(1)*CI*。深层壤中流的消退系数,若无深层壤中流,$CI \to 0$。当深层壤中流很丰富时,$CI \to 0.9$,相当于汇流时间为 3 d。它决定洪水尾部退水的快慢。但它对整个过程的影响远不如产流模型中 *SM* 与 *KG/KI* 明显。

(2)*CG*。地下径流消退系数。若以 d 为时段长,此值一般为 0.98~0.998,相当于汇流时间为 50~500 d。它决定地下水退水的快慢,用枯季资料很容易推求。

(3)*CS* 和 *LAG*:取决于河网地貌。*CS* 为河网蓄水消退系数,反映洪水过程坦化的程度。*LAG* 为滞后时段数,反映洪水过程平移程度。

(4)*X* 和 *KK*。马斯京根法分段连续演算的两个参数。

(5)*MP*。马斯京根法分段连续演算的河段数。

6.1.3　马斯京根河道分段连续演算模型(MSK)

6.1.3.1　模型原理

马斯京根法于 20 世纪 30 年代在美国马斯京根河首先使用,是一个经验性的方法,后被证明与扩散波理论是完全一致的,其参数的物理意义与函数形式都很明确,广泛应用于河道汇流演算。马斯京根法的基本原理是基于水量平衡方程:

$$(I_1 + I_2) - (O_1 + O_2) = W_2 - W_1 \tag{6-15}$$

槽蓄方程:

$$W = K[xI + (1 - x)O] = KQ' \tag{6-16}$$

其中

$$Q' = xI + (1 - x)O \tag{6-17}$$

联解式(6-15)与式(6-16)即得马斯京根汇流演算公式:

$$O_2 = C_0 I_2 + C_1 I_1 + C_2 O_1 \tag{6-18}$$

其中

$$\begin{aligned} C_0 &= \frac{0.5\Delta t - Kx}{K - Kx + 0.5\Delta t} \\ C_1 &= \frac{Kx + 0.5\Delta t}{K - Kx + 0.5\Delta t} \\ C_2 &= \frac{K - Kx - 0.5\Delta t}{K - Kx + 0.5\Delta t} \end{aligned} \tag{6-19}$$

$$C_0 + C_1 + C_2 = 1 \tag{6-20}$$

式中:K 为蓄量常数,具有时间因次;x 为无因次的流量比重因子;Δt 为计算时间步长。

从式(6-19)可知,当 $\Delta t<2Kx$ 时,$C_0<0$,I_2 对 O_2 是负效应,容易出现在出流过程线的起涨段出现负流量;当 $\Delta t>2K-2Kx$ 时,$C_2<0$,O_1 对 O_2 是负效应,易在出流过程线的退水段出现负流量。

随着理论发展和实践经验的积累,为了解决实际工作中常会遇到的问题,避免出现负流量等不合理现象,保证上、下断面的流量在计算时段内呈线性变化和在任何时刻流量在河段内沿程呈线性变化,一般要求 $\Delta t \approx K$。1962 年,赵人俊提出了马斯京根河道分段连续流量演算法。将演算河段分成 N 个子河段,每个子河段参数 K_L、x_L 与未分河段时的参数的关系为

$$K_L = \frac{K}{N}$$

$$x_L = \frac{1}{2} - \frac{N}{2}(1 - 2x)$$

分段连续演算的每段推流公式仍为式(6-18)和式(6-19),但式(6-19)中的 K、x 必须为分段后的 K_L 和 x_L 代替。

6.1.3.2 模型参数

(1)x:子河段流量比重因素,反映河槽调蓄能力的一个指标。一般是随着河道比降逐渐平坦,洪水波变形量大,河槽调蓄作用增强,x 值减小。

(2)K:子河段蓄量常数。一般取计算时间长。

(3)MP:子河段数。

6.1.4 可变下渗容量产流模型(VIC)

6.1.4.1 能量平衡

VIC 模型的能量平衡计算主要包括地表温度、感热通量、潜热通量以及地热变化,其中感热通量、潜热通量以及地热变化由地表温度确定,潜热通量是水量平衡和能量平衡的连接因子。理想状态下,地表覆盖的能量平衡由式(6-21)计算:

$$R_n = H + \rho_w L_e E + G \tag{6-21}$$

式中:R_n 为净幅射;H 为感热通量;ρ_w 为水密度;L_e 为水的蒸发潜热;E 包括植被蒸发、蒸腾以及裸土蒸发;$\rho_w L_e E$ 为潜热通量;G 为地表热通量。

净幅射由式(6-22)计算:

$$R_n = (1 - \alpha)R_s + \varepsilon \cdot (R_L - \sigma T_s^4) \tag{6-22}$$

式中:α 为某类植被覆盖类型的地表反射率;R_s 为向下的短波幅射;ε 为比辐射率;R_L 为向下的长波幅射;σ 为 Stefan-Boltzmann 常数。

感热由式(6-22)计算:

$$H = \frac{\rho_a c_p}{r_h}(T_s - T_a) \tag{6-23}$$

式中:T_s 为地表温度;T_a 为大气温度;r_h 为热通量的空气动力学阻抗。

地表热通量 G 通过对两层土壤的热量估计来计算,对于上层土壤(深度为 D_1):

$$G = \frac{\kappa}{D_1}(T_s - T_1) \tag{6-24}$$

式中:κ 为土壤的热传导系数;T_1 为土壤在深度 D_1 处的温度。

若下层土壤的深度为 D_2,且该土层底部土壤温度恒定,则有

$$\frac{C_s(T_1^+ - T_1^-)}{2\Delta t} = \frac{G}{D_2} - \frac{\kappa(T_1 - T_2)}{D_2^2} \tag{6-25}$$

式中:C_s 为土壤热传导能力系数;T_1^+ 和 T_1^- 分别为在 D_1 处的时段初和时段末土壤温度;T_2 为在深度 D_2 处的恒温度。

目前认为,κ 和 C_s 不随土壤含水量变化,而且在计算时对不同的土层取相同的值。由式(6-23)和式(6-24),地表热通量 G 的计算如式(6-26)所示:

$$G(n) = \frac{\dfrac{\kappa}{D_2}(T_s - T_2) + \dfrac{C_s D_2}{2\Delta t}(T_s - T_1^-)}{1 + \dfrac{D_1}{D_2} + \dfrac{C_s D_1 D_2}{2\Delta t\kappa}} \tag{6-26}$$

联合以上公式,可以迭代计算出有效地表温度、感热通量和地表热通量。

6.1.4.2　蒸散发

VIC 模型将土壤分为 3 层,分别是表层、上层(包括表层)和下层。每个计算网格内陆地表面有 N+1 种类型,第 1 种到第 N 种为植被覆盖,第 N+1 种代表裸土。每种植被类型的叶面积指数(LAI)、植被阻抗和植物根系在上下层土壤中的比例都是分别确定的。网格内的土层间的水分交换、蒸散发及产流,是依据不同的植被类型分别计算的。网格内总的蒸散发和产流是各种地表类型上的蒸散发的面积加权平均。模型中对有植被覆盖的部分考虑植被冠层截留的蒸发和植被蒸腾,对于无植被覆盖的裸土考虑裸地蒸发。根据这些原则,可以把模型垂直和水平特性概化,如图 6-5 所示。

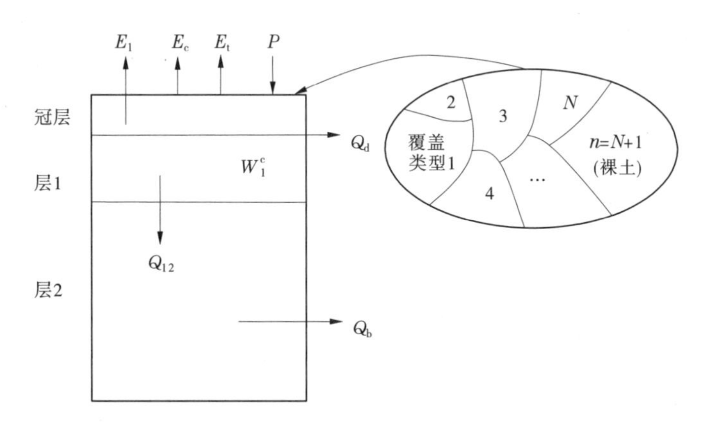

图 6-5　VIC 模型垂直与水平特性概化图

最大冠层蒸发量 E_c^* 可以通过式(6-27)计算:

$$E_c^* = \beta E_p \tag{6-27}$$

式中:β 为折减系数,与冠层截留总量和冠层最大截流量的比值相关;E_p 根据 Penman-Monteith 公式计算得出,表示将叶面气孔阻抗设为零时的地表蒸发潜力。

$$\beta = \left[\frac{W_i}{W_{im}}\right]^{2/3} \frac{r_w}{r_w + r_0} \tag{6-28}$$

式中:W_i 为冠层的截流总量;W_{im} 为冠层的最大截流量,指数 2/3 是根据 Deardorff 所给的指数确定的;r_0 为由叶面和大气湿度梯度差产生的地表蒸发阻抗;r_w 为水分传输的空气动力学阻抗。

冠层截留 W_i 通过式(6-29)计算:

$$\frac{dW_i}{dt} = P - E_c - P_t, 0 \leqslant W_i \leqslant W_{im} \tag{6-29}$$

式中:P_t 为当该植被达到最大截留能力 W_{im} 时,降水量透过冠层落到地面的部分。

$$W_{im} = K_L \cdot LAI \tag{6-30}$$

式中:LAI 为叶面积指数;K_L 为常数,一般取 0.2 mm。

植物蒸腾形式与冠层蒸发相同,其折减系数与上下层土壤的实际含水量、田间持水量、凋萎含水量及植物根系在上下层土壤中的比例有关。当植被截留量不能满足大气蒸发时,就考虑植被蒸腾。植被蒸腾 E_t 由式(6-31)计算:

$$E_t = \left[1 - \left(\frac{W_i}{W_{im}}\right)^{2/3}\right] \frac{r_w}{r_w + r_0 + r_c} E_p \tag{6-31}$$

式中:r_c 为叶面气孔阻抗。

由式(6-32)求得

$$r_c = \frac{r_{0c} g_{sm}}{LAI} \tag{6-32}$$

式中:r_{0c} 为最小叶面气孔阻抗;g_{sm} 为土壤湿度压力系数,可以由植被根系比例确定,具体计算见式(6-33):

$$g_{sm}^{-1} = \begin{cases} 1, & W_j \geqslant W_j^{cr} \\ \dfrac{W_j - W_j^w}{W_j^{cr} - W_j^w}, & W_j^w \leqslant W_j \leqslant W_j^{cr} \\ 0, & W_j < W_j^w \end{cases} \tag{6-33}$$

式中:W_j 为第 j 层(j=1,2)土壤含水量;W_j^{cr} 为不被土壤水分影响的蒸腾临界值;W_j^w 为土壤凋萎含水量。

水分从上层被吸到下层,蒸腾是由根系在上层和下层的分配比例 f_1、f_2 来确定的。如果:①W_2 大于或等于 W_2^{cr},并且 $f_2 \geqslant 0.5$;②W_1 大于或等于 W_1^{cr},并且 $f_1 \geqslant 0.5$,那么这时就没有土壤湿度压力。在上述①情况下,蒸腾量是由下层来供给的,$E^t = E_2^t$(不考虑第一层水分的供给量);在②情况下,蒸腾的水来自上层,$E^t = E_1^t$,同样没有土壤水分压力。其他情况,蒸腾量可由式(6-34)计算:

$$E^t = f_1 E_1^t + f_2 E_2^t \tag{6-34}$$

式中：E_1^t、E_2^t 分别为上、下层土壤的蒸腾量，由式(6-34)计算，如果根系只在上层分布，那么 $E^t=E_1^t$。

对于连续降水，而降雨强度又小于叶面蒸发的情况，如果在计算时段内没有足够的截留水分满足大气蒸发需要，那么就必须考虑植被的蒸腾。在这种情况下，植被冠层的蒸发 E_c 可以表示为

$$E_c = fE_c^* \tag{6-35}$$

式中：f 为冠层蒸发耗尽冠层截留水分所需时间段的比例，可通过式(6-36)计算：

$$f = \min\left(1, \frac{W_i + P\Delta t}{E_c^* \cdot \Delta t}\right) \tag{6-36}$$

式中：P 为降雨强度；Δt 为计算时段步长。

在模型的计算中取 1 h，所以在计算时段步长内蒸腾量由式(6-37)计算：

$$E_t = (1.0 - f)\frac{r_w}{r_w + r_0 + r_c}E_p + f \cdot \left[1 - \left(\frac{W_i}{W_{im}}\right)^{2/3}\right]\frac{r_w}{r_w + r_0 + r_c}E_p \tag{6-37}$$

式中，第一项表示没有冠层截留水分蒸发的时段步长比例，第二项表示有冠层蒸腾发生的时段步长比例。

裸土的蒸发只发生在土壤的上层，下层土壤的蒸发量假设为零。当上层土壤达到饱和含水量时，按照蒸发潜力蒸发，则

$$E_1 = E_p \tag{6-38}$$

如果上层土壤不饱和，那么蒸发量 E_1 随裸地入渗、地形和土壤特性的空间不均匀性而变化。E_1 的计算采用 Francini 和 Pacciani 公式，该公式参考了新安江模型蓄水容量曲线的思想，引入了流域饱和容量曲线，假设在计算区域内，土壤蓄水容量是变化的，这个方法解释了次网格裸土的土壤蓄水容量空间分布不均匀性问题。

VIC 模型参考了新安江模型的思想，但与新安江模型又有所差别，新安江模型中采用流域蓄水容量曲线，假设达到田间持水量的面积上产生径流；而 VIC 模型中采用饱和容量曲线，假设流域在达到饱和含水量的面积上产生直接径流。关于蓄水容量曲线与饱和容量曲线区别的详细论述可以参考芮孝芳主编的《水文学原理》一书。

VIC 模型中蓄水容量 W'_m 由式(6-39)计算：

$$W'_m = W'_{sm}\left[1 - (1 - A)^{1/b}\right] \tag{6-39}$$

式中：W'_m 和 W'_{sm} 分别为蓄水容量和饱和容量；A 为土壤含水量小于 W'_m 的面积比例；b 为饱和容量曲线的形状参数。

如果 A_s 表示裸地中土壤达到饱和含水量的面积比例，W 表示相应点的蓄水容量，则 E_1 可表示为：

$$E_1 = E_p\left\{\int_0^{A_s} dA + \int_{A_s}^1 \frac{W}{W'_{sm}\left[1 - (1 - A)^{1/b}\right]} dA\right\} \tag{6-40}$$

其中，第一个积分项代表发生在土壤达到饱和含水量面积的蒸发量，按照蒸发潜力蒸发；第二个积分项没有解析表达形式，所以 E_1 通过级数展开表示为式(6-41)：

$$E_1 = E_p\left\{A_s + \frac{W}{W'_{sm}}(1 + A_s)\left[1 + \frac{b_i}{1 + b_i}(1 - A_s)^{1/b_i} + \frac{b_i}{2 + b_i}(1 - A_s)^{2/b_i} + \frac{b_i}{3 + b_i}(1 - A_s)^{3/b_i} + \cdots\right]\right\} \tag{6-41}$$

在水量平衡模式中,Penman-Monteith 公式所需的净辐射和水汽压差不是直接给出的,而是作为日最高最低气温的函数计算得出。大气顶层的潜辐射作为纬度和儒略日(Julian day)的函数求得。可能辐射随大气透射度递减,透射度为气温变化的函数,日气温变化越大,透射性越好。在海平面上最大净空气投射量为 0.06。在其他应用情况下,这些参数可以采用气候上可能蒸发按季节进行率定。

在没有大气湿度资料的情况下,把日最小温度大致作为露点温度,则水汽压差 D 为日平均气温处的饱和水汽压 $e(T_{air})$ 与日最低气温处的饱和水汽压 $e(T_{min})$ 之差。这种近似在湿润地区是精确的,但在比较干旱气候区就不适用了,因为这些地区的夜最低气温常高于露点温度。所以,在干旱和半干旱地区,应对 $e(T_{min})$ 加以修正。修正方法是采用一个干旱指数,即年潜蒸发(只取决于净辐射)与年降水量的比值。当指数小于 1.25 时,不用对 $e(T_{min})$ 进行修正,在其他情况下,以日可能蒸发与日平均降水量的比值及空气温度为基础对 $e(T_{min})$ 进行修正。修正后在 80%的程度上减小了大气压力的估算误差。净长波辐射则是假设日平均气温为表面温度,并把前面计算的大气透射度作为云层参数来计算。

6.1.4.3 融雪和冻土

融雪计算模型使用能量平衡的方法来表示地表的积雪和融化。假定低矮的植被完全被积雪覆盖,因此不影响地表积雪场的能量平衡。模型考虑因为升华、滴落和释放而引起的地表雪截留。此外,每个网格被细分成由使用者指定降水因子的高程带。积雪高程带代表子网格地形控制降水和气温而对积雪和融雪产生的影响。在积雪表面,使用一个两层能量平衡模型来计算地表积雪和融化。积雪场被分为两层,考虑所有重要的热能通量(如长波、短波辐射,感热量,潜热量,对流能量)和积雪场内部的能量。地表热通量被忽略,除非使用冻土模型。积雪场水分的增加来自于直接的降雨、雪或植被冠层的雨雪下落。假定积雪场覆盖整个地面,将影响辐射传递和风的剖面形状,因为积雪增加了地面反照率,减少了地表粗糙率。在每一个时间步长,模型将计算加入积雪场的雨雪比例。然后计算所有的能量通量。当融化发生时,能量平衡为正值。如果在地表或其余层液态水溢出,那么溢出的液态水作为积雪场的出流被立即释放。如果能量平衡是负值,那么通过雪表温度的累积,能量平衡被释放。

降雪能够被植被截留并存储于冠层。截留量大小依据于叶面积指数(LAI)来计算,最大的存储量则还应考虑温度和风速的影响。考虑到需减少计算的时间,冠层的融雪采用简化的积雪场能量平衡模型。如果气温低于冻点,冠层积雪表面的温度设为与周围环境温度相同;否则设为零度。

融雪模型中有三个主要的参数需要设定:①降雪发生的最高温度;②降水发生的最低温度;③雪盖表面粗糙高度。通常前面两个参数分别设为 1.5 ℃和-0.5 ℃。表面粗糙高度的范围为 0.001~0.03 m。

在寒冷的地区运行 VIC 模型,需使用冻土模型,冻土对于水文过程的影响非常重要。土壤中的冰减少了降水和融雪的下渗量,足够高的含冰量还能使土壤近乎于不透水。冻土在冬季存储更多的土壤含水量。因此,在春季,这些冻土地区比没有冻土的地区,土壤含水量将显著增加。

在 VIC 模型中,冻土算法是通过原始土壤直接数字计算的热通量公式。土壤的温度是通过土壤中几个"热量节点"来计算的。它的个数和位置依使用者来定义。

土壤的热量和水分通量是耦合在一起计算的。当土壤温度下降到 0 ℃以下时,土壤水分开始冻结。由于土壤内部的压力和颗粒之间的相互作用,即使土壤温度下降 0 ℃以下,也还是有一部分土壤水仍然不会冻结。冰不会从土层中排出,同时会减少下渗到土层的水量。冰还能改变土壤的热力属性。冰比水有更高的热传导性和更低的热容量,且当水结成冰时释放的热量还会增暖周围的土壤。VIC 模型经过两个阶段来完成这个耦合过程。模型先通过土壤块计算能量平衡。因为地表能量平衡包括热通量和薄的土壤层中的热储量,这些用来计算地表能量平衡。地表温度被迭代计算直到找到与能量平衡最接近的值。在每个热量节点上的热通量都被计算。当一个可以接受的地表气温被发现,土壤热量节点的温度被用来确定土壤层中的冰含量。土壤层中最后一个时间步长的冰和水含量被用来估计下一个时间步长开始时的土壤热量特性。

6.1.4.4　产流原理

VIC 模型在计算产流时,上层土壤用来反映土壤对降水过程的动态影响,下层土壤表示土壤对于暴雨过程影响的缓慢变化,上、下两层土壤的产流是分开计算的。如图 6-5 所示,上层土壤产生的是直接径流 Q_d 及下渗到下层土壤的渗流 Q_{12},下层土壤产生基流 Q_b。

对于土壤饱和容量分布不均对直接径流的影响,VIC 模型引进同样流域饱和容量曲线的思想(见图 6-6),且只针对上层土壤。基于大尺度的考虑,忽略不透水面积上的计算。在图 6-6 中,W'_m为网格内土壤的饱和容量。饱和容量曲线下的面积为上层土壤达到饱和含水量的部分。当 A_s 达到饱和时,网格的平均土壤蓄水容量为曲线下方和 0 到W'_m 所包围的面积。新安江模型假设在降雨超过土壤最大可能缺水量的面积上产生直接径流 Q_d,VIC 模型假设在降水量加上前期影响雨量大于土壤含水量的地方产生直接地表径流 Q_d,可以由式(6-42)计算:

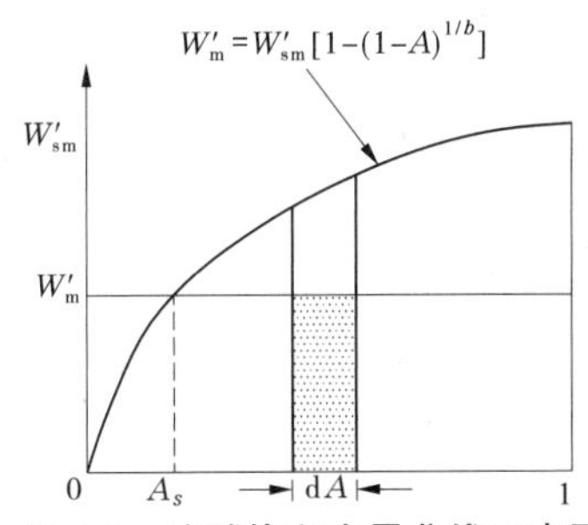

图 6-6　流域饱和容量曲线示意图

$$Q_d\Delta t = \begin{cases} P\Delta t - W_1^c + W_1^-, W + P\Delta t \geqslant W'_{sm}; \\ P\Delta t - W_1^c + W_1^- + W_1^c\left[1 - \dfrac{W'_m + P\Delta t}{W'_{sm}}\right]^{1+b}, W + P\cdot\Delta t \leqslant W'_{sm} \end{cases} \tag{6-42}$$

式中:W_1^- 为时段初的上层土壤含水量;W_1^c 为上层土壤的饱和容量,与 W'_{sm}、b_i 相关,可以通过式(6-43)计算:

$$W_1^c = \frac{W'_{sm}}{1 + b_i} \tag{6-43}$$

同时,由于裸地没有植被截留,上层土壤的水量平衡可表示为式(6-44):

$$W_1^+ = W_1^- + (P - Q_d - Q_{12} - E_1)\Delta t \tag{6-44}$$

式中:W_1^+ 为时段末的上层土壤含水量;Q_{12} 为时段内重力水产生的从土壤上层到下层的渗漏量,由式(6-45)计算:

$$Q_{12} = K_s\left(\frac{W_1 - \theta_c}{W_1^c - \theta_r}\right)^{\frac{2}{B_p}+3} \tag{6-45}$$

式中:θ_r 为残余土壤水分;B_p 为空隙大小分布指数;K_s 为饱和水力传导系数,利用 Brooks 和 Corey 的方法来估计。

对于有植被覆盖的面积,径流计算则要先扣除植被的最大截留能力。

VIC 模型认为基流产生于下层土壤,基流的计算采用了 Arno 模型的方法,该模型认为,当土壤蓄水容量在某一阈值 W_s 以下,基流是线性消退的,而高于此阈值时,基流过程是非线性的,非线性部分是用来表示有大量基流发生时的情况(见图 6-7)。

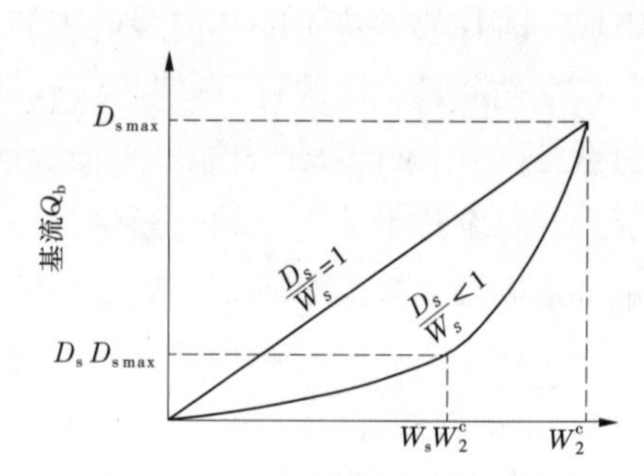

图 6-7　Arno 模型下层的土壤蓄水容量 W_2 非线性基流示意图

图 6-7 中 Q_b 为基流,D_{smax} 为最大基流,D_s 为 D_{smax} 的一个比例系数,W_2^c 为下层土壤饱和容量,W_s 为 W_2^c 的一个比例系数,且 $D_s \leqslant W_s$,W_2 为下层土壤时段初的土壤含水量。W_2^+ 为下层土壤时段末的土壤含水量,根据水量平衡原理,可以通过式(6-46)计算基流 Q_b:

$$Q_b = \begin{cases} \dfrac{D_s D_m}{W_s W_2^c} W_2^-, 0 \leqslant W_2^- \leqslant W_s W_2^c \\ \dfrac{D_s D_m}{W_s W_2^c} W_2^- + \left(D_m - \dfrac{D_s D_m}{W_s}\right)\left(\dfrac{W_2^- - W_s W_2^c}{W_2^c - W_s W_2^c}\right)^2, W_2^- \geqslant W_s W_2^c \end{cases} \tag{6-46}$$

在分别计算各种地表覆盖下的直接径流和基流后,通过面积加权平均,可以求得网格上总的直接径流和基流。

VIC 模型中假定降水首先满足植被截留,剩下的都用于产流计算。蒸发都来源于植被截留和土壤含水量。VIC 模型在计算产流的同时将水源分开,上层土壤产生直接径流,下层土壤产生基流。计算的直接径流与基流之和即为网格的河网总入流。

6.1.5　水量平衡调度模型

水量平衡方程是水库调度的基本依据,调洪演算实际是逐时段求解以下方程组:

$$V_t = V_{t-1} + \left(\frac{Q_1 + Q_{t-1}}{2} - \frac{q_t + q_{t-1}}{2}\right) \cdot \nabla t \tag{6-47}$$

$$q_t = f(V_t) \tag{6-48}$$

式中：V_t、V_{t-1} 分别为 t 时段末、初水库蓄水量；Q_t、Q_{t-1} 分别为 t 时段末、初入库流量（由预报模型提供）；q_t、q_{t-1} 为 t 时段末、初的下泄流量；∇t 为时段长；$f(V_t)$ 为下泄能力函数（与具体水库泄洪设备有关）。

调洪计算就是求解式(6-47)和式(6-48)。常用计算机编程试算求解，即在计算机上迭代计算。可先假定计算时段末的出库流量的 q_{t+1} 值，求出式中待定的时段末水库蓄水量 V_{t+1} 的值，在迭代过程中求出满足精度的解。其计算步骤如下：

(1)初步假设计算时段末的出库流量 q_{t+1} 值，代入式(6-47)，可初步求出式中待定的时段末的水库蓄水量 V_{t+1} 的值。

(2)利用式(6-48)的关系，用初求的 V_{t+1} 值，按插值算法求出对应的出库流量 q 值。

(3)检验步骤(1)所假设的时段末的出库流量 q_{t+1} 和步骤(2)得到的出库流量 q 值的相符合情况。若设定的允许误差为 ε，$|q_{t+1}-q|\leqslant\varepsilon$，则满足精度计算要求，结束该时段计算，时段末出库流量 q_{t+1} 和水库蓄水量 V_{t+1} 即为计算的结果。否则，重新假设 $q_{t+1}=(q_{t+1}+q)/2$，返回步骤(1)进行下一轮迭代计算。

6.1.6　预报方案评定

根据《水文情报预报规范》(GB/T 22482—2008)，在调试参数时，拟合精度以《水文情报预报规范》(GB/T 22482—2008)规定的两种目标函数表达，即确定性系数准则和合格率准则。

确定性系数准则：确定性系数 DC 表达式为

$$DC = 1 - \frac{\sum_{i=1}^{n}(Q_i - Q_{ci})^2}{\sum_{i=1}^{n}(Q_i - \overline{Q})^2} \tag{6-49}$$

式中：Q 为实测值的均值；n 为系列点次的个数。

DC 可以表示模型计算所显示的效率，其值越大表明模型越有效，当 $DC>0.9$ 可评定模型的精度为甲等等级，当 $0.7\geqslant DC\geqslant 0.9$ 可评定模型的精度为乙等等级。确定性系数主要用于对洪水过程预报进行评定。

合格率准则：合格预报次数与预报总次数之比的百分数为合格率，表示多次预报总体的精度水平，表达式为

$$Q_R = \frac{n}{m} \times 100\% \tag{6-50}$$

式中：Q_R 为合格率，%；n 为合格预报次数；m 为预报总次数。

降雨径流预报以实测洪峰流量的 20%作为许可误差。合格率主要用于对洪峰流量预报进行评定。

6.2　浏阳河流域洪水预报方案编制

6.2.1　案例——双江口预报方案编制

6.2.1.1　流域概况

双江口水文站(简称双江口站)始设于 1951 年 1 月,位于湖南省浏阳市高坪镇双江村,东经 113°41′,北纬 28°12′,至河口距离 135 km,集水面积 2 067 km^2。

双江口站具有长系列水库资料,可以采用新安江流域模型编制短期径流预报方案。考虑到短期径流以及资料相匹配性,选用洪水较大的年份具有历史大洪水有相匹配的降雨流量资料,用于双河口站新安江流域模型短期径流预报方案。

该站近年最大洪水流量及断面以上流域站网分布分别见表 6-1 和图 6-8。

表 6-1　近 10 年洪水最大流量情况

年份	2013	2014	2015	2016	2017	2018	2019	2020	2021	2022
流量/(m^3/s)	899	1 210	643	2 168	2 958	573	1 122	1 257	876	1 120
时间(月-日)	04-30	07-15	06-08	07-05	07-01	05-12	06-09	06-30	06-30	06-03

图 6-8　双江口站所在河系测站分布概况

6.2.1.2　方案资料

依据预报流域概况情况,编制双江口站短期径流预报方案涉及双江口站河道流量资料和区域所有雨量站资料等信息,按实时报汛资料分别进行统计,详见表6-2。

表6-2　双江口站预报断面实测资料情况

序号	率定时段(年-月-日T时:分)	来源	雨量	河道	水库
1	2013-04-01T08:00~2013-09-01T08:00	实时	9个:61114400(双江口)、61115200(清水)、61139850(白沙)、61139950(达浒)、61140000(大光)、61140050(光明)、61140100(古港)、61140470(株树桥)、61140500(石湾)	1个:61114400(双江口)	1个:61140470(株树桥)
2	2014-04-01T08:00~2014-09-01T08:00	实时	15个:61114400(双江口)、61115200(清水)、61139850(白沙)、61139950(达浒)、61140000(大光)、61140050(光明)、61140100(古港)、61140470(株树桥)、61140500(石湾)、611E8880(杨家田)、611E8890(太平坳)、611E8900(中岳)、611E8920(探花)、611E8940(金坑)、611E8970(泉塘)	1个:61114400(双江口)	1个:61140470(株树桥)
3	2015-04-01T08:00~2015-09-01T08:00	实时	14个:61114400(双江口)、61115200(清水)、61139850(白沙)、61140000(大光)、61140050(光明)、61140100(古港)、61140470(株树桥)、61140500(石湾)、611E8880(杨家田)、611E8890(太平坳)、611E8900(中岳)、611E8920(探花)、611E8940(金坑)、611E8970(泉塘)	1个:61114400(双江口)	1个:61140470(株树桥)
4	2016-04-01T08:00~2016-09-01T08:00	实时	15个:61114400(双江口)、61115200(清水)、61139850(白沙)、61139950(达浒)、61140000(大光)、61140050(光明)、61140100(古港)、61140470(株树桥)、61140500(石湾)、611E8880(杨家田)、611E8890(太平坳)、611E8900(中岳)、611E8920(探花)、611E8940(金坑)、611E8970(泉塘)	1个:61114400(双江口)	1个:61140470(株树桥)

续表 6-2

序号	率定时段 (年-月-日 T 时:分)	来源	雨量	河道	水库
5	2017-04-01T08:00~ 2017-09-01T08:00	实时	15 个:61114400(双江口)、61115200(清水)、61139850(白沙)、61139950(达浒)、61140000(大光)、61140050(光明)、61140100(古港)、61140470(株树桥)、61140500(石湾)、611E8880(杨家田)、611E8890(太平坳)、611E8900(中岳)、611E8920(探花)、611E8940(金坑)、611E8970(泉塘)	1 个: 61114400 (双江口)	1 个: 61140470 (株树桥)
6	2018-04-01T08:00~ 2018-09-01T08:00	实时	15 个:61114400(双江口)、61115200(清水)、61139850(白沙)、61139950(达浒)、61140000(大光)、61140050(光明)、61140100(古港)、61140470(株树桥)、61140500(石湾)、611E8880(杨家田)、611E8890(太平坳)、611E8900(中岳)、611E8920(探花)、611E8940(金坑)、611E8970(泉塘)	1 个: 61114400 (双江口)	1 个: 61140470 (株树桥)
7	2019-04-01T08:00~ 2019-09-01T08:00	实时	15 个:61114400(双江口)、61115200(清水)、61139850(白沙)、61139950(达浒)、61140000(大光)、61140050(光明)、61140100(古港)、61140470(株树桥)、61140500(石湾)、611E8880(杨家田)、611E8890(太平坳)、611E8900(中岳)、611E8920(探花)、611E8940(金坑)、611E8970(泉塘)	1 个: 61114400 (双江口)	1 个: 61140470 (株树桥)
8	2020-04-01T08:00~ 2020-09-01T08:00	实时	15 个:61114400(双江口)、61115200(清水)、61139850(白沙)、61139950(达浒)、61140000(大光)、61140050(光明)、61140100(古港)、61140470(株树桥)、61140500(石湾)、611E8880(杨家田)、611E8890(太平坳)、611E8900(中岳)、611E8920(探花)、611E8940(金坑)、611E8970(泉塘)	1 个: 61114400 (双江口)	1 个: 61140470 (株树桥)

续表 6-2

序号	率定时段（年-月-日T时:分）	来源	雨量	河道	水库
9	2021-04-01T08:00~2021-09-01T08:00	实时	15个:61114400(双江口)、61115200(清水)、61139850(白沙)、61139950(达浒)、61140000(大光)、61140050(光明)、61140100(古港)、61140470(株树桥)、61140500(石湾)、611E8880(杨家田)、611E8890(太平坳)、611E8900(中岳)、611E8920(探花)、611E8940(金坑)、611E8970(泉塘)	1个:61114400(双江口)	1个:61140470(株树桥)

方案资料具体情况如下:

(1)水文站资料。双江口站有较长系列水库资料,数据质量较好。

(2)雨量站资料。双江口区域共有15个雨量站。据统计,自2013年以来,15个测站具有雨量信息,能控制区域内降水分布情况。

(3)水位流量资料。水位流量关系曲线见图6-9。

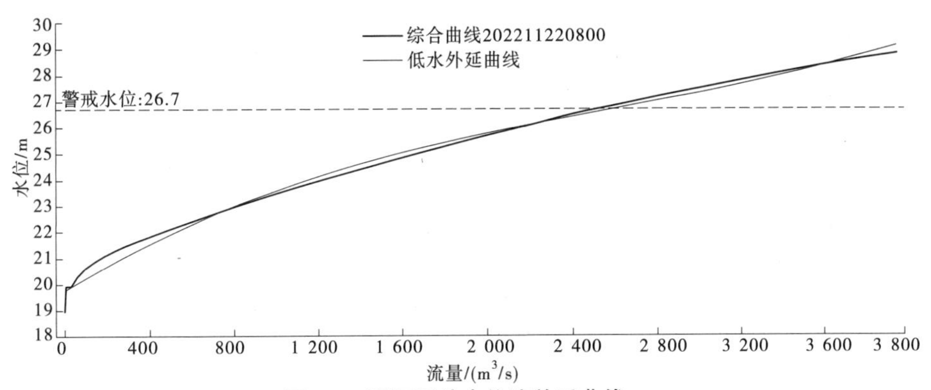

图6-9　双江口站水位流关系曲线

(4)蒸发资料。选用椝梨水文站多年平均逐月蒸发资料,详见表6-3。

表6-3　多年平均逐月蒸发量

月份	1	2	3	4	5	6	7	8	9	10	11	12
蒸发量/mm	47.5	44.4	55.4	68.7	83.9	89.2	134.2	124.3	103.8	88.1	62.5	51.5

(5)资料选用。综合考虑短期径流资料,结合当前站网监测等,使用有记录的流量资料进行方案编制,选用5年作为率定期进行参数率定,选用4年进行参数检验,摘录大、中、小洪水共40场次。资料审查情况详见表6-4。

表 6-4 鼎梨站资料审查

时间(年-月-日)	来源	计算	最大值/(m³/s)	最大值时间(年-月-日 T 时:分)
2013-04-01~2013-09-01	实时	不参加	889	2013-04-30T08:00
2014-04-01~2014-09-01	实时	参加	1 210	2014-07-15T23:00
2015-04-01~2015-09-01	实时	参加	643.4	2015-06-08T12:31
2016-04-01~2016-09-01	实时	参加	2 168.8	2016-07-05T01:31
2017-04-01~2017-09-01	实时	参加	2 957.6	2017-07-01-T19:57
2018-04-01~2018-09-01	实时	参加	573.5	2018-05-12T10:32
2019-04-01~2019-09-01	实时	参加	1 122.2	2019-06-09T00:37
2020-04-01~2020-09-01	实时	参加	1 257.7	2020-06-30T22:12
2021-04-01~2021-09-01	实时	参加	876.4	2021-06-30T22:07

6.2.1.3 新安江模型预报方案

1. 预报方案说明

1)方案构建

预报方案设置 2 个模型输入:一个区域输入 611144001A,一个水库点输入 61140470。区间产汇流模型分别采用蓄满产流模型(SMS_3)和滞后演算模型(LAG_3),河道演算用马斯京根演算模型。面雨量采用 1 km 网格插值雨量。方案计算步长为 1 h,方案输出类型为水位流量(模型计算结果为流量,水位通过水位流量曲线进行反推)。预报方案结构如图 6-10 所示。

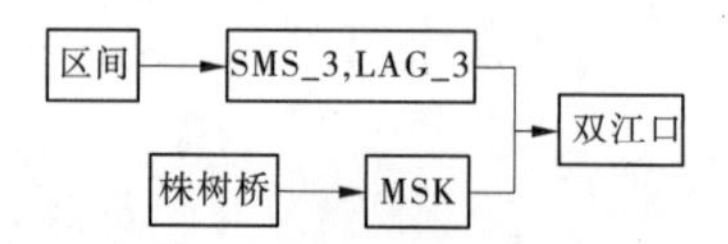

图 6-10 双江口站预报方案结构

2)方案定义及属性

方案定义为:模型——新安江三水源蓄满产流、滞后演算、马斯京根河道演算;方案输入——区间(611144001A)和水库出库(61140470);方案输出——双江口逐时段流量过程。

3)方案属性

预报站码:61114400(双江口);时段长度:1 h;预见期:30 h;预热期:30 d;输出类型:流量过程;输入个数:2 个;输入类型: 1 个流域输入和 1 个水库输入。

2. 参数率定结果

模型参数率定目标函数分别取率定确定系数、检验确定系数。参数率定结果统计列入表 6-5,短期径流过程率定结果详见图 6-11~图 6-18。

表 6-5　双江口站率定目标函数值

方案名称	方案一
率定确定系数	0. 857
检验确定系数	0. 882

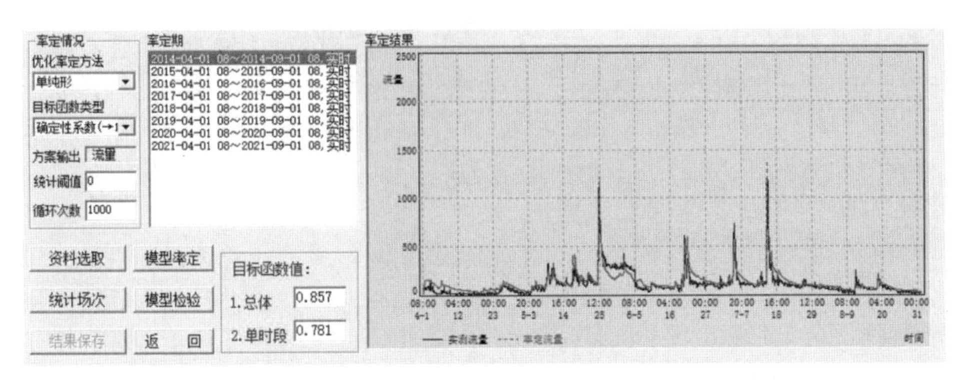

图 6-11　2014-04-01～2014-09-01 率定结果

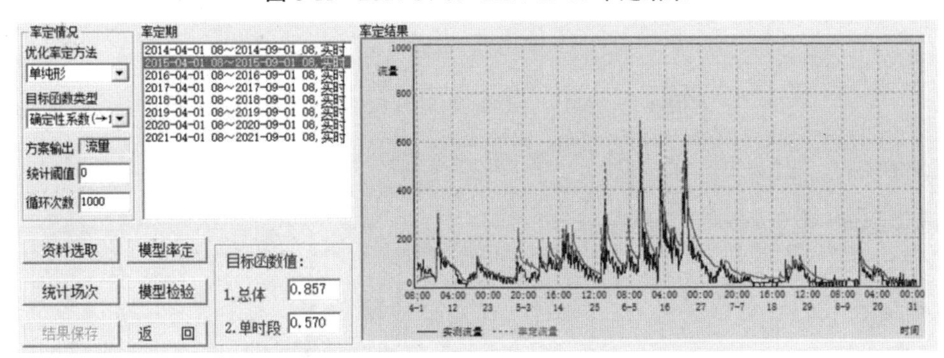

图 6-12　2015-04-01～2015-09-01 率定结果

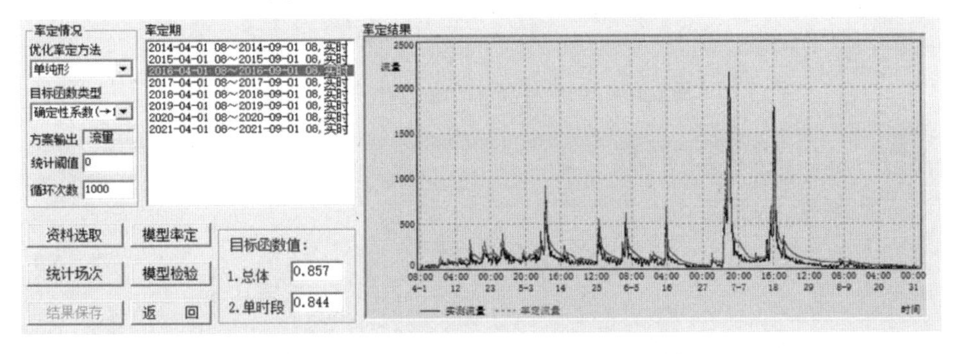

图 6-13　2016-04-01～2016-09-01 率定结果

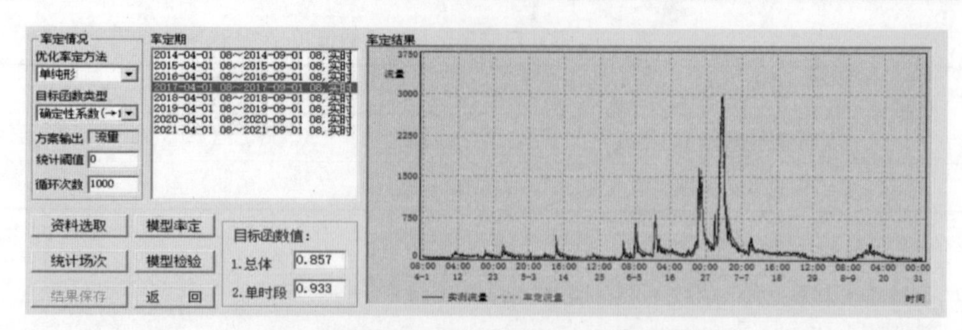

图 6-14　2017-04-01～2017-09-01 率定结果

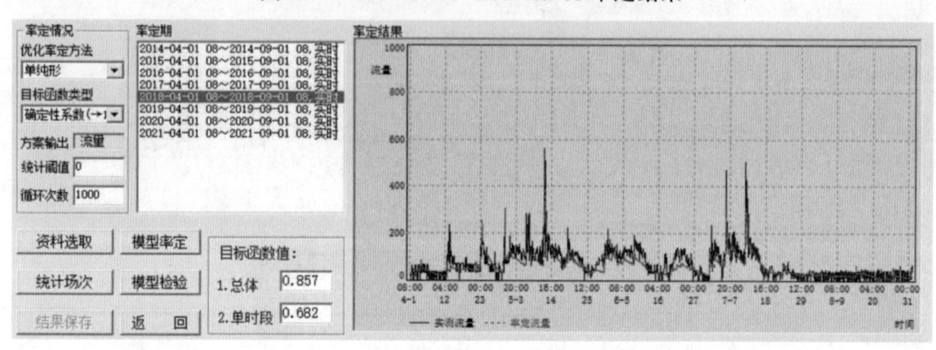

图 6-15　2018-04-01～2018-09-01 率定结果

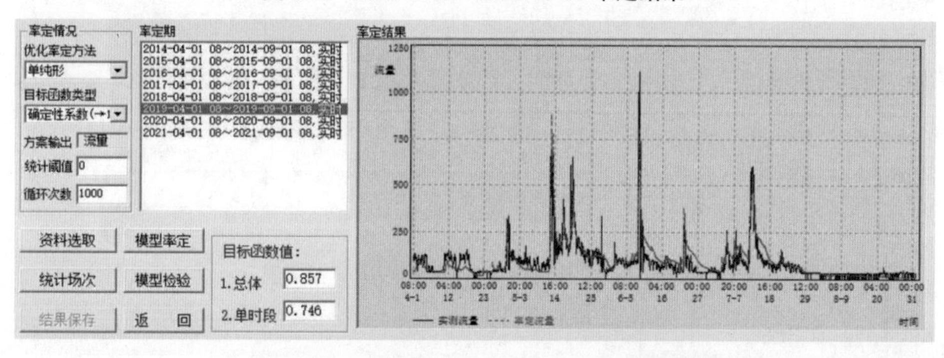

图 6-16　2019-04-01～2019-09-01 率定结果

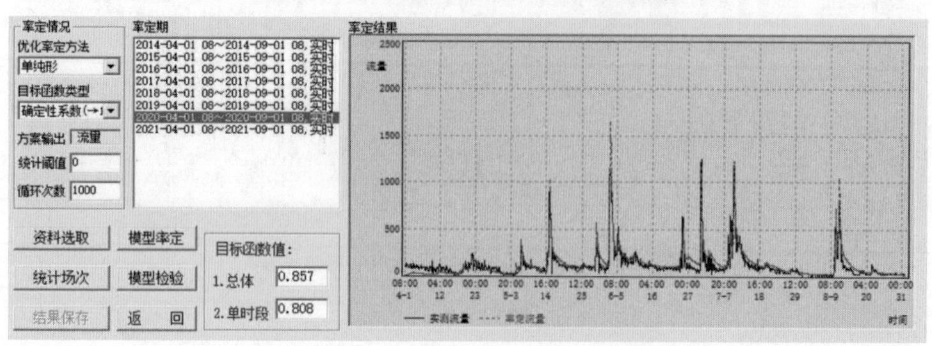

图 6-17　2020-04-01～2020-09-01 率定结果

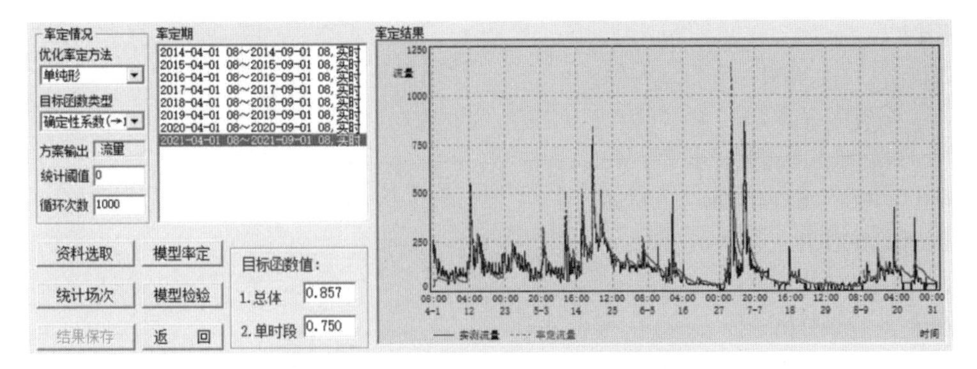

图 6-18　2021-04-01～2021-09-01 率定结果

3. 模型参数率定结果

1) 三水源蓄满产流模型(SMS_3)的参数

61114400　611144001A　SMS_3

PARAMETER

&PARA_TABLE

WM =　80. 265

WUMx =　0. 209

WLMx =　0. 797

K =　0. 700

B =　0. 499

C =　0. 100

IM =　0. 037

SM =　45. 666

EX =　1. 500

KG =　0. 311

KI =　0. 388

ES = 22. 6 25. 2 34. 5 53. 7 74. 0 84. 1 134. 7 118. 5 87. 1 64. 2 42. 8 31. 0

/

2) 三水源滞后演算汇流模型(LAG_3)的参数

61114400　611144001A　LAG_3

PARAMETER

&PARA_TABLE

F = 1558

CI =　0. 628

CG =　0. 950

CS =　0. 900

LAG =　5

X =　0. 000

KK = 1

MP =　　0.000

/

3) 马斯京根河道汇流模型(MSK)的参数

61114400　61140470　MSK

PARAMETER

&PARA_TABLE

X =　　-0.776

KK = 1

MP =　　　20

/

4. 方案评定

由参数率定结果可知,洪水预报方案率定期确定性系数为 0.857,检验期确定性系数为 0.882。场次短期径流洪峰和洪量的模拟精度高,峰现时间与实际过程基本相符。参数率定结果均在合理范围之内,可直接用于日常作业预报。

6.2.2　浏阳河流量洪水预报方案编制

依照上述模型和技术路线,研发了浏阳河流域内 10 处水文站、9 座水库的洪水预报方案,详见图 6-19 和表 6-6。

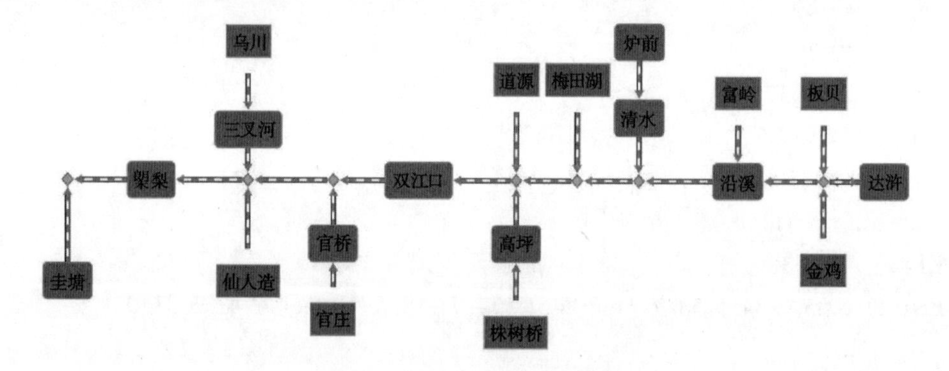

图 6-19　浏阳河预报方案站点框图

表 6-6　浏阳河预报方案站点编制情况

序号	站名	站名	站类	方案代码	所用模型
1	达浒	61139950	水文站	方案 1	SMS_3+Y=UH_B
2	板贝水库	611H2027	水库站	方案 1	新安江模型+地貌单位线
3	金鸡水库	611H2001	水库站	方案 1	SMS_3+UH_B
4	富岭	611H2031	水库站	方案 1	SMS_3+UH_B
5	沿溪	611E2785	水文站	方案 1	SMS_3+UH_B

续表 6-6

序号	站名	站名	站类	方案代码	所用模型
6	炉前	61115000	水文站	方案 1	SMS_3+UH_B
7	清水	61115200	水文站	方案 1	新安江模型方案
8	梅田湖水库	611H2025	水库站	方案 1	SMS_3+UH_B
9	道源水库	611H2024	水库站	方案 1	SMS_3+UH_B
10	株树桥	61140470	水库站	方案 1	SMS_3+UHB
11	高坪	611F2005	水文站	方案 1	SMS_3+UH_B+MSK
12	双江口	61114400	水文站	方案 1	输入个数 2 个,株树桥水库出流和…
13	官庄	61140750	水库站	方案 1	SMS_3+UH_B
14	官桥	611F2000	水文站	方案 1	SMS_3+UH_B
15	仙人造水库	611H2010	水库站	方案 1	SMS_3+UH_B
16	乌川水库	611H1832	水库站	方案 1	SMS_3+UH_B
17	三叉河	611F1855	水文站	方案 1	SMS_3+UH_B
18	椝梨	61114700	水文站	方案 1	输入双江口站流量和区间降水过程
19	圭塘	611E2822	水文站	方案 1	SMS_3+UH_B

6.2.3　洪水预报应用

依据所编制的洪水预报方案,针对 2017 年 7 月 1 日暴雨洪水,在考虑实测降雨作为预报降雨,水库按实际出库进行调度的情况下,对预报 19 个断面进行未来 72 h 洪水预报,详见图 6-20~图 6-22。

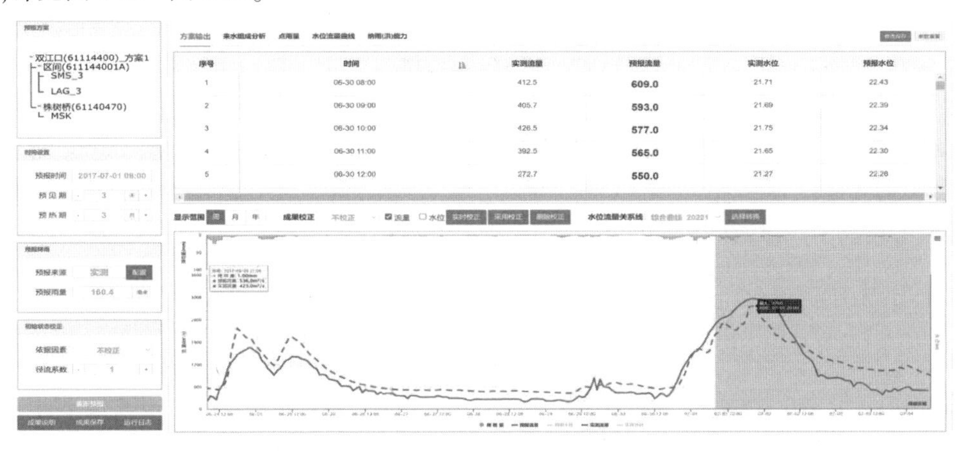

图 6-20　双江口站实时洪水预报

预报成果统计

Excel　PDF　Print

基本信息							降雨预报			洪水预报			
序号	站名	站码	预报时间	预报人员	发布单位	单位	24H	48H	72H	最大流量	最高水位	洪峰时间	操作
1	双江口	61114400	2017-07-01 08:00:00	管理员	湖南水文	实测	102	126	160	2760	27.09	2017-07-01 20:00:00	
2	朗梨	61114700	2017-07-01 08:00:00	管理员	湖南水文	实测	112	139	164	4920	0.00	2017-07-02 03:00:00	
3	护前	61115000	2017-07-01 08:00:00	管理员	湖南水文	实测	174	205	241	62	0.00	2017-07-01 15:00:00	
4	清水	61115200	2017-07-01 08:00:00	管理员	湖南水文	实测	157	187	226	52	182.77	2017-07-01 15:00:00	
5	达浒	61139950	2017-07-01 08:00:00	管理员	湖南水文	实测	92	115	149	763	111.30	2017-07-01 09:00:00	
6	株树桥	61140470	2017-07-01 08:00:00	管理员	湖南水文	实测	85	107	136	690	165.00	2017-07-01 21:00:00	
7	官庄	61140750	2017-07-01 08:00:00	管理员	湖南水文	实测	88	106	123	359	123.54	2017-07-01 18:00:00	
8	沿溪	611E2785	2017-07-01 08:00:00	管理员	湖南水文	实测	101	125	159	1810	93.40	2017-07-01 18:00:00	
9	金塘	611E2822	2017-07-01 08:00:00	管理员	湖南水文	实测	170	198	215	300	0.00	2017-07-01 15:00:00	
10	三叉河	611F1855	2017-07-01 08:00:00	管理员	湖南水文	实测	117	147	173	608	0.00	2017-07-01 14:00:00	
11	官桥	611F2000	2017-07-01 08:00:00	管理员	湖南水文	实测	91	128	150	249	0.00	2017-07-02 11:00:00	
12	高坪	611F2005	2017-07-01 08:00:00	管理员	湖南水文	实测	101	120	154	667	0.00	2017-07-01 17:00:00	
13	乌川水库	611H1832	2017-07-01 08:00:00	管理员	湖南水文	实测	115	144	174	48	127.90	2017-07-01 14:00:00	
14	金鸡水库	611H2001	2017-07-01 08:00:00	管理员	湖南水文	实测	78	100	134	49	145.06	2017-07-01 15:00:00	
15	仙人造水库	611H2010	2017-07-01 08:00:00	管理员	湖南水文	实测	102	133	154	30	61.16	2017-07-01 17:00:00	
序号	站名	站码	预报时间	预报人员	发布单位	单位	24H	48H	72H	最大流量	最高水位	洪峰时间	操作

图 6-21　浏阳河流域 19 处断面洪水预报统计成果

双江口站(61114400)水文过程

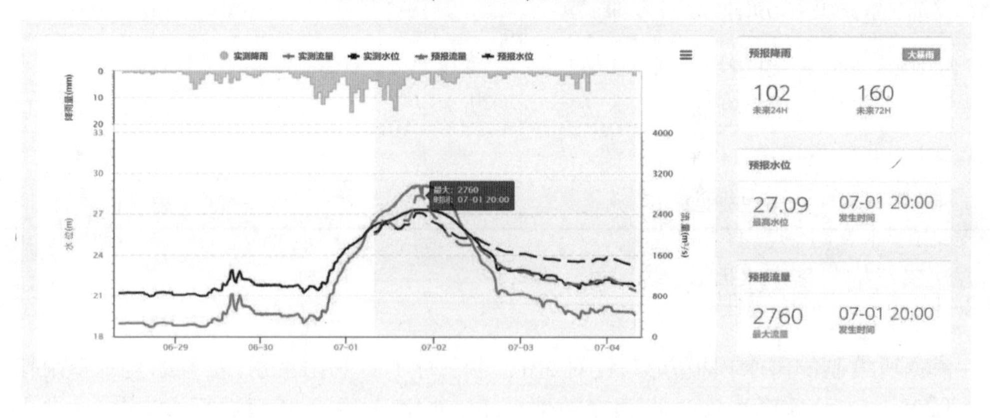

图 6-22　双江口站断面预报成果查询

6.3　中小水库纳雨能力计算方法

纳雨能力是指考虑水库工程参数、泄水设施运行调度、集雨区土壤含水量(前期降雨)和产汇流特性等因素,在防汛安全情况下一段时间内水库允许容纳的最大降雨量。纳雨能力反映了一段时间内水库的防洪能力。

6.3.1　纳雨能力概念

水库纳雨能力是指在流域当前下垫面以及水库调度方式情况下,水库目前剩余防洪库容所能容纳的降雨量。

从纳雨能力的概念可以看出,一座水库的纳雨能力是一个动态值,与水库所处流域当前下垫面情况、当前库水位及调度方式、水库防洪特征值以及降雨过程等因素均密切相关。

(1)纳雨能力与流域当前下垫面情况密切相关。如果前期流域降水较少、土壤饱和度差,同样的降雨条件下产流量少,对应同等的水库剩余防洪库容,就可以容纳较多的降雨量,纳雨能力就大;反之,如果前期流域降水较多,土壤相对饱和,同样的降雨条件下产流量多,纳雨能力就小。

(2)纳雨能力与水库当前水位下对应的剩余防洪库容密切相关。如果水库当前水位低,则剩余防洪库容大,就能够容纳更多的降雨,纳雨能力就大;反之,当前水位高,剩余防洪库容小,纳雨能力就小。

(3)纳雨能力还与水库的调度方式密切相关。不同的调度方式下出库水量不同,在其他条件均相同的情况下,如果出库水量大,则水库净增蓄量小,纳雨能力就大;反之,出库水量小,则水库净增蓄量大,纳雨能力就小。

(4)纳雨能力与降雨的持续时间和降雨强度也密切相关。由于不同下垫面的产流机制不同,所以不同的降雨过程会导致不同的产流过程及产流量,对于高强度短历时强降雨来说,土壤可能来不及饱和即开始产流,而对于长历时均匀性降雨过程,大部分降雨可能下渗或者蒸发掉,形不成有效径流。因此,在计算纳雨能力时既要考虑降雨量,又要考虑降雨过程。

6.3.2 基于洪水预报方案的纳雨能力分析

浏阳河流域有10处水文站和9座水库。因此,基于所构建的洪水预报方案,综合考虑水库调度情况,计算分析当前防洪库容所对应的纳雨能力。

6.3.2.1 计算方法

通过分析纳雨能力的概念和含义可知,纳雨能力计算与降雨产汇流计算相比是个逆过程,由于水文过程具有非线性特征,因此不能直接用过程求逆的方法计算,需要用试算的方法来反推。某座水库当前水位下的纳雨能力计算步骤如下:

(1)构建预报调度模型。基于分布式水文模型构建水库入库洪水计算方案,并基于水库调度方式设定水库调度模型。

(2)计算剩余防洪库容。通过查询水位-库容曲线得到水库当前水位(Z)对应的库容(W_0),计算其与防洪高水位($Z_{洪}$)对应的库容($W_{洪}$)之差,得到当前水位下的剩余防洪库容(ΔW)。

(3)设定若干降雨过程。由于未来降雨过程未知,在实际计算时,假定实际降雨的时程分配比例与数值降雨预报的时程分配比例相同;设定 n 个降雨量 $P_i(i=1,2,\cdots,n)$,获取未来一段时间(本书设定为3 d)数值降雨预报的时程分配比例,采用同倍比缩放的方式得到 n 个降雨过程。

(4)计算入库洪水过程。基于步骤(1)构建的入库洪水计算方案,计算 n 个降雨过程对应的 n 个入库洪水过程 $Q_{INi}(i=1,2,\cdots,n)$。

(5)计算出库洪水过程。将步骤(4)计算的 n 个入库洪水过程分别输入水库调度模型得到 n 个出库洪水过程 $Q_{OUTi}(i=1,2,\cdots,n)$。

(6)计算降雨-最大净增蓄量曲线。当入库流量大于出库流量时,水库水位持续上涨,当出入库平衡时水库水位最高,此时水库净增蓄量最大,水库最危险。根据入库洪水过程 Q_{INi} 和出库洪水过程 Q_{OUTi} 计算 n 个降雨过程对应的水库最大净增蓄量 $W_i(i=1,2,\cdots,n)$,这样就得到降雨量-最大净增蓄量曲线($P-W$)。

(7)计算水库纳雨能力。基于步骤(6)得到的 $P-W$ 曲线,根据步骤(2)得到的当前剩余防洪库容(ΔW),即可通过查线方法得到与之对应的降雨量,即为水库当前水位下未来一段时间(前面设定为 3 d)的纳雨能力(C)。

水库纳雨能力计算流程如图 6-23 所示。

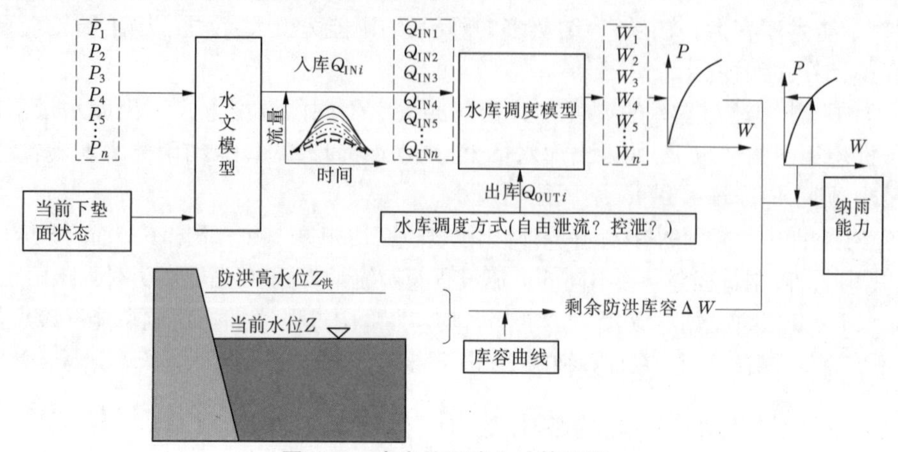

图 6-23　水库纳雨能力计算流程

6.3.2.2　计算步骤

1. 资料准备

收集水库基础信息,包括经纬度、流域面积、设计水位、库容曲线、泄洪曲线等。

2. 计算时段

根据前文描述,设计计算时长 3 d,提取实况降雨和未来降雨信息。

3. 预报调度方案构建

基于洪水预报系统,根据水库位置以及数字高程模型勾绘其集水区域范围,利用分布式水文模型构建水库的入库洪水计算方案,水库出库基于泄流能力曲线按照最大下泄能力泄流,计算步长为 1 h。

4. 纳雨能力计算

根据前文提出的纳雨能力计算方法,需要设计多个降雨过程得到 P-W 曲线。本书假定从数值降雨预报获取未来 3 d 的降雨过程与实况一致,则可以计算 3 d(72 h)降雨的时程分配比例,并采用同倍比缩放的方式设置 0 mm、10 mm、25 mm、50 mm、100 mm、150 mm、200 mm、250 mm、300 mm、350 mm、400 mm、450 mm、500 mm、600 mm、700 mm、800 mm、900 mm、1 000 mm 18 种降雨情景,如图 6-24 所示。

根据这 18 种降雨情景计算水库的入库洪水过程,如图 6-25 所示,泄流过程如图 6-26 所示,水库水位变化过程如图 6-27 所示。

从图 6-25~图 6-27 可以看出,随着设定降雨的增大,入库洪水也相应增加,同时库水位和泄流量相应抬高和加大。对于 1 000 mm 降雨情景,水库水位已涨至最高,因此下泄流量按照最大能力泄流。图 6-28 以 300 mm 降雨情景为例,给出了水库的入库流量、出库流量和水库水位的变化过程,可以看出,当出库流量增大至与入库流量相同时,水库水位达到最高值,此时水库的净增蓄量最大。分别统计 18 种降雨情景下的水库最大净增蓄量,如表 6-7 所示,绘制降雨量-最大净增蓄量曲线,如图 6-29 所示。

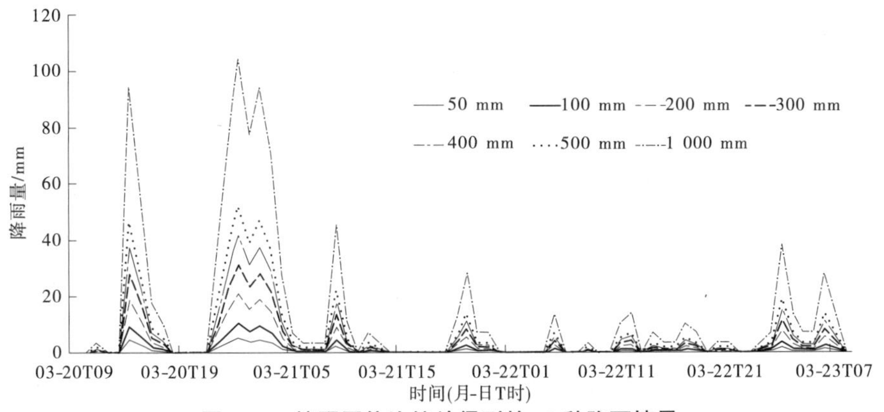

图6-24　按照同倍比缩放得到的18种降雨情景

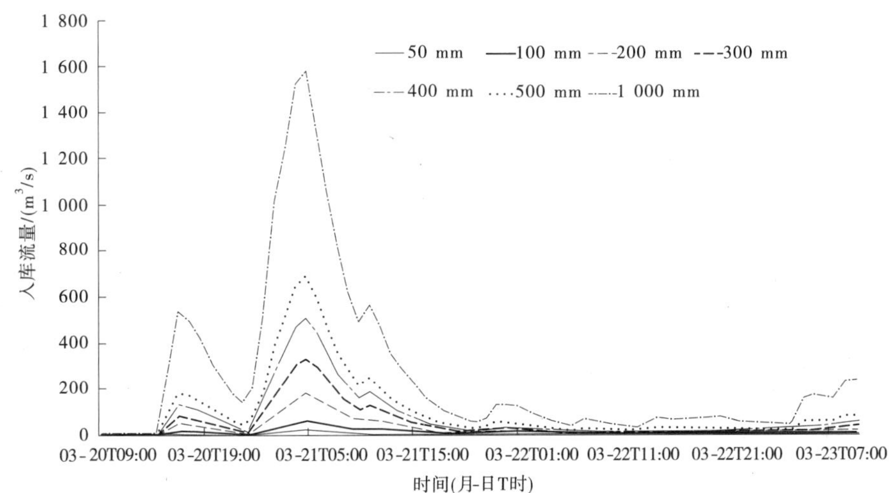

图6-25　各种降雨情景下水库的入库洪水过程

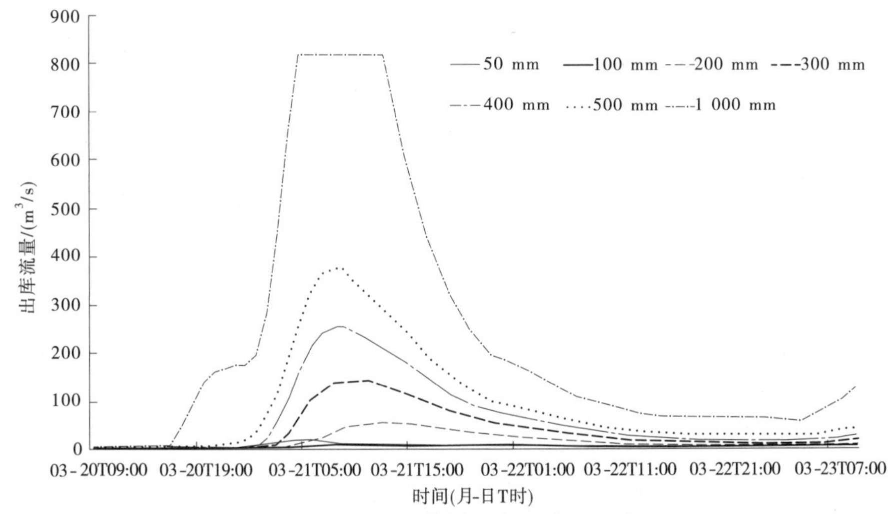

图6-26　各种降雨情景下水库的泄流过程

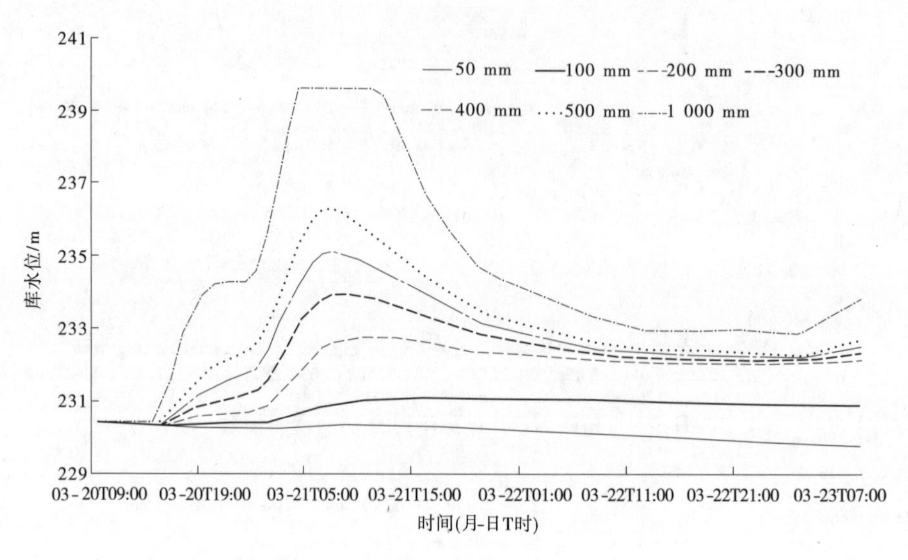

图 6-27　各种降雨情景下水库水位变化过程

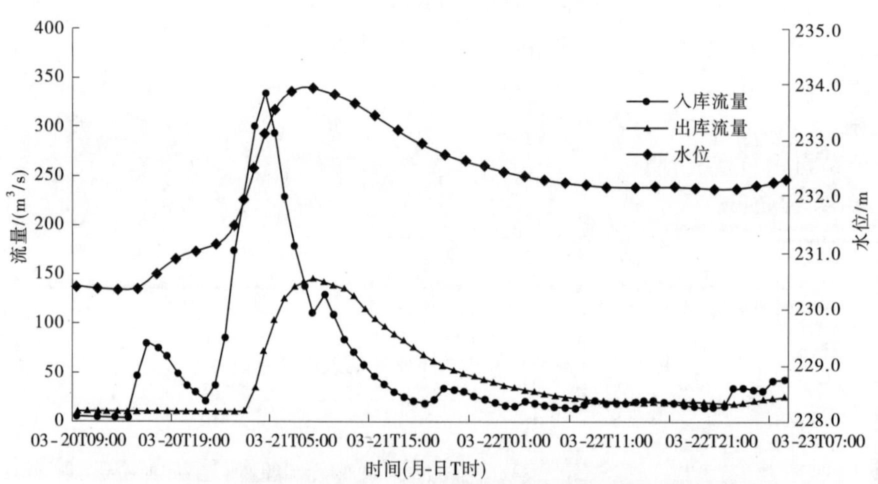

图 6-28　300 mm 降雨情景下入库流量、出库流量和库水位变化过程

表 6-7　各种降雨情景下的水库最大净增蓄量计算结果

序号	降雨量/mm	水库最大净增蓄量/万 m^3
1	50	0
2	100	107
3	200	369
4	300	592
5	400	827
6	500	1 062
7	1 000	2 174

由 $P-W$ 曲线可反查清凉山水库当前水位与设计洪水位之间的库容差的降雨，即水库

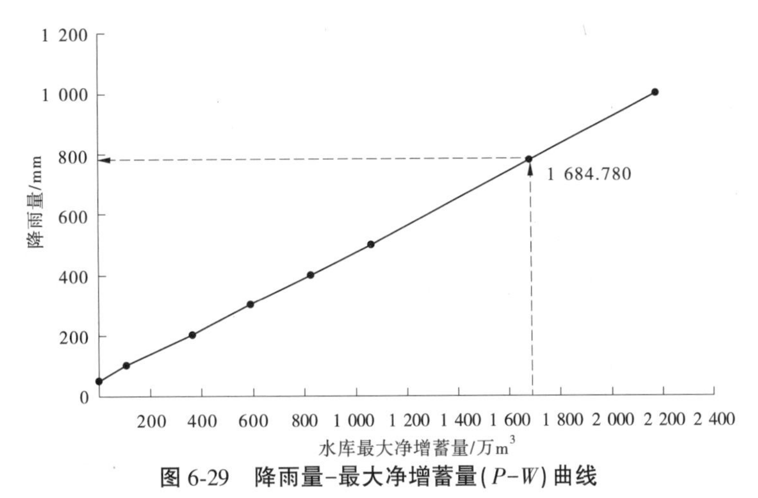

图 6-29　降雨量-最大净增蓄量(*P*-*W*)曲线

在当前流域下垫面以及水库敞泄方式情况下,未来 3 d 的纳雨能力。

6.3.3　纳雨能力分析应用

6.3.3.1　预警水位设定

预警水位通常分为 3 种:警戒(汛限)水位、保证(设计)水位和自定义水位。通过“纳雨(洪)能力分析配置”菜单,自动获取水文站的警戒水位、保证水位,水库站的汛限水位、设计水位。点击自定义预警水位输入框,可人工输入自定义预警水位值,见图 6-30。

预报次序	站名	站码	方案代码	站类	所在流域	自动预报	水库调度方式	警戒(汛限)水位	保证(设计)水位	自定义预警水位
1	滴水	61115200	方案1	水文(位)站	浏阳河	■		--	--	
2	双江口	61114400	方案1	水文(位)站	浏阳河	■		26.70	28.20	
3	郎梨	61114700	方案1	水文(位)站	浏阳河	■		36.00	38.50	35.00
4	炉前	61115000	方案1	水文(位)站	浏阳河	■		--	--	
5	达浒	61139950	方案1	水文(位)站	浏阳河	■		--	--	111.00
6	株树桥	61140470	方案1	水库站	浏阳河	■	维持当前	--	165.11	157.00
7	官庄	61140750	方案1	水库站	浏阳河	■	维持当前	--	124.69	
8	沿溪	611E2785	方案1	水文(位)站	浏阳河	■		--	--	92.00
9	圭塘	611E2822	方案1	水文(位)站	浏阳河	■		--	--	45.77
10	三叉河	611F1855	方案1	水文(位)站	浏阳河	■		--	--	
11	高坪	611F2005	方案1	水文(位)站	浏阳河	■		--	--	
12	乌川水库	611H1832	方案1	水库站	浏阳河	■	维持当前	--	--	
13	仙人造水库	611H2010	方案1	水库站	浏阳河	■	维持当前	--	--	
14	官桥	611F2000	方案1	水文(位)站	浏阳河	■		--	--	
15	金鸡水库	611H2001	方案1	水库站	浏阳河	■	维持当前	--	--	
16	梅田湖水库	611H2025	方案1	水库站	浏阳河	■	维持当前	--	--	
17	[illegible]	611H2024	方案1	水库站	浏阳河	■	维持当前	--	--	

图 6-30　纳雨(洪)能力预警水位设置

6.3.3.2　水库调度方式设定

针对纳雨能力分析,水库调度方式一般设定为“维持当前”。对于发电为主的水电站,可以设定为“维持昨日”。

6.3.3.3　纳雨能力分析自动计算设定

纳雨能力分析计算设定包含两方面:一是设定需要进行纳雨(洪)能力分析的站点,可以通过是否自动预报的选项进行确定;二是设定系统计算频次,可以按关闭、1 段次、2 段次、4 段次、24 段次等选项进行确定,并设定系统启动时间等。系统会依据上述所设定内容定时完成计算分析。

6.3.3.4　人工纳雨能力分析计算

点击“短期预报调度计算”,系统在进行洪水预报计算后,再依据当前下垫面土壤含水量,分析计算纳雨能力。

1. 纳雨能力曲线

降雨情景与对应水位关系线,此是基于当前下垫面条件,针对 18 种降雨情景,按预报降雨雨型进行缩放,分别计算所对应的预报情景流量过程。针对水文站情况,提取未来最大洪峰流量,直接采用水位流量关系插值获得相应洪峰水位。针对水库站情况,按所设定的水库调度方式进行调洪计算,获取最高库水位。

2. 纳雨(洪)能力值

依据纳雨能力曲线,对应各种预警水位,插值计算获得相应纳雨能力见图 6-31。

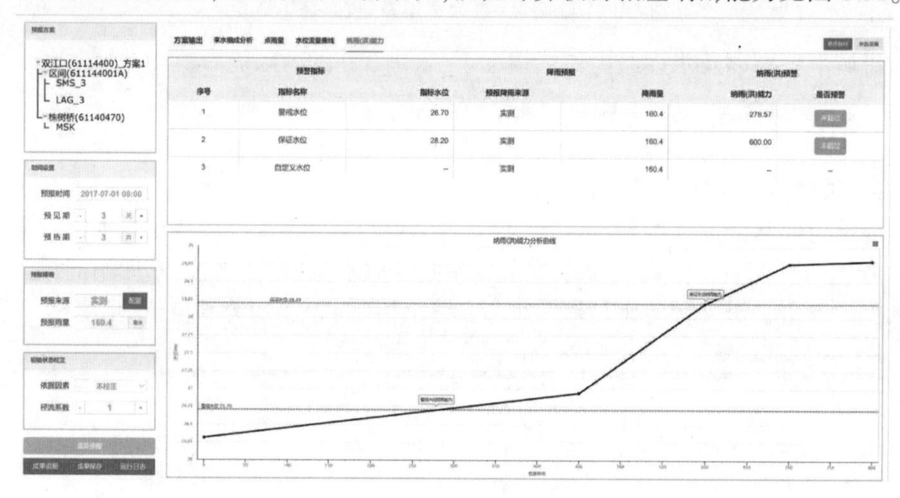

图 6-31　双江口人工纳洪能力分析计算　(单位:mm)

6.3.3.5　纳雨能力分析成果统计

点击“纳雨(洪)能力成果统计”,选定统计时间,系统会生成统计报表,见图 6-32。

1. 降雨预报统计

依据所设定的降雨预报来源,分别统计未来 24 h、48 h、72 h 的预报降雨。

2. 纳雨能力估计

按警戒(汛限)水位、保证(设计)水位、自定义水位等 3 种类型预警水位的相应纳雨(洪)能力。

6.3.3.6　纳雨(洪)精度评定

点击“纳雨(洪)精度评定”,选定统计时间或单站,系统会对相应成果进行精度评定,见图 6-33。

1. 降雨预报成果评定

依据纳雨(洪)能力计算时的未来 24 h、48 h、72 h 的预报降雨,统计对应时间所实测降雨量,按相对误差进行评定。

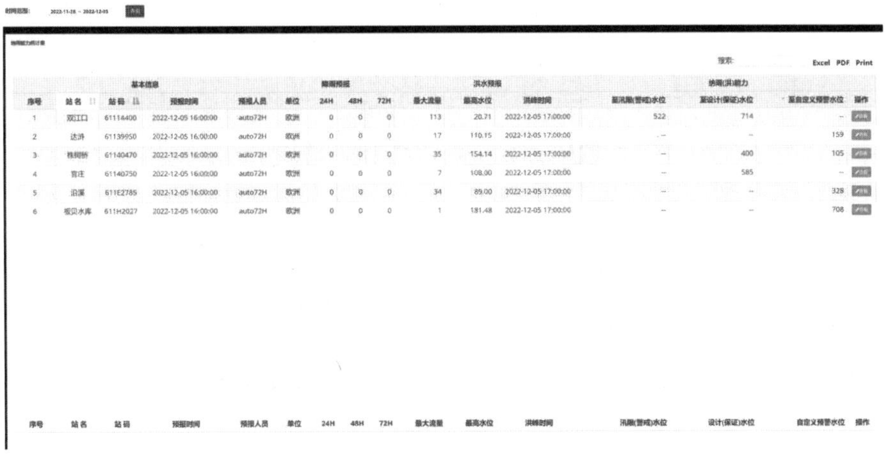

序号	站名	站码	预报时间	预报人员	单位	24H	48H	72H	最大流量	最高水位	洪峰时间	至汛限(警戒)水位	至设计(保证)水位	至自定义预警水位	操作
1	双江口	61114400	2022-12-05 16:00:00	auto72H	欧洲	0	0	0	113	20.71	2022-12-05 17:00:00	522	714	--	
2	达浒	61139950	2022-12-05 16:00:00	auto72H	欧洲	0	0	0	17	110.15	2022-12-05 17:00:00	--	--	159	
3	株树桥	61140470	2022-12-05 16:00:00	auto72H	欧洲	0	0	0	35	154.14	2022-12-05 17:00:00	--	400	105	
4	官庄	61140750	2022-12-05 16:00:00	auto72H	欧洲	0	0	0	7	108.00	2022-12-05 17:00:00	--	585	--	
5	沿溪	611E2785	2022-12-05 16:00:00	auto72H	欧洲	0	0	0	34	89.00	2022-12-05 17:00:00	--	--	328	
6	板贝水库	611H2027	2022-12-05 16:00:00	auto72H	欧洲	0	0	0	1	181.48	2022-12-05 17:00:00	--	--	708	

图 6-32　浏阳河流域 19 处断面洪水预报统计

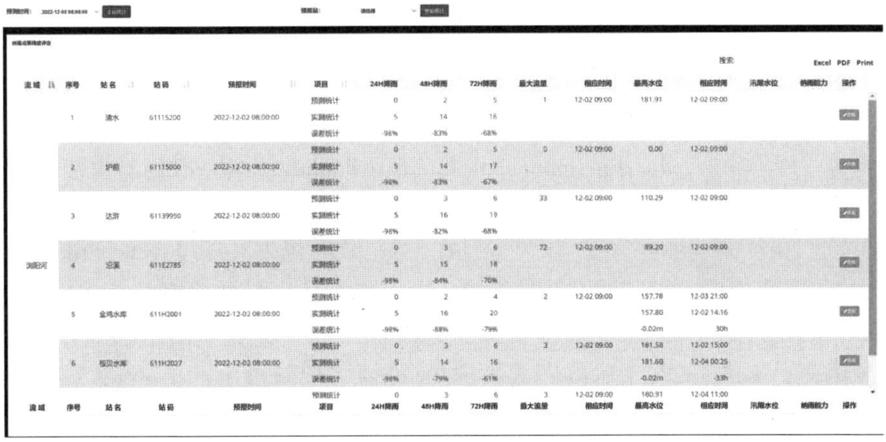

流域	序号	站名	站码	预报时间	项目	24H降雨	48H降雨	72H降雨	最大流量	相应时间	最高水位	相应时间	汛限水位	纳雨能力	操作
浏阳河	1	清水	61115200	2022-12-02 08:00:00	预测统计	0	2	5	1	12-02 09:00	181.91	12-02 09:00			
					实测统计	5	14	16							
					误差统计	-98%	-83%	-68%							
	2	炉前	61115000	2022-12-02 08:00:00	预测统计	0	2	5	0	12-02 09:00	0.00	12-02 09:00			
					实测统计	5	14	17							
					误差统计	-98%	-83%	-67%							
	3	达浒	61139950	2022-12-02 08:00:00	预测统计	0	3	6	33	12-02 09:00	110.29	12-02 09:00			
					实测统计	5	16	19							
					误差统计	-98%	-82%	-68%							
	4	沿溪	611E2785	2022-12-02 08:00:00	预测统计	0	3	6	72	12-02 09:00	89.20	12-02 09:00			
					实测统计	5	15	18							
					误差统计	-98%	-84%	-70%							
	5	金鸡水库	611H2001	2022-12-02 08:00:00	预测统计	0	2	4	2	12-02 09:00	157.78	12-03 21:00			
					实测统计	5	16	20			157.80	12-02 14:16			
					误差统计	-98%	-88%	-79%			-0.02m	30h			
	6	板贝水库	611H2027	2022-12-02 08:00:00	预测统计	0	3	6	3	12-02 09:00	181.58	12-02 15:00			
					实测统计	5	14	16			181.60	12-04 00:25			
					误差统计	-98%	-79%	-61%			-0.02m	-33h			
					预测统计	0	3	6	3	12-02 09:00	160.91	12-04 11:00			

图 6-33　纳雨(洪)能力精度评定统计

2. 纳雨能力精度评定

按是否超过相应预警水位作为评定条件，当水位超过某级预警水位时，若实测降雨超过相应纳雨能力，则评定为合格。当水位未超过某级预警水位时，若实测降雨小于相应纳雨能力，则评定为合格；否则为不合格。

第7章 超标准洪水应急分洪及动态联合调度

本章研发通用应急分洪溃口洪水演进模型,提高应急事件快速分析计算能力;基于水文、水动力学方法和高速计算技术,研发超标准洪水一维河网水动力模型和二维地表水动力模型,研究水库群、蓄滞洪区、河道堤防及应急分洪等复杂边界条件下的动态联合调度技术,基于云计算技术,集成气象、水文和水动力等模型耦合,研发水利工程动态联合调度系统,提高超标准洪水精细模拟和动态调度的能力。

7.1 水动力模型及原理

7.1.1 EFDC模型介绍

环境水力学模型(the Environmental Fluid Dynamics Code,EFDC)是美国环保署(EPA)用于全美国的河流、湖泊、水库、湿地系统、河口和海洋等水体的水动力学和水质模拟,经过近20年的发展和完善,该模型已在大学、政府机关和环境咨询公司等组织中被广泛使用,并成功用于美国和欧洲其他国家100多个水体区域的研究。

EFDC最初是美国弗吉尼亚海洋科学研究所开发的一个免费的水环境开源软件,使用的开发语言是Fortran77;之后由环境保护局资助,采用新推出的Fortran95实施了二次开发,无论是功能还是效率均达到了令人满意的效果。因其完善的理论、稳定的结构与强大的功能,EFDC备受各研究机构、高等学校的专家学者青睐。由于其开源的特性,相对于其他水动力学软件更具有开发的潜力,能更简便地进行软件开发研究,更加适合应用于洪水预报项目平台中,且EFDC不断更新维护,能确保其精确性和先进性。EFDC模型具有独特优势:一是模型模拟要素多,可以模拟水动力、泥沙、有毒物质、水质、底质、风浪等水环境要素;二是可进行一维、二维和三维建模;三是模型代码是开源的,且美国政府机构维持升级,模型运行稳定、模拟精确;四是正因为开源,可以进行二次开发。

7.1.2 EFDC坐标系

EFDC在垂向采用σ坐标系,可以更好地模拟浅水区域地形对水体流动及环境要素的影响。因为天然河道具有明显的边界弯曲特征,倘若直接在直角坐标系下进行网格划分,必然会产生庞大的网格量,由此也就会导致计算工作量加重。而在正交曲线坐标系和垂向σ坐标系下进行曲线网格划分,再通过坐标变换处理,将曲线网格映射成简单的直角网格,不仅能大大减少计算量,还能从源头上保证计算的高可靠性与高精准性。其中,坐标系可通过以下关系式完成转换:

$$z = \frac{z^* + h}{\zeta + h} = \frac{z^* + h}{H} \tag{7-1}$$

式中:z 为 σ 坐标;z^* 为相对于参考高度的垂向直角坐标,m;h 为基于参考高度以下的水深,m;ζ 为相对参考高度的水面高程,m。

7.1.3　水动力学控制方程

EFDC 的成立需要满足两个假设:一个是 Boussinesq 假定,即密度的变化并不显著改变流体的性质,同时在动量守恒中,密度的变化对惯性力项、压力差项和黏性力项的影响可忽略不计,而仅考虑对质量力项的影响;另一个是垂向静水压强假定,由于项目区域如天然河道、浅海、湖泊等深度较浅,水体重力加速度远远大于其垂向加速度,所以在动力学控制方程中垂向压强近似假定为静水压强。

x 方向的动量方程:

$$\frac{\partial}{\partial_t}(m_x m_y Hu) + \frac{\partial}{\partial_x}(m_y Huu) + \frac{\partial}{\partial_y}(m_x Hvu) + \frac{\partial}{\partial_z}(m_x m_y wu) - m_x m_y fHv - \left(v\frac{\partial m_y}{\partial_x} - u\frac{m_x}{\partial_y}\right)Hv = -m_y H\frac{\partial}{\partial_x}(g\zeta + p + P_{\mathrm{atm}}) - m_y\left(\frac{\partial_h}{\partial_x} - z\frac{\partial_H}{\partial_x}\right)\frac{\partial_P}{\partial_z} + \frac{\partial}{\partial_x}\left(\frac{m_y}{m_x}HA_H\frac{\partial_u}{\partial_x}\right) + \frac{\partial}{\partial_y}\left(\frac{m_x}{m_y}HA_H\frac{\partial_u}{\partial_y}\right) + \frac{\partial}{\partial_z}\left(\frac{m_x m_y}{H}A_v\frac{\partial_u}{\partial_z}\right) - m_x m_y c_{\mathrm{p}} D_{\mathrm{p}} u\sqrt{u^2 + v^2} + S_{\mathrm{u}} \tag{7-2}$$

y 方向的动量方程:

$$\frac{\partial}{\partial_t}(m_x m_y Hv) + \frac{\partial}{\partial_x}(m_y Huv) + \frac{\partial}{\partial_y}(m_x Hvv) + \frac{\partial}{\partial_z}(m_x m_y wv) - m_x m_y fHu + \left(v\frac{\partial m_y}{\partial_x} - u\frac{\partial m_x}{\partial_y}\right)Hu = -m_x H\frac{\partial}{\partial_y}(g\zeta + p + P_{\mathrm{atm}}) - m_x\left(\frac{\partial_h}{\partial_y} - z\frac{\partial_H}{\partial_y}\right)\frac{\partial_P}{\partial_z} + \frac{\partial}{\partial_x}\left(\frac{m_y}{m_x}HA_H\frac{\partial_v}{\partial_x}\right) + \frac{\partial}{\partial_y}\left(\frac{m_x}{m_y}HA_H\frac{\partial_v}{\partial_y}\right) + \frac{\partial}{\partial_z}\left(\frac{m_x m_y}{H}A_v\frac{\partial_v}{\partial_z}\right) - m_x m_y c_{\mathrm{p}} D_{\mathrm{p}} v\sqrt{u^2 + v^2} + S_{\mathrm{v}} \tag{7-3}$$

z 方向的动量方程:

$$\frac{\partial_P}{\partial_z} = -gH(\rho - \rho_0)\rho_0^{-1} = -gHb \tag{7-4}$$

连续方程:

$$\frac{\partial}{\partial_t}(m_x m_y \zeta) + \frac{\partial}{\partial_x}(m_y Hu) + \frac{\partial}{\partial_y}(m_x Hv) + \frac{\partial}{\partial_z}(m_x m_y w) = S_{\mathrm{h}} \tag{7-5}$$

$$\frac{\partial}{\partial_t}(m_x m_y \zeta) + \frac{\partial}{\partial_x}(m_y HU) + \frac{\partial}{\partial_y}(m_x HV) = S_{\mathrm{h}} \tag{7-6}$$

密度方程:

$$\rho = \rho(p, S, T, C) \tag{7-7}$$

$$U = \int_0^1 u\mathrm{d}z, V = \int_0^1 v\mathrm{d}z \tag{7-8}$$

$$P = m_y Hu, q = m_x Hv \tag{7-9}$$

式中：(x,y)为水平方向上的曲线-正交坐标；z为垂向σ坐标；(u,v)为(x,y)方向的水平速度分量，m/s；H为总水深，m；m_x和m_y为坐标变换系数，在笛卡儿坐标下，变换系数等于1；P_{atm}为大气压强，Pa；p为参考密度ρ_0下的附加静水压；b为浮力；f为科里奥利力系数，涵盖网格曲率加速度；A_H为水平动量扩散系数，$\mathrm{m^2/s}$；A_v为垂向紊动黏滞系数，$\mathrm{m^2/s}$；c_{p}为植被阻力系数；D_{p}为每单位水平面积的流量相交的投影植被区域；S_u和S_v为(x, y)方向动量的源/汇项，$\mathrm{m^2/s^2}$；S_{h}为质量守恒方程的源/汇项，$\mathrm{m^3/s}$；S为盐度，ng/L；T为温度，℃；C为总悬浮无极颗粒浓度，$\mathrm{g/m^3}$；U和V为(x, y)方向的深度平均速度分量，m/s；P和q为(x, y)方向的质量通量分量，$\mathrm{m^2/s}$。

σ坐标下的垂向速率可表达为

$$w = w' - z\left(\frac{\partial_\zeta}{\partial_t} + \frac{u}{m_x}\frac{\partial_\zeta}{\partial_x} + \frac{v}{m_y}\frac{\partial_\zeta}{\partial_y}\right) + (1 - z)\left(\frac{u}{m_x}\frac{\partial_h}{\partial_x} + \frac{v}{m_y}\frac{\partial_h}{\partial_y}\right) \tag{7-10}$$

式中：w为σ坐标下的垂向速率，m/s；w'为z坐标下的垂向速率。

EFDC在空间上采用的是二阶精度的有限差分算法来对方程进行求解，而在时间上采用二阶精度的三层有限差分格式，在水平方向和垂直方向采用交错网格。

7.2　基础数据预处理方法

7.2.1　基础数据需求分析

本书使用的基础资料由支撑项目提供，地形数据为浏阳河干流范围内高精度2 m的NSDTF-DEM（中华人民共和国国家标准地球空间数据交换格式）文件，其坐标系为CGCS2000_3_Degree_GK_CM_117E坐标系。

建立浏阳河干流的EFDC水动力模型，模型建立所需要的基础文件主要有研究范围地形高程数据文件和设计洪水流量数据文件。其中，地形高程数据文件为.dat格式或.txt格式，文件中有多个高程点数据，每个点数据需要按顺序写入3个数值，分别为该点数据的X坐标、Y坐标及Z坐标，点的坐标系统为UTM坐标系；设计洪水流量文件需要通过EFDC软件直接写入，主要包含分洪时间和对应时间点的分洪流量。然而，地形数据的基础资料并不能直接用于建模，需要转换为适用于EFDC软件输入格式的地形点数据，由于项目区域范围辽阔，地形数据处理工作量巨大，为此单独研究一套NSDTF-DEM数据预处理方法，为今后地形数据预处理提供参考。

7.2.2　地形数据预处理思路

构建EFDC水动力模型需要运用GIS软件将DEM（Digital Elevation Model）数据转化为高程点数据。由于NSDTF-DEM属于格网数据交换格式，GIS软件无法对其进行处理分析。因此，需要找到一种高效准确的方法将NSDTF-DEM格式文件批量转换为GIS软件可以读取的数据格式文件，再利用 GIS 等地形处理软件将 DEM 转换成符合 EFDC 模型输入条件的点文件，从而完成对地形数据的预处理。

通过查找相关文献得知，可将 NSDTF-DEM 文件转换为 GIS 软件可以处理的 ArcGIS GRID 文件，由于该项目 NSDTF-DEM 文件数量过多，人工转化效率低且误差高，需要设计一个格式转换软件，通过计算机精确高效地实现两种文件的批量转换。

7.2.3　NSDTF-DEM 格式转换软件设计思路

透彻了解 NSDTF-DEM 和 ArcGIS GRID 文件的数据格式，找到两者不同的地方，再设计转换软件编制思路。NSDTF-DEM 文件后缀为.dem，能够使用记事本将其打开，该文件有几百行，1~12 行为头文件信息，从第 13 行开始存储栅格数据，由于源文件精度为 2 m，已经属于保密文件，不便做出展示，表 7-1 为经过修改后的部分文件信息。

表 7-1　NSDTF-DEM 文件信息

序号	NSDTF-DEM 头文件信息
1	NSDTF-DEM
2	1.0
3	M
4	0.000 000
5	0.000 000
6	490 490.000 000
7	4 285 510.000 000
8	2.000 000
9	2.000 000
10	261
11	261
12	1 000
13	7567 7585 7602 7619 7636 7653 7671 7688 7705 7722
14	7740 7757 7774 7791 7809 7826 7843 7860 7878 7895

头文件每行数据都有其特定的含义，明确每行文件的意义才能找到文件数据的规则，表 7-1 中每行数据具体对应的意义如表 7-2 所示。

表 7-2　NSDTF-DEM 文件翻译

序号	英文符号	具体意义
1	DataMark	中国地球空间数据交换格式格网数据交换格式(CNSDTF-RAS 或 CNSDTF-DEM)的标志
2	Version	空间数据交换格式的版本号,如 1.0
3	Unit	坐标单位,K 表示千米,M 表示米,D 表示以度为单位的经纬度,S 表示以度分秒表示的经纬度(此时坐标格式为 DDDMMSS. SSSS,DDD 为度,MM 为分,SS. SSSS 为秒)
4	Alpha	方向角
5	Compress	压缩方法,0 表示不压缩,1 表示游程编码
6	Xo	左上角原点 X 坐标
7	Yo	左上角原点 Y 坐标
8	DX	X 方向的间距
9	DY	Y 方向的间距
10	Row	行数
11	Col	列数
12	HZoom	高程放大倍率。基本部分,不可缺省。设置高程的放大倍率,使高程数据可以整数存储,若高程精度精确到 cm,高程的放大倍率为 100。如果不是 DEM,则 HZoom 为 1
13	Raster data values	栅格数据值
14	Raster data values	栅格数据值

GRID 数据格式文件栅格单元数据值记录方式与 NSDTF-DEM 文件基本一样,主要是头文件信息记录的方式不同。ArcGIS GRID 格式数据的主要文件记录方式及含义如表 7-3 所示。

表 7-3　ArcGIS GRID 文件翻译

序号	英文符号	具体意义
1	ncols	数据列数
2	nrows	数据行数
3	xllcorner	数据左上角的 X 值
4	yllcorner	数据左下角的 Y 值

续表 7-3

序号	英文符号	具体意义
5	cellsize	数据分辨率(栅格单元的宽高)
6	NODATA_value	无值数据标志
7	Raster data values	栅格数据值
8	Raster data values	栅格数据值

对比两种格式的数据,发现想要完成文件格式的转换,需要将 NSDTF-DEM 格式的文件更改成 ArcGIS GRID 形式的文件,并且将后缀改为.grd 就可以在 ArcGIS 中打开使用了。表 7-3 中转换后的部分成果如表 7-4 所示。

表 7-4　ArcGIS GRID 文件转换结果

序号	头文件信息
1	261
2	261
3	490 490.000 000
4	4 284 988.000 000
5	2.000 000
6	-99 999
7	7.567000 7.585000 7.602000 7.619000 7.636000 7.653000 7.671000 7.688000 7.705000 7.722000
8	7.740000 7.757000 7.774000 7.791000 7.809000 7.826000 7.843000 7.860000 7.878000 7.895000

其中,需要特别注意的是 NSDTF-DEM 数据表头显示的是左上角 y 值,而 ArcGIS GRID 数据表头显示的是左下角 y 值,所以 yllcorner 需要重新计算。计算公式为

$$yllcorner = Yo - Row \cdot DY \tag{7-11}$$

NSDTF-DEM 数据表头有高程放大倍率,而 ArcGIS GRID 数据表头没有,所以 ArcGIS GRID 文件的栅格数据值等于原文件的栅格数据值分别除以 HZoom。NSDTF-DEM 数据栅格文件中无值数据标志有-99999 或-9999 两种情况,所以 ArcGIS GRID 数据的文件头中 NODATA_value 需要识别栅格文件中的无值数据标志来确定。

7.2.4　NSDTF-DEM 格式转换软件设计过程

NSDTF-DEM 格式转换软件设计过程主要分为程序代码编写和用户界面设计两大步骤。本书使用 Python 语言进行编程,集成开发环境采用 PyCharm Community Edition

Python IDE(Integrated Development Environment,集成开发环境)软件,因其具有高效、简便、适应性强等特点,十分适用于当前项目。

用户界面设计采用 Qt Designer 软件,该软件是使用 Qt 部件(Widgets)设计和使用图形用户界面(GUI)的工具。它允许我们以所见即所得的方式构建和定制自己的窗口(Windows)或对话框(Dialogs)并提供了不同的方法来测试它们。Qt 软件可以无缝地将 Qt 设计师创建的部件或窗体与手工编写的代码整合在一起,这使得我们可以轻松地为图形元素定义行为。用户界面的设计采用最简化原则,只添加一些必要的按钮,界面展示如图 7-1 所示。

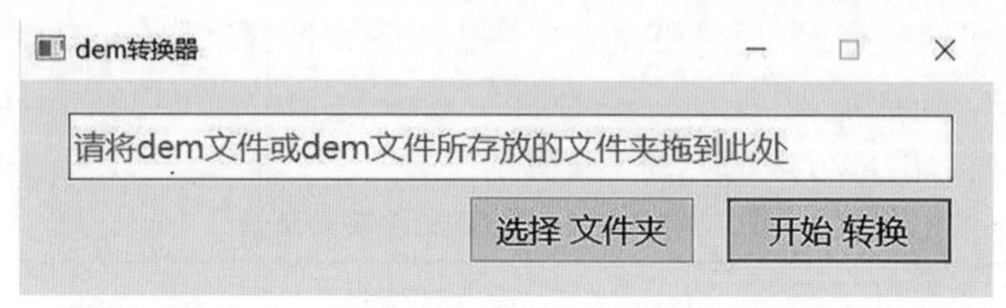

图 7-1　NSDTF-DEM 格式转换软件用户界面

7.2.5　NSDTF-DEM 格式转换软件结果率定

选取部分 NSDTF-DEM 数据文件,利用转换软件进行转换,再从宏观和微观两个角度对转换文件的准确性进行验证。将生成的 ArcGIS GRID 栅格数据文件导入 ArcMap 软件,与研究范围图层进行对比,结果显示其在研究范围内。再与业主提供的部分.tif 格式文件进行对比,发现生成的 ArcGIS GRID 栅格数据文件能与.tif 格式文件完全吻合。提取周边栅格文件的表头(Xo,Yo)坐标数据,再将生成的 ArcGIS GRID 栅格数据文件导入 ArcMap 软件与表头(Xo,Yo)坐标点数据进行对比,发现表头坐标点位置完美地位于一个栅格数据的 4 个角,证明 NSDTF-DEM 数据文件转换成功,如图 7-2 所示。

图 7-2　栅格数据率定

最终将所有 NSDTF-DEM 数据文件进行转换,用时 1 min 28 s,结果显示,该软件能高效准确地将大量 NSDTF-DEM 数据转换成 ArcGIS GRID 栅格数据,从而可以被 GIS 软件处理。

7.3　浏阳河下游干流水动力模型构建与模拟应用

在模型构建时,分前处理过程、数值计算过程以及后处理过程。其中,前处理过程主要是处理地形资料、河网资料、上下边界文件等,供数值计算过程使用。数值计算过程主要涉及初始条件的设置、时间步长的设置以及参数率定。后处理过程主要是提取计算结果数据并展示,分析结果的可靠性和精确性等。模型构建流程具体见图7-3。

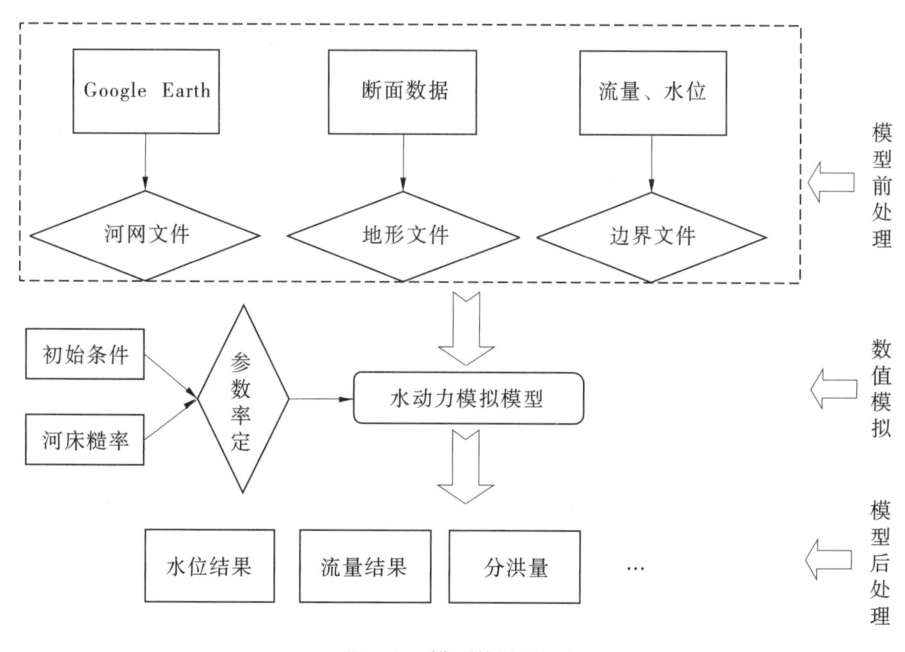

图7-3　模型构建流程

7.3.1　河道演进模型网格大小确定

在本书中,水力学模型网格大小涉及模型计算时效及前端渲染高效等因素,合理确定模型网格大小,在确保水力学模拟精度的前提下,适当考虑模型计算时间及前端渲染数据限量要求。水力学模型网格大小一般会有以下影响:

(1)网格大小对模型计算时间影响巨大。网格越小,时间步长就越小,模型计算时间就成倍增长。当相对网格大小与计算步长的网格比小于1时,河道内水动力计算结果随着网格尺寸的减小无明显变化,河滩内计算结果波动略大于河槽;相对网格比大于1时,模型计算结果的平均相对偏差随网格增大而增大,当相对网格比足够大时,平均相对偏差趋稳。相对网格比分别达到7和5后,网格尺寸的继续增大对河滩和河槽计算流速的影响减弱并趋于平缓;而网格尺寸的持续增大对计算水位的影响直至相对网格比为9才开始趋稳。

(2)网格大小对模拟流速和模拟水位精度均有影响。相对网格比的变化对计算流速和计算水位的影响趋势基本一致。但是计算流速的平均相对偏差远远大于计算水位的平均相对偏差。计算流速偏差的变化幅度很大程度上与所研究河段狭长、地形变化剧烈、水深变化大的特征有关。此外,网格尺寸对河滩内模型计算结果的影响大于对河槽的影响,河滩内计算流速的最大平均相对偏差是河槽的 3.5 倍;河滩内计算水位的最大平均相对偏差也略大于河槽。

(3)不同水深段内,相对网格比的变化对河道内水动力计算结果的影响不同,水深小于 5 m 的浅水区域和水深大于 20 m 的深水狭长区域内的计算结果平均相对偏差较大。

(4)河道河滩处地形变化显著、靠近岸线,网格变大时还易受陆地地形数据影响;狭长的山区河道横断面上地势变化较大,易被大网格“坦化”。如果研究区域在河滩附近或河道床面起伏较大,建立数学模型过程中应对网格进行加密。

浏阳河下游干流模型计算应综合考虑以下几个需求:一是 1 d 模拟时间的模型所需计算时间小于 10 min;二是前端渲染网格数据量小于 10 万个网格。因此,模型网格一般按 5 m 考虑,对于河道支流汇入及涵道进出口进行局部加密。浏阳河下游干流水系分布见图 7-4。

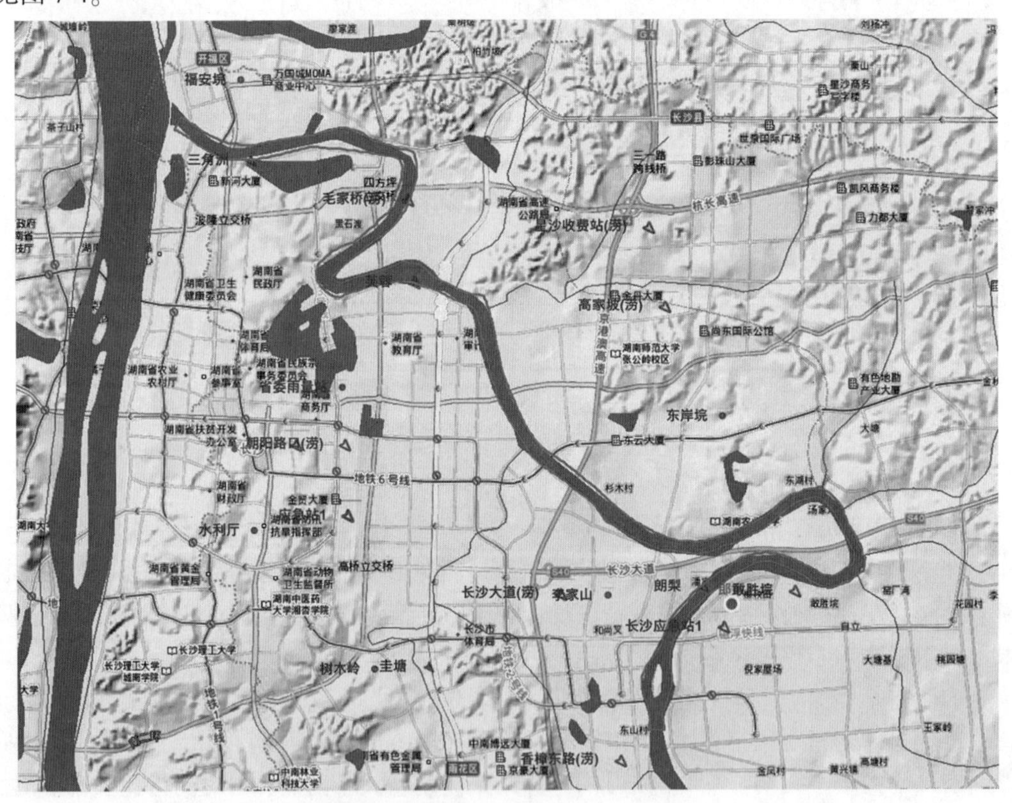

图 7-4　浏阳河下游干流水系分布

7.3.2　河道演进模型构建

在本书中,依据水力学网格大小确定原则,构建浏阳河下游干流主河道、主河道两边各外扩 1 km 洪泛区的 2 个水力学模型,详见图 7-5 和图 7-6。其河道内网格大小为 5 m,河道外网格大小为 30 m。

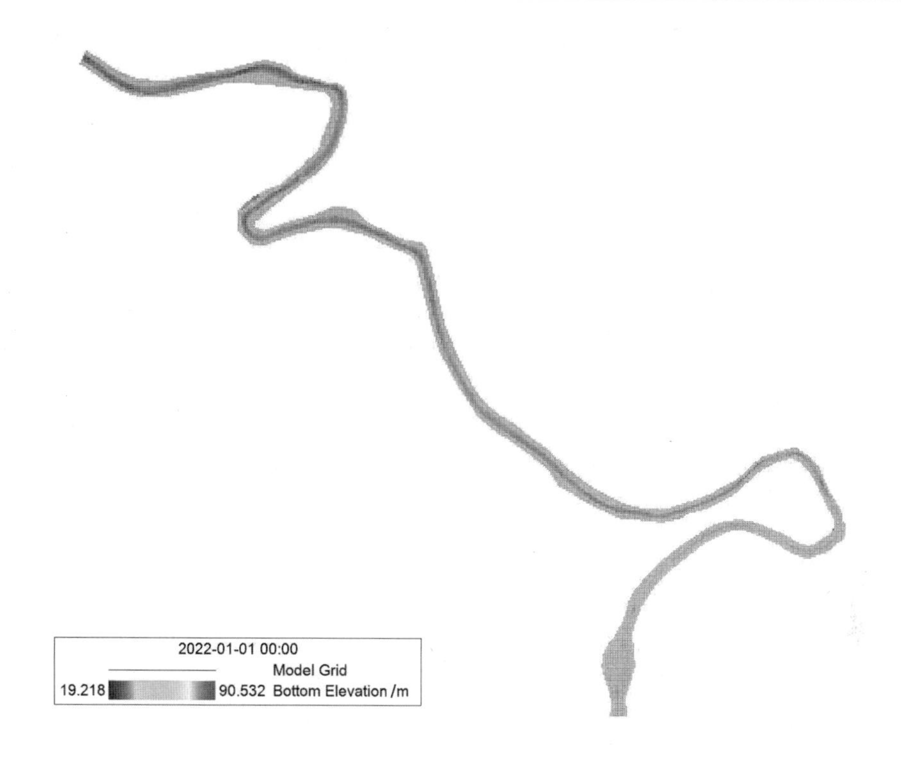

图 7-5　浏阳河主河道网格小划分方案

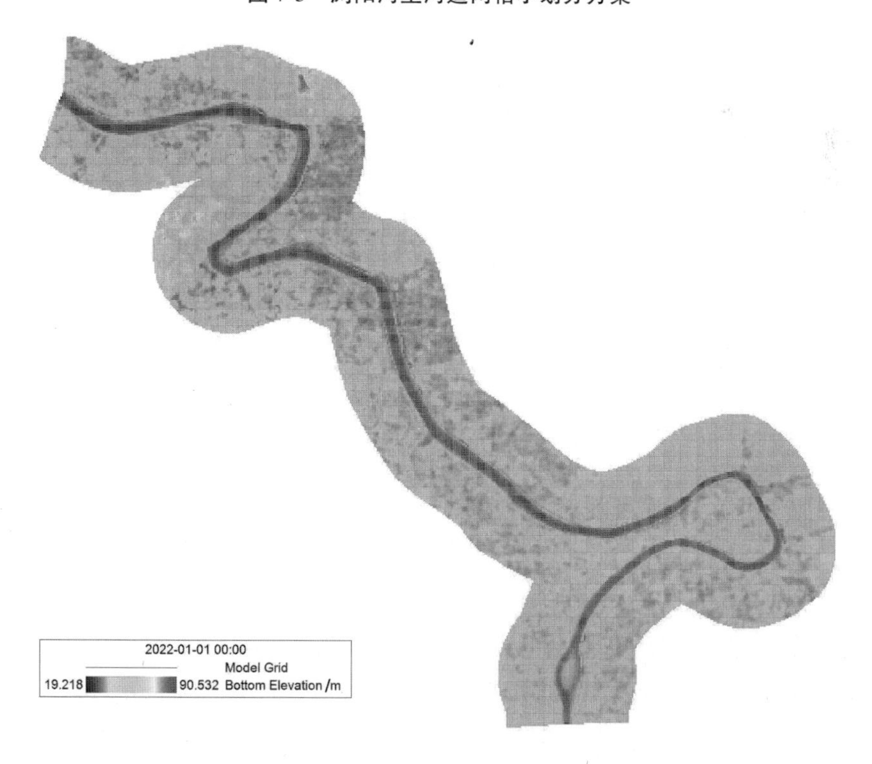

图 7-6　浏阳河洪泛区网格小划分方案

按此原则,浏阳河下游干流主河道模型计算区域概化分为 7 737 个不规则网格,洪泛区模型计算区域概化分为 63 313 个不规则网格。在网格剖分过程中,以浏阳河干流的计算范围作为边界约束条件,将河流等导水通道以及高速公路、内河堤防、铁路等阻水建筑物作为内部约束条件,并以每个网格面积不超过 90 m^2 为标准进行网格剖分,对于特殊地形地物,如高速公路、铁路及河流通道等进行了局部加密处理。同时,考虑了水闸、泵站等水工建筑物的分布,为下一步开展补充完善方案中的暴雨内涝分析做准备。

7.3.2.1 网格属性赋值

网格的属性赋值主要包括对网格逐一进行编号、类型、高程、糙率、面积修正率等的赋值。首先,需要对每个网格进行编号,赋予每个网格一个 ID。其次,根据基础底图将网格划分为陆地、河道、湖泊等不同类型,并赋予相应的代码(需要说明的是,在剖分网格时是根据已有堤防资料确定河道型网格的位置和宽度,但某些河道型网格的宽度与实际情况略有偏差。因此,在准备程序计算文件时对此进行合理的修正)。其次,根据 DEM 数据,计算出每个网格的平均高程;再按照湖泊型网格、河道型网格、农田网格、非农田陆地网格等不同类型网格,分别赋予网格相应的糙率;最后,以每个网格内的居民地面积与其所在网格面积的比值,作为网格的面积修正率属性。再根据不同居民地的特点,选取不同的面积修正率系数,对每个网格的面积修正率进行进一步的修正。

本模型网格属性赋值主要是格网 ID 及对应糙率。

7.3.2.2 特殊通道属性赋值

特殊通道主要包括能够起到阻水作用的通道(比如堤防、铁路、公路等)以及宽度较小、在网格剖分时无法概化为网格的河流。

对于阻水型特殊通道的赋值情况,以堤防为例进行介绍,包括保护区内主要内河的堤防现状及规划资料,可根据桩号将其位置逐一在地图中标出,并通过断面高程提出其堤顶高程值。之后,可根据高程点进行线性插值,得到堤防特殊通道的高程值。在本书中,所考虑的堤防高程包括浏阳河干流堤防。另外,对于铁路、高速公路特殊通道与其他特殊通道交口处,根据实地调研情况设定了涵洞宽度,底高程为其所在位置的 DEM 提取值;而铁路、公路的高程主要是基于 DEM 数据提取的,并根据现场调研进行了适当的修正。对于没有获取相关资料的特殊河道,其宽度和堤顶高程根据 Google 影像图或实地调研情况进行赋值。

7.3.2.3 模型地形数据插值方法

本书研究的地形数据使用 2 m 精度 NSDTF-DEM,将 NSDTF-DEM 数据导入自制的转换软件生成 ArcGIS GRID 栅格数据文件,利用 ArcMap 软件将栅格数据按照项目区域的范围切割再转化为点数据,由于 EFDC 软件默认坐标系为 UTM 坐标系,依据项目区域的地理位置将点数据的坐标系转化为 WGS_1984_UTM_Zone_49N 坐标系,计算点数据的 X 坐标、Y 坐标和 Z 坐标,最后转化为 dBASE 格式文件导出。将点文件复制在. txt 文本中,更改后缀名为. xyz,导入 EFDC 模型中做平均插值处理,软件会自动将导入的点文件进行插值及平滑处理,生成 dxdy. inp 文件、cell. inp 文件、cellt. inp 文件、corners. inp 文件和 lxly. inp 文件,见图 7-7。

```
' CORNERS.INP - CELL CORNER COORDINATES USED BY DSI'S EFDC+ Explorer FOR PLOTTING - Version: 11.2
' Project:
'   I   J       X1           Y1           X2           Y2           X3           Y3           X4           Y4
  316   3  702966.3000 3115019.0000  702966.3000 3115049.0000  702996.3000 3115049.0000  702996.3000 3115019.0000
  317   3  702996.3000 3115019.0000  702996.3000 3115049.0000  703026.3000 3115049.0000  703026.3000 3115019.0000
  318   3  703026.3000 3115019.0000  703026.3000 3115049.0000  703056.3000 3115049.0000  703056.3000 3115019.0000
  319   3  703056.3000 3115019.0000  703056.3000 3115049.0000  703086.3000 3115049.0000  703086.3000 3115019.0000
  320   3  703086.3000 3115019.0000  703086.3000 3115049.0000  703116.3000 3115049.0000  703116.3000 3115019.0000
  321   3  703116.3000 3115019.0000  703116.3000 3115049.0000  703146.3000 3115049.0000  703146.3000 3115019.0000
  322   3  703146.3000 3115019.0000  703146.3000 3115049.0000  703176.3000 3115049.0000  703176.3000 3115019.0000
  323   3  703176.3000 3115019.0000  703176.3000 3115049.0000  703206.3000 3115049.0000  703206.3000 3115019.0000
  324   3  703206.3000 3115019.0000  703206.3000 3115049.0000  703236.3000 3115049.0000  703236.3000 3115019.0000
  325   3  703236.3000 3115019.0000  703236.3000 3115049.0000  703266.3000 3115049.0000  703266.3000 3115019.0000
  316   4  702966.3000 3115049.0000  702966.3000 3115079.0000  702996.3000 3115079.0000  702996.3000 3115049.0000
  317   4  702996.3000 3115049.0000  702996.3000 3115079.0000  703026.3000 3115079.0000  703026.3000 3115049.0000
  318   4  703026.3000 3115049.0000  703026.3000 3115079.0000  703056.3000 3115079.0000  703056.3000 3115049.0000
  319   4  703056.3000 3115049.0000  703056.3000 3115079.0000  703086.3000 3115079.0000  703086.3000 3115049.0000
  320   4  703086.3000 3115049.0000  703086.3000 3115079.0000  703116.3000 3115079.0000  703116.3000 3115049.0000
  321   4  703116.3000 3115049.0000  703116.3000 3115079.0000  703146.3000 3115079.0000  703146.3000 3115049.0000
  322   4  703146.3000 3115049.0000  703146.3000 3115079.0000  703176.3000 3115079.0000  703176.3000 3115049.0000
  323   4  703176.3000 3115049.0000  703176.3000 3115079.0000  703206.3000 3115079.0000  703206.3000 3115049.0000
  324   4  703206.3000 3115049.0000  703206.3000 3115079.0000  703236.3000 3115079.0000  703236.3000 3115049.0000
  325   4  703236.3000 3115049.0000  703236.3000 3115079.0000  703266.3000 3115079.0000  703266.3000 3115049.0000
  317   5  702996.3000 3115079.0000  702996.3000 3115109.0000  703026.3000 3115109.0000  703026.3000 3115079.0000
  318   5  703026.3000 3115079.0000  703026.3000 3115109.0000  703056.3000 3115109.0000  703056.3000 3115079.0000
```

图 7-7　河道水下地形网格信息

7.3.3　模型参数的确定

二维河道模型的主要参数是糙率。在本书研究中，通过分河段进行糙率率定，各个河段再根据断面组成将其划分为不同水位级别逐级试糙，最后整体率定，微调局部糙率，直到水位和流量的模拟值满足精度。

在本次二维水动力学模拟计算中，湖泊水面型网格的糙率选取为 0.025，河道型网格的糙率取为 0.025，农田网格糙率取为 0.05，林地网格糙率取为 0.065，其他非农田、林地的陆地网格糙率取为 0.07。

7.3.4　模型边界输入

浏阳河水力学模型输入共有 2 个站点：上游榔梨站流量过程、下游三角洲站水位过程，详见表 7-5 和图 7-8。

表 7-5　浏阳河水力模型边界输入

序号	站码	站名	站类	水文要素	输入方向	经度/(°)	纬度/(°)
1	61114700	榔梨	ZQ	q	inflow	113.077 778	28.169 722
2	611F1804	三角洲	ZQ	Z	inflow	112.988 167	28.242 25

7.3.5　二维水动力模型模拟应用

设定浏阳河下游 100 年一遇洪水，榔梨站洪峰流量 6 200 m^3/s。

点击“洪水演进计算”，弹出水力学模型计算设定界面，选定“设计模拟”下的 p100y 方案名称，点击“演进计算”即可启动水力学计算，见图 7-9。

开福区
福安垸
万国城MOMA商业中心
三角洲
新河大厦
四方坪
毛家桥(涝)
湖南省高速公路局
星沙收费站(涝)
杭长高速
长沙县
世景国际广场
彰珠山大厦
凯风商务楼
力都大厦
星沙商务写字楼
芙蓉
高家坂(涝)
金昇大厦
尚东国际公馆
湖南师范大学张公岭校区
湖南省教育厅
省委雨量站
朝阳路口(涝)
东岸坑
东云大厦
地铁6号线
杉木村
东湖村
应急站1
水利厅
高桥立交桥
长沙大道
长沙大道(涝)
黎家山
朗梨
郎散胜垸
长沙应急站1
长沙市体育局
树木岭
圭塘
长沙理工大学
香樟东路(涝)
中南博远大厦
京豪大厦
王家岭

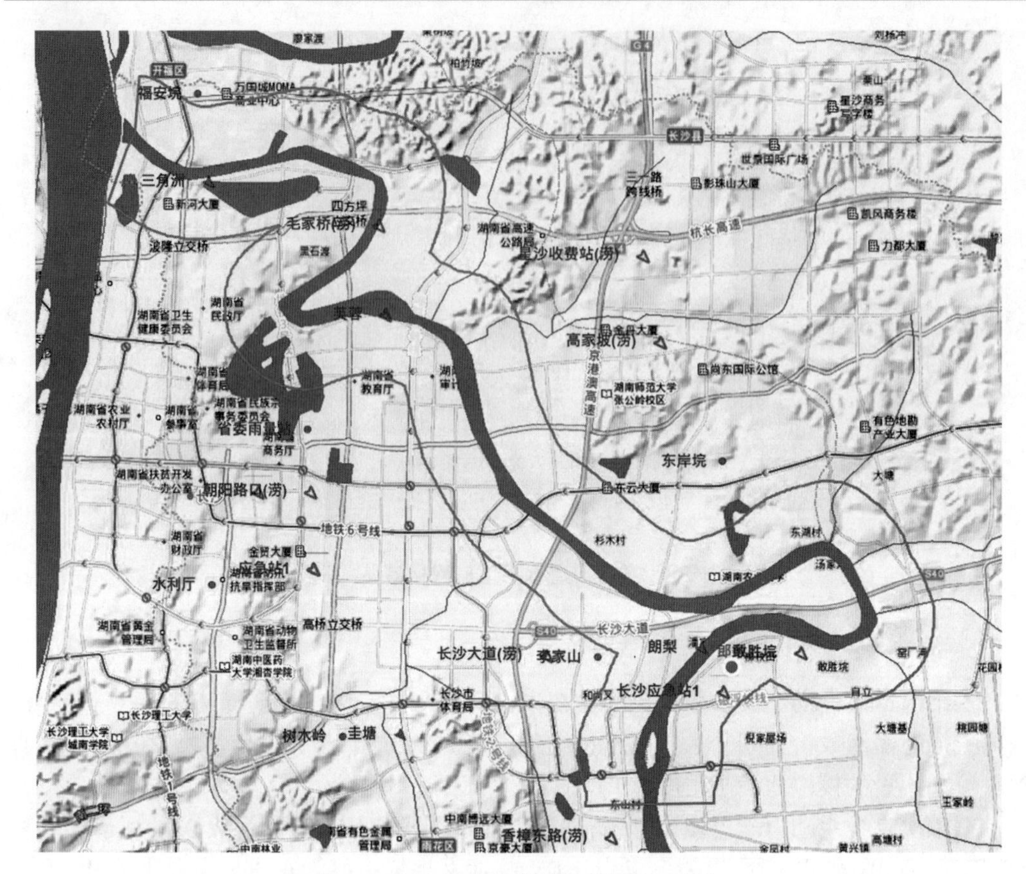

图 7-8　浏阳河水力学模型边界输入站点

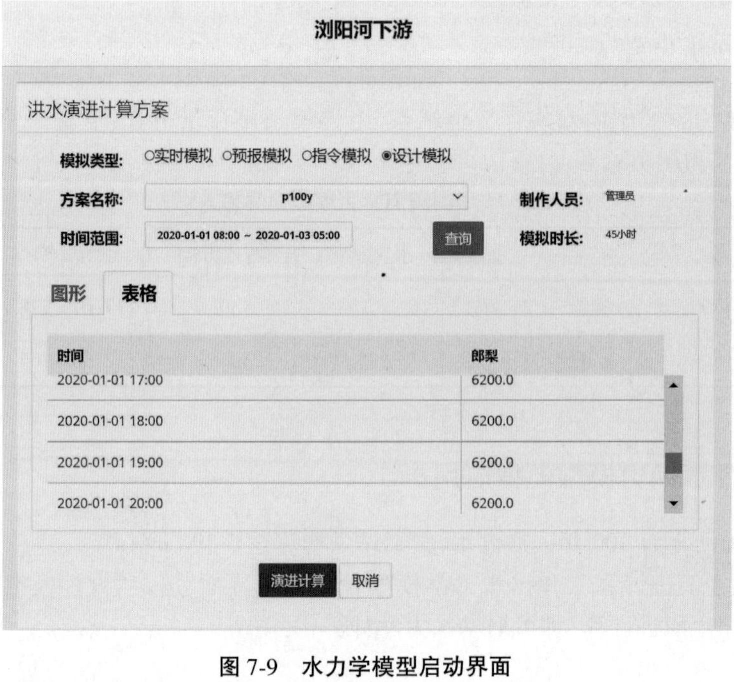

浏阳河下游
洪水演进计算方案
模拟类型: ○实时模拟 ○预报模拟 ○指令模拟 ◉设计模拟
方案名称: p100y
制作人员: 管理员
时间范围: 2020-01-01 08:00 ~ 2020-01-03 05:00
查询
模拟时长: 45小时
图形
表格
时间
郎梨
2020-01-01 17:00
6200.0
2020-01-01 18:00
6200.0
2020-01-01 19:00
6200.0
2020-01-01 20:00
6200.0
演进计算
取消

图 7-9　水力学模型启动界面

点击“洪水演进成果展示(图片)”,选定“p100y”方案成果,可动画展示洪水演进过程,见图 7-10。

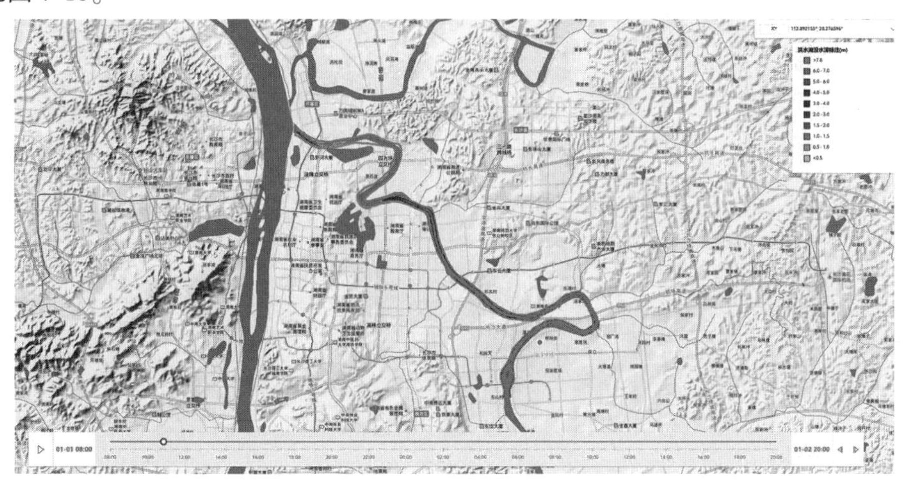

图 7-10　浏阳河 100 年一遇洪水演进过程

点击椝梨站断面上河道上任一点,可弹出此点水位过程,椝梨站 100 年一遇水位为 48.80 m,详见图 7-11。

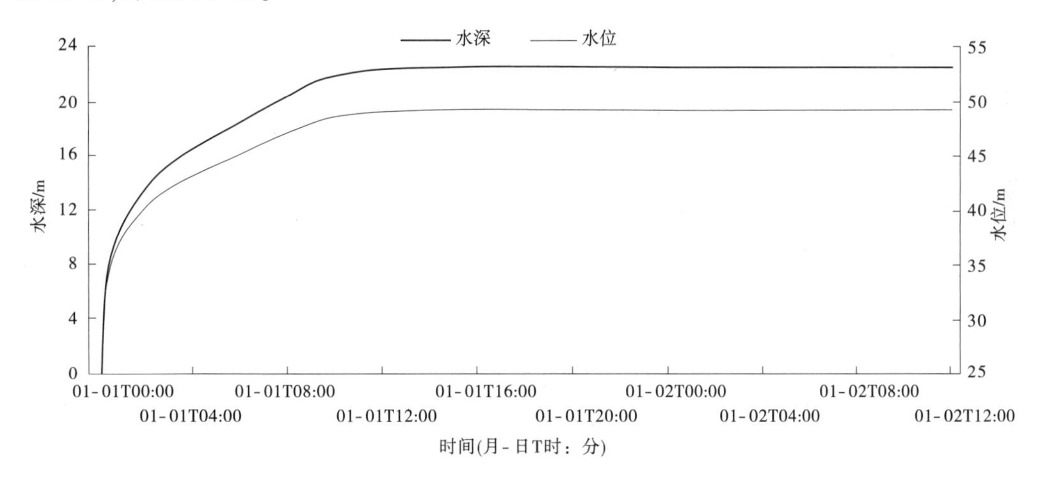

图 7-11　浏阳河干流任一点模拟水位过程线

7.3.6　2017 年 7 月 1 日洪水模拟分析

2017 年 7 月上旬,浏阳河发生一次较大洪水。采用水力学模型模拟此次洪水过程,详见图 7-12 和图 7-13。

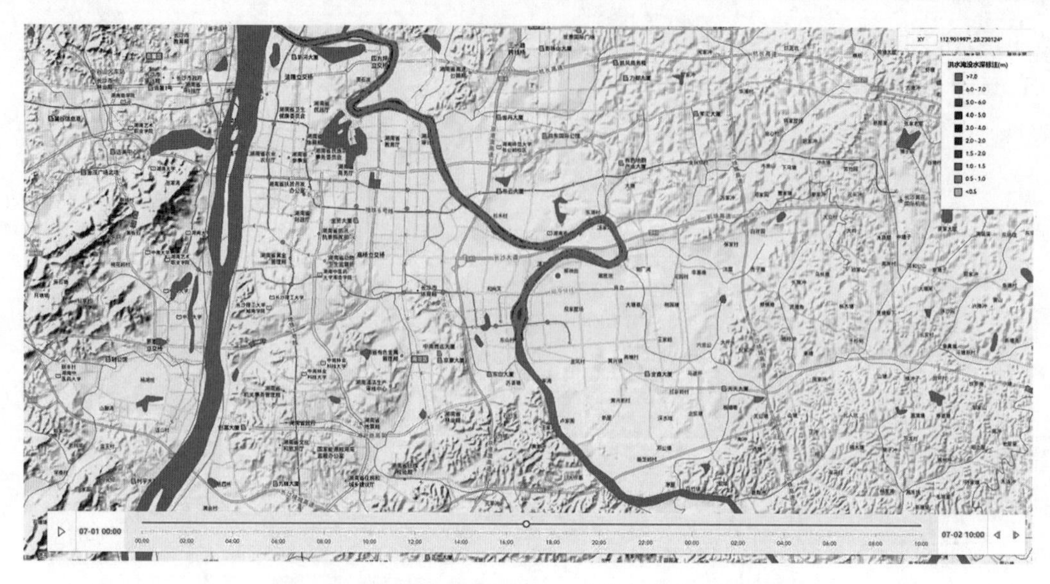

图 7-12　浏阳河下游干流“7 · 1”洪水最大淹没范围

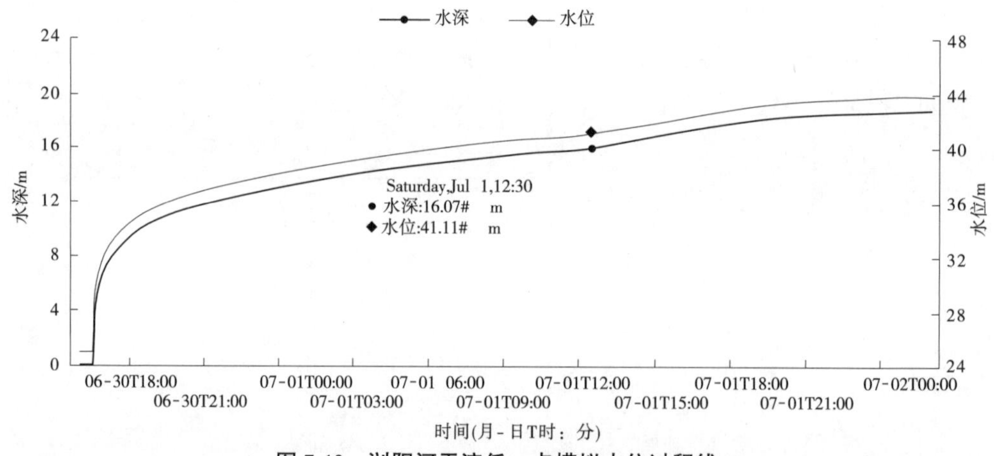

图 7-13　浏阳河干流任一点模拟水位过程线

7.4　浏阳河下游堤垸洪水淹没分析

以浏阳河金牌段至榔梨段及曙光垸为研究对象，收集浏阳河河道流量、水位、河道地形等相关资料，建立河道二维数学模型，设置不同洪水频率(5 年一遇、10 年一遇、50 年一遇、100 年一遇及 2017 年实测洪水)下的洪水工况，定量分析不同工况条件下浏阳河洪水对堤垸的淹没情况，对提升堤垸防洪减灾管理能力奠定基础。研究堤垸的地理位置如图 7-14 所示，堤垸的三维地形图如 7-15 所示。

7.4.1　模型设置

本模型计算范围涵盖了浏阳河金牌段至榔梨段，模型上至金牌，下至榔梨。模型计算

图 7-14　堤垸地理位置

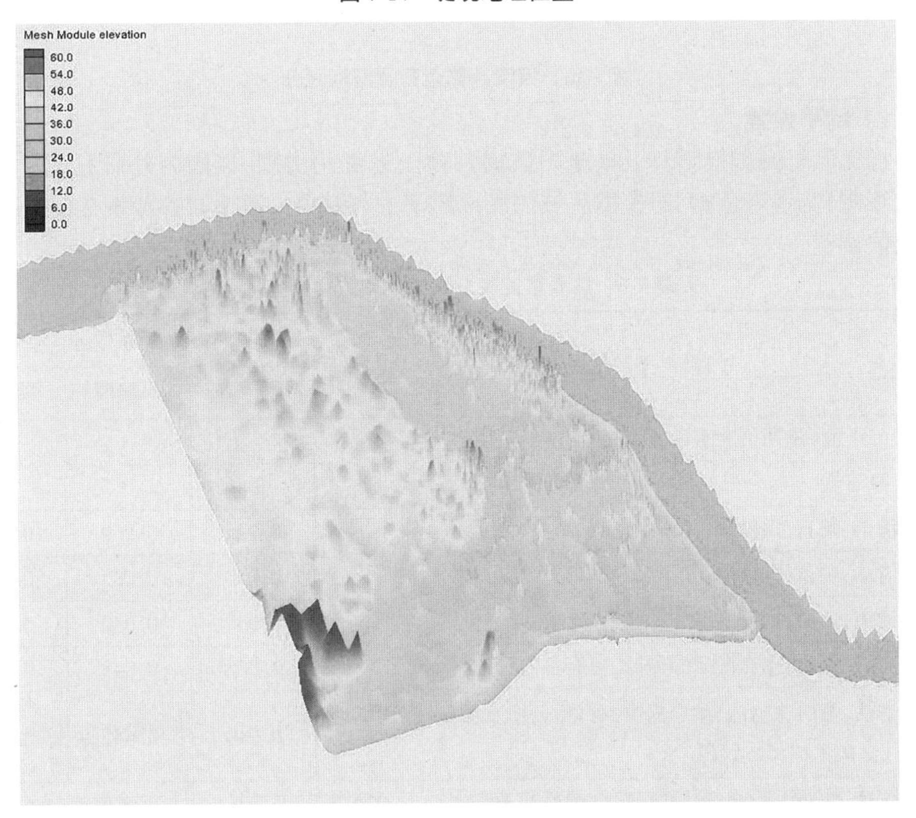

图 7-15　堤垸三维地形

小为 3 m。模型采用非结构三角单元格进行划分网格，整个模型的三角形网格节点数为 94 540 个，三角单元网格数为 186 826 个。模型采用双江口站流量作为上游边界，槧梨站水位作为下游边界。

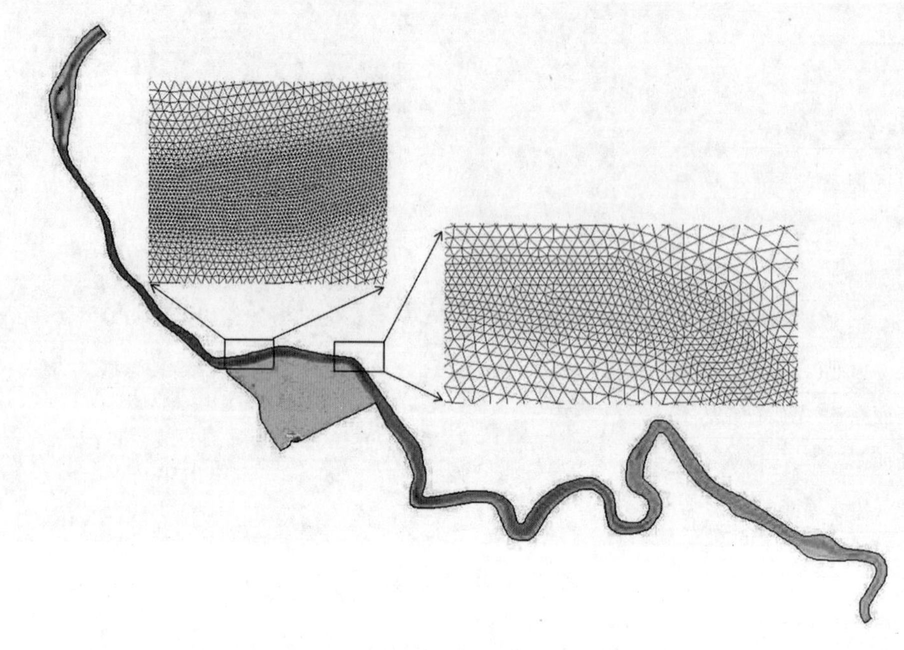

图 7-16　模型计算范围及网格划分

7.4.1.1　糙率设置

根据无人机倾斜摄影及卫星地图数据判断土地利用类型,以国内外研究成果(美国霍尔顿编制)为参考依据,对模型区域的底部糙率进行赋值。赋值时参考表 7-6 并进行适当的数值调整。

表 7-6　地表覆盖类别水力学参数赋值参考

河槽类型及情况	曼宁系数 n		
	最小值	一般值	最大值
第一类　小河(汛期最大水面宽度 30 m)			
1. 平原河流			
(1)清洁,顺直,无沙滩,无潭	0.025	0.030	0.033
(2)清洁,顺直,无沙滩,无潭,但有多石多草	0.030	0.035	0.040
(3)清洁,弯曲,稍有淤滩和深潭	0.033	0.040	0.045
(4)清洁,弯曲,稍有淤滩和深潭,但有草石	0.035	0.045	0.050
(5)清洁,弯曲,稍有淤滩和深潭,有草石,但水深较浅,河堤坡度多变,平面上回流区较多	0.040	0.045	0.050
(6)清洁,弯曲,稍有淤滩和深潭,有草石并多石	0.045	0.050	0.060
(7)多滞留间段,多草,有深潭	0.050	0.070	0.080
(8)多草丛河段,多深潭或草木滩地上的过洪	0.075	0.100	0.150

续表 7-6

河槽类型及情况	曼宁系数 n		
	最小值	一般值	最大值
2. 山区河流(河槽无草树,河岸较陡,岸坡树木丛过洪时淹没)			
(1)河底:砾石、卵石间有孤石	0.030	0.040	0.050
(2)河底:卵石和大孤石	0.040	0.050	0.070
第二类　大河(汛期水面大于 30 m)			
1. 断面完整,无孤石或丛木	0.025		0.060
2. 断面不完整,床面粗糙	0.035		0.100
第三类　洪水期滩地漫流			
1. 草地无丛木			
(1)矮草	0.025	0.030	0.035
(2)长草	0.030	0.035	0.050
2. 耕种面积			
(1)未成熟庄稼	0.020	0.030	0.040
(2)已成熟成行庄稼	0.025	0.035	0.045
(3)已成熟密植庄稼	0.030	0.040	0.050
3. 灌木区			
(1)杂草丛生,散布灌木	0.035	0.050	0.070
(2)稀疏灌木丛和树(在冬季)	0.035	0.050	0.060
(3)稀疏灌木丛和树(在夏季)	0.040	0.060	0.080
(4)中等密集灌木丛(在冬季)	0.045	0.070	0.110
(5)中等密集灌木丛(在夏季)	0.070	0.100	0.160
4. 树木			
(1)稠密树木,洪水在树枝以下	0.080	0.100	0.120
(2)稠密树木,洪水到达树枝	0.100	0.120	0.160

7.4.1.2　边界设置

模型的边界条件是施加到模型上的外部驱动力,包括水平边界条件与表面边界条件,水平边界条件包括入库河流的流量(水位、流速)和水质浓度;表面边界条件主要为气象条件(如风速风向、降雨蒸发、温度辐射等)。本书研究未考虑降雨、蒸发等表面边界条件,模型上游边界条件给定流量,下游边界给定水位。

模型上游边界给定为双江口流量,通过收集双江口站近年来的水文数据,参考 Pearson-

Ⅲ分布曲线进行计算，分别求得 5 年一遇、10 年一遇、50 年一遇及 100 年一遇的洪峰流量。模型下游边界为枲梨站水位，收集枲梨站近年来水文数据，绘制出水位流量关系曲线，但是枲梨站水位流量关系过于散乱，找到最不利情况作为水位流量关系曲线，如图 7-17 所示。

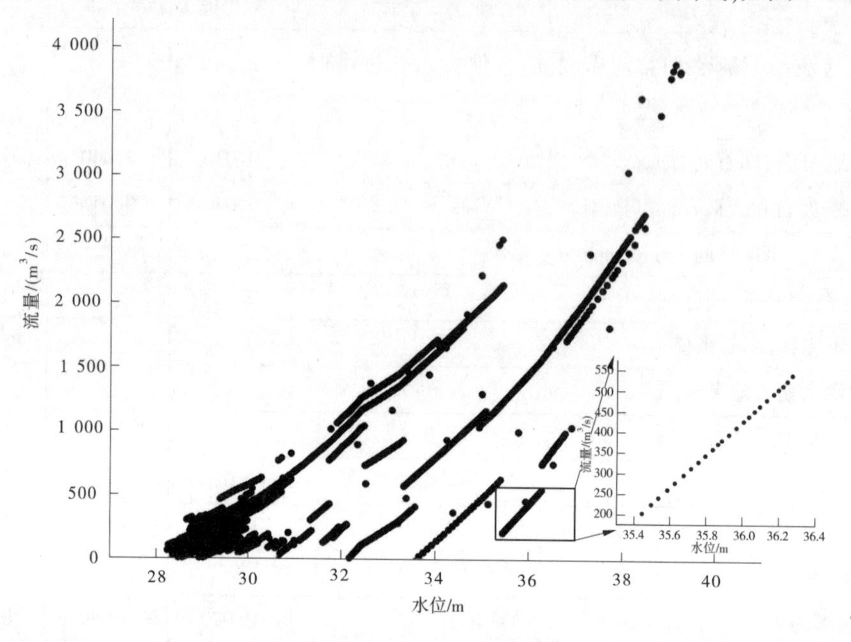

图 7-17　枲梨站水位流量关系

7.4.2　洪水模拟与淹没分析

本书旨在研发通用应急分洪溃口洪水演进模型，提高应急事件快速分析计算能力。因此，模拟工况的设立如表 7-7 所示。

表 7-7　洪水研究模拟工况

研究工况	模型进口流量/(m^3/s)	模型出口水位/m
5 年一遇	891.52	37.17
10 年一遇	1 269.87	38.12
50 年一遇	2 212.54	40.48
100 年一遇	2 609.00	41.46
2017 年实测	2 957.60	38.47

7.4.2.1　5 年一遇洪水演进分析

5 年一遇情形下流量为 891.52 m^3/s，水位为 37.17 m，2017 年双江口实测洪峰流量为 2 957.60 m^3/s。洪水最大淹没范围如图 7-18 所示。

从图 7-18 可以看出，5 年一遇的洪水情形下，该研究区域并未被洪水淹没，如黄龙庙等地处研究区东北部低洼地带，也未被淹没。

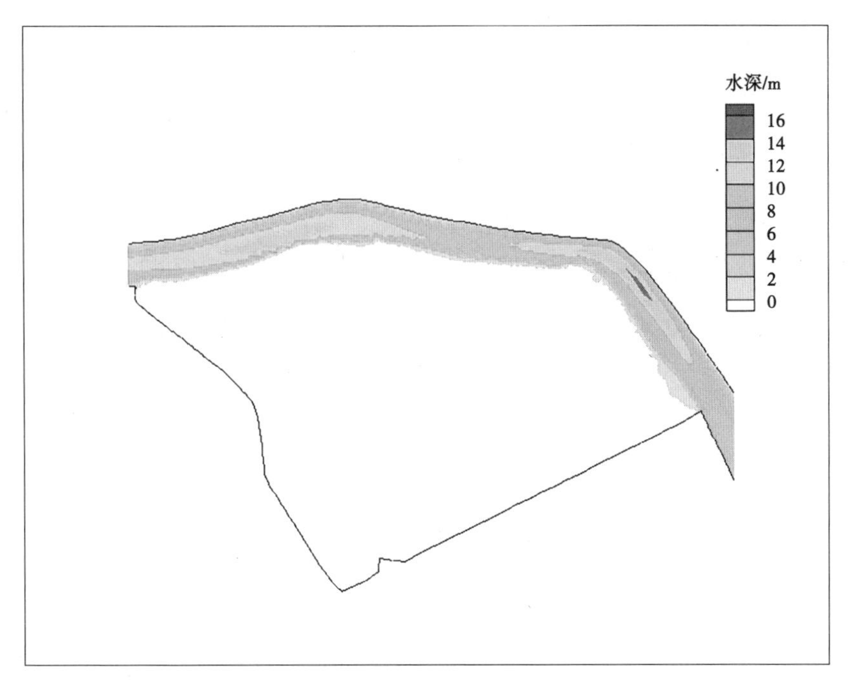

图7-18　5年一遇情形下洪水最大淹没范围

1. 演进过程分析

为了研究5年一遇洪峰流量下的洪水演进过程,评估不同区域的洪水威胁程度,研究洪水演进1 h、5 h、10 h、15 h分析区域内的淹没情形,结果如图7-19所示。

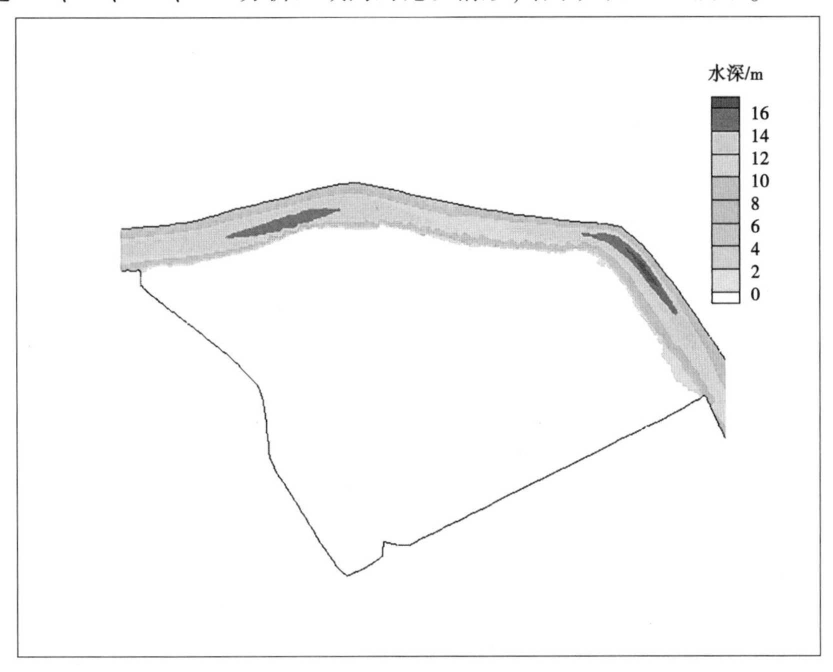

(a)洪水演进1 h

图7-19　5年一遇洪水区域内淹没情形

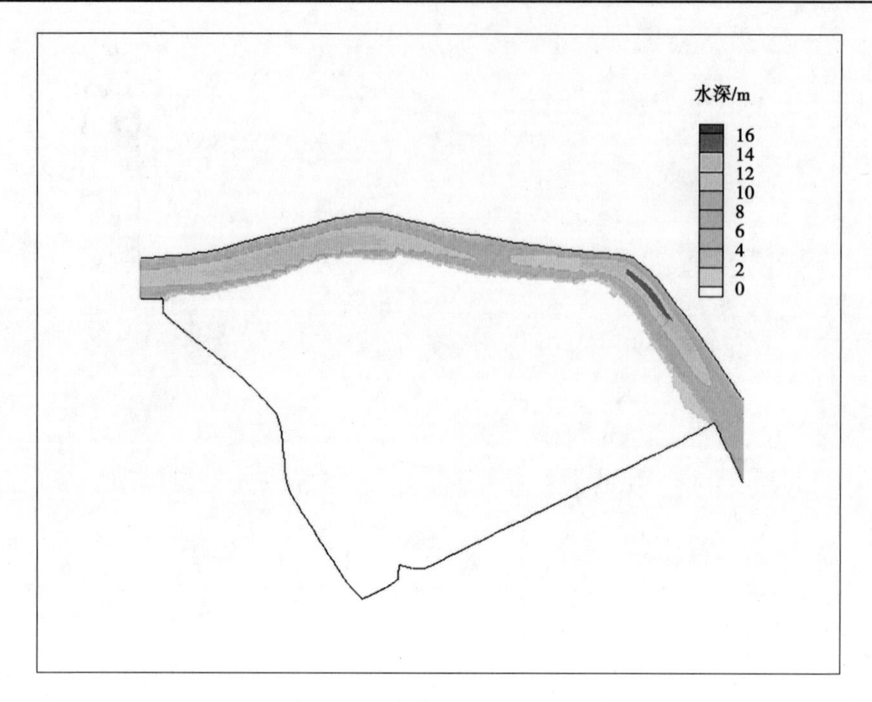

(b)洪水演进 5 h

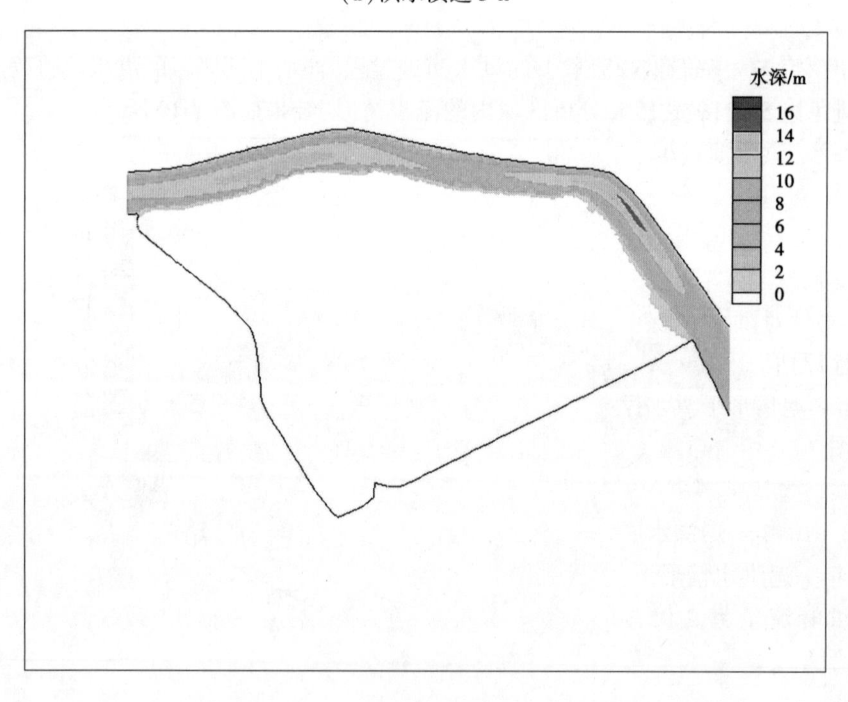

(c)洪水演进 10 h

续图 7-19

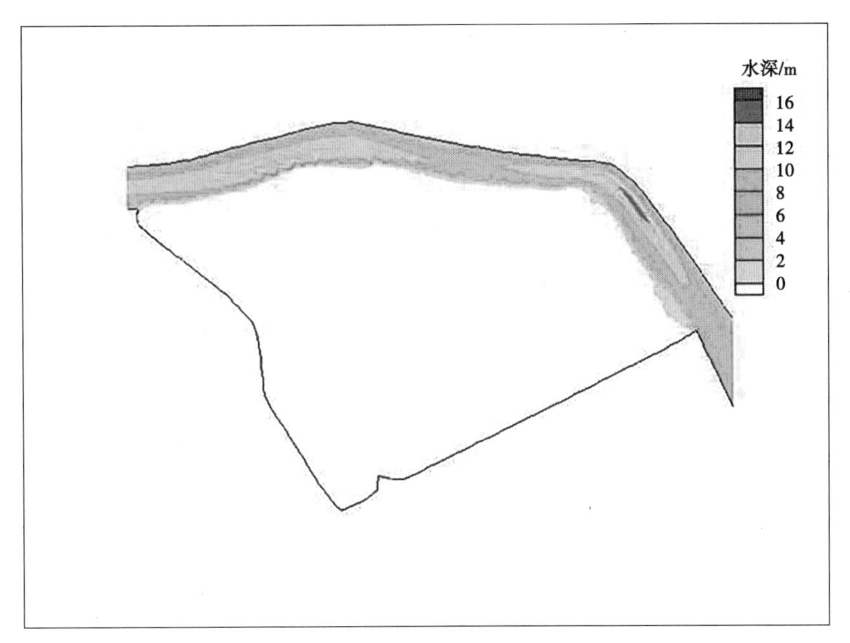

(d)洪水演进 15 h

续图 7-19

从图 7-19 可以看出,5 年一遇洪峰流量情形下,洪水只在河道内流动,并不会发生漫堤现象,即使是位于研究区低洼地带的东北部区域也没有发生漫堤现象。从图 7-19(b)、(c)、(d)可以看出,较之洪水演进 1 h,洪水演进 5 h、洪水演进 10 h、洪水演进 15 h 的水深有所减少,洪水演进 1 h 则达到了最大水深。

2. 流场分析

城市洪水的致灾因子不仅包含淹没水深,还包括洪水引起的水流破坏,后者挟带大量的淤泥、垃圾等影响城区生态环境(如细菌),速度较大的地方甚至威胁人的生命安全。因此,本书针对洪水的最大流速进行分析,了解 5 年一遇洪水过程研究区域的流速大小进行危险性评估。

5 年一遇情形下洪水过程中的流场分布如图 7-20 所示。

从图 7-20 可以看出,水流都被束缚在河段内流动,并未发生漫堤现象。研究区域东北部及西北部流速较大,约为 1 m/s。

7.4.2.2　10 年一遇洪水演进分析

10 年一遇洪水情形下,上游流量为 1 269.87 m^3/s,下游水位为 38.12 m,2017 年双江口实测洪峰流量为 2 957.60 m^3/s,所对应的 10 年一遇洪水情形下最大淹没范围如图 7-21 所示。

从图 7-21 可以看出,在 10 年一遇洪水情形下,研究区域遭受到不同程度的淹没,淹没范围包括了黄龙庙、八字墙、团然村中三字祥组、团然村章家巷组、三字墙以及廖家河,淹没的区域主要集中在研究区北部,主要与东北部地势低洼有关。淹没区的水深大都集中在 1~2 m。

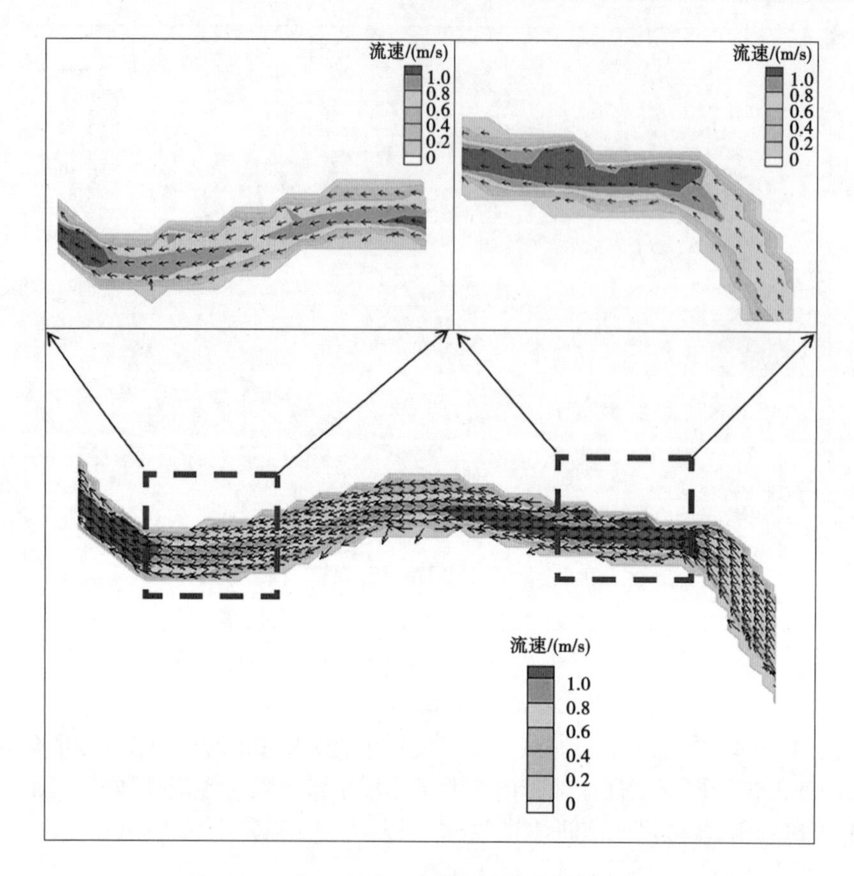

图 7-20　5 年一遇情形下洪水过程中的流场分布

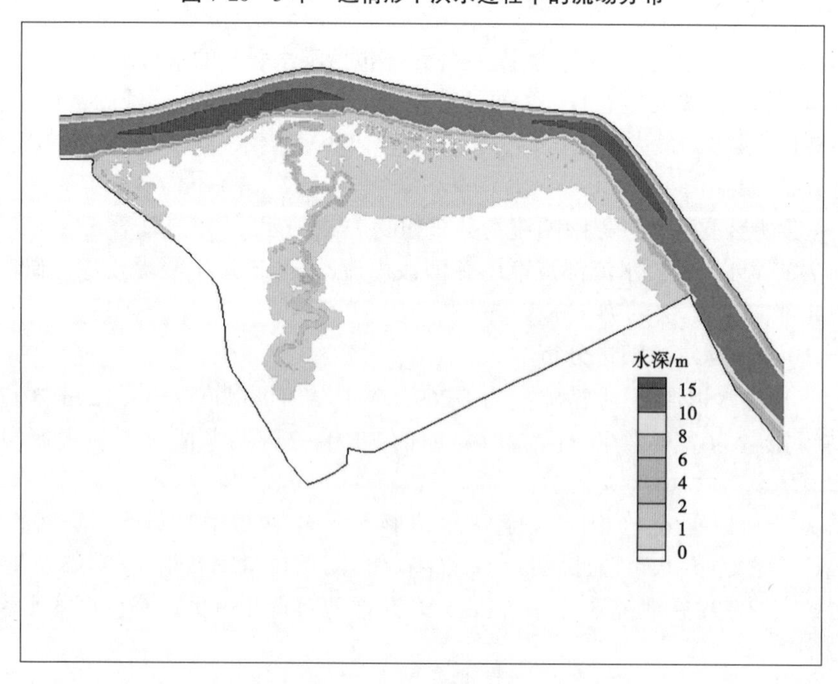

图 7-21　10 年一遇洪水情形下最大淹没范围

1. 演进过程分析

为了研究 10 年一遇洪水演进过程,评估不同区域的洪水威胁程度,选取洪水演进 10 min、20 min、30 min、40 min、60 min 以及 80 min 来分析区域内的淹没情形,结果见图 7-22。

(a)洪水演进 10 min

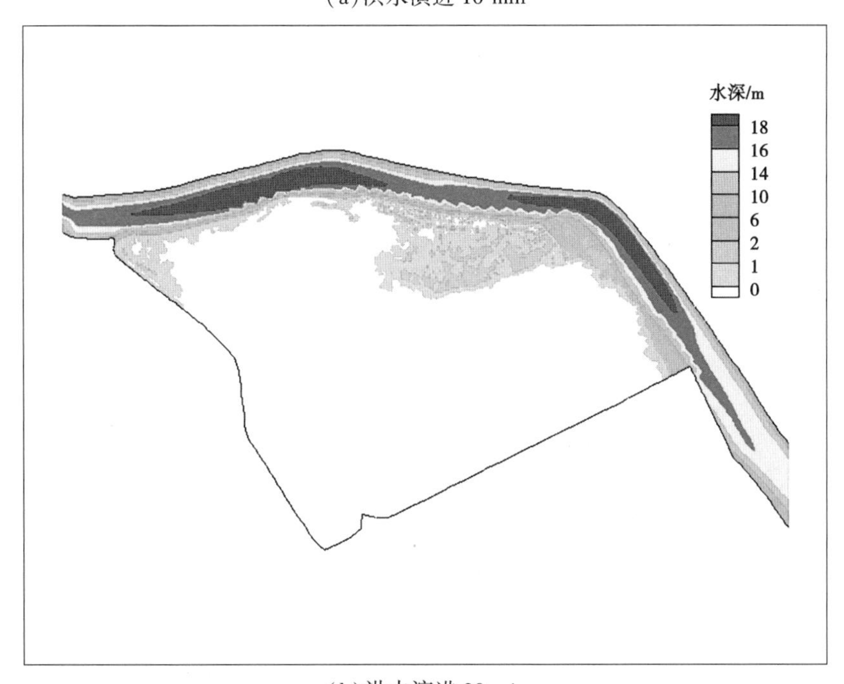

(b)洪水演进 20 min

图 7-22　10 年一遇洪水区域内淹没情形

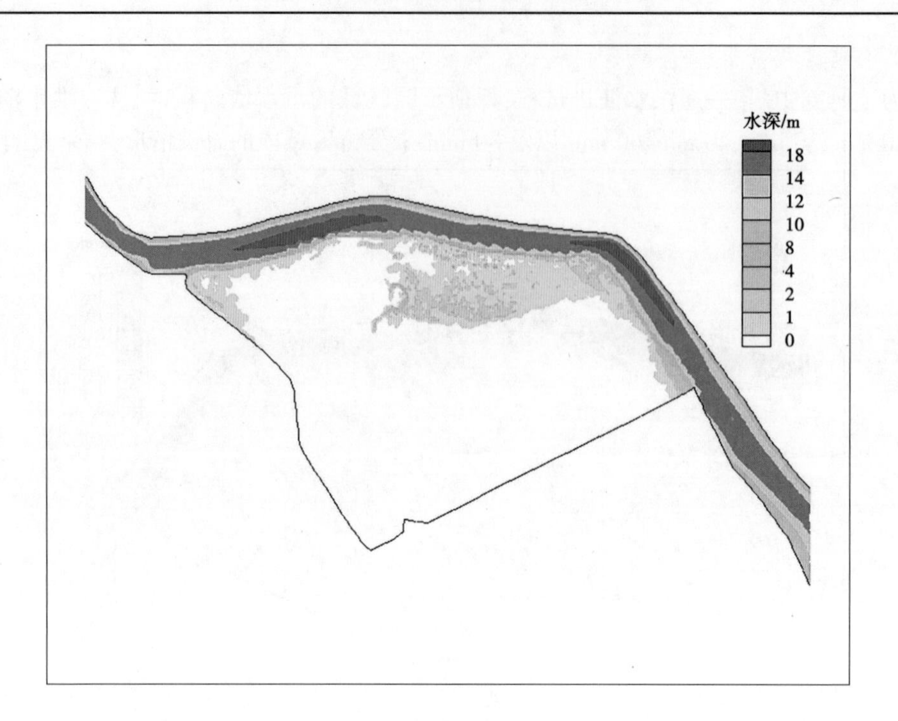

(c)洪水演进 30 min

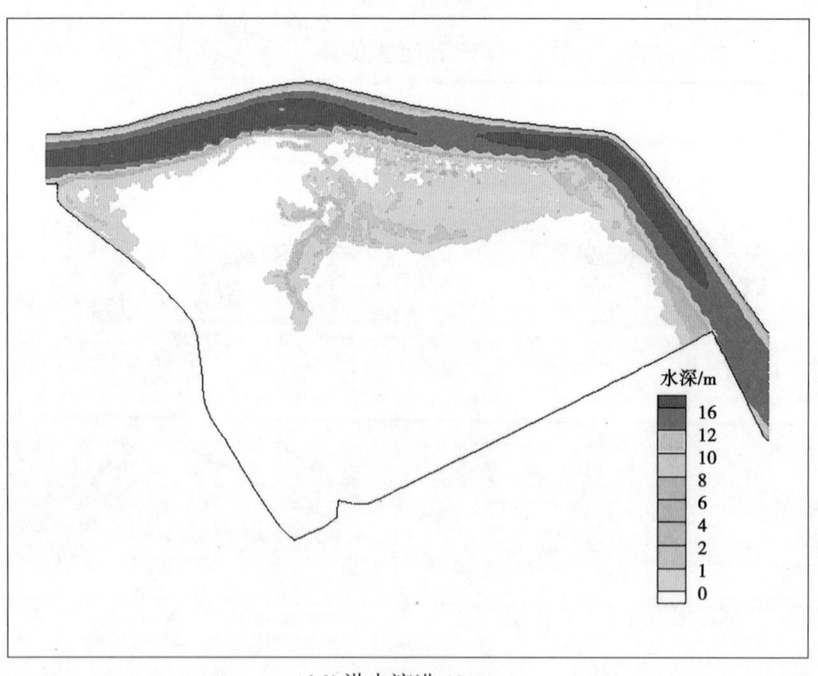

(d)洪水演进 40 min

续图 7-22

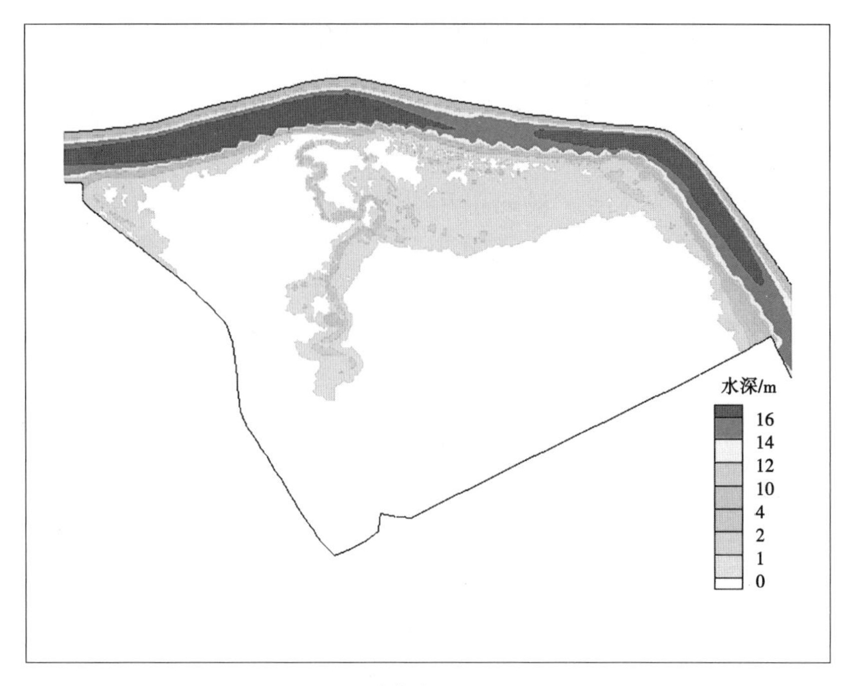

(e)洪水演进 60 min

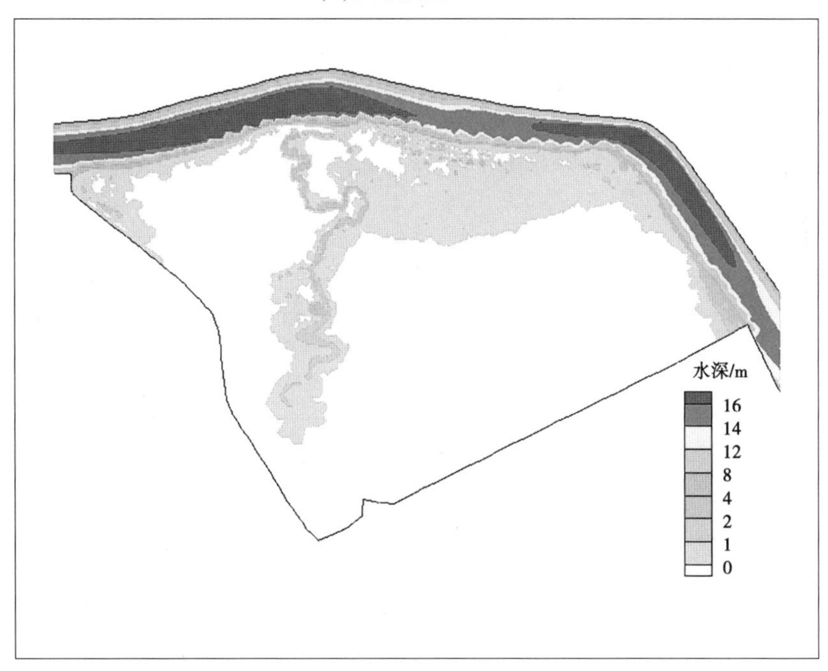

(f)洪水演进 80 min

续图 7-22

从图 7-22(a)可以看出,洪水演进 10 min,研究区域的东北部发生了淹没现象,黄龙庙与八字墙等地势低洼地带被洪水淹没,淹没区的水深位于 1~2 m。从图 7-22(b)可以看出,洪水演进 20 min 后,研究区的淹没现象进一步加深,淹没区向西扩张。同时,研究区西北部即洲尾处,由于地势较低,也发生了淹没现象。从图 7-22(c)可以看出,洪水演进 30 min 后,研究区内洪水淹没区向西扩张延伸到了廖家河,扩张趋势减缓。从图 7-22(d)可以看出,洪水演进 40 min 后,研究区内洪水淹没部分在廖家河四周缓慢增长。从图 7-22(e)可以看出,洪水演进 60 min 后,研究区内的洪水淹没部分覆盖了整条廖家河。从图 7-22(f)可以看出,洪水演进 80 min 后,淹没区域仅仅在廖家河南部延伸了一些,便趋于稳定。整个研究区的淹没水深均处在 1~2 m,最大淹没面积达到 5.69 km^2。

综上所述,10 年一遇的洪水主要发生在洪水演进前 1 h,淹没范围主要集中在研究区北部,淹没水深主要为 1~2 m。因此,该区域将是防洪管理的重点区域。

2. 流场分析

城市洪水的致灾因子不仅包含淹没水深,还包括洪水引起的水流破坏。后者挟带大量的淤泥、垃圾等影响城区生态环境(如细菌),速度较大的地方甚至威胁人的生命安全。因此,本书针对洪水的最大流速进行分析,了解 10 年一遇洪水过程研究区域的流速大小进行危险性评估。各时段洪水演进流场图见图 7-23。

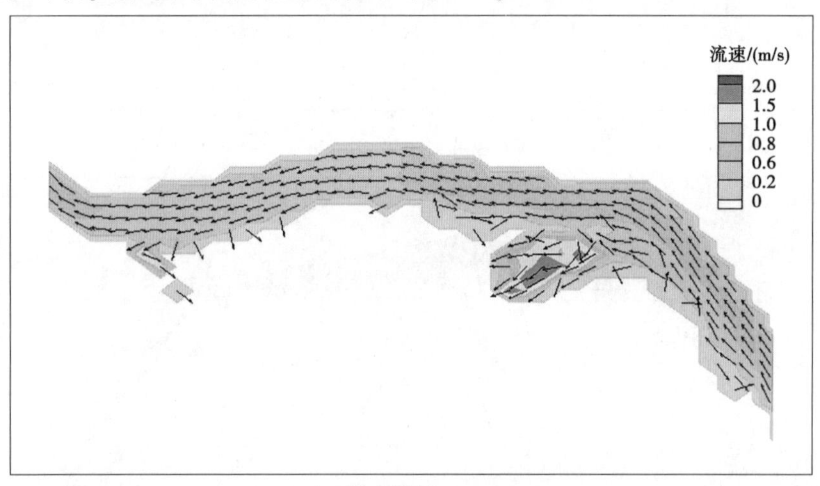

(a)洪水演进 10 min

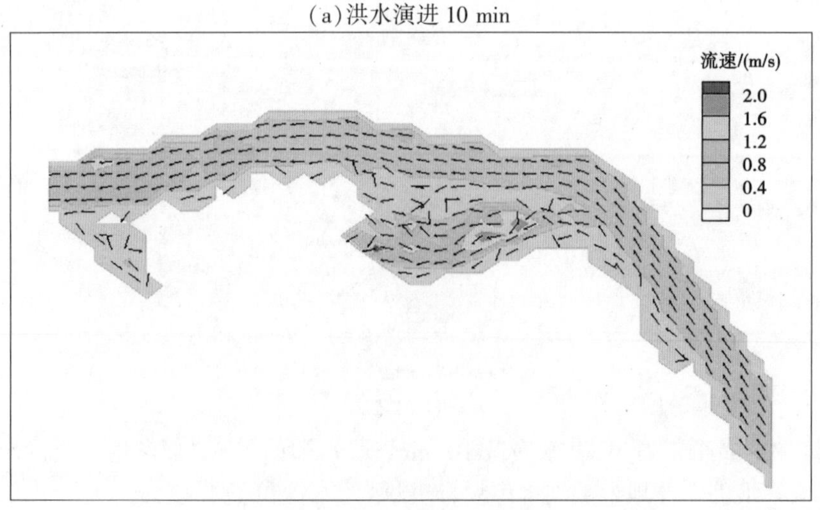

(b)洪水演进 20 min

图 7-23　10 年一遇洪水研究区流场

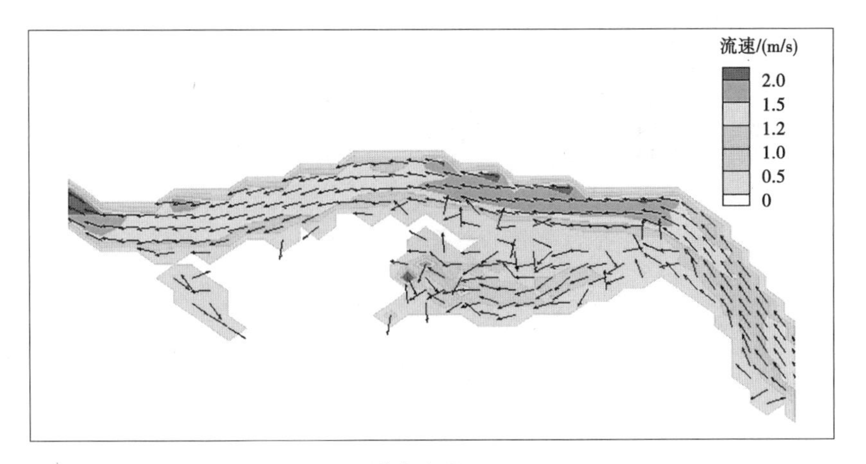

(c)洪水演进 30 min

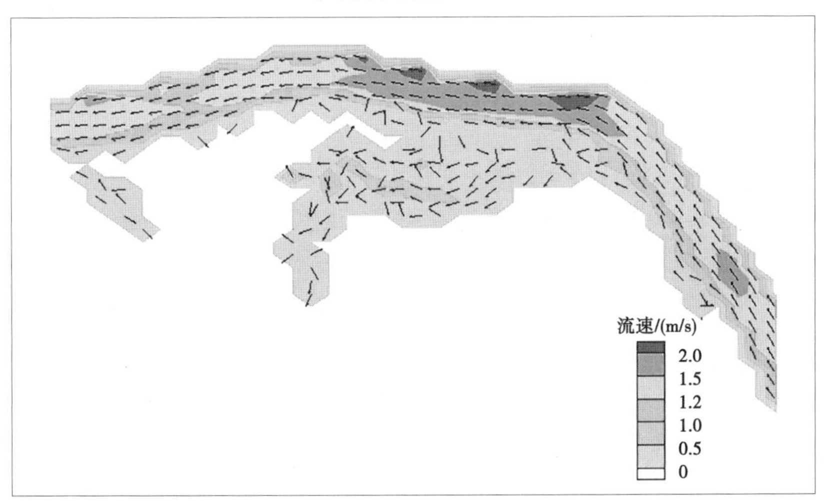

(d)洪水演进 40 min

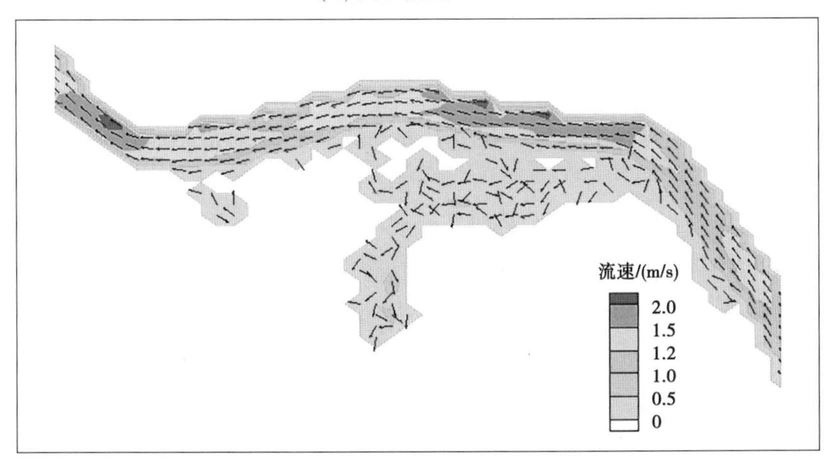

(e)洪水演进 60 min

续图 7-23

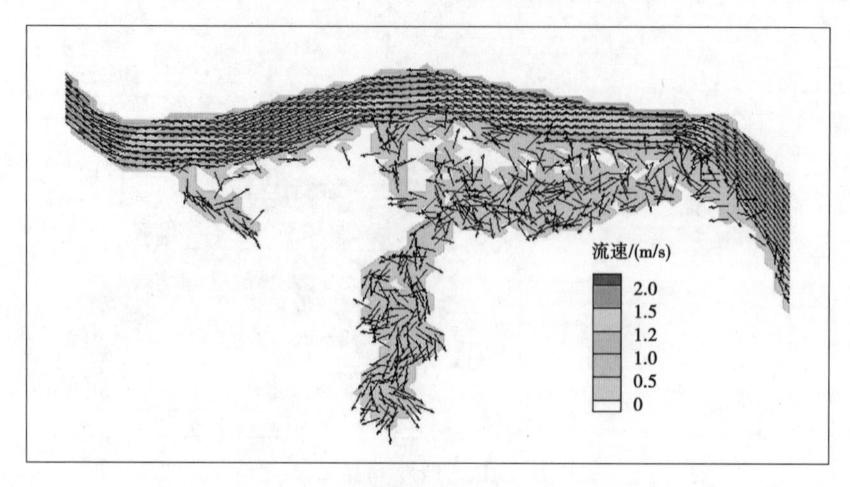

(f)洪水演进 80 min

续图 7-23

从图 7-23(a)可以看出,洪水演进 10 min 后,研究区的东北部发生淹没现象,淹没处区域流域较大,流速在 1.5~2 m/s。研究区西北部也发生淹没现象,水流从河道涌向地势低洼地带。从图 7-23(b)可以看出,洪水演进 20 min 后,洪水淹没范围增大,从黄龙庙附近逐渐淹没了八字墙、团然村中三字祥组、三字墙,洪水向西部淹没的趋势加大,最大流速达到 2 m/s,西北部流速增长较缓,仅有 0. 4 m/s。从图 7-23(c)可以看出,洪水演进 30 min 后,淹没范围增大至廖家河,洪水向西部增大的趋势减小,逐渐向廖家河上下游扩散,而西北部淹没范围缓缓增加,流速为 0. 5 m/s 左右。从图 7-23(d)可以看出,洪水演进 40 min 后,廖家河被淹没,研究区内的流速开始减小,仅有 1 m/s 左右。从图 7-23(e)、(f)可以看出,洪水演进 60 min 后,仅廖家河南部遭受到洪水淹没,且淹没范围较小,流速仅有 1 m/s。

从图 7-23 可以看出,洪水演进前 30 min 内,淹没区域内的流速较大,水流动能较大,整体上流速有一定的威胁。

7.4.2.3 50 年一遇洪水演进分析

50 年一遇洪水情形下,上游流量为 2 212. 54 m^3/s,下游水位为 40. 48 m,2017 年双江口实测洪峰流量为 2 957. 60 m^3/s。所对应的 50 年一遇洪水情形下最大淹没范围如图 7-24 所示。

从图 7-24 可以看出,在 50 年一遇洪水情形下,研究区域遭受到不同程度的淹没,淹没范围包括黄龙庙、八字墙、团然村中三字祥组、团然村章家巷组、三字墙以及廖家河,堤垸洲尾由于下游水位过高水位上涨,淹没该区域,淹没的区域主要集中在研究区东北部,主要与东北部地势低洼有关。淹没区的水深大都集中在 1~2 m。

1. 演进过程分析

为了研究 50 年一遇洪水演进过程,评估不同区域的洪水威胁程度,本书选取洪水演进 10 min、20 min、30 min、40 min、60 min 以及 80 min 来分析区域内的淹没情形,其不同时间淹没情形见图 7-25。

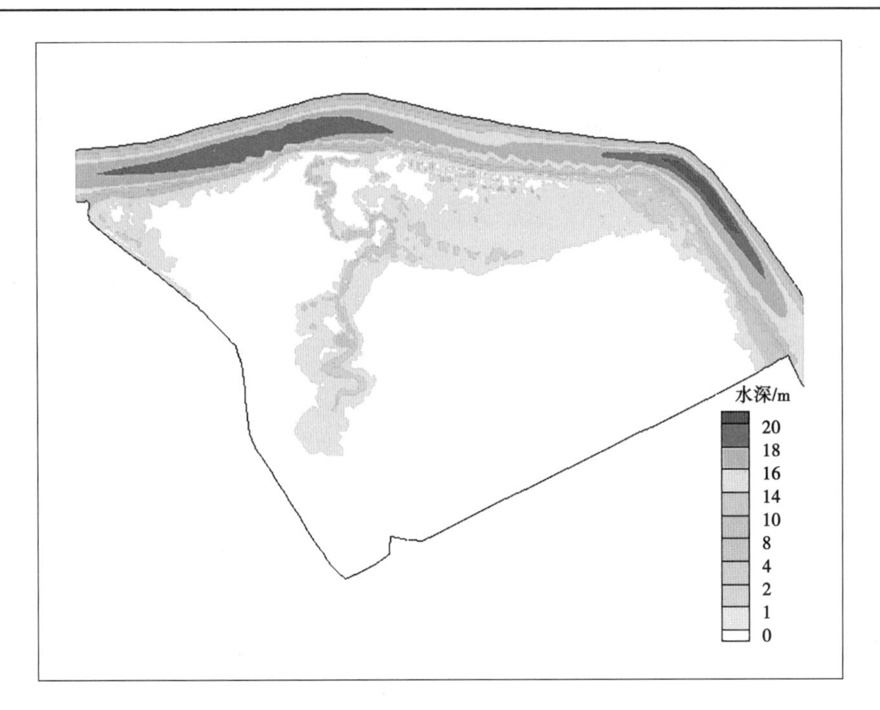

图 7-24　50 年一遇洪水情形下最大淹没范围

(a)洪水演进 10 min

图 7-25　50 年一遇洪水演进过程

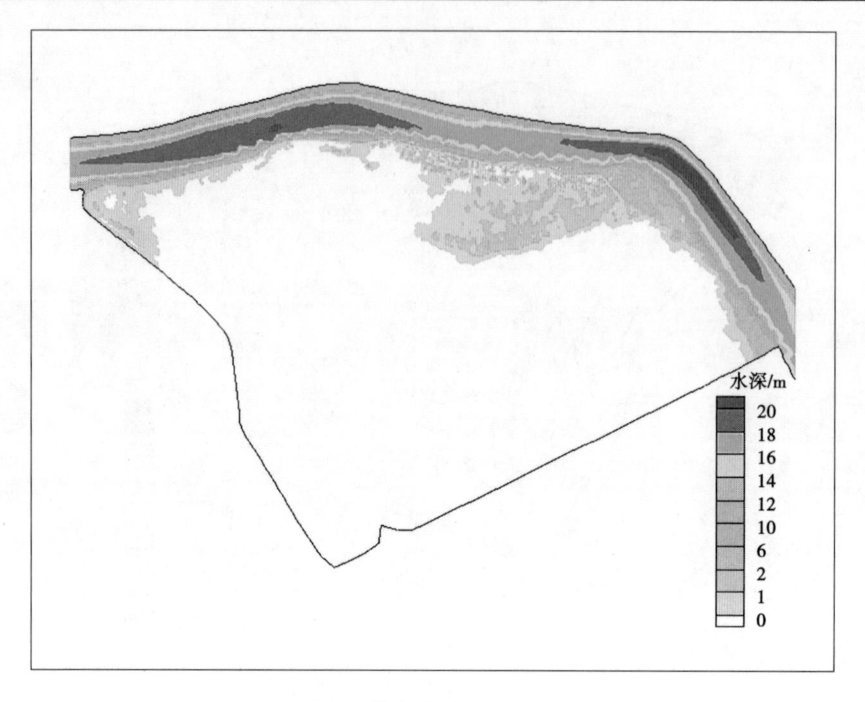

(b)洪水演进 20 min

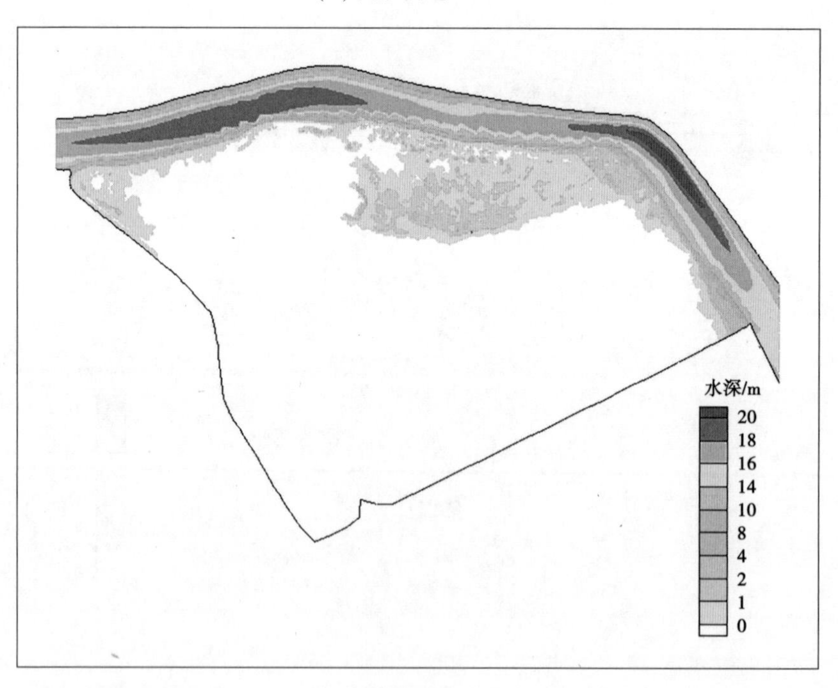

(c)洪水演进 30 min

续图 7-25

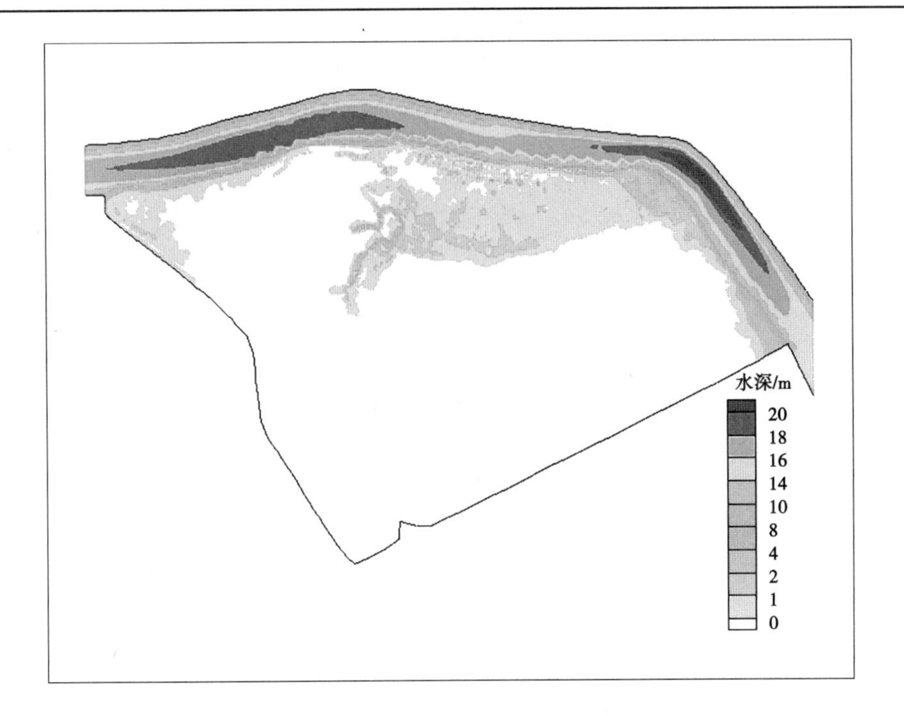

(d)洪水演进 40 min

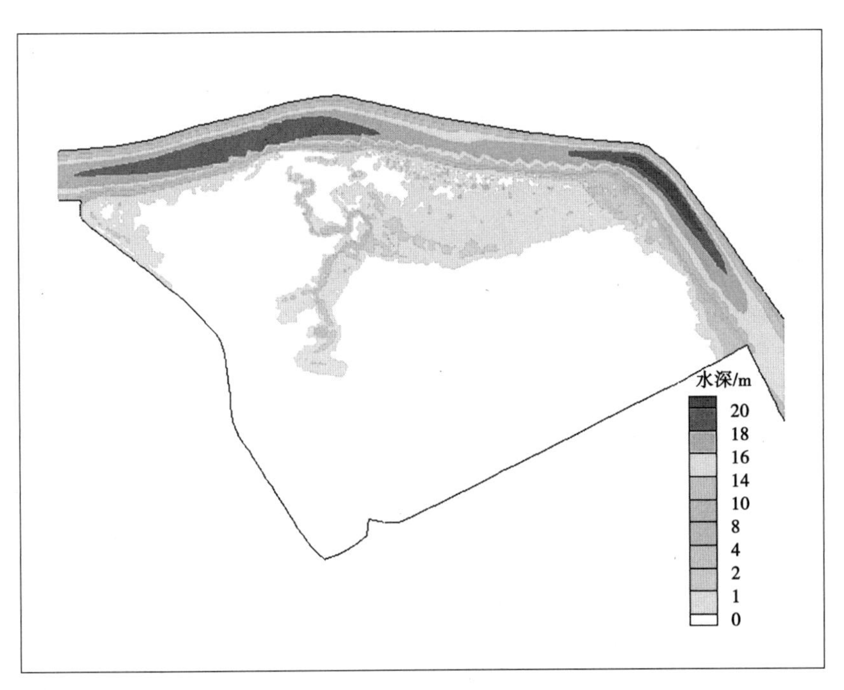

(e)洪水演进 60 min

续图 7-25

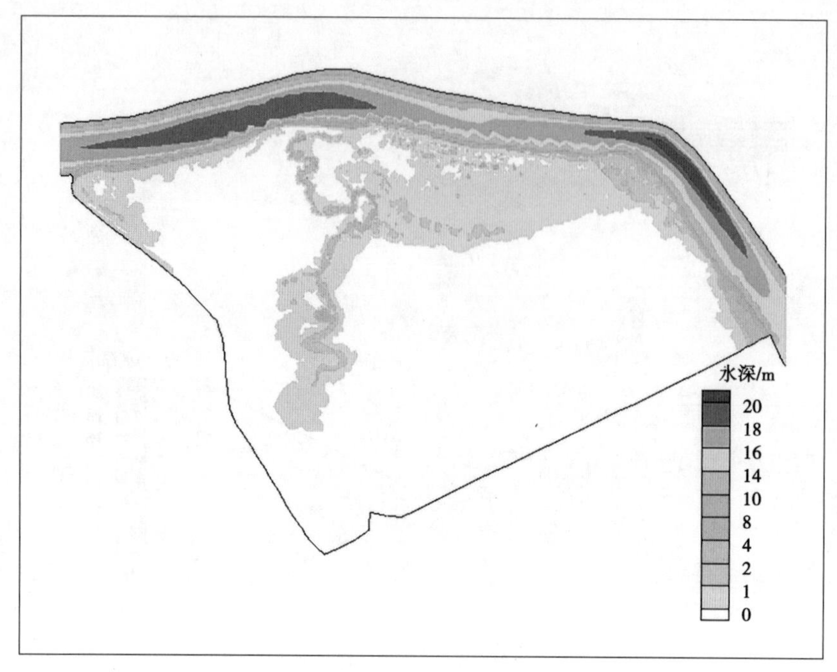

(f)洪水演进 80 min

续图 7-25

从图 7-25(a)可以看出,洪水演进 10 min,研究区域的东北部发生了淹没现象,黄龙庙与八字墙等地势低洼地带被洪水淹没,淹没区的水深为 1~2 m。洲尾处因为地势较低,也发生了淹没现象,淹没范围较小。从图 7-25(b)可以看出,洪水演进 20 min 后,研究区的淹没现象进一步加深,淹没区向西扩张。同时,研究区西北部即洲尾处,淹没范围进一步向南扩张。水深大都为 1~2 m。从图 7-25(c)可以看出,洪水演进 30 min 后,研究区内洪水淹没区向西扩张连通廖家河,扩张趋势减缓,除廖家河外,研究区内淹没水深较小,均为 1~2 m。从图 7-25(d)可以看出,洪水演进 40 min 后,研究区内洪水增张趋势放缓,更多的是洪水在廖家河范围的淹没。从图 7-25(e)可以看出,洪水演进 60 min 后,研究区内的洪水淹没部分覆盖了整条廖家河,洪水向西逼近福寿村。从图 7-25(f)可以看出,洪水演进 80 min 后,淹没区域仅仅在廖家河南部延伸了一些,便趋于稳定。整个研究区的淹没水深均处在 1~2 m。

综上所述,50 年一遇的洪水主要发生在洪水演进前 1 h,淹没范围主要集中在研究区北部,淹没水深主要为 1~2 m。因此,该区域将是防洪管理的重点区域。

2. 流场分析

城市洪水的致灾因子不仅包含淹没水深,还包括洪水引起的水流破坏。后者挟带大量的淤泥、垃圾等影响城区生态环境(如细菌),速度较大的地方甚至威胁人的生命安全。因此,研究针对洪水的最大流速进行分析,了解 50 年一遇洪水过程研究区域的流速大小进行危险性评估,研究区流场见图 7-26。

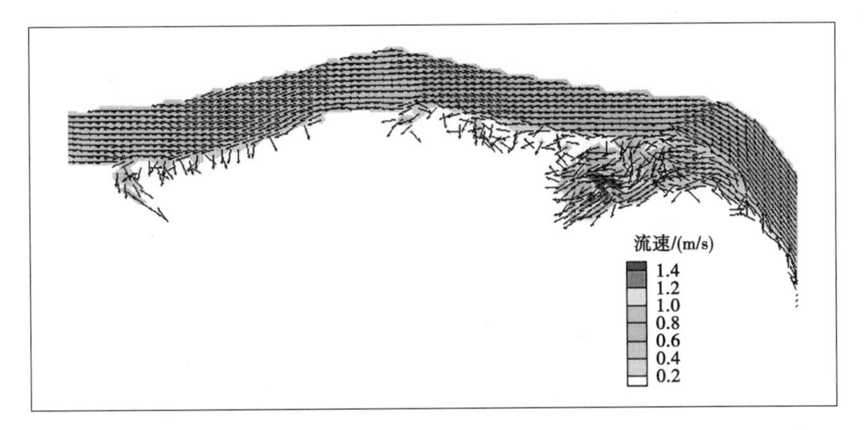

(a)洪水演进 10 min

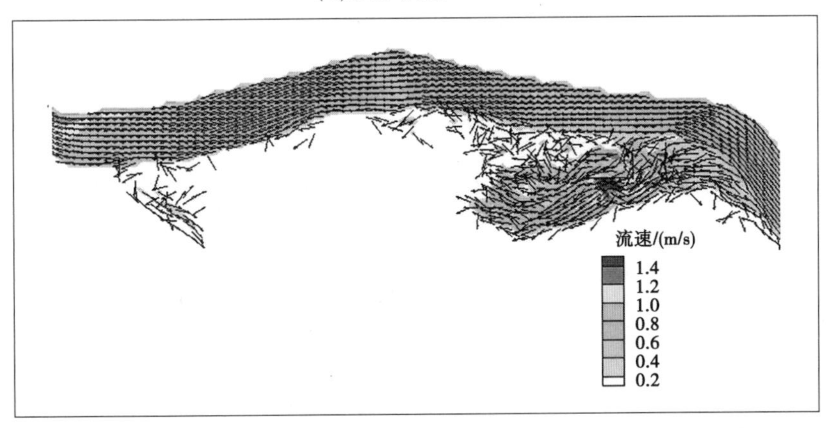

(b)洪水演进 20 min

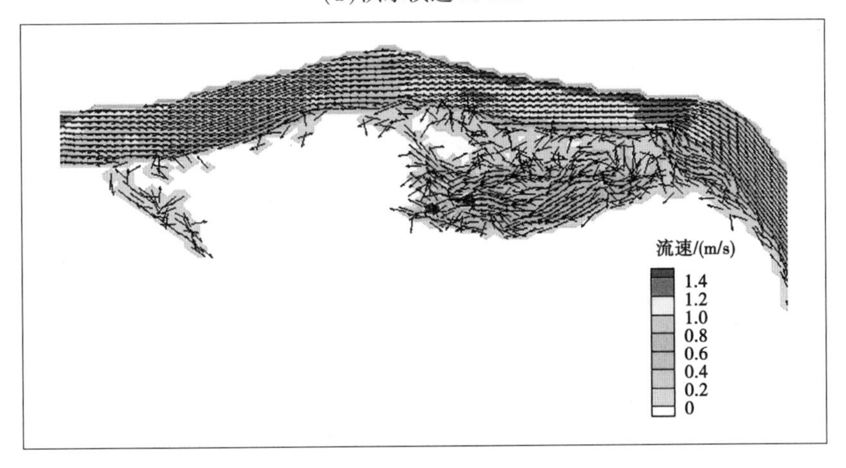

(c)洪水演进 30 min

图 7-26　50 年一遇洪水不同演进时间研究区流场

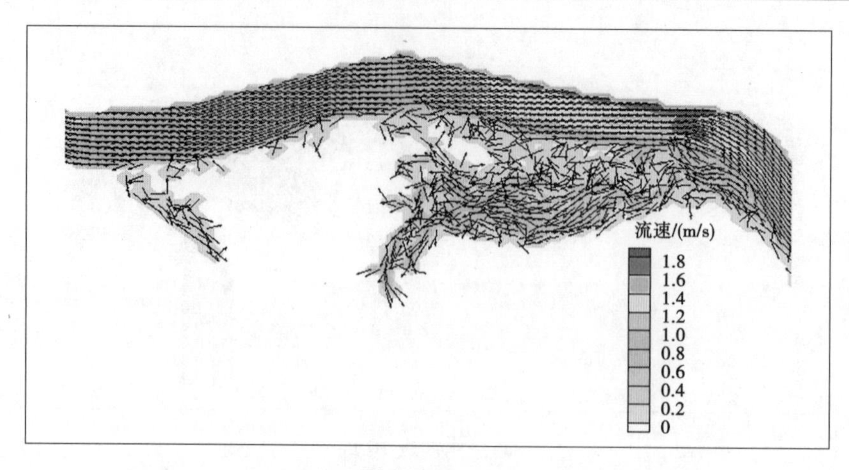

(d)洪水演进 40 min

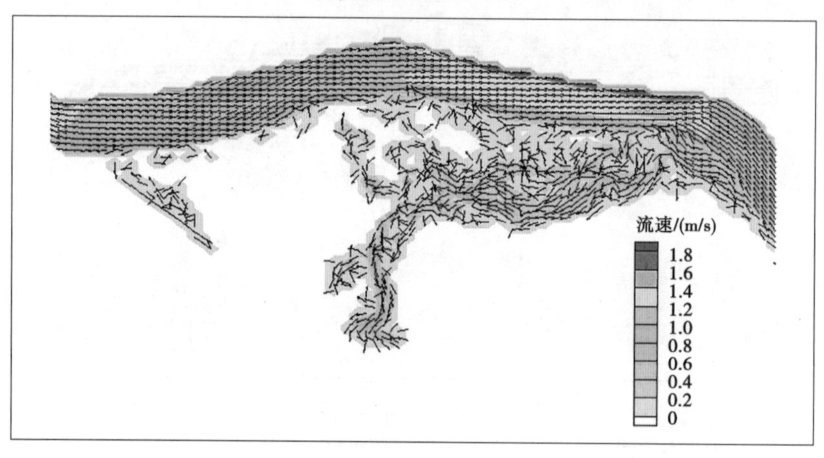

(e)洪水演进 60 min

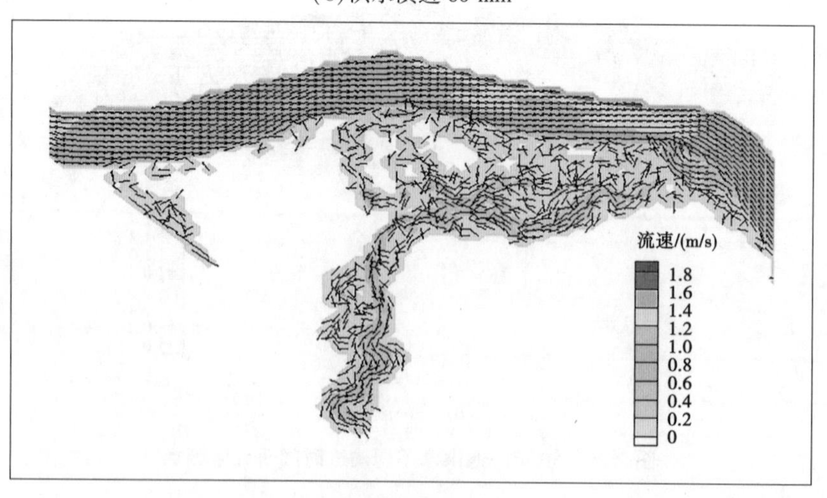

(f)洪水演进 80 min

续图 7-26

从图 7-26(a)可以看出,洪水演进 10 min 后,研究区的东北部及西北部发生淹没现象,东北部淹没处区域流域较大,超过了 1.4 m/s。研究区西北部水流从河道涌向地势低洼地带,流速较小。从图 7-26(b)可以看出,洪水演进 20 min 后,洪水淹没范围增大,从黄龙庙附近逐渐淹没了八字墙、团然村中三字祥组及三字墙。洪水向西部淹没的趋势加大,最大流速超过 1.4 m/s,西北部流速较小,仅有不到 0.4 m/s。从图 7-26(c)可以看出,洪水演进 30 min 后,淹没范围增大至廖家河,洪水向西部增大的趋势减小,逐渐向廖家河上下游扩散,并且廖家河附近流速最大。而西北部淹没范围缓缓增加,流速为 0.4 m/s 左右。从图 7-26(d)可以看出,洪水演进 40 min 后,廖家河被淹没,研究区内的流速开始减小,大都只有 1 m/s。从图 7-26(e)、(f)可以看出,洪水演进 60 min 后,仅廖家河南部继续遭受洪水淹没,西北部洪水基本不变。

从图 7-26 可以看出,洪水演进前 30 min 内,淹没区域内的流速较大,水流动能较大,整体上流速有一定的威胁。

7.4.2.4　100 年一遇洪水演进分析

100 年一遇洪水情形下,上游流量为 2 609.00 m³/s,下游水位为 41.46 m,2017 年双江口站实测洪峰流量为 2 957.60 m³/s。所对应的 100 年一遇洪水情形下最大淹没范围如图 7-27 所示。

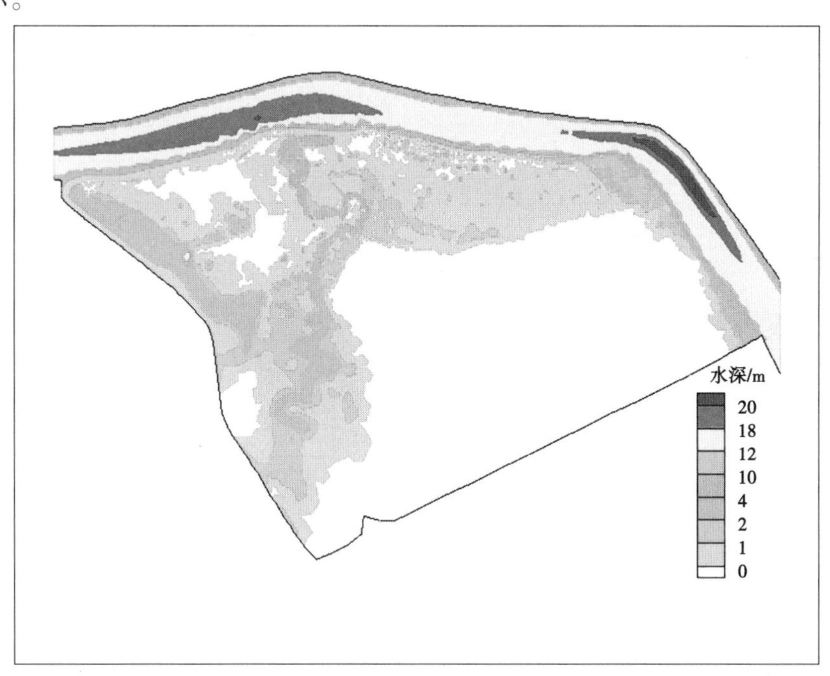

图 7-27　100 年一遇洪水情形下最大淹没范围

从图 7-27 可以看出,在 100 年一遇洪水情形下,研究区域遭受到不同程度的淹没,淹没范围包括黄龙庙、八字墙、团然村中三字祥组、团然村章家巷组、三字墙、廖家河、木架子及福寿村等大半个研究区。除了东南部地势较高的地带,研究区的其他部分均已被洪水淹没。淹没区的水深大都集中在 1~2 m。

1. 演进过程分析

为了研究 100 年一遇洪水演进过程，评估不同区域的洪水威胁程度，本书选取洪水演进 10 min、20 min、30 min、40 min、60 min、80 min 及 200 min 来分析区域内的淹没情形，结果如图 7-28 所示。

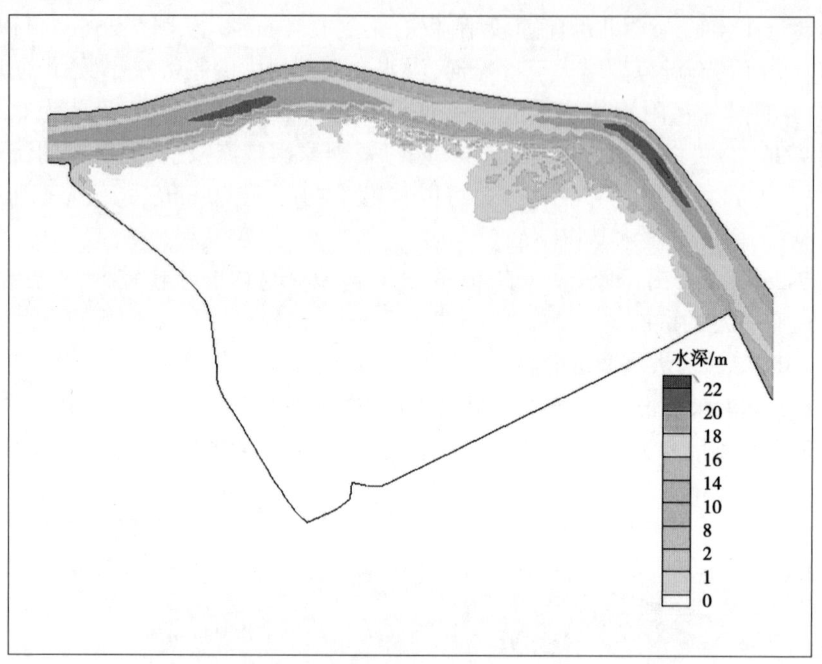

(a)洪水演进 10 min

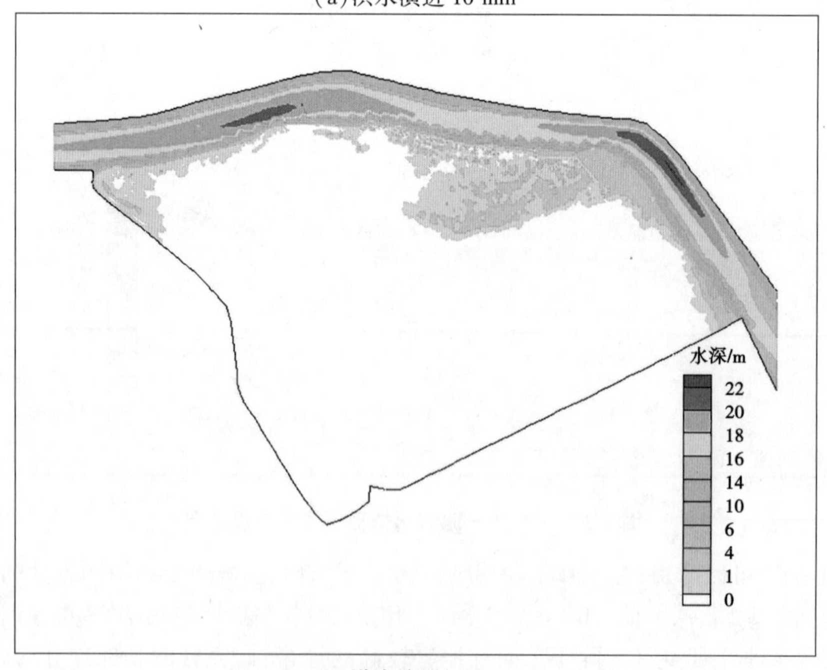

(b)洪水演进 20 min

图 7-28　100 年一遇洪水不同演进时间区域淹没情形

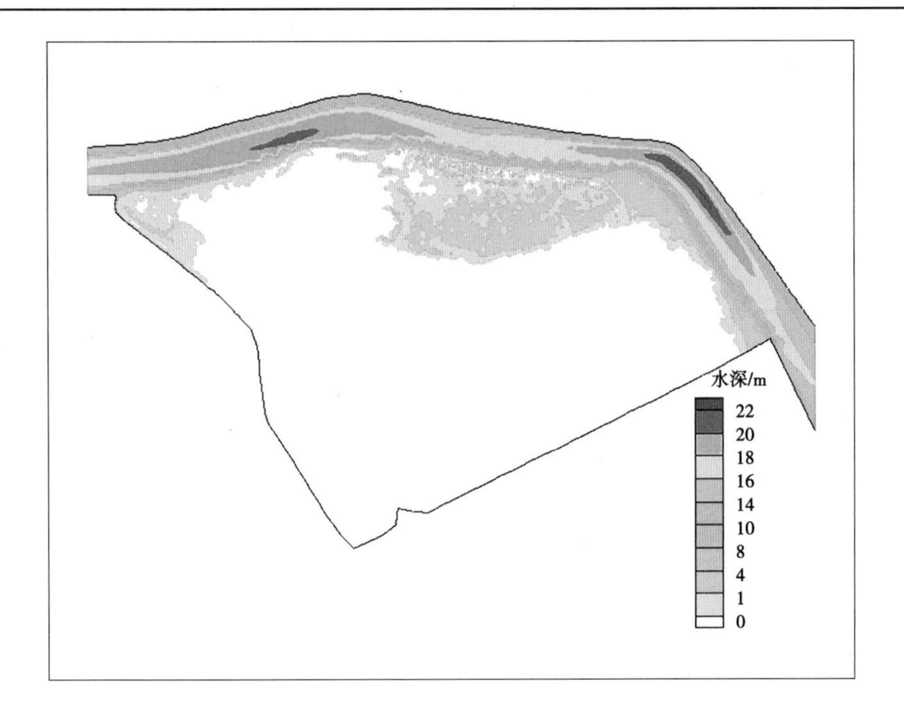

(c)洪水演进 30 min

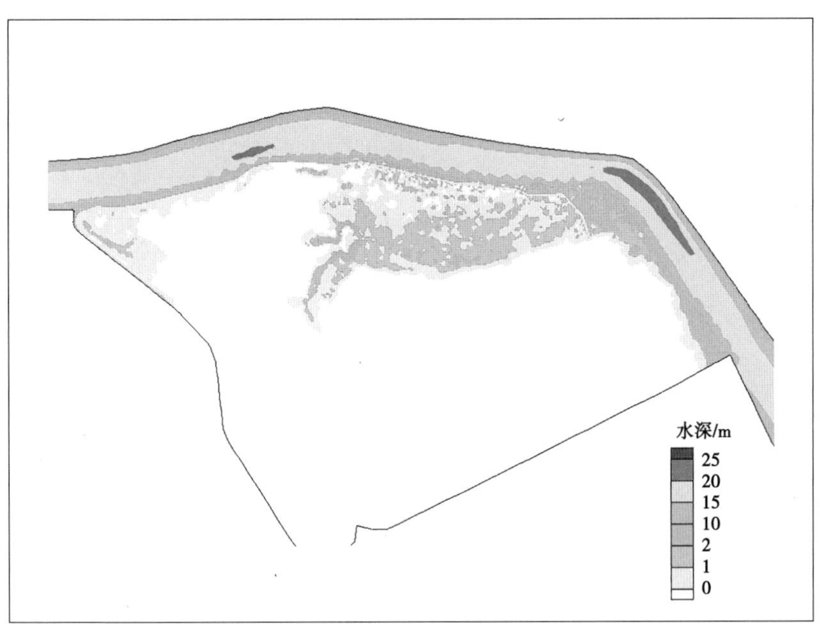

(d)洪水演进 40 min

续图 7-28

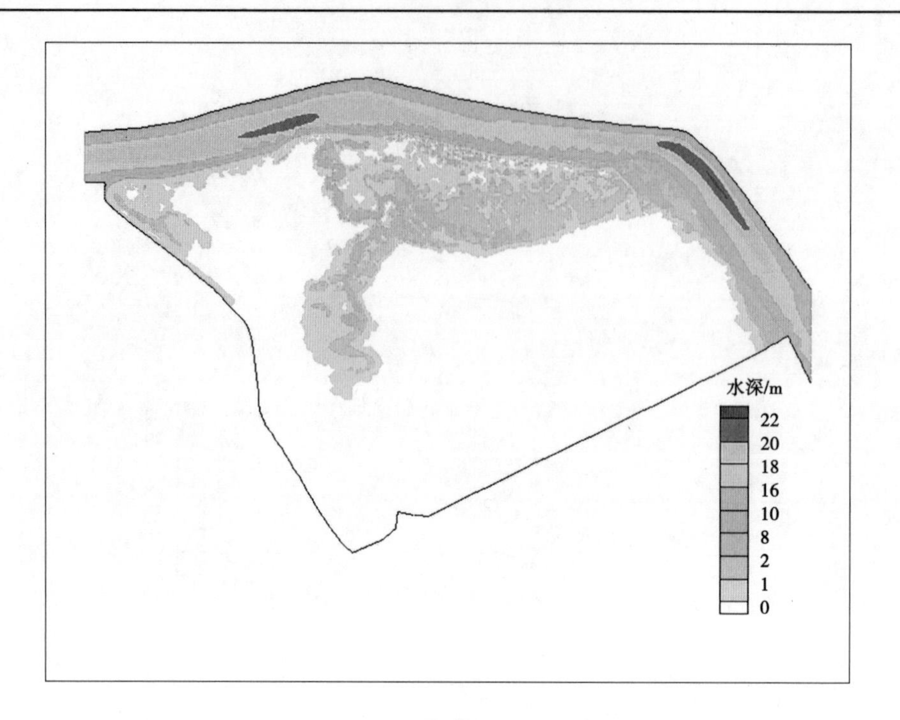

(e)洪水演进 60 min

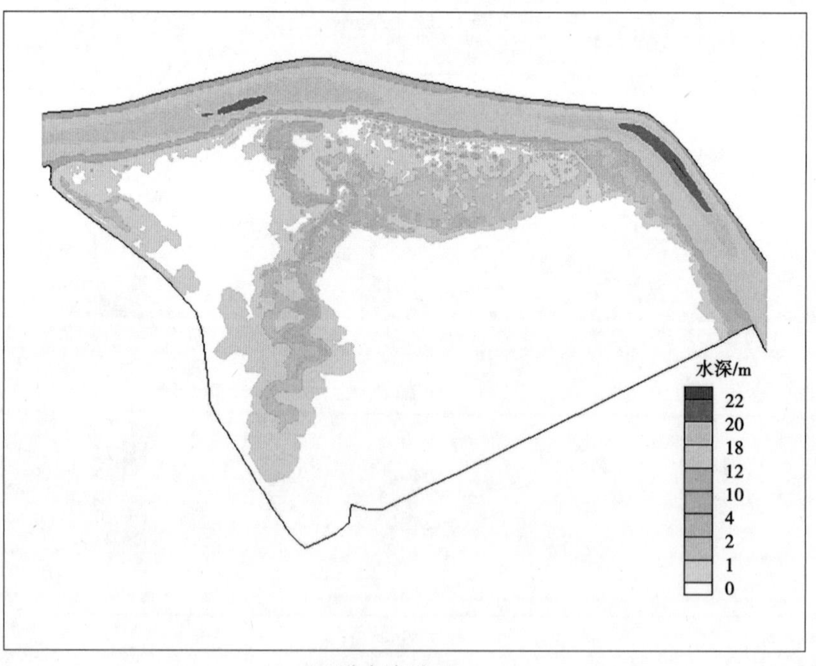

(f)洪水演进 80 min

续图 7-28

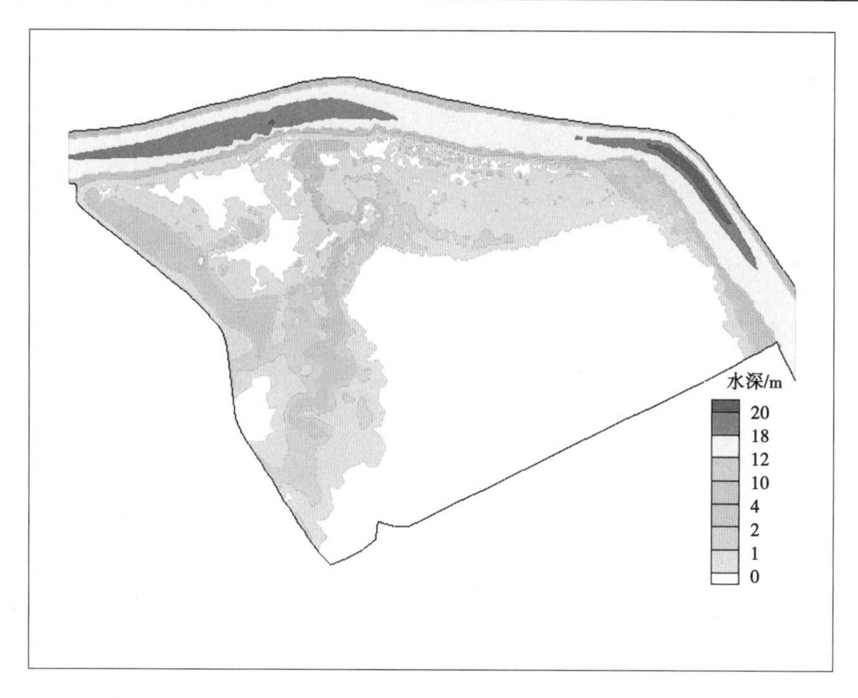

(g)洪水演进 200 min

续图 7-28

从图 7-28(a)可以看出,洪水演进 10 min,研究区域的东北部发生了淹没现象,黄龙庙与八字墙等地势低洼地带被洪水淹没,淹没区的水深为 1~2 m。研究区的西北部也发生了淹没现象。从图 7-28(b)可以看出,洪水演进 20 min 后,研究区的淹没现象进一步加深,淹没区向西扩张。同时,研究区西北部即洲尾处,由于地势较低,淹没范围进一步扩大。从图 7-28(c)可以看出,洪水演进 30 min 后,研究区内洪水淹没区向西扩张延伸到了廖家河,扩张趋势减缓。淹没水深均在 1~2 m。从图 7-28(d)可以看出,洪水演进 40 min 后,研究区内洪水淹没部分在廖家河四周缓慢增长。从图 7-28(e)可以看出,洪水演进 60 min 后,研究区内的洪水淹没部分覆盖了整条廖家河。西北部淹没范围增大。从图 7-28(f)可以看出,洪水演进 80 min 后,淹没区域在廖家河南部延伸,便将与西北部淹没的区域相连通。从图 7-28(g)可以看出,洪水演进 200 min 后,研究区除了东南部分,其他区域均遭受淹没,淹没区水深均在 1~2 m。

综上所述,100 年一遇的洪水主要发生在洪水演进前 1 h,淹没范围较大,淹没水深主要为 1~2 m。因此,东北部及西北部将会是防洪管理的重要区域。

2. 流场分析

城市洪水的致灾因子不仅包含淹没水深,还包括洪水引起的水流破坏。后者挟带大量的淤泥、垃圾等影响城区生态环境(如细菌),速度较大的地方甚至威胁人的生命安全。因此,本书针对洪水的最大流速进行分析,了解 100 年一遇洪水过程研究区域的流速大小并进行危险性评估,研究区流场见图 7-29。

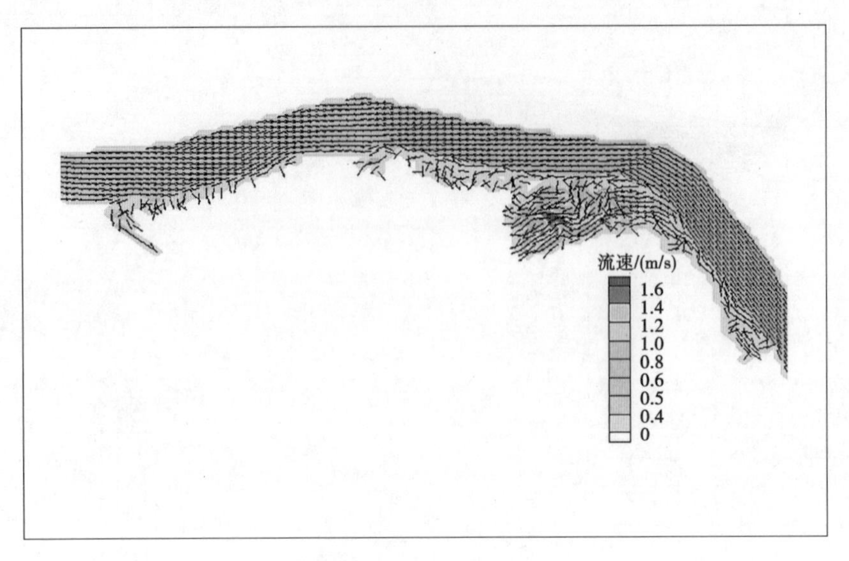

(a)洪水演进 10 min

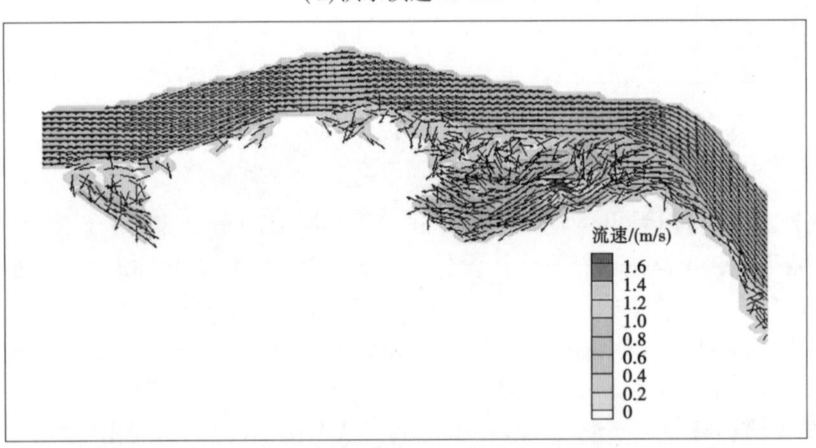

(b)洪水演进 20 min

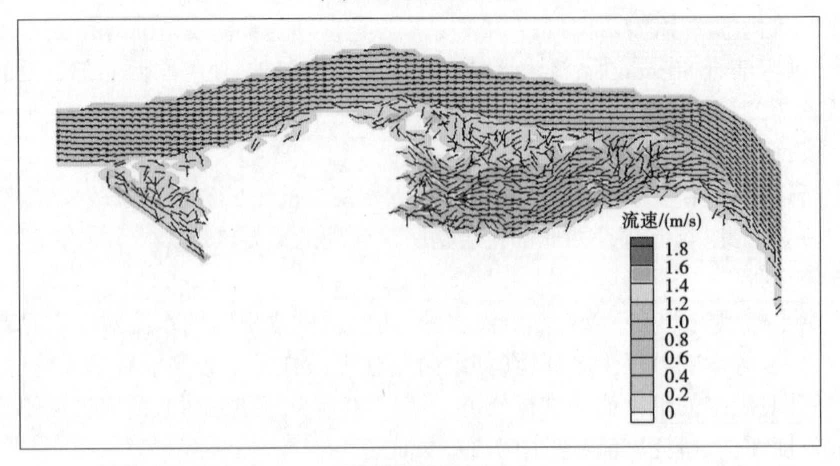

(c)洪水演进 30 min

图 7-29　100 年一遇洪水不同演进时间研究区流场

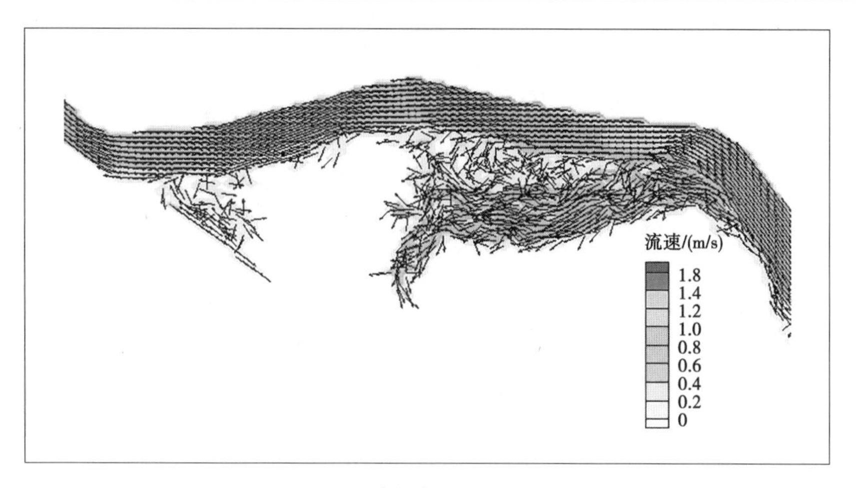

(d)洪水演进40 min

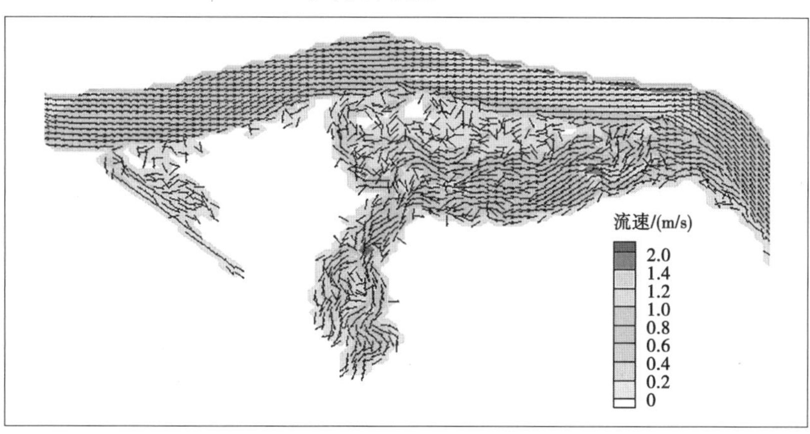

(e)洪水演进60 min

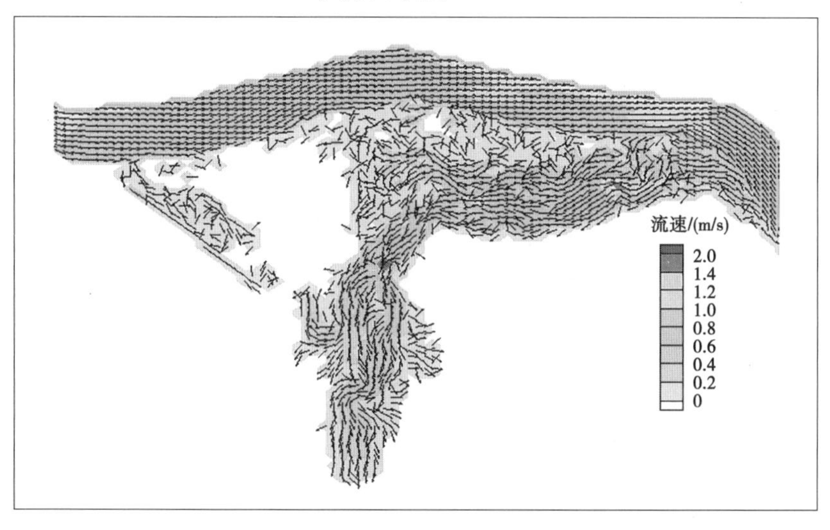

(f)洪水演进80 min

续图7-29

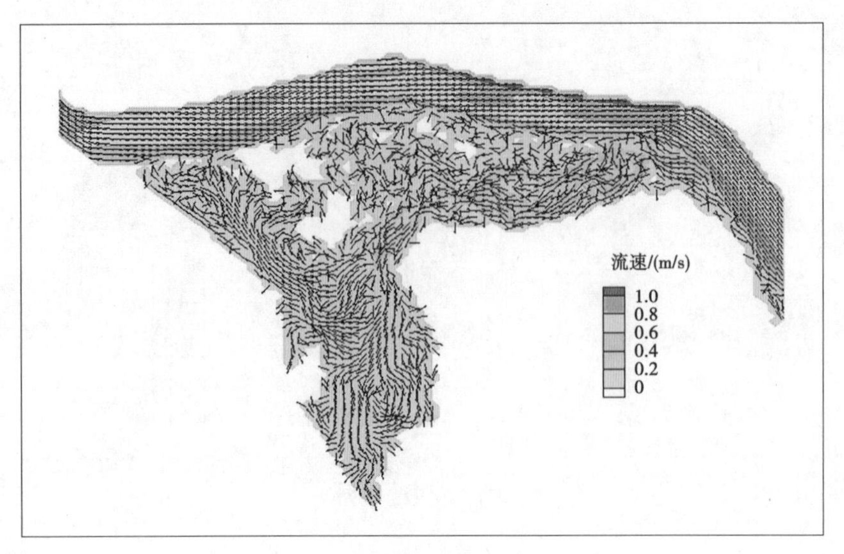

(g)洪水演进 200 min

续图 7-29

从图 7-29(a)可以看出,洪水演进 10 min 后,研究区的东北部及西北部发生淹没现象,东北部淹没处区域流域较大,达到了 1.6 m/s。研究区西北部水流从河道涌向地势低洼地带,流速较小。洪水有从研究区北部淹没的趋势,此处淹没流速不超过 0.4 m/s。从图 7-29(b)可以看出,洪水演进 20 min 后,洪水淹没范围增大,从黄龙庙附近逐渐淹没了八字墙、团然村中三字祥组、三字墙。洪水向西部淹没的趋势加大,最大流速达到了 1.6 m/s,西北部流速较小,仅有 0.4 m/s。从图 7-29(c)可以看出,洪水演进 30 min 后,淹没范围增大至廖家河,洪水向西部增大的趋势减小,逐渐向廖家河上下游扩散,并且廖家河附近流速最大,达到了 1.8 m/s。与研究区北部淹没区连通。而西北部淹没范围缓缓增加,流速为 0.4 m/s 左右。从图 7-29(d)可以看出,洪水演进 40 min 后,研究区西北部淹没流速有 0.8 m/s,漫堤处流速最大,达到了 1.8 m/s,而西北与北部淹没区域流速较小,不超过 0.2 m/s。从图 7-29(e)可以看出,洪水演进 60 min 后,廖家河被洪水全部淹没,并与北部淹没区域连通,北部淹没区域流速较小,不超过 0.2 m/s。而东北部淹没区域流速较大,最大处可达到 2 m/s,西北部洪水淹没范围增长较小。从图 7-29(f)可以看出,洪水演进 80 min 后,仅有廖家河南部淹没范围增长较大,西北部缓慢向下淹没,将与廖家河连通。东北部流速仍达到了 1 m/s。从图 7-29(g)可以看出,洪水演进 200 min 后,除了东南部的其他区域均被洪水淹没,东北部淹没处流速为 0.6 m/s,其他区域流速则较小,仅有不到 0.2 m/s。

从图 7-29 可以看出,洪水演进前 80 min 内,淹没区域内的流速较大,水流动能较大,整体上流速有一定的威胁。并且在 100 年一遇洪水情形下,除东南部外,其他区域均被洪水淹没。因此,该区域将会是防洪管理的重点区域。

7.4.2.5　2017 年典型洪水演进分析

2017 年洪水情形下,上游流量为 2 957.60 m^3/s,下游水位为 38.47 m,所对应的洪水情形下最大淹没范围如图 7-30 所示。

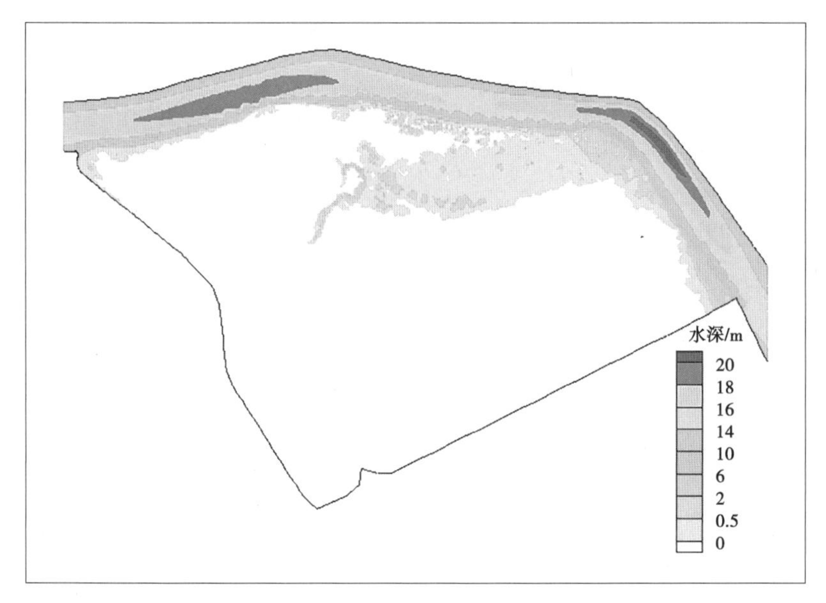

图 7-30　2017 年洪水最大淹没范围

从图 7-30 可以看出,在 2017 年洪水情形下,研究区域遭受不同程度的淹没,淹没范围包括黄龙庙、八字墙、团然村中三字祥组、团然村章家巷组、三字墙以及廖家河等区域,堤垸洲尾处也有小幅度的淹没现象。淹没的区域主要集中在研究区东北部,主要与东北部地势低洼有关。淹没区的水深大都在 0.5 m。

1. 演进过程分析

为了研究 2017 年洪水演进过程,评估不同区域的洪水威胁程度,研究选取洪水演进 10 min、20 min、30 min、40 min 及 60 min 来分析区域内的淹没情形,如图 7-31 所示。

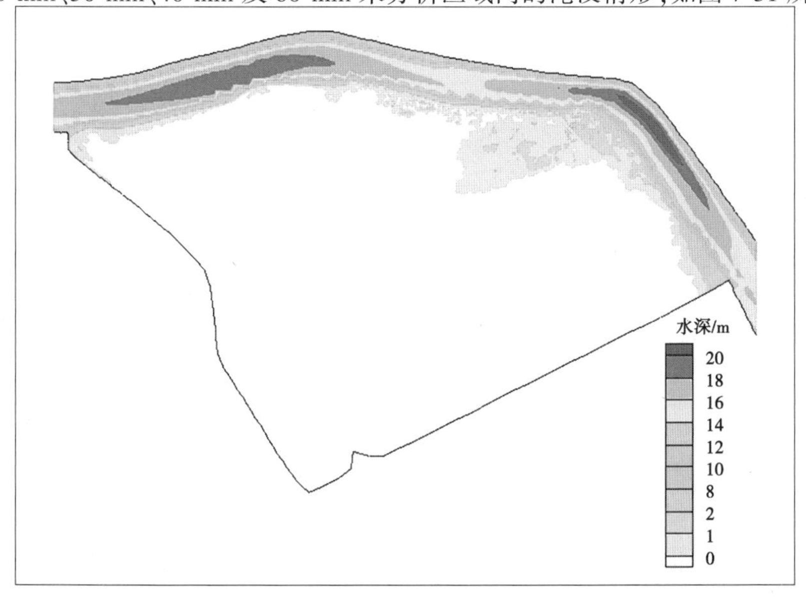

(a)洪水演进 10 min

图 7-31　2017 年不同洪水演进时间区域内淹没情形

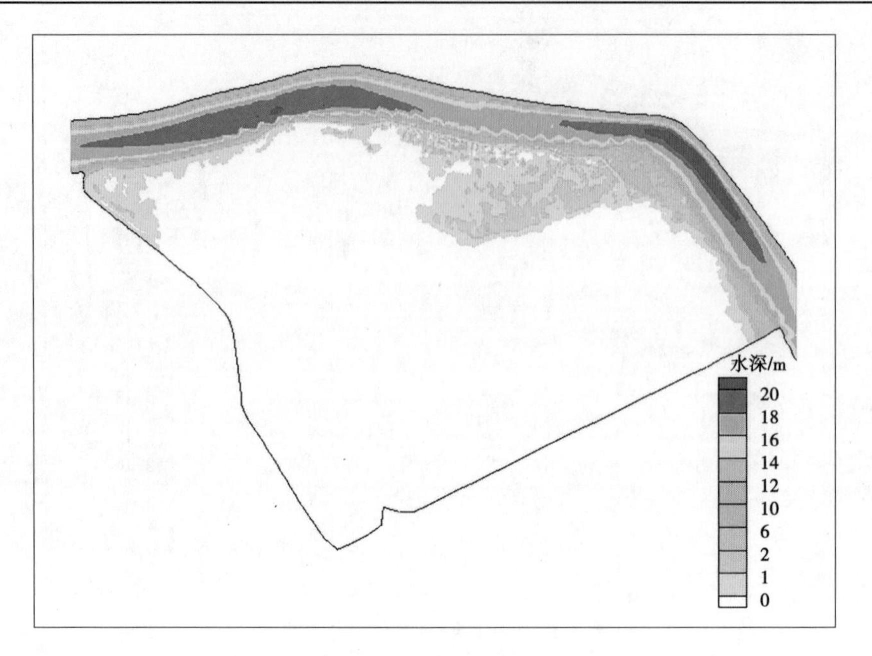

(b)洪水演进 20 min

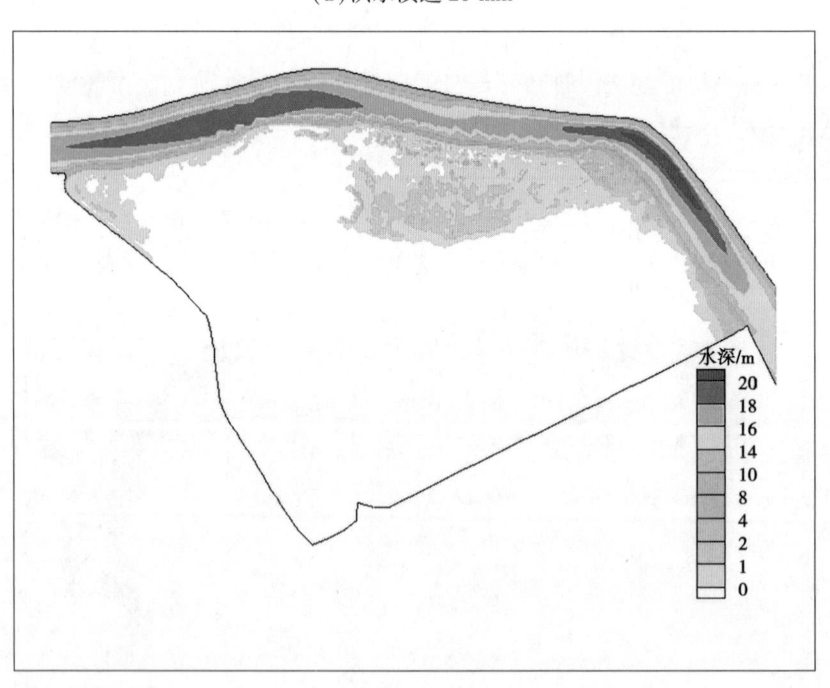

(c)洪水演进 30 min

续图 7-31

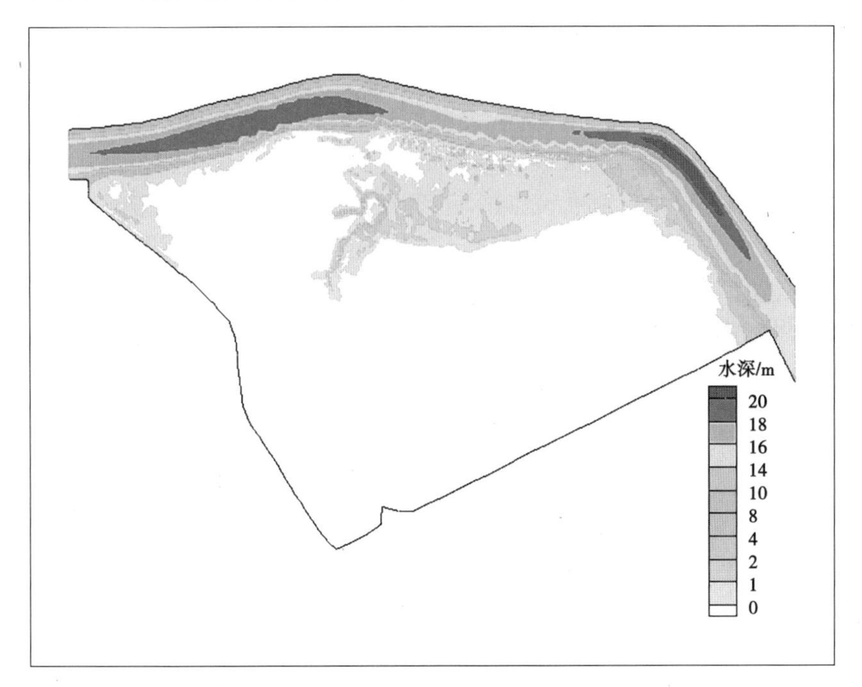

(d)洪水演进 40 min

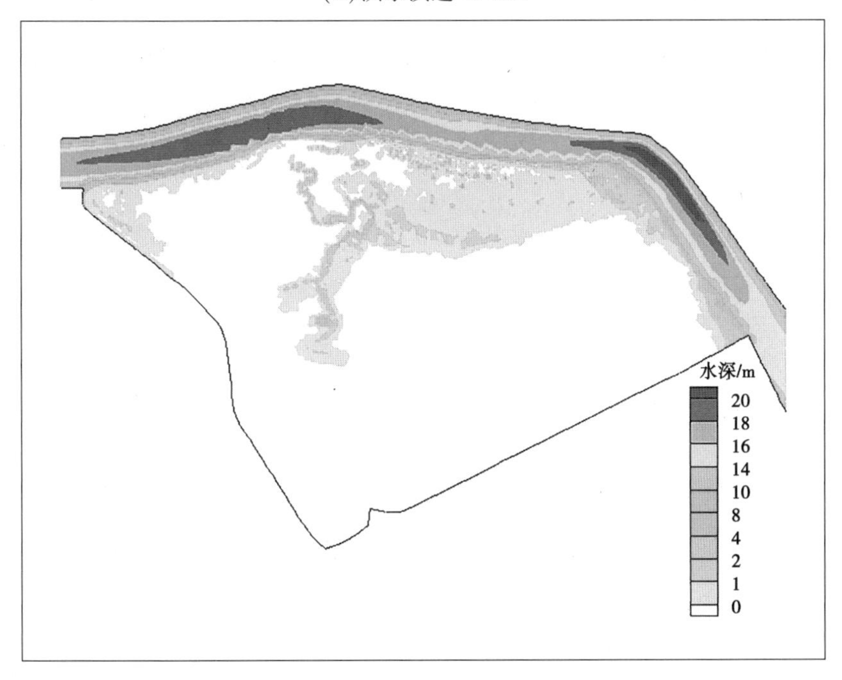

(e)洪水演进 60 min

续图 7-31

从图 7-31(a)可以看出,洪水演进 10 min,研究区域的东北部发生了淹没现象,黄龙庙与八字墙等地势低洼地带被洪水淹没,淹没区的水深为 0~1 m。洲尾处因为地势较低,也发生了淹没现象,淹没范围较小。从图 7-31(b)可以看出,洪水演进 20 min 后,研究区的淹没现象进一步加深,淹没区向西扩张,水深大都为 0~1 m。从图 7-31(c)可以看出,洪水演进 30 min 后,研究区内洪水淹没区向西扩张连接廖家河,扩张趋势减缓,研究区内淹没水深较小,均不超过 0.5 m。从图 7-31(d)可以看出,洪水演进 40 min 后,研究区内洪水增张趋势放缓,更多的是洪水在廖家河向南部淹没,研究区水深大都在 0.5 m 左右。从图 7-31(e)可以看出,洪水演进 60 min 后,洪水在廖家河段向南淹没了一小部分,研究区水深大都在 0.5 m 左右。

综上所述,2017 年洪水主要发生在洪水演进前 1 h,淹没范围主要集中在廖家河至黄龙庙,淹没水深主要为 0.5~2 m。因此,该区域将是防洪管理的重点区域。

2. 流场分析

城市洪水的致灾因子不仅包含淹没水深,还包括洪水引起的水流破坏。后者挟带大量的淤泥、垃圾等影响城区生态环境(如细菌),速度较大的地方甚至威胁人的生命安全。因此,本书针对洪水的最大流速进行分析,了解 2017 年洪水过程研究区域的流速大小进行危险性评估,研究区流场见图 7-32。

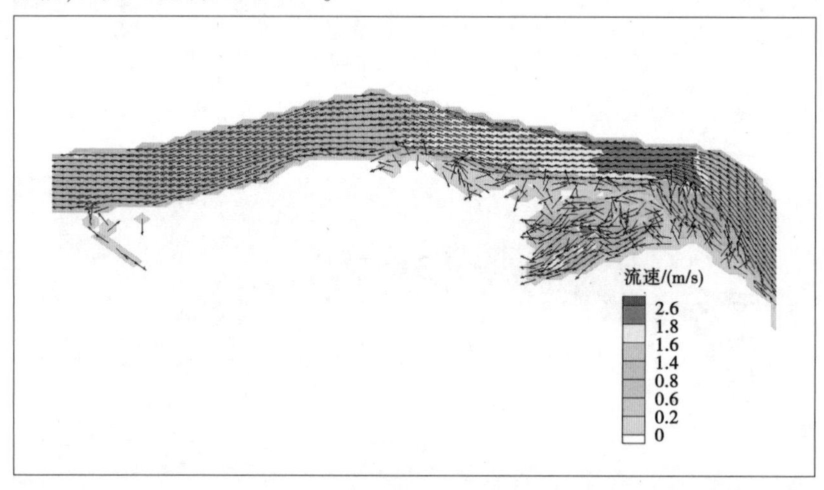

(a)洪水演进 10 min

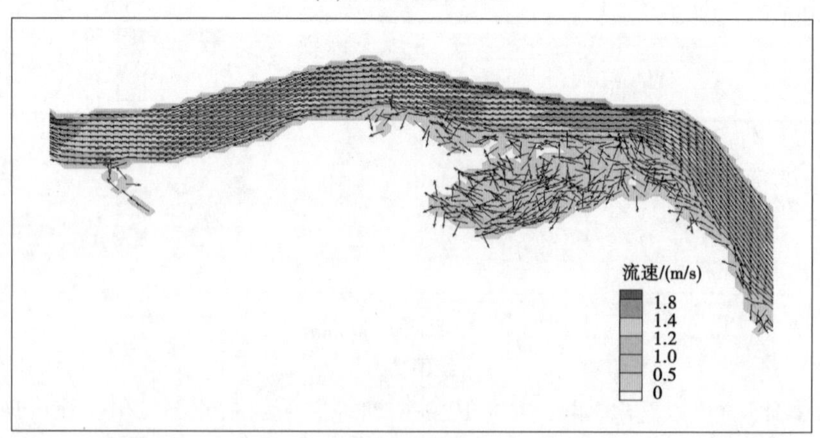

(b)洪水演进 20 min

图 7-32 2017 年洪水不同演进时间研究区流场

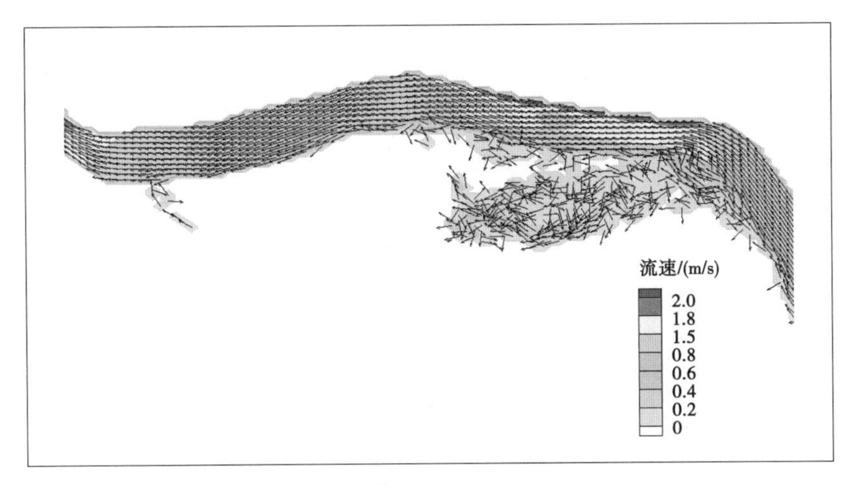

(c)洪水演进 30 min

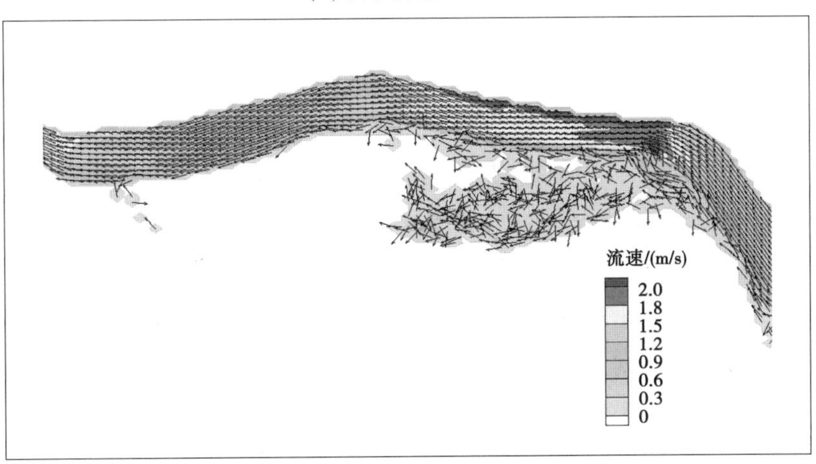

(d)洪水演进 40 min

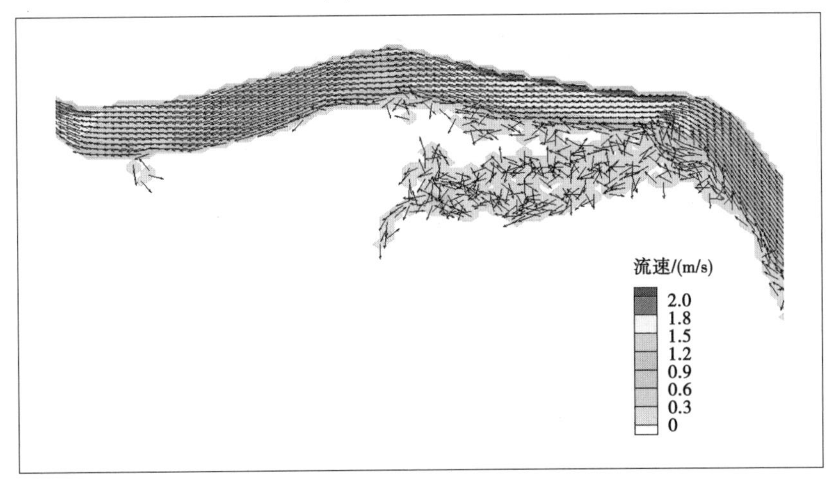

(e)洪水演进 60 min

续图 7-32

从图 7-32(a)可以看出,洪水演进 10 min 后,研究区的东北部及西北部发生淹没现象,东北部淹没处区域流域较大,达到 1.8 m/s 左右,北部也有洪水淹没的趋势,西北部及北部的流速均不超过 0.2 m/s。从图 7-32(b)可以看出,洪水演进 20 min 后,洪水淹没范围增大,从黄龙庙附近逐渐淹没了八字墙、团然村中三字祥组、三字墙。洪水向西部淹没的趋势加大,最大流速达到 1.4 m/s,西北部流速较小。从图 7-32(c)可以看出,洪水演进 30 min 后,淹没范围增大至廖家河,洪水向西部增大的趋势减小,逐渐向廖家河上下游扩散,并且廖家河附近流速最大。西北部与北部的淹没流速仍只有 0.2 m/s 左右。从图 7-32(d)可以看出,洪水演进 40 min 后,淹没范围并没有太大变化,研究区内的流速开始减小,大都只有 1 m/s 左右。而溃口处流速较大,达到了 1.8 m/s 左右。从图 7-32(e)可以看出,洪水演进 60 min 后,淹没范围基本不变,淹没区流速也基本不超过 0.6 m/s。

从图 7-32 可以看出,洪水演进前 30 min 内,淹没区域内的流速较大,水流动能较大,整体上流速有一定的威胁。

第 8 章　Web 应用平台使用指南

本章主要介绍 Web 洪水预报系统主要功能和使用操作。

8.1　系统登录

8.1.1　用户登录

（1）打开 Chrome 浏览器，输入 https://10. 43. 15. 243:7090/yubao，启动洪水预报系统，如图 8-1 所示。

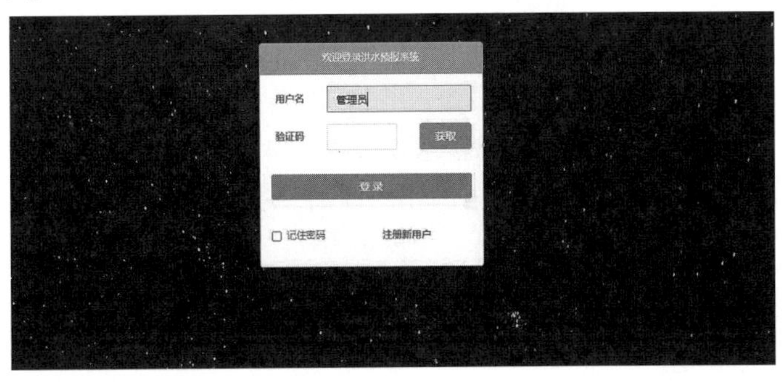

图 8-1　启动洪水预报系统

（2）输入用户名，点击“获取”验证码。

（3）输入验证码，点击“登录”，即可进入系统。主界面（见图 8-2）主要包括当前预报方案、系统菜单、地图操作等功能模块。

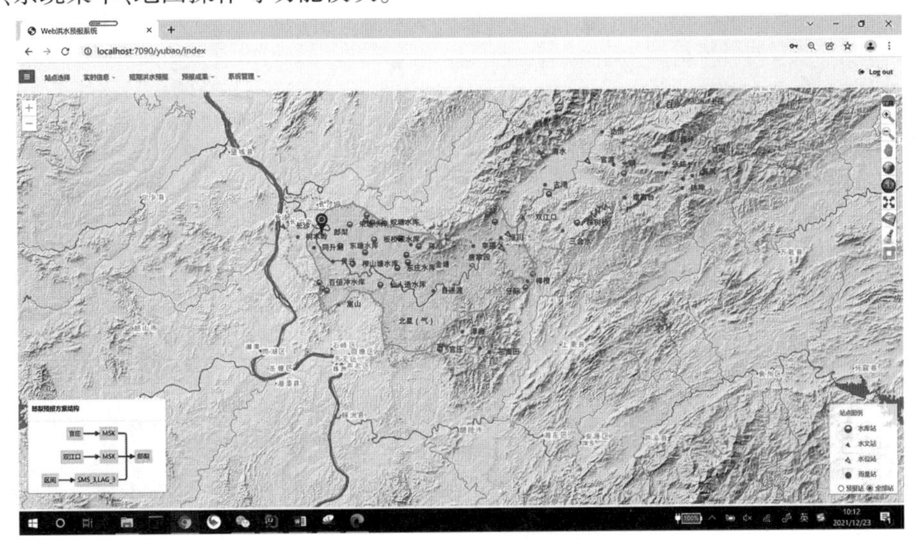

图 8-2　洪水预报系统主界面

8.1.2　用户注册

（1）点击“注册新用户”，弹出用户注册界面，见图 8-3。

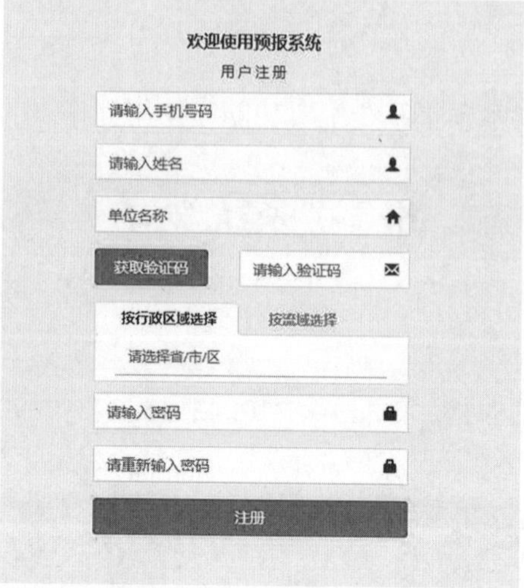

图 8-3　用户注册界面

（2）输入相关信息，点击“注册”，完成用户注册。

8.2　站点选择

8.2.1　单站选择

（1）点击“站点选择”，弹出预报站点选择界面，见图 8-4。

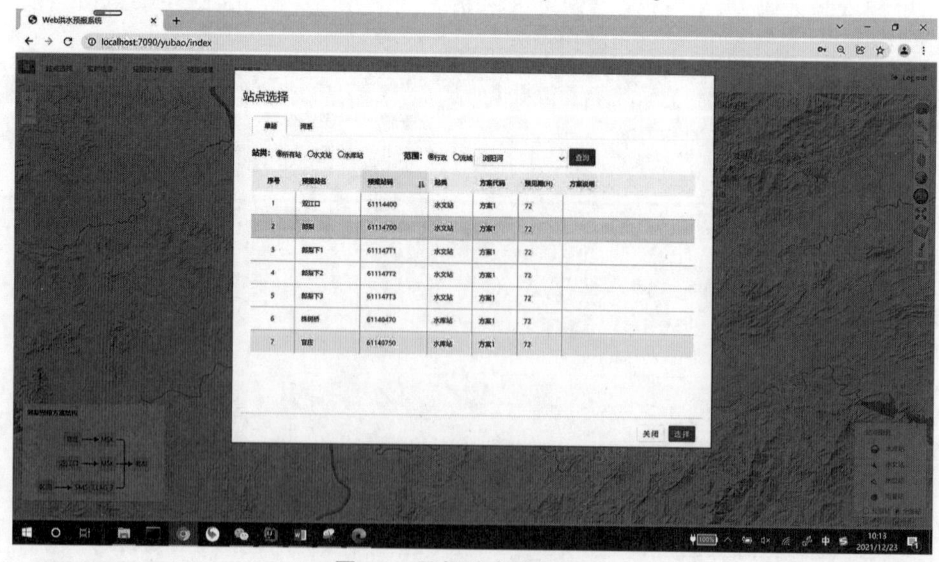

图 8-4　预报站点选择界面

(2)依据站类和范围进行条件筛选,站类有所有站、水文站和水库站 3 项,范围有行政和流域 2 项。

(3)选择表格中所需站点,点击“选择”,即展现当前所需的预报站点,主要包括预报方案结构、预报区域边界和预报站点分布图(见图 8-5)等。

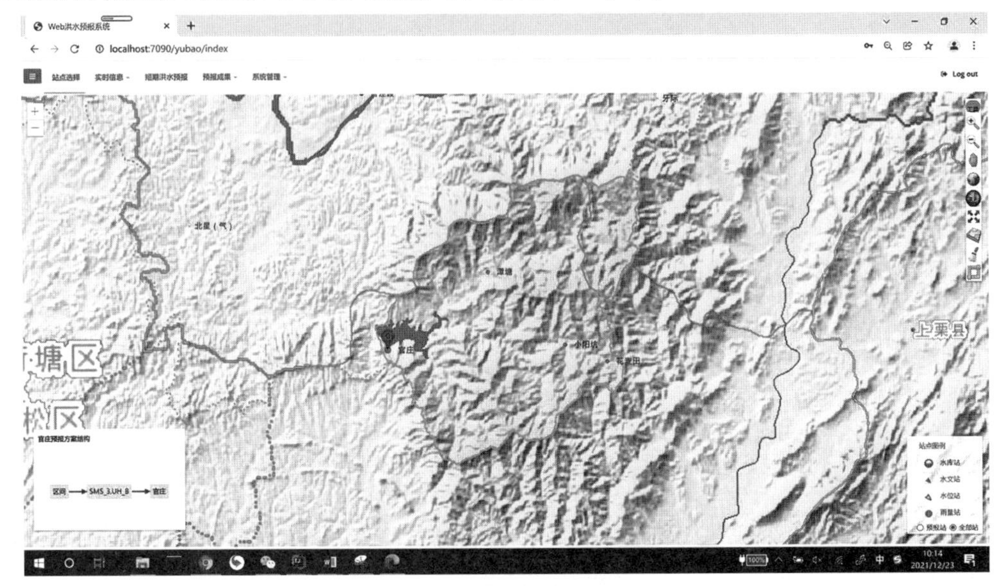

图 8-5　预报站点展现

8.2.2　流域选择

(1)点击“河系”按钮,选择左边预设好的河系,见图 8-6。

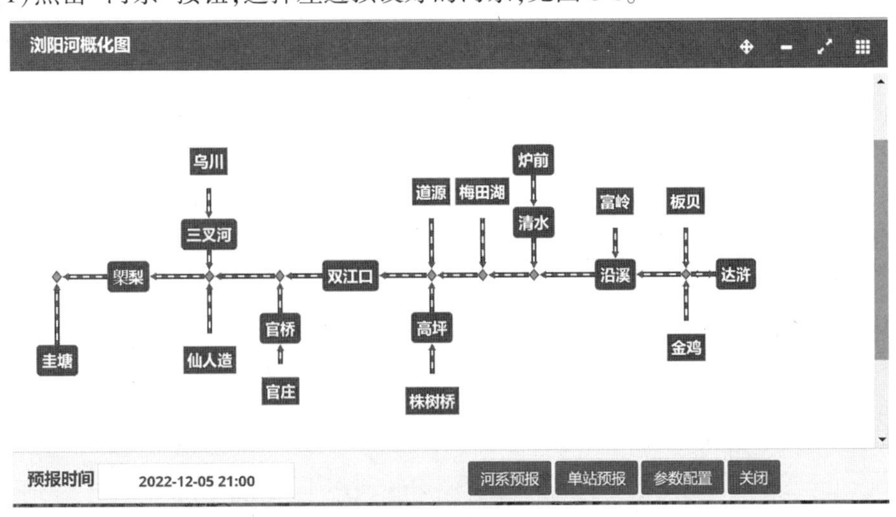

图 8-6　河系选择

(2)点击“参数配置”按钮,弹出河系预报参数配置界面(见图 8-7)。

①“成果名称”:以输入名称作为河系预报成果名称。

②“预报降雨来源”:“预报降雨”选项表示按系统默认数值预报,“实测降雨”选项表

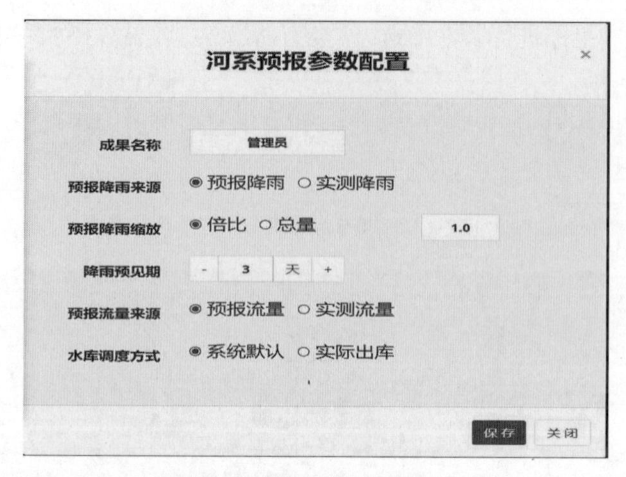

图 8-7　河系预报参数配置

示用实测降雨作为未来预报降雨。

③“预报降雨缩放”:“倍比”选项表示按预报降雨过程等比缩放,“总量”选项表示按预报降雨过程总量缩放。

④“降雨预见期”:设定河系预报预见期,最长为 10 d。

(3)点击“河系预报”按钮,按站点顺序自动将流域内站点进行洪水预报计算,并将结果展示在图上。

(4)选择预报站点,点击“单站预报”按钮,计算单站预报值,并显示在河系预报图上。

8.3　实时信息监控

8.3.1　实时降雨

(1)通过选择显示类型为时段过程、累计过程,选择显示时段长,设置时间范围,点击“查询”,计算实时面雨量过程,见图 8-8。

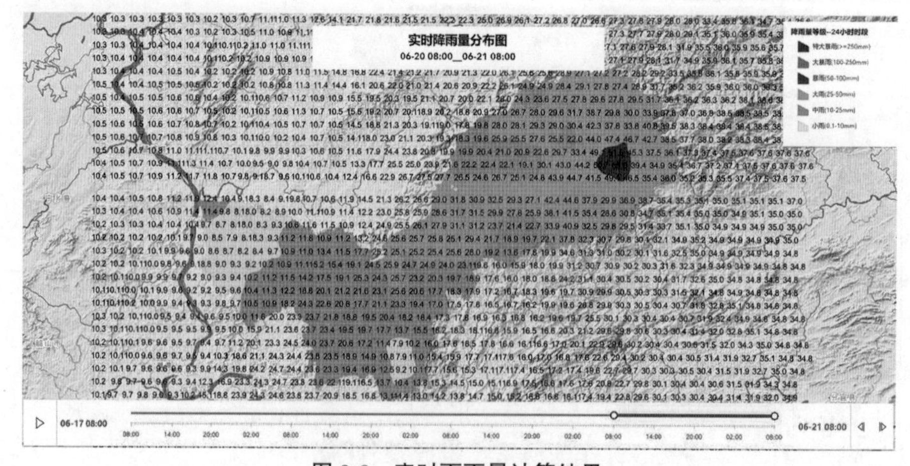

图 8-8　实时面雨量计算结果

(2)计算结束后,点击 ◁ ▷ ▷ ,将面雨量进行播放、暂停、向前、向后展示操作。

8.3.2　短期预报降雨

(1)通过选择显示类型为时段过程、累计过程,选择显示时段长,选择预报时间,点击“查询”,计算短期降雨预报过程,见图 8-9。

(2)计算结束后,点击 ◁ ▷ ▷ ,将面雨量进行播放、暂停、向前、向后展示操作。

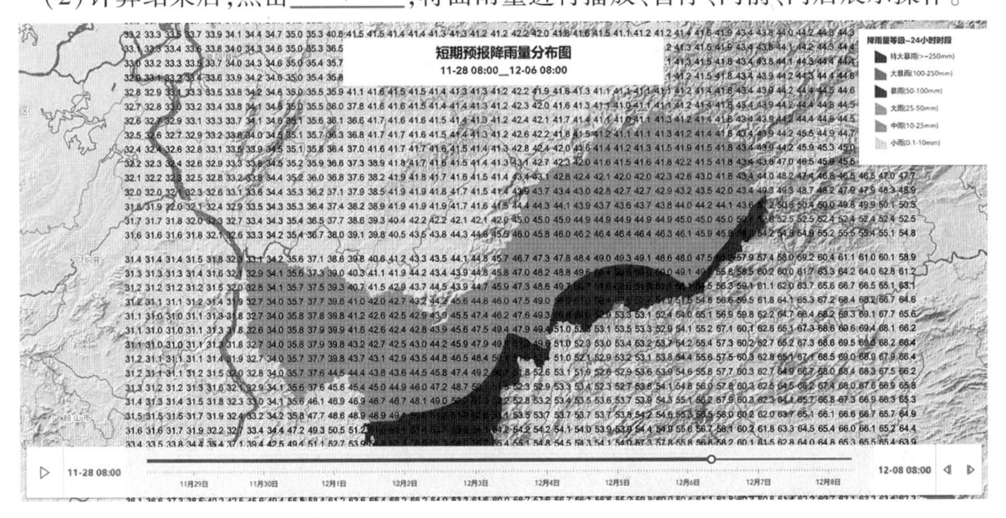

图 8-9　短期降雨预报结果

8.3.3　实时过程线查看

通过点击界面站点,或点击“查看”按钮,查看实时过程线,过程线显示实时降雨柱状图、实时水位、预报水位流量实时和统计信息,见图 8-10。

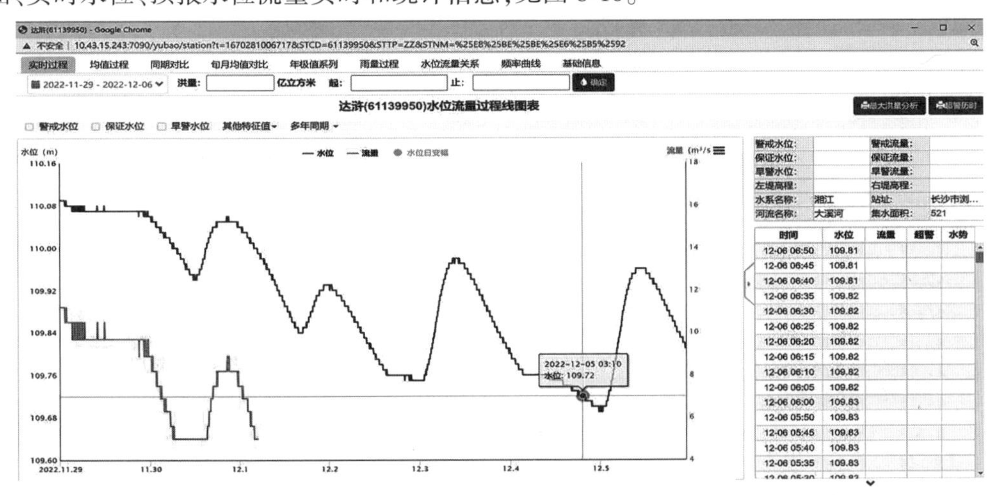

图 8-10　实时过程线查看

8.4　短期预报调度

短期预报调度模块目前已集成浏阳河流域 19 个站点洪水预报方案,可以开展相应短期洪水预报调度应用,见图 8-11。

站点选择

河系选择　单站选择

站类: ◉所有站 ○水文站 ○水库站　　范围: ◉流域 ○行政 浏阳河 查询　　搜索: 查询

序号	预报站名	预报站码	站类	方案代码	方案说明
13	官庄	61140750	水库站	方案1	SMS_3+UH_B
14	官桥	611F2000	水文站	方案1	SMS_3+UH_B
15	仙人造水库	611H2010	水库站	方案1	SMS_3+UH_B
16	乌川水库	611H1832	水库站	方案1	SMS_3+UH_B
17	三叉河	611F1855	水文站	方案1	sms_3+uh_b
18	郎梨	61114700	水文站	方案1	输入双江口站流量和区间降雨过程...
19	圭塘	611E2822	水文站	方案1	sms_3+uh_b

关闭　选择

图 8-11　短期预报调度模块

8.4.1　单站预报调度

点击“单站预报调度”,展示单站预报调度界面(见图 8-12),包括时间设置、短期作业预报、预报降雨设置、人工实时校正、自动实时校正等模块功能,以及流量预报、水位预报、预报统计、成果保存等菜单。

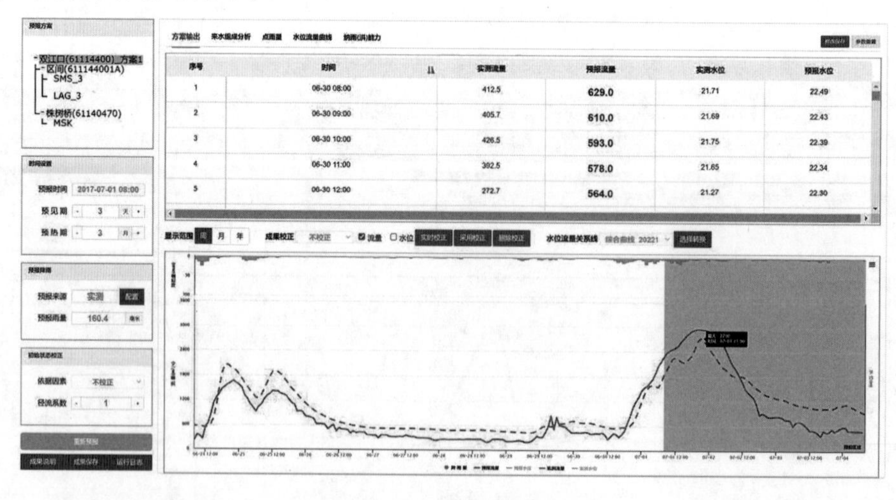

图 8-12　单站预报调度界面

8.4.2　预报调度自动运行配置

预报调度自动运行配置可以水系为单元,配置站点顺序、自动预报、初始状态校正、成果发布、自动运行频次、运行参数等内容，系统可按预先配置参数进行自动化运行，见图8-13。

所有站　水文(位)站　水库站

搜索:　Excel　PDF　Print

基本信息						预报调度默认配置				成果保存预报库配置			成果保存实时库配置		
次序	站名	站码	方案代码	站类	所在流域	自动预报	初始状态校正	预报过程校正	水库调度	预报流量	预报水位	预报区间流量	预报流量	预报水位	预报区间流量
1	达浒	61139950	方案1	水文(位)站	浏阳河	■	□	不作校正		■	■	□	□	□	□
2	板贝水库	611H2027	方案1	水库站	浏阳河	■	□	不作校正	维持当前	■	■	□	□	□	□
3	金鸡水库	611H2001	方案1	水库站	浏阳河	■	□	不作校正	维持当前	■	■	□	□	□	□
4	富岭	611H2031	方案1	水库站	浏阳河	■	□	不作校正	维持当前	■	■	□	□	□	□
5	沿溪	611E2785	方案1	水文(位)站	浏阳河	■	□	不作校正		■	■	□	□	□	□
6	炉前	61115000	方案1	水文(位)站	浏阳河	■	□	不作校正		■	■	□	□	□	□
7	清水	61115200	方案1	水文(位)站	浏阳河	■	□	不作校正		■	■	□	□	□	□
8	梅田湖水库	611H2025	方案1	水库站	浏阳河	■	□	不作校正	维持当前	■	■	□	□	□	□
9	道源水库	611H2024	方案1	水库站	浏阳河	■	□	不作校正	维持当前	■	■	□	□	□	□
10	株树桥	61140470	方案1	水库站	浏阳河	■	□	不作校正	维持当前	■	■	□	□	□	□
11	高坪	611F2005	方案1	水文(位)站	浏阳河	■	□	不作校正		■	■	□	□	□	□
12	双江口	61114400	方案1	水文(位)站	浏阳河	■	□	不作校正		■	■	□	□	□	□
13	官庄	61140750	方案1	水库站	浏阳河	■	□	不作校正	维持当前	■	■	□	□	□	□
14	官桥	611F2000	方案1	水文(位)站	浏阳河	■	□	不作校正		■	■	□	□	□	□
15	仙人造水库	611H2010	方案1	水库站	浏阳河	■	□	不作校正	维持当前	■	■	□	□	□	□
16	乌川水库	611H1832	方案1	水库站	浏阳河	■	□	不作校正	维持当前	■	■	□	□	□	□
17	三叉河	611F1855	方案1	水文(位)站	浏阳河	■	□	不作校正		■	■	□	□	□	□

图8-13　预报调度自动运行配置

(1)预报顺序：可按住鼠标左键，依据预报断面上下游的关系，拖动“次序”列进行排序。

(2)自动预报：可勾选是否自动预报。

(3)初始状态校正：选取“不做校正”“自动校正”选项。

(4)成果发布库：预报库是预报系统内部数据库，实时库是共享数据库，通过勾选是否保存选项，系统按配置存入相应数据库。

(5)预报频次：勾选相应预报频次。

(6)预热期：设置洪水预报预热期，以月为单位，一般设定3个月以上，以便消除模型初始状态对当前预报的影响。

(7)预见期：设置洪水预报预见期，以d为单位，最长为3 d。

8.4.3　重新预报

(1)可以修改预报时间、预热期、预见期、预报降雨配置、状态校正方法、成果校正方法、调度方式等选项，点击“重新预报”，系统制作短期流量预报，见图8-14。

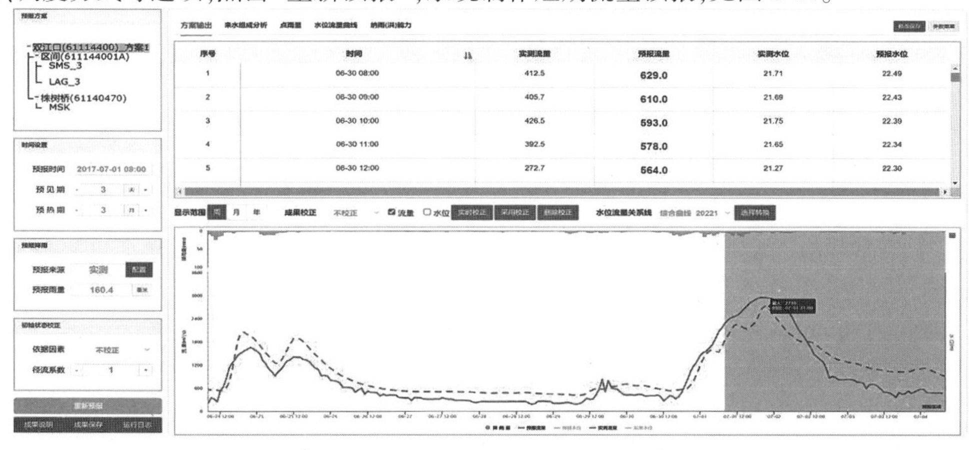

图8-14　重新预报

(2)预报降雨设置(见图 8-15):点击“配置”,弹出预报降雨配置窗口。可以选定预报单位、设置降雨预报情景。点击“确定”采用所设定的预报降雨情景。

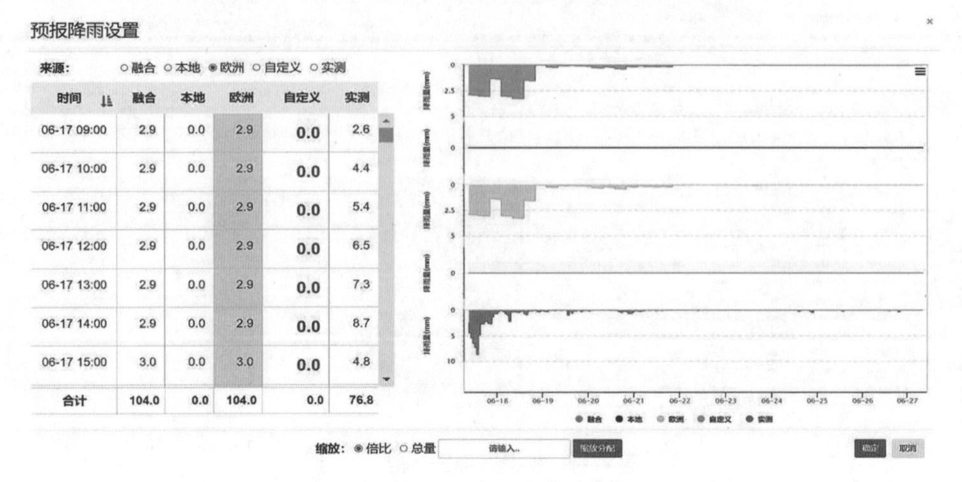

图 8-15　预报降雨设置

(3)初始状态校正(见图 8-16):点击“依据要素”下拉框,选取“不校正”“实测流量过程”和“预报径流系数”3 个选项。“实测流量过程”选项是依据模拟期内模拟流量过程与实测流量过程对比误差,调整初始状态。“预报径流系数”是通过设定预报径流系数,调整初始状态。

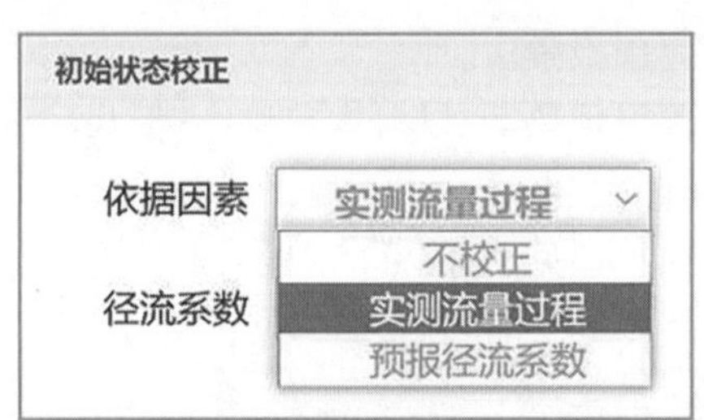

图 8-16　初始状态校正

(4)成果校正(见图 8-17):点击“成果校正”下拉框,选取“不校正”“自动校正”“峰前整合”“过程整合”“左移”“右移”“锐化”“坦化”等 8 项选项。

①“自动校正”:系统按自回归、滑动回归、滑动自回归、综合回归等 4 种方法,依据误差系列平稳性原则,自动选取校正方法进行预报成果校正。

②“峰前整合”:保持预报洪峰不变,对预报洪峰之前的预报值,按当前实测值的距离权重进行校正。

③“过程整合”:依据预报时间所对应的实测与预报之间的误差,对整个预报过程进行调整。

④“左移”:对预报过程整体向左平移一个时段。

⑤“右移”:对预报过程整体向右平移一个时段。

⑥“锐化”:按洪峰的 1%进行反马斯京根方法计算。

⑦“坦化”:按洪峰的 1%进行马斯京根方法计算。

图 8-17　成果校正

(5)点击“雨量分析”,以图表显示各雨量点的降雨过程,用于判别实测降雨情况,见图8-18。

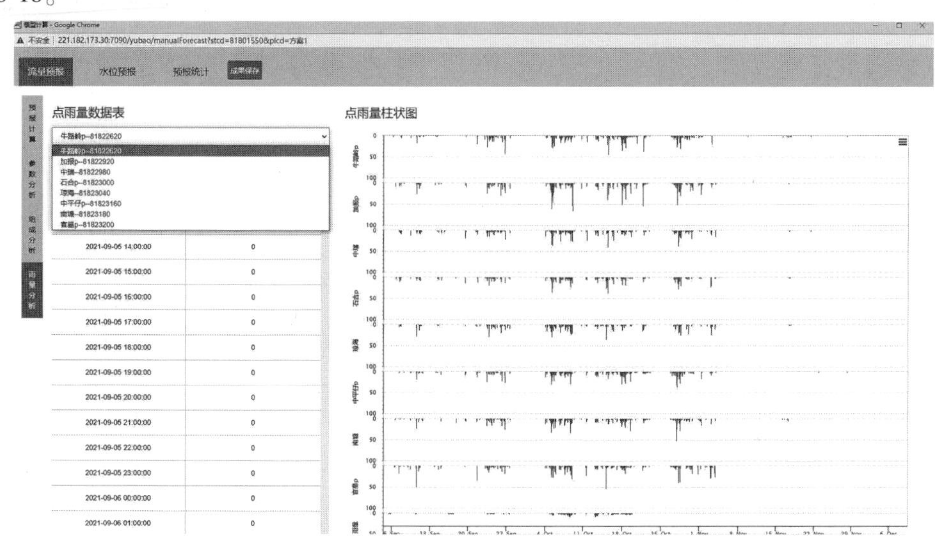

图 8-18　雨量分析

(6)调度方式(见图8-19):点击“调度方式”下拉框,选取“维持昨日”“维持当前”“出入平衡”“实际出库”等4项选项。

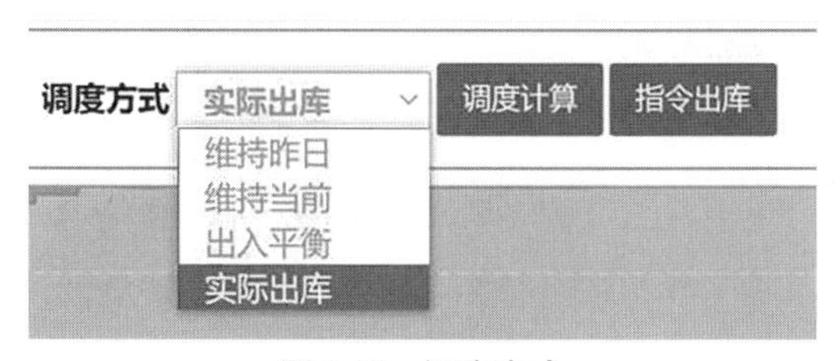

图 8-19　调度方式

①“维持昨日”:按昨日出库流量过程,设定为未来出库流量过程进行水库调度。

②“维持当前”:按当前流量,设定为未来出库流量过程进行水库调度。

③“出入平衡”:按出库流量与预报入库流量一致,设定为未来出库流量过程进行水库调度。

④“实际出库”:按实际出库过程进行水库调度。

(7)指令调度(见图 8-20):点击“指令调度”,弹出指令调度设置窗口。可人工输出出库流量过程进行水库调度。

株树桥(61140470)指令出库流量设置
时间
入库流量
出库流量
2022-12-06 08:00
21.8
100.0
2022-12-06 09:00
21.1
100.0
2022-12-06 10:00
20.3
100.0
2022-12-06 11:00
19.5
100.0
2022-12-06 12:00
18.8
100.0
2022-12-06 13:00
18.1
300.0
入库和出库过程
入库流量
出库流量
提示：手动输入出库流量
取消
确定

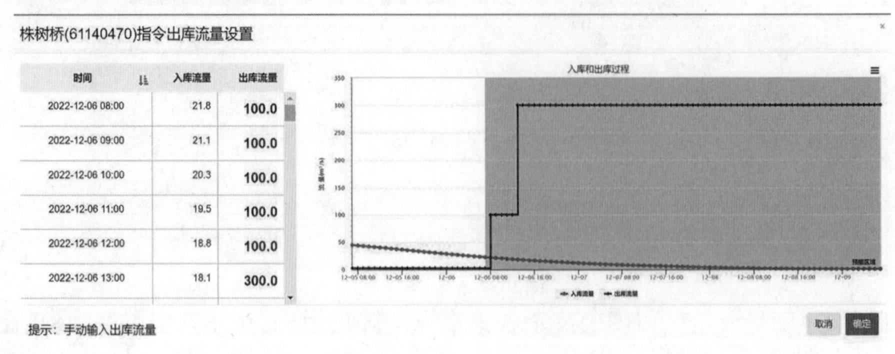

图 8-20　指令调度

(8)成果说明(见图 8-21):点击“成果说明”,显示本次预报成果的统计情况。

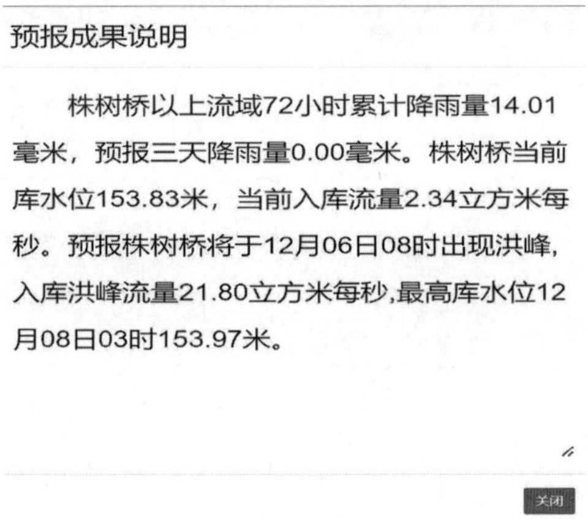

预报成果说明
株树桥以上流域72小时累计降雨量14.01毫米，预报三天降雨量0.00毫米。株树桥当前库水位153.83米，当前入库流量2.34立方米每秒。预报株树桥将于12月06日08时出现洪峰，入库洪峰流量21.80立方米每秒,最高库水位12月08日03时153.97米。
关闭

图 8-21　成果说明

(9)成果保存(见图 8-22):点击“成果保存”,可依据需求存入预报数据库和实时数据库。

成果发布
成果名称:
管理员
预 报 库:
断面流量
断面水位
区间流量
发 布 库:
断面流量
断面水位
区间流量
关闭
保存

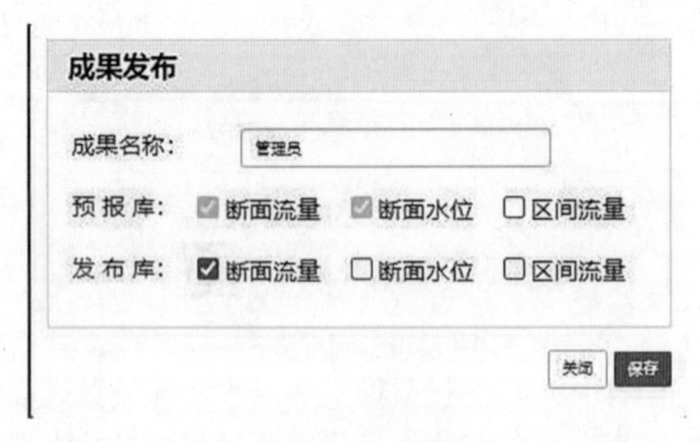

图 8-22　成果保存

(10)运行日志(见图 8-23):点击“运行日志”,可显示当前影响预报因素,主要包括实时信息、预报信息、特征值等信息。

运行日志

序号	内容	程度
1	缺少汛限水位	一般
2	缺少设计水位	一般
3	没有本地预报面雨量产品	一般
4	没有实时面雨量产品	错误
5	缺少欧洲预报面雨量产品	一般

关闭

图 8-23　运行日志

8.4.4　预报成果统计

点击“预报成果统计”(见图 8-24),设置查询时间、选择预报站点,点击“单站查询”进行信息查找。

时间范围:　2022-11-29 ~ 2022-12-06

预报成果统计

Excel　PDF　Print

基本信息							降雨预报			洪水预报			
序号	站名	站码	预报时间	预报人员	发布单位	单位	24H	48H	72H	最大流量	最高水位	洪峰时间	操作
1	双江口	61114400	2022-12-06 06:00:00	auto72H	湖南水文	欧洲	0	0	0	101	20.63	2022-12-06 07:00:00	查看
2	郎梨	61114700	2022-12-06 06:00:00	auto72H	湖南水文	欧洲	0	0	0	161	0.00	2022-12-07 04:00:00	查看
3	炉前	61115000	2022-12-06 06:00:00	auto72H	湖南水文	欧洲	0	0	0	0	0.00	2022-12-06 07:00:00	查看
4	清水	61115200	2022-12-06 06:00:00	auto72H	湖南水文	欧洲	0	0	0	1	181.91	2022-12-06 07:00:00	查看
5	达浒	61139950	2022-12-06 06:00:00	auto72H	湖南水文	欧洲	0	0	0	9	110.05	2022-12-06 07:00:00	查看
6	株树桥	61140470	2022-12-06 06:00:00	auto72H	湖南水文	欧洲	0	0	0	23	153.98	2022-12-06 07:00:00	查看
7	官庄	61140750	2022-12-06 06:00:00	auto72H	湖南水文	欧洲	0	0	0	4	108.00	2022-12-06 07:00:00	查看
8	沮溪	611E2785	2022-12-06 06:00:00	auto72H	湖南水文	欧洲	0	0	0	17	88.83	2022-12-06 07:00:00	查看
9	圭塘	611E2822	2022-12-06 06:00:00	auto72H	湖南水文	欧洲	0	0	0	2	0.00	2022-12-06 07:00:00	查看
10	三叉河	611F1855	2022-12-06 06:00:00	auto72H	湖南水文	欧洲	0	0	0	2	0.00	2022-12-06 07:00:00	查看
11	官桥	611F2000	2022-12-06 06:00:00	auto72H	湖南水文	欧洲	0	0	0	18	0.00	2022-12-06 07:00:00	查看
12	高坪	611F2005	2022-12-06 06:00:00	auto72H	湖南水文	欧洲	0	0	0	5	0.00	2022-12-06 07:00:00	查看
13	乌川水库	611H1832	2022-12-06 06:00:00	auto72H	湖南水文	欧洲	0	0	0	0	127.80	2022-12-06 07:00:00	查看
14	金鸡水库	611H2001	2022-12-06 06:00:00	auto72H	湖南水文	欧洲	0	0	0	0	157.79	2022-12-06 07:00:00	查看
15	仙人造水库	611H2010	2022-12-06 06:00:00	auto72H	湖南水文	欧洲	0	0	0	0	55.13	2022-12-06 07:00:00	查看
16	道源水库	611H2024	2022-12-06 06:00:00	auto72H	湖南水文	欧洲	0	0	0	0	137.04	2022-12-06 07:00:00	查看
序号	站名	站码	预报时间	预报人员	发布单位	单位	24H	48H	72H	最大流量	最高水位	洪峰时间	操作

图 8-24　预报成果统计

点击“查看”,查看预报水位流量过程,见图 8-25。

双江口(61114400)水文过程

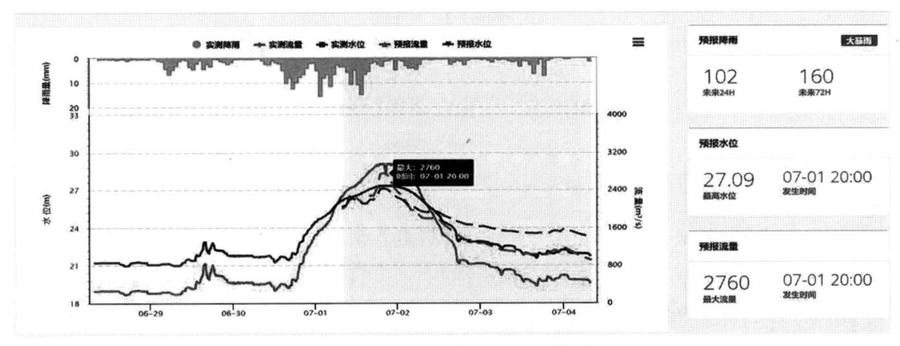

图 8-25　查看预报水位流量过程

8.4.5　预报精度评定

预报精度评定提供按照时间、按照站点进行统计功能，结果如图 8-26 所示。

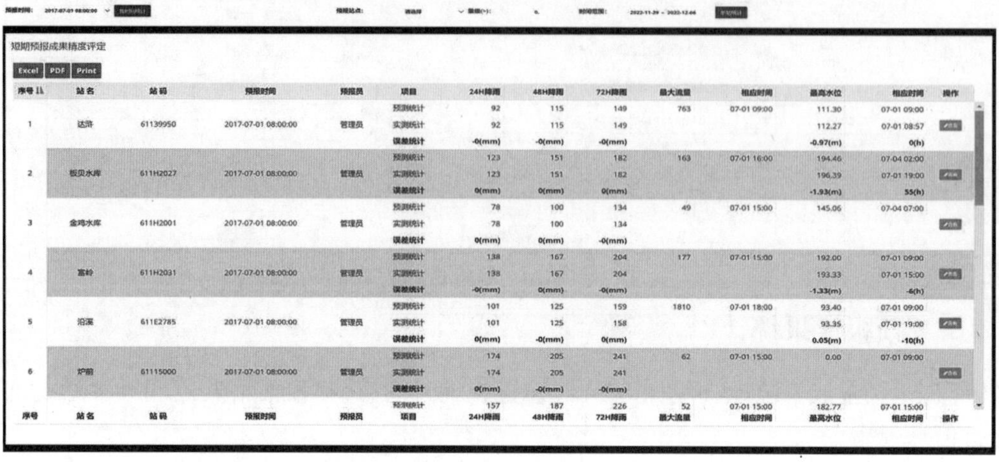

短期预报成果精度评定

Excel　PDF　Print

序号	站名	站码	预报时间	预报员	项目	24H降雨	48H降雨	72H降雨	最大流量	相应时间	最高水位	相应时间	操作
1	达浒	61139950	2017-07-01 08:00:00	管理员	预测统计	92	115	149	763	07-01 09:00	111.30	07-01 09:00	
					实测统计	92	115	149			112.27	07-01 08:57	
					误差统计	-0(mm)	-0(mm)	-0(mm)			-0.97(m)	0(h)	
2	板贝水库	611H2027	2017-07-01 08:00:00	管理员	预测统计	123	151	182	163	07-01 16:00	194.46	07-04 02:00	
					实测统计	123	151	182			196.39	07-01 19:00	
					误差统计	0(mm)	0(mm)	0(mm)			-1.93(m)	55(h)	
3	金鸡水库	611H2001	2017-07-01 08:00:00	管理员	预测统计	78	100	134	49	07-01 15:00	145.06	07-04 07:00	
					实测统计	78	100	134					
					误差统计	0(mm)	0(mm)	-0(mm)					
4	富岭	611H2031	2017-07-01 08:00:00	管理员	预测统计	138	167	204	177	07-01 15:00	192.00	07-01 09:00	
					实测统计	138	167	204			193.33	07-01 15:00	
					误差统计	-0(mm)	0(mm)	-0(mm)			-1.33(m)	-6(h)	
5	沿溪	611E2785	2017-07-01 08:00:00	管理员	预测统计	101	125	159	1810	07-01 18:00	93.40	07-01 09:00	
					实测统计	101	125	158			93.35	07-01 19:00	
					误差统计	0(mm)	-0(mm)	0(mm)			0.05(m)	-10(h)	
6	炉前	61115000	2017-07-01 08:00:00	管理员	预测统计	174	205	241	62	07-01 15:00	0.00	07-01 09:00	
					实测统计	174	205	241					
					误差统计	0(mm)	-0(mm)	-0(mm)					
					预测统计	157	187	226	52	07-01 15:00	182.77	07-01 15:00	
序号	站名	站码	预报时间	预报员	项目	24H降雨	48H降雨	72H降雨	最大流量	相应时间	最高水位	相应时间	操作

图 8-26　预报精度评定

8.4.6　预报方案运行配置

系统提供短期预报调度运行方案配置界面，可对自动预报段次、启动时间、预热期、预见期进行设置，并配置预报的默认设置、预报流量等信息，见图 8-27。

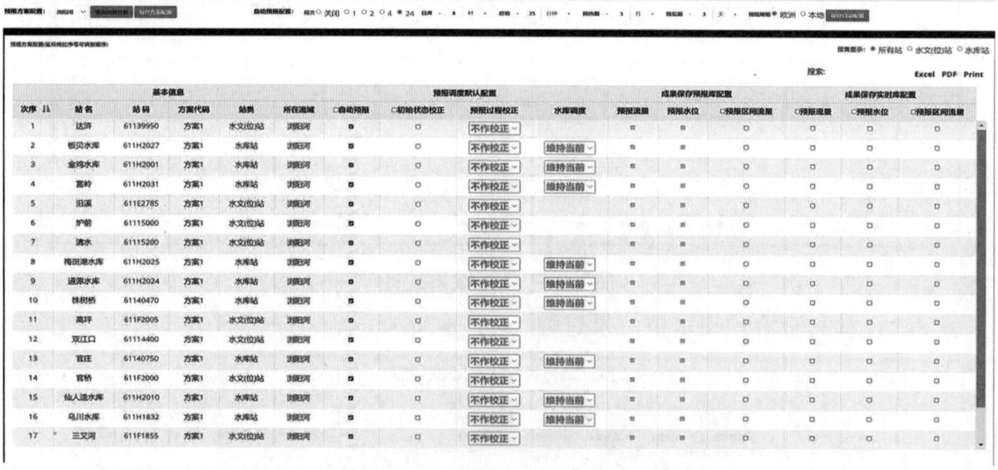

所有站　水文(位)站　水库站

搜索:　Excel　PDF　Print

基本信息						预报调度默认配置				成果保存预报库配置			成果保存实时库配置		
次序	站名	站码	方案代码	站类	所在流域	□自动预报	□初始状态校正	预报过程校正	水库调度	预报流量	预报水位	□预报区间流量	□预报流量	□预报水位	□预报区间流量
1	达浒	61139950	方案1	水文(位)站	浏阳河	■	□	不作校正		■	■	□	□	□	□
2	板贝水库	611H2027	方案1	水库站	浏阳河	■	□	不作校正	维持当前	■	■	□	□	□	□
3	金鸡水库	611H2001	方案1	水库站	浏阳河	■	□	不作校正	维持当前	■	■	□	□	□	□
4	富岭	611H2031	方案1	水库站	浏阳河	■	□	不作校正	维持当前	■	■	□	□	□	□
5	沿溪	611E2785	方案1	水文(位)站	浏阳河	■	□	不作校正		■	■	□	□	□	□
6	炉前	61115000	方案1	水文(位)站	浏阳河	■	□	不作校正		■	■	□	□	□	□
7	清水	61115200	方案1	水文(位)站	浏阳河	■	□	不作校正		■	■	□	□	□	□
8	梅田湖水库	611H2025	方案1	水库站	浏阳河	■	□	不作校正	维持当前	■	■	□	□	□	□
9	道源水库	611H2024	方案1	水库站	浏阳河	■	□	不作校正	维持当前	■	■	□	□	□	□
10	株树桥	61140470	方案1	水库站	浏阳河	■	□	不作校正	维持当前	■	■	□	□	□	□
11	高坪	611F2005	方案1	水文(位)站	浏阳河	■	□	不作校正		■	■	□	□	□	□
12	双江口	61114400	方案1	水文(位)站	浏阳河	■	□	不作校正		■	■	□	□	□	□
13	官庄	61140750	方案1	水库站	浏阳河	■	□	不作校正	维持当前	■	■	□	□	□	□
14	官桥	611F2000	方案1	水文(位)站	浏阳河	■	□	不作校正		■	■	□	□	□	□
15	仙人造水库	611H2010	方案1	水库站	浏阳河	■	□	不作校正	维持当前	■	■	□	□	□	□
16	乌川水库	611H1832	方案1	水库站	浏阳河	■	□	不作校正	维持当前	■	■	□	□	□	□
17	三叉河	611F1855	方案1	水文(位)站	浏阳河	■	□	不作校正		■	■	□	□	□	□

图 8-27　预报方案运行配置

8.4.7　短期河系径流预报

系统提供人工作业预报和自动短期径流预报作业，并提供组建流域预报模式，将预报方案按上下游关联关系进行自上而下流域预报。人工作业预报按图 8-28 界面流程进行流量作业预报，自动作业预报按照预报方案运行配置，将预报方案配置为自动作业预报。

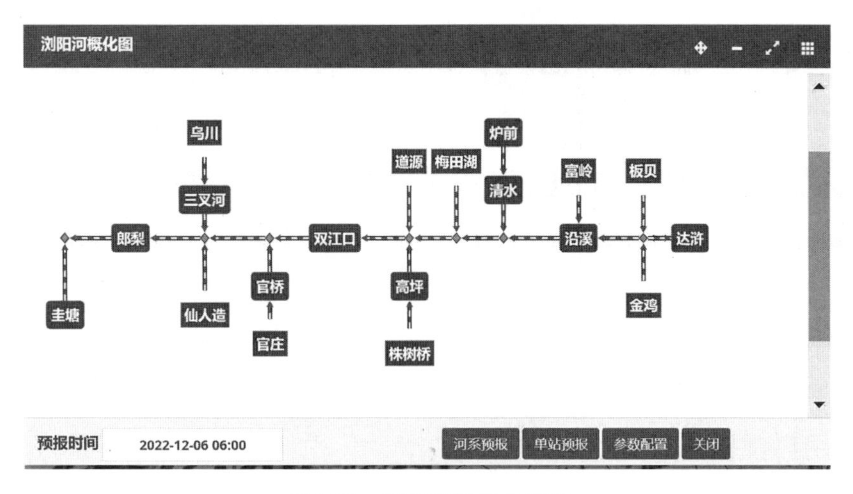

图8-28　河系预报作业流程

8.5　系统管理

系统管理包含“运行管理”“用户授权”“方案分配”“站网管理”“系统配置”“方案配置”，见图8-29。

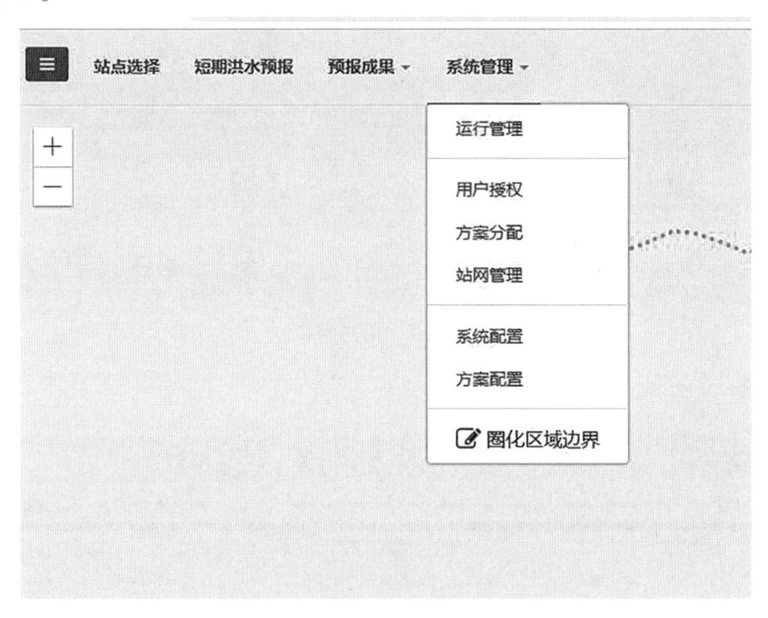

图8-29　系统管理

8.5.1　运行管理

点击“运行管理”，可以查看和制作实时降雨和预报降雨的网格化产品，见图8-30。

图 8-30　运行管理

8.5.2　用户授权

点击“用户授权”,可以对用户进行管理员权限和系统使用权限授权,见图 8-31。

图 8-31　用户授权

8.5.3　方案分配

点击“方案分配”,可以对用户进行预报方案分配,见图 8-32。

序号	站名	站码	方案代码	方案说明	报汛等级
1	[illegible]	61114400	方案1	[illegible]	其他报汛站
2	[illegible]	61114700	方案1	[illegible]	其他报汛站
3	[illegible]	61115000	方案1	sms_3=uh_b	其他报汛站
4	[illegible]	61115200	方案1	[illegible]	其他报汛站
5	[illegible]	61139950	方案1	sms_3=uh_b	其他报汛站
6	[illegible]	61140470	方案1	sms_3=UHb	其他报汛站
7	[illegible]	611E2785	方案1	sms_3=UH_B	其他报汛站
8	[illegible]	611E2822	方案1	sms_3=uh_b	其他报汛站
9	三汊河	611F1855	方案1	sms_3=uh_b	其他报汛站
10	[illegible]	611F2005	方案1	sms_3=uh_b+msk ...	其他报汛站
11	[illegible]	611H1832	方案1	SMS_3+UH_B	其他报汛站
12	[illegible]	611H2010	方案1	SMS_3+UH_B	其他报汛站

图 8-32　方案分配

8.5.4　站网管理

点击“站网管理”,可以依据系统需要,进行站网管理,见图 8-33。

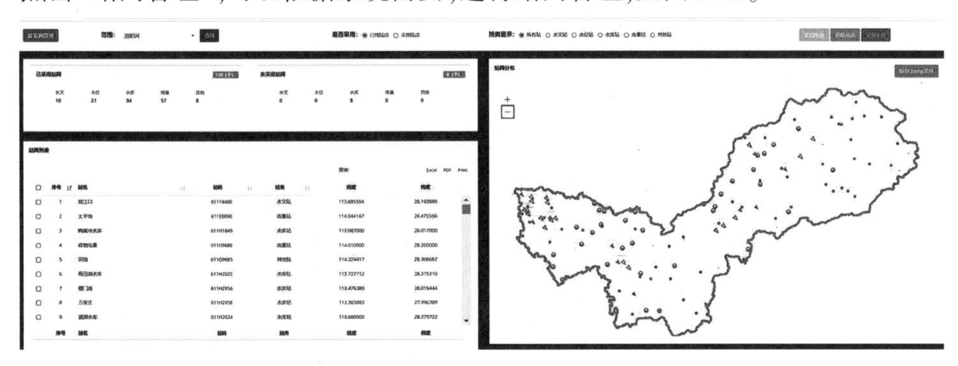

图 8-33　站网管理

8.5.5　系统配置

点击“系统配置”,可以进行短期预报、长期预报和水库纳雨能力的自动预报进行配置,见图 8-34。

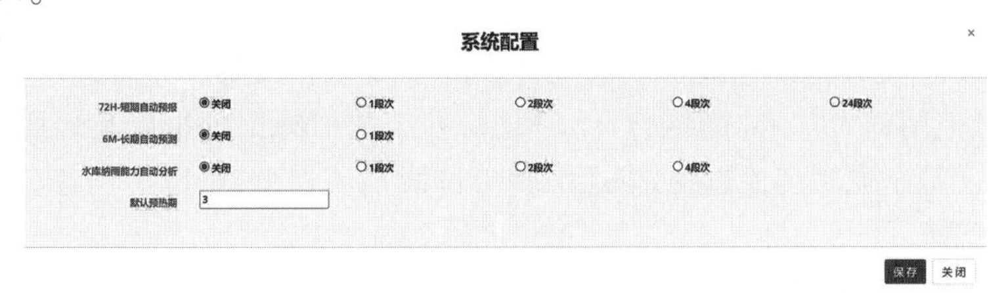

图 8-34　系统配置

8.5.6　方案配置

点击“方案配置”,可以就预报方案的自动预报、校正方法、调度方法、入库保存等进行配置,见图 8-35。

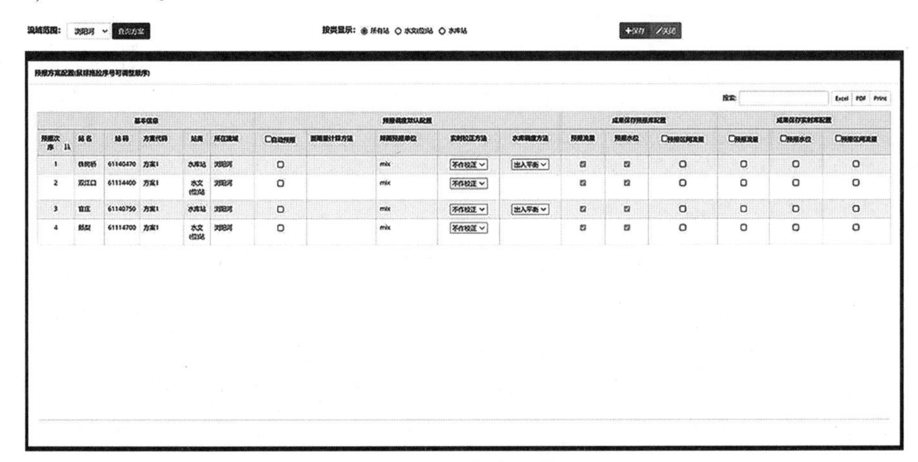

图 8-35　方案配置

第9章 结论与展望

9.1 结 论

9.1.1 主要成果

(1)揭示了洞庭湖流域超标准洪水的致灾机制。通过对洞庭湖流域夏季极端降水的时空分布规律的分析,辨析了流域超标准洪水洪涝灾害成因和洪涝孕灾环境变化,评价了洞庭湖水系变化环境下对流域防洪的安全影响,进而揭示了流域超标准洪水致灾机制。

(2)构建了天空地一体的超标准洪水立体监测体系。应用卫星、雷达和无人机倾斜摄影等空间监测和多波束、超声波等地面监测新技术,结合中短期网格化降水数值预报,研发了多源异构信息融合与集成技术,构建天空地一体的超标准洪水多要素立体监测体系,为超标准洪水的精细化预报奠定了信息基础和数据基础。

(3)研发了全流域精细化洪水预报模型。基于概念性模型和分布式水文模型,创建了浏阳河流域范围的大气-陆面耦合计算模型,基于数值降雨预报以及地面雨量观测数据,可以实时模拟全流域产流过程,搭配地貌单位线汇流模型,可以实现各个中小型水库的入库洪水计算。

(4)提出了水库纳雨能力的计算方法。根据中小型水库所在流域的下垫面地理信息和水库特征信息,基于研发的短期洪水预报方案,制作了中小型水库的入库流量预报方案,并基于试算反推法给出了批量计算中小型水库纳雨能力的基本步骤。

(5)开发了中小型水库纳雨能力预报预警系统。基于大气-陆面耦合的洪水预报模型、纳雨能力试算反推计算方法以及中小型水库通用洪水调度模型,开发了一套中小型水库纳雨能力的交互式预报预警调度系统,实现了中小型水库纳雨能力自动预报预警。

(6)开展了溃坝洪水及淹没风险研究。基于专业计算软件,依据浏阳河下游干流河流的特点,研究了河道洪水淹没分析模型,可以用于实时洪水、预报洪水、指令洪水及设计洪水的实时模拟分析。

9.1.2 创新点

(1)研发了超声波时差法河流流量监测系统自率定技术。构建了基于垂向流速分布的河流断面水平层流速与断面平均流速的转换数学模型,应用该模型可以通过两个或两个以上信息互补水平层流速的信息提取与数据挖掘,获取河流断面流速分布特征,进行水平层流速与断面平均流速的转换,进而实现超声波时差法流量监测系统的自率定,使超声波时差法流量监测系统能够建成即投产、投产即应用,真正成为独立于常规流量测验方法之外的一种新的监测方法。

(2)系统性地提出水库纳雨能力的技术理论和方法。水库纳雨能力综合反映了流域当前下垫面土壤湿度状况和当前水库防洪能力情况,并具有较长的有效预警预报预见期,具有概念清晰、预见期长、操作性强等特点,能有效地为水库防汛调度决策提供科学依据。

(3)建立了浏阳河流域全流域产汇流模型。通过构建具有一定物理基础的概念性模型、分布式产流模型和基于地貌特征的单位线汇流模型,有效解决了无资料地区水文模拟的问题,为中小水库纳雨能力计算、洪水预警、水库调度等提供了重要科学依据和决策支持。

(4)提出了适用于中小河流和中小型水库的通用纳雨(洪)能力模型。根据浏阳河流域中小河流及中小型水库所在流域的下垫面地理信息和水库特征信息,基于研发的短期洪水预报方案,编制了中小河流及中小型水库的流量预报方案,并基于试算反推法给出了批量计算中小河流及中小水库纳雨能力的基本步骤。

(5)实现了中小型水库纳雨能力交互式预报预警调度技术集成应用。通过集成大气-陆面耦合洪水预报、水库调度模型、水库纳雨能力分析技术,实现了水库纳雨能力快速分析预报预警,提高了应对水库突发极端暴雨洪水事件预报预警能力。

(6)建立了中小水库预警预报调度成套技术体系。围绕中小水库防洪调度各环节技术难点,提出一整套涉及水库入库洪水预报、水库通用调度模型、纳雨能力分析技术、溃坝洪水计算、河道淹没分析等各种技术方法,形成了中小水库预警预报调度成套技术体系。

9.2　展　望

当前,我国大江大河防洪能力已显著提高,但中小河流防洪标准低、抗洪能力弱等问题尚未得到根本解决,中小河流水文监测、预测及预报体系仍需完善,特别是中长期水雨情预报还远不能完全为应急部署、救援提供更为精确的范围及充裕的准备时间。因此,一方面要继续强化中小河流水雨情监测能力,从综合站网、立体监测、专业支撑、信息服务、管理保障等方面,不断加强水文业务与数字技术的深度融合,全力构建全息信息智能模型,打造更具时效性和精准度的数据底板,解决洪水监测资料及设备缺乏的问题;另一方面是要切实提升中小河流水雨情滚动预报技术,强化预报、预警、预演、预案“四预”能力,建立“大中小、长中短”时空嵌套的水文水资源渐进预报方法与模型集,研发基于“气-陆-库-水”的全周期智能预报技术,开发可累积式发展的模型库和方法库,构建较完整的水文水资源预报预警体系,提高预报精度,延长预见期。

参考文献

[1] 许建伟, 彭保发, 郭蓉芳, 等. 1960—2018 年洞庭湖生态经济区极端气温和降水事件的变化规律[J]. 气象科技进展,2020,10(3):89-95,98.

[2] 雷享勇,高路,马苗苗,等. 鄱阳湖流域极端降水时空分布和非平稳性特征[J]. 应用生态学报, 2021,32(9):3277-3287.

[3] 张卉, 薛联青,刘远洪,等. 洞庭湖流域极端降水变化特征分析[J]. 水资源与水工程学报, 2017,28(4):6-12.

[4] Fnich P,Alexander L V,Della M P, et al. Observed coherent changes in climatic extremes during the second half of the twentieth centuy[J]. Climate Research, 2002, 19(3):193-212.

[5] Alexander L V,Zhang X,Peterson T C,et al. Global observed changes in daily climate extremes of temperature and precipitation[J]. Jounal of Geophysical Research: Earth Surface, 2006,111(D5).

[6] Yang T, Hao X B, Shao Q X,et al. Multi-model ensemble projections in temperature and precipitation extremes of the Tibetan Plateau in the 21st century[J]. Global and Planctary Change, 2012(80-81):1-13.

[7] 张智, 贾玉连, 王鹏岭, 等. 鄱阳湖生态经济区近 60 年极端温度事件变化特征研究[J]. 长江流域资源与环境, 2013, 22(5):663-668.

[8] Yin J, Zhang Q. A comparison of statistical methods for benchmarking the threshold of daily precipitation extremes in the Shanghai metropolitan area during 1981—2010[J]. Theoretical and Applied Climatology, 2014,120(3-4):601-607.

[9] 陈金明, 陆桂华, 吴志勇, 等. 长江流域极端降水过程事件的年内分布特征[J]. 长江流域资源与环境,2014,23(4): 588-594.

[10] 宁亮, 钱永甫. 中国年和季各等级日降水量的变化趋势分析[J]. 高原气象, 2008 (5):1010-1020.

[11] 陈海山, 范苏丹, 张新华. 中国近 50 a 极端降水事件变化特征的季节性差异[J]. 大气科学学报, 2009 (6):744-751.

[12] 邹用昌, 杨修群, 孙旭光, 等. 我国极端降水过程频数时空变化的季节差异[J]. 南京大学学报(自然科学版),2009(1):98-109.

[13] Milly P C D, Wetherald R T, Dunne K A,et al. Inereasing risk of great floods in a changing climate[J]. Nature,2002,415(6871):517-517.

[14] Cnimp S J,Mason S J. The extreme precipitation event of 11 to 16 february 1996 over South Africa[J]. Meteorology Atmospheres,1999(70):29-42.

[15] 王小玲, 翟盘茂. 1957~2004 年中国不同强度级别降水的变化趋势特征[J]. 热带气象学报, 2008, 24(5):459-466.

[16] 武文博, 游庆龙, 王岱, 等. 中国东部夏季极端降水事件及大气环流异常分析[J]. 气候与环境研究, 2018, 23(1):47-58.

[17] 王志福, 钱永甫. 中国极端降水事件的频数和强度特征[J]. 水科学进展, 2009, 20(1):1-9.

[18] 何书樵, 郑有飞, 尹继福. 近 50 年长江中下游地区降水特征分析[J]. 生态环境学报, 2013, 22(7):1187-1192.

[19] 李淼, 夏军, 陈社明, 等. 北京地区近 300 年降水变化的小波分析[J]. 自然资源学报, 2011, 26(6):1001-1011.

[20] 张婷, 魏风英. 华南地区夏季极端降水的概率分布特征[J]. 气象学报, 2009, 67(3):442-451.

[21] 张晓, 李净, 姚晓军, 等. 近45年青海省降水时空变化特征及突变分析[J]. 干旱区资源与环境, 2012, 26(5):6-12.

[22] 张剑明, 廖玉芳, 段丽洁, 等. 湖南近50年极端连续降水的气候变化趋势[J]. 地理研究, 2012, 31(6):1004-1015.

[23] Duan W L, He B, Takara K, et al. Changes of precipitation amounts and extremes over Japan between 1901 and 2012 and their connection to climate indices[J]. Climate Dynamics, 2015,45 (7-8):2273-2292.

[24] 丁文荣. 西南地区极端降水的时空变化特征[J]. 长江流域资源与环境, 2014, 23(7):1071-1079.

[25] 杨金虎, 江志红, 王鹏祥, 等. 中国年极端降水事件的时空分布特征[J]. 气候与环境研究, 2008 (1):75-83.

[26] 杜懿,王大洋,阮俞理,等. 中国地区近40年降水结构时空变化特征研究[J]. 水利发电,2020,46 (8):19-23.

[27] 翟盘茂, 王萃萃, 李威. 极端降水事件变化的观测研究[J]. 气候变化研究进展, 2007(3):144-148.

[28] 孔锋, 孙劭. 基于SSPs的未来全球陆地极端降水强度的空间分异特征预估[J]. 灾害学, 2021, 36 (4):107-112,118.

[29] 陆虹, 陈思蓉, 郭媛, 等. 近50年华南地区极端强降水频次的时空变化特征[J]. 热带气象学报, 2012,28(2):219-227.

[30] 贺振, 贺俊平. 1960年至2012年黄河流域极端降水时空变化[J]. 资源科学, 2014, 36(3):490-501.

[31] 苏布达, 姜彤, 任国玉, 等. 长江流域1960—2004年极端强降水时空变化趋势[J]. 气候变化研究进展, 2006(1):9-14.

[32] 孙惠惠, 章新平, 罗紫东, 等. 近53 a来长江流域极端降水指数特征[J]. 长江流域资源与环境, 2018,27(8):1879-1890.

[33] Saji N H, Goswami B N, Vinayachandran P N, et al. A dipole mode in the tropical Indian Ocean[J]. Nature, 1999, 401(6751):360.

[34] Webster P J, Moore A M, Loschnigg J P, et al. Coupled (ocean- atmosphere dynamics in the Indian Ocean during 1997—1998[J]. Nature, 1999, 401(6751):356.

[35] Nigam S, Shen H S. Structure of oceanic and atmospheric low-frequency variability over the tropical Pacific and Indian Oceans. Part 1:COADS observations[J]. Journal of Climate, 1993, 6(4):657-676.

[36] Tourre Y M, White W B. ENSO signals in global upper-ocean temperature[J]. Joumal of Physical Oceanography, 1995, 25(6):1317-1332.

[37] Chambers D P, Tapley B D, Stewart R H. Anomalous warming in the Indian Ocean coincident with EI Nino[J]. Journal of Geophysical Research: Oceans, 1999, 104(C2):3035-3047.

[38] Li Q, Ren R C, Cai M, et al. Attribution of the summer warming since 1970s in Indian Ocean Basin to the inter-decade change in the seasonal timing of EI Nifo decay phase[J]. Geophysical Research Letters, 2012, 39(12).

[39] Lau K M, Weng H. Interanual, decadal-interdecadal, and global warming signals in sea surface temperature during 1955-1997[J]. Journal of Climate, 1999, 12(5):1257-1267.

[40] Terray P, Dominiak S. Indian Ocean sea surface temperature and El Nino-Southerm Oscillation:A new

perspective[J]. Journal of Climate, 2005,18(9):1351-1368.

[41] Ihara C, Kushnir Y, Cane M A. Warming trend of the Indian Ocean SST and Indian Ocean dipole from 1880 to 2004[J]. Journal of Climate, 2008, 21(10):2035-2046.

[42] Klein S A,Soden B J, Lau N C. Remote sea surface temperature variations during ENSO:Evidence for a tropical atmospheric bridge[J]. Journal of Climate, 1999,12(4):917-932.

[43] Lau N C, Nath M J. The role of the "atmospheric bridge" in linking tropical Pacific ENSO events to extratropical SST anomalies[J]. Journal of Climate, 1996, 9(9):2036-2057.

[44] Alexander M A, Blade I, Newman M, et al. The atmospheric bridge:The influence of ENSO teleconnections on air-sea interaction over the global oceans[J]. Journal of Climate, 2002, 15(16):2205-2231.

[45] Chang E C, Yeh S W, Hong S Y, et al. Sensitivity of summer precipitation to tropical sea surface temperatures over East Asia in the GRIMs GMP[J]. Geophysical Research Letters, 2013, 40(9):1824-1831.

[46] Wu R, Wen Z, Yang S, et al. An inter decadal change in southern China summer rainfall around 1992/1993[J]. Journal of Climate, 2010, 23(9):2389-2403.

[47] Zhang H, Wen Z, Wu R, et al. Inter decadal changes in the East Asian summer monsoon and associations with sea surface temperature anomaly in the South Indian Ocean[J]. Climate Dynamics, 2017, 48(3-4):1125-1139.

[48] 胡玉恒, 荣艳淑, 魏佳, 等. 华南前夏季降水与前期印度洋海温的关系[J]. 水资源保护, 2017, 33(5):106-116.

[49] Liu G, Zhao P, Chen J, et al. Preceding factors of summer Asian-Pacific Oscillation and the physical mechanism for their potential influences[J]. Journal of Climate, 2015, 28(7):2531-2543.

[50] Hu J, Duan A. Relative contributions of the Tibetan Plateau thermal forcing and the Indian Ocean Sea surface temperature basin mode to the inter annual variability of the East Asian summer monsoon[J]. Climate dynamics,2015, 45(9-10): 2697-2711.

[51] 蒋贤玲, 巩远发, 马柱国, 等. 夏季热带印度洋大气热源主模态与中国东部降水的关系[J]. 热带气象学报, 2013, 29(5):841-848.

[52] 张琼, 刘平, 吴国雄. 印度洋和南海海温与长江中下游旱涝[J]. 大气科学, 2003, 27 (6):992-1006.

[53] 符淙斌. 埃尔尼诺/南方涛动现象与年际气候变化[J]. 大气科学,1987(2):209-220.

[54] Ronghui H, Yifang W. The influence of ENSO on the summer climate change in China and its mechanism[J]. Advances in Atmospheric Sciences, 1989,6(1):21-32.

[55] Gong D, Wang S. Impacts of ENSO on rainfall of global land and China[J]. Chinese Science Bulletin, 1999, 44(9):852-857.

[56] Zhang R, Sumi A, Kimoto M. Impact of EI Nito on the East Asian monsoon[J]. Journal of the Meteorological Society of Japan. Ser. Ⅱ, 1996, 74(1):49-62.

[57] Wang B, Wu R, Fu X. Pacific-East Asian teleconnection: how does ENSO affect East Asian climate? [J]. Journal of Climate, 2000,13(9):1517-1536.

[58] 金祖辉, 陶诗言. ENSO 循环与中国东部地区夏季和冬季降水关系的研究[J]. 大气科学, 1999, 23(6):663-672.

[59] 杨修群, 谢倩, 黄士松. 赤道中东太平洋海温和北极海冰与夏季长江流域旱涝的相关[J]. 热带气象学报, 1992(3):261-265.

[60] 林学椿，于淑秋. 厄尔尼诺与我国夏季降水[J]. 气象学报，1993,51(4):434-441.

[61] 赵振国. 厄尔尼诺现象对北半球大气环流和中国降水的影响[J]. 大气科学，1996，20(4):422-428.

[62] 陈奕德，张韧，蒋国荣. 近年来国内ENSO研究概述[J]. 热带气象学报，2005，21(6):634-641.

[63] 张庆云，陶诗言. 夏季东亚热带和副热带季风与中国东部夏季降水[J]. 应用气象学报,1998(S1):17-23.

[64] 倪东鸿，孙照渤，赵玉春. ENSO循环在夏季的不同位相对东亚夏季风的影响[J]. 大气科学学报，2000,23(1):48-54.

[65] 史久恩，林学椿，周琴芳. 厄尼诺现象与我国夏季(6—8月)降水、气温的关系[J]. 气象，1983，9(4):2-5.

[66] 徐予红. 东亚夏季风的年际变化与江淮流域海雨期旱涝[D]. 北京:中国科学院大气物理研究所，1993.

[67] Mantua N J, Hare S R, Zhang Y, et al. A Pacific Interdecadal Climate Oscillation with Impacts on Salmon Production[J]. Bulletin of the American Meteorological Society, 1997, 78(6):1069-1079.

[68] 朱益民，杨修群. 太平洋年代际振荡与中国气候变率的联系[J]. 测绘科学，2003，61(6):641-654.

[69] 丁婷，陈丽娟，崔大海. 东北夏季降水的年代际特征及环流变化[J]. 高原气象，2015,34(1):220-229.

[70] 孙照渤，徐青竹，倪东鸿. 华南春季降水的年代际变化及其与大气环流和海温的关系[J]. 大气科学学报，2017(4):433-442.

[71] 王然，于非，司广成. 淮河流域5~6月降水的年际及年代际变化[J]. 海洋科学,2014,38(2):1-5.

[72] 武炳义，张人禾. 20世纪80年代后期西北太平洋夏季海表温度异常的年代际变化[J]. 科学通报，2007，52(10):1190-1194.

[73] 张人禾，武炳义，赵平，等. 中国东部夏季气候20世纪80年代后期的年代际转型及其可能成因[J]. 气象学报，2008,66(5):697-706.

[74] Han J P, Zhang R H. The dipole mode of the summer rainfall over east China during 1958-2001[J]. Advances in Atmospheric Sciences,2009,26(4):727-735.

[75] Lu R , Dong B , Ding H . Impact of the atlantic multidecadal oscillation on the Asian summer monsoon [J]. Geophysical Research Letters, 2006, 33(24):194-199.

[76] Wei Gu, Chongyin Li, Xin Wang, et al. Linkage between Mei-yu Precipitation and North Atlantic SST on the Decadal Timescale[J]. Advances in Atmospheric Sciences,2009,26(1):101-108.

[77] Wu L, Li C, Yang C, et al. Global teleconnections in response to a shutdown of the atlantic meridional overturning Circulation[J]. Journal of Climate, 2008,21(12):3002- 3019.

[78] Lu R, Dong B. Response of the Asian summer monsoon to weakening of Atlantic thermohaline circulation [J]. Advances in Atmospheric Sciences, 2008,25(5):723-736.

[79] Mckenzie D. The arctic oscillation signature in the wintertime gcopotential height and temperature fields [J]. Geophysical Research Letters, 1944, 25(9):1297-1300.

[80] Thompson D W J, Wallace J M. Annular modes in the extratropical circulation. part I: month-to-month variability[J]. Journal of Climate, 2000, 13(5):1000-1016.

[81] Jinping Z, Jiuxin S, Zhaomin W, et al. Arctic amplification produced by sea ice retreat and its global climate effects[J]. Advances in Earth Science, 2015,30(9):985-995.

[82] Tanaka H L, Tamura M. Relationship between the Arctic oscillation and surface air temperature in multi decadal time-scale[J]. Polar Science, 2016, 10(3):199-209.
[83] 龚道溢,朱锦江,王绍武.长江流域夏季降水与前期北极涛动的显著相关[J].科学通报,2002(7):546-549.
[84] Yanfeng Z, Guirong T, Yongguang W. Variation of spatial mode for winter temperature in China and its relationship with the large scale atmospheric circulation[J]. Advances in Climate Change Research, 2007, 5:6.
[85] He S, Gao Y, Li F, et al. Impact of Arctic Oscillation on the East Asian climate: A review[J]. Earth-Science Reviews, 2017, 164:48-62.
[86] Mao R, Gong D Y, Yang J, et al. Linkage between the Arctic Oscillation and winter extreme precipitation over central-southern China[J]. Climate Research, 2011, 50(2-3):187-201.
[87] Jianhua J, Junmei L, Jic C, et al. Possible impacts of the Arctic Oscillation on the interdecadal variation of summer monsoon rainfall in East Asia[J]. Advances in Atmospheric Sciences, 2005, 22(1):39-48.
[88] 吕俊梅, 祝从文, 琚建华, 等. 近百年中国东部夏季降水年代际变化特征及其原因[J]. 大气科学, 2014, 38(4):782-794.
[89] Gong D, Zhu J, Wang S. Significant relationship between spring AO and the summer rainfall along the Yangtze River[J]. Chinese Science Bulletin, 2002,47(11):948-952.
[90] Gong D Y, Ho C H. Arctic oscillation signals in the East Asian summer monsoon[J]. Jourmal of Geophysical Research: Atmospheres, 2003, 108(D2).
[91] 李崇银, 颐薇, 潘静. 梅雨与北极涛动及平流层环流异常的关联[J]. 地球物理学报, 2008, 51(6):1632-1641.
[92] Kalnay E, Kanamitsu M, Kistler R, et al. The NCEPNCAR 40 years reanalysis project[J]. Bull Amer. Meteor. Soc, 1996, 77(3):437-471.
[93] 徐影, 丁一汇, 赵宗慈. 美国 NCEP/NCAR 近 50 年全球再分析资料在我国气候变化研究中可信度的初步分析[J]. 应用气象学报, 2001, 12(3):337-347.
[94] 王叶红,陈超君,赵玉春.华中区域模式三维变分中夏季背景误差协方差统计与对比试验[J].暴雨灾害,2016,35(4):359-370.
[95] Kanamitsu M. Description of the NMC global data assimilation and forecast system[J]. Weather Forecasting, 1989, 4(3):334-332.
[96] Kanamitsu M, Alpert J C, Campana K A, et al. Recent changes implemented into the global forecast system at NMC[J]. Weather Forecasting, 1991, 6(3):425-435.
[97] 黎燚隆. 近 55 年洞庭湖流域夏季降水变化及其影响因素分析[D]. 湖南:湖南师范大学, 2018.
[98] Earl R, Wheeler P N, Blackmore B S, et al. Precision farming: Precision farming-the management of variability[J]. Landwards, 1996, 51(4): 18-25.
[99] Oppelt N, Mauser W. Airborne visible/near infrared imaging spectrometer AVIS: Design, characterization and calibration[J]. Sensor, 2007(7): 1934-1953.
[100] Lamb D W. The use of qualitative airborne multispectral imaging for managing agricultural crops- a case study in south-eastern Australia[J]. Australian Journal of Experimental Agriculture, 2000(40): 725-738.
[101] Xiang Haitao, Tian Lei. Development of a low-cost agricultural remote sensing system based on an autonomous unmanned aerial vehicle (UAV)[J]. Biosystems Engineering, 2011(108): 174-190.

[102] Herwitz S R, Johnson L F, Dunagan S E, et al. Imaging from an unmanned aerial vehicle: Agricultural surveillance and decision support[J]. Computers and Electronics in Agriculture, 2004, 44(1): 49-61.

[103] 李正最,李晓璐,毛德华,等. 变化环境下洞庭湖水量水质模拟及预测[J]. 中国科技成果,2019,20(4): 54-57.

[104] 李正最,周慧,张莉,等. 基于不同排放情景的洞庭湖流域水资源演化研究[J]. 水文,2018,38(3):29-36.

[105] 李正最,谢悦波,徐冬梅. 洞庭湖水沙变化分析及影响初探[J]. 水文,2011,31(1):45-53,40.

[106] 白由路,金继运,杨俐苹,等. 低空遥感技术及其在精准农业中的应用[J]. 土壤肥料,2004(1):3-6.

[107] 杨邦杰,裴志远,周清波. 我国农情遥感监测关键技术研究进展[J]. 农业工程学报,2002,18(3): 191-194.

[108] 高珍,邓甲昊,孙骥,等. 微型无人机图像无线传输系统方案与关键技术[J]. 北京理工大学学报,2008(12):1078-1082.

[109] Rango A, Laliberte A, Steele C, et al. Using unmanned aerial vehicle for rangelands: Current application and future potential[J]. Ince Jenkins Environmental Practice, 2006, 3(8): 159-168.

[110] Rango A, Laliberte A, Herrick J E, et al. Unmanned aerial vehicle-based remote sensing for rangeland assessment, monitoring, and management[J]. Journal of Applied Remote Sensing, 2009, 3(1): 33542.

[111] 马瑞升. 微型无人机航空遥感系统及其影像几何纠正研究[D]. 南京:南京农业大学,2004.

[112] 金伟,葛宏立,杜华强,等. 无人机遥感发展与应用概况[J]. 遥感信息,2009(1):88-92.

[113] 竹林村,胡开全. 几种低空遥感系统对比分析[J]. 城市勘测,2009(3):65-67.

[114] 杨爱玲,孙汝岳,徐开明. 基于固定翼无人机航摄影像获取及应用探讨[J]. 测绘与空间地理信息,2010(5):160-162.

[115] 徐豪. 不同尺度田块信息遥感获取研究[D]. 杭州:浙江大学,2007.

[116] 周志艳,臧英,罗锡文,等. 中国农业航空植保产业技术创新发展战略[J]. 农业工程学报,2013,29(24): 1-10.

[117] 彭军桥,吴安德,陈慧宝. 碟形飞行器发展现状及其关键技术[J]. 中国航天,2003(8):28-30.

[118] 洪宇,龚建华,胡社荣,等. 无人机遥感影像获取及后续处理探讨[J]. 遥感技术与应用,2008(4): 462-466.

[119] 孙杰,林宗坚,崔红霞. 无人机低空遥感监测系统[J]. 遥感信息,2003(1):49-50.

[120] 李焱. 无人机遥感摄影图像处理[D]. 上海:华东师范大学,2009.

[121] 王磊,李和军. 低空遥感平台摄影测量技术的探索和应用[J]. 北京测绘,2003,4:28-30.

[122] 李登亮,叶榛. 无人机载荷图像仿真平台的设计与实现[J]. 计算机工程,2006(6):266-268.

[123] 白由路,杨俐苹,王磊,等. 农业低空遥感技术及其应用前景[J]. 农业网络信息,2010(1):5-7.

[124] 郭玉芳. 浅谈高光谱遥感及其应用[J]. 测绘标准化,2012(4):24-26.

[125] Hunt E R, Hively W D, Fujikawa S J, et al. Acquisition of NIR-green-blue digital photographs from unmanned aircraft for crop monitoring[J]. Remote Sensing, 2010, 2(1): 290-305.

[126] Saari H, Pellikka I, Pesonen L, et al. Unmanned Aerial Vehicle (UAV) Operated Spectral Camera System For Forest And Agriculture Applications[C]. Conference on Remote Sensing for Agriculture, Ecosystems, and Hydrology XIII/18th International Symposium on Remote Sensing, Prague, CZECH REPUBLIC,2011:19-21.

[127] Merino L, Caballero F, Martínez-de Dios J R, et al. A cooperative perception system for multiple UA-

Vs: Applieation to automatie deteetin of forest fires[J]. Journal of Field Roboties, 2006, 3/4(23): 165-184.

[128] Suzuki T, Amano Y, Takiguchi J, et al. Development of Low-Cost And Flexible Vegetation Monitoring System Using Small Unmanned Aerial Vehicle[C]. ICROS-SICE International Joint Conference 2009, Fukuoka, Japan August 18-21, 2009, IEEE Computer Society Fukuoka, 4808-4812.

[129] Han Jie, Wang Zheng. On the key technique of fast monitoring system for land resourses unmanned plane remote sensing[J]. Bulletin of Surveying and Mapping, 2008(2): 4-6, 15.

[130] 章文天. 水陆一体化地形测量技术的集成与应用[J]. 水利技术监督, 2023(4): 174-177,224.

[131] 李庆松. 基于无人机机载激光和无人船多波束下水陆一体化三维测量技术应用和探讨[J]. 水利技术监督, 2021(11): 42-45.

[132] 石硕崇,周兴华,李杰,等. 船载水陆一体化综合测量系统研究进展[J]. 测绘通报,2019(9): 7-12,17.

[133] 晏磊,吕书强,赵红颖,等. 无人机航空遥感系统关键技术研究[J]. 武汉大学学报:工学版,2005,37(6):67-70.

[134] 周赢涛,冯曦,管卫兵,等. 波浪作用下岬湾海滩蚀积特点:以澳大利亚 Narrabeen 海滩为例[J]. 科学通报,2019,64(2):223-233.

[135] 何云贵,亢玮,刘瑶,等. 海岛礁及周边区域海陆一体化三维建模研究[J]. 测绘与空间地理信息,2017,40(2):45-48.

[136] 申家双,葛忠孝,陈长林. 我国海洋测绘研究进展[J]. 海洋测绘,2018,38(4):1-10,21.

[137] 周建红,马耀昌,刘世振,等. 水陆地形三维一体化测量系统关键技术研究[J]. 人民长江,2017,48(24):61-65,105.

[138] 丁继胜,陈义兰,杨龙,等. 陆海空一体化立体测绘技术[J]. 海洋科学前沿,2019,6(2):93-98.

[139] 魏国忠,祝明然,刘强,等. 一种适用于潮间带的一体化水陆自适应测绘设备[P]. 中国: CN109774392B,2020-09-08.

[140] Carl J L,Brandon T O,Craig L G,et al. Evaluating the capabilities of the CASI hyperspectral imaging system and Aquarius bathymetric LiDAR for measuring channel morphology in two distinct river environments[J]. Earth Surface Processes and Landforms,2016,41 (3):344-363.

[141] Saylam K,Brown R A,Hupp J R. Assessment of depth and turbidity with Airborne LiDAR bathymetry and multiband satellite imagery in shallow water bodies of the Alaskan North Slope[J]. International Journal of Applied Earth Observations & Geoinformation,2017 (58):191-200.

[142] 党亚民. 海岛礁测绘技术与方法[M]. 北京: 测绘出版社,2012.

[143] 杨新发,薛广南. 远距离海岛礁测量方法探析[J]. 测绘通报,2017(S2):12-15.

[144] 张靓,欧阳永忠,滕惠忠. 航测与机载 LiDAR 技术在海岸带遥感中的应用[J]. 海洋测绘,2017,37(6):62-65.

[145] 李清泉,朱家松,汪驰升,等. 海岸带区域船载水岸一体综合测量技术概述[J]. 测绘地理信息,2017,42(5):1-6.

[146] 郭忠磊,辛宪会,滕惠忠,等. 一种无人机影像点云提取海岛自然岸线的方法[J]. 海洋测绘,2018,38 (3):35-38.

[147] 张小红. 机载激光雷达测量技术理论与方法[M]. 武汉: 武汉大学出版社, 2007.

[148] 李桂其. 机载激光雷达技术在高陂水利枢纽工程中的应用[J]. 人民珠江, 2014(4): 92-95.

[149] 中华人民共和国国家质量监督检验检疫总局. 测绘成果质量检查与验收:GB/T 24356—2009[S].

北京：中国标准出版社，2009.
[150] 中华人民共和国水利部. 水利水电工程测量规范：SL 197—2013[S]. 北京：中国水利水电出版社，2013.
[151] 杨扬，张建云，戚建国，等. 雷达测雨及其在水文中应用的回顾与展望[J]. 水科学进展，2000，11(1)：92-98.
[152] Lin C A，Vasic S，Turner B. Precipitation forecast based on numerical weather prediction models and radar nowcasts[J]. Sixth International Symposium on Hydrological Applications of Weather Radar，Melbourne，ERAD，2004.
[153] 张利平，赵志朋，胡志芳，等. 雷达测雨及其在水文水资源中的应用研究进展[J]. 暴雨灾害，2008，27(4)：373-377.
[154] 李兰，陈攀，孟洁. 分布式水文模型中的多源数据融合前处理[J]. 水资源研究，2014，3(3)：267-274.
[155] 杜井峰，魏华. 灾害监测与评估中多源数据综合应用的设计与实现[J]. 软件工程与应用，2017，6(4)：92-101.
[156] 陈蓓青，黄俊. 涉水地质灾害多源数据管理与应用探讨[J]. 人民长江，2012，43(8)：98-100.
[157] 陈冲，纪昌明，张验科，等. 基于 Copula 函数的多源径流预报误差联合分布研究[J]. 水资源研究，2020，9(1)：12-21.
[158] 张茜茹，陈益玲，李长军，等. 多源融合降水实况分析产品在山东一次强降水过程中的质量评估[J]. 气候变化研究快报，2022，11(5)：804-811.
[159] 师春香，潘旸，谷军霞，等. 多源气象数据融合格点实况产品研制进展[J]. 气象学报，2019，77(4)：774-783.
[160] 雷苏琪，魏伶芸，陶鹏杰，等. 多源异构数据在水利监测信息化中的应用[J]. 地理空间信息，2023，21(4)：34-38.
[161] 宋华瑞，杨德全，王栋. 数字孪生椒江防洪"四预"应用研究[J]. 水利信息化，2023(2)：9-13，23.
[162] 南天一，陈杰，丁智威，等. 基于深度学习的青藏高原多源降水融合[J]. 中国科学：地球科学，2023，53(4)：836-855.
[163] 闵心怡，杨传国，李莹，等. 基于改进的湿润地区站点与卫星降雨数据融合的洪水预报精度分析[J]. 水电能源科学，2020(4)：1-5.
[164] 余辉，梁镇涛，鄢宇晨. 多来源多模态数据融合与集成研究进展[J]. 情报理论与实践，2020，43(11)：169-178.
[165] 李涌波，陈实，陈敏，等. 多方数据融合的山洪灾害模型应用研究[J]. 电子测量技术，2021，44(1)：92-97.
[166] 祁友杰，王琦. 多源数据融合算法综述[J]. 航天电子对抗，2017，33(6)：37-41.
[167] 黄春林，李新. 陆面数据同化系统的研究综述[J]. 遥感技术与应用，2004(5)：424-430.
[168] 熊立华，刘成凯，陈石磊，等. 遥感降水资料后处理研究综述[J]. 水科学进展，2021，32(4)：627-637.
[169] 潘旸，谷军霞，徐宾，等. 多源降水数据融合研究及应用进展[J]. 气象科技进展，2018，8(1)：143-152.
[170] 潘旸，沈艳，宇婧婧，等. 基于贝叶斯融合方法的高分辨率地面卫星-雷达三源降水融合试验[J]. 气象学报，2015，73(1)：177-186.
[171] 潘旸，沈艳，宇婧婧，等. 基于最优插值方法分析的中国区域地面观测与卫星反演逐时降水融合

试验[J]. 气象学报, 2012, 70(6): 1381-1389.
[172] 龙柯吉, 师春香, 韩帅, 等. 中国区域高分辨率温度实况融合格点分析产品质量评估[J]. 高原山地气象研究, 2019, 39(3): 67-74.
[173] 吴薇, 黄晓龙, 徐晓莉, 等. 融合降水实况分析产品在四川地区的适用性评估[J]. 沙漠与绿洲气象, 2021, 15(4): 1-8.
[174] 李晓俞, 陈生, 梁振清, 等. 台风"山竹"期间 GPM 卫星降水产品的误差评估[J]. 气象研究与应用, 2020, 41(3): 8-15.
[175] 龙柯吉, 谷军霞, 师春香, 等. 多种降水实况融合产品在四川一次强降水过程中的评估[J]. 高原山地气象研究, 2020, 40(2): 31-37.
[176] 吴薇, 杜冰, 黄晓龙, 等. 四川区域融合降水产品的质量评估[J]. 高原山地气象研究, 2019, 39(2): 76-81.
[177] 熊明, 杨文发, 李俊, 等. 多元信息耦合的致灾山洪降雨预报方法[J]. 水资源研究, 2017, 6(2): 91-102.
[178] 湖南省水文总站超声试验组, 湖南省水文总站槧梨水文站. 超声波时差法测速[J]. 水文, 1982(2): 2-7.
[179] 湖南省水文总站超声试验组, 湖南省水文总站槧梨水文站. 超声波时差法测速技术在槧梨水文站的应用[J]. 水利水电技术, 1982(4): 1-5.
[180] 雷艳, 范秀华, 赖旭. 梯形渠道多声道超声波测流数学模型及计算方法[J]. 武汉水利水电大学学报, 1997, 30(1): 11-16.
[181] 刘尚为. 时差法多声道超声波流量计及其在引水工程中的应用[J]. 海河水利, 2005(5): 31-33, 41.
[182] 姚永熙, 陆燕. 声学时差法流量计在明渠流量测验中的应用[J]. 水利水文自动化, 2006(1): 1-5.
[183] 白炳锋, 林湘如, 程鹏. 时差式超声波流量计在山区性河道的应用[J]. 黑龙江水利科技, 2014, 42(6): 172-174.
[184] 刘正伟, 张丽花. 多声道时差法在牛栏江—滇池补水工程流量自动监测中的应用[J]. 水利水电技术, 2016, 47(12): 96-99.
[185] 周晓强, 任华, 王书亮. 超声波时差法测验技术在东台市堤东灌区水资源监测中的应用[J]. 江苏水利, 2019(6): 7-11.
[186] 韩冰. 时差法超声波流量计在矩形渠道测流中的应用分析[J]. 仪器仪表标准化与计量. 2022(2): 29-31, 34.
[187] 陈森林, 肖舸, 赵云发, 等. 河道断面流速分布函数研究[J]. 水利学报, 1999(4): 70-74.
[188] 孙东坡, 王二平, 董志慧, 等. 矩形断面明渠流速分布的研究及应用 [J]. 水动力学研究与进展, 2004, 19(2): 144-151.
[189] 刘星, 贺晓春. 天然河道断面流速分布计算 [J]. 水运工程, 1999(11): 29-31.
[190] 杨政凡, 李正最. 用积分层流速推求断面流量方法的探讨[J]. 水文, 1991(1): 32-36.
[191] 王二平, 金辉, 关靖, 等. 矩形明渠流速分布规律及流量自动化测量方法[J]. 华北水利水电学院学报, 2007, 28(6): 13-16.
[192] 王鸿杰, 张建云, 王兴泽, 等. 基于横断面垂线流速分布的流量计算模型研究与应用[J]. 水文, 2019, 39(5): 50-54.
[193] 韩继伟, 牛睿平, 王岩, 等. 虚拟垂线流速时差法流量计算方法研究[J]. 水文, 2020, 40(1): 52-57.
[194] 陈卫东, 潘杰, 胡尊乐, 等. 曲面流速分布模型构建及其在自动测流系统中的应用[J]. 水文, 2022,

42(2):19-24.

[195] 杨政凡. 河道超声波测速(双机)技术介绍[J]. 水利水文自动化,1989(2):18-28,47.

[196] 曲金秋,宗泽,褚泽帆,等. 时差法测流的非均匀流场流速模型及算法实现[J]. 电子设计工程, 2023, 31(4): 1-6.

[197] 贾惠芹,王成云,党瑞荣. 流体流速对超声波流量测量精度的影响及校准[J]. 仪器仪表学报, 2020(7): 1-8.

[198] 李正最,蒋显湘,金舒宜,等. 茅坪站流量实时监测系统研究[J]. 水文,2009,29(S1): 188-191.

[199] 高文静,李聂贵,褚泽帆,等. 基于视频的河流流量监测系统设计[J]. 电子设计工程,2020,28(10): 170-174.

[200] 李正最,蒋显湘,蒋佑华,等. ADCP 与转子式流速仪流量测验比测分析试验研究[J]. 水利水文自动化,2005(3):1-7.

[201] 高军,谈晓珊. 基于无人机平台的测流系统探讨[J]. 水资源开发与管理,2020(12):57-61.

[202] 李正最. 流量自动测记的水力学模型[J]. 水利水文自动化,1994(1): 16-18.

[203] 曹春燕,任凤仪. 流量在线监测实用性分析及实现技术研究[J]. 人民黄河,2020(S2): 11-13.

[204] 肖林. 雷达波 RQ30 在线测流系统在泥石流地区水文监测中的应用[J]. 水资源研究, 2018, 7(3): 295-301.

[205] 刘彦琳,李洪志,李莉莉,等. 山溪性河流中 SVR 手持电波流速仪流速系数率定[J]. 人民长江, 2020,51(6): 113-117,188.

[206] 刘永红, 桂笑, 徐剑锋. 在线式声学多普勒流速剖面仪的比测分析[J]. 水资源研究, 2019, 8(1): 82-87.

[207] 王巧丽, 李然, 龙少颖. 超声波时差法流量实时在线监测系统的实现及应用分析[J]. 水资源研究, 2021, 10(3):280-287.

[208] 李强, 魏林云, 周莉,等. 水平式 ADCP 流量在线监测在弥陀寺水文站的应用研究[J]. 水资源研究, 2021, 10(5): 480-490.

[209] 韦广龙. 南宁站定点式 ADCP 代表流速与断面平均流速关系模型的建立和应用[J]. 广西水利水电, 2016(2): 17-21.

[210] 张红卫. H-ADCP 回归方程拟合及应用系统的研究[J]. 计算机技术与发展, 2015, 25(9): 194-198.

[211] 李凯. 受水利工程影响的流量监测方案探讨[J]. 水资源研究, 2012, 1(5): 402-406.

[212] 王巧丽, 袁正颖, 李然. 基于 H-ADCP 流量在线监测系统集成与应用[J]. 水资源研究, 2021, 10(3): 299-304.

[213] 韦立新, 蒋建平, 曹贯中. 基于 ADCP 实时指标流速的感潮段断面流量计算[J]. 人民长江, 2016, 47(1): 27-30.

[214] 黄国新,上官晖,熊忠文. H-ADCP 流量监测系统在复杂河势中的应用[J]. 广东水利水电,2022(4): 38-42.

[215] 余义德,熊英. 晃动平台下 ADCP 测流误差分析与校正[J]. 海洋环境科学,2012,31(2):246-249.

[216] 程嫄嫄,金晨曦. ADCP 测流在巢湖流域水资源监测中的应用[J]. 水利信息化,2019(4):47-50.

[217] 刘双林,宋树东. ADCP 定点测流方法应用[J]. 人民长江,2009,40(20):79-80,87.

[218] 江虹,桂笑,许柳青. 雷达波测流仪在中小河流的应用[J]. 水资源研究, 2019, 8(1): 93-99.

[219] 黄煜,陈华, 石绍应,等. 雷达测流技术研究进展[J]. 水资源研究, 2021, 10(6): 581-590.

[220] 李光录, 王秀莲. 电波流速仪在青海三江源区水文监测中的应用[J]. 人民长江, 2010, 41(14):

48-50.
[221] 刘代勇,邓思滨,贺丽阳. 雷达波自动测流系统设计与应用[J]. 人民长江,2018, 49(18):64-68.
[222] 陈静, 江海力, 程遥. 岸基雷达比测方案设计与应用[J]. 水利水电快报, 2021, 42(5): 33-38.
[223] 苏军. 定点雷达测流系统在大断面、山区性河流测流中的应用[J]. 四川水利,2022,43(4):152-157.
[224] 吴志勇,徐梁,唐运忆,等. 水文站流量在线监测方法研究进展[J]. 水资源保护,2020,36(4):1-7.
[225] 黄炜,王丽,王聪聪. 非接触式河流流量监测技术研究[J]. 江苏水利,2022(9):19-22.
[226] 张晓勤,杨晓洪. 融合互相关法与光流法的测流方法[J]. 中国水运,2023(4):98-100.
[227] 王剑平,朱芮,张果,等. 帧差与快速密集光流结合的图像法测流研究[J]. 工程科学与技术,2022,54(4): 195-207.
[228] 杨聃,邵广俊,胡伟飞,等. 基于图像的河流表面测速研究综述[J]. 浙江大学学报(工学版),2021,55(9): 1752-1763.
[229] 张振,王慧斌,严锡君,等. 时空图像测速法的敏感性分析及不确定度评估[J]. 仪器仪表学报,2017,38(7): 1763-1771.
[230] 张振,徐立中,樊棠怀,等. 河流水面成像测速方法的比测试验研究[J]. 水利信息化,2014(5):31-41.
[231] 张振, 徐枫, 王鑫, 等. 河流水面成像测速研究进展[J]. 仪器仪表学报, 2015, 36(7): 1441-1450.
[232] 张永超,赵录怀,李斌. 基于多电导式流速测量传感器的河流流速流量测量系统[J]. 传感器与微系统,2021,40(4):93-95.
[233] 梅军亚, 陈静, 香天元. 侧扫雷达测流系统在水文信息监测中的比测研究及误差分析[J]. 水文,2020, 40(5): 54-60.
[234] 李忱, 王志毅, 张越. 雷达技术在水文测验上的应用[J]. 水利信息化, 2020(4): 42-48.
[235] 景波云, 陈向飞, 王震, 等. 电波流速仪流量自动在线监测装置设计与应用[J]. 人民长江,2015, 46(1): 61-64.
[236] 俞晓垈,林松,庄小冰,等. 高频声学流速层析研究[J]. 中国科学(物理学 力学 天文学),2021,51(2): 101-107.
[237] 侯二虎,汪小勇,武贺,等. 感潮河段流量在线监测方法研究[J]. 海洋技术学报,2020,39(3):55-61.
[238] 毕凤美,彭东立,许伟杰. 河流截面流量与速度水位关系的拟合研究[J]. 声学技术,2016,35(2):120-124.
[239] 李自立, 王才军, 李永辉. 基于超高频雷达的流量测量算法研究: 以长江武汉段为例[J]. 武汉大学学报(理学版), 2013, 59(3): 242-244.
[240] 文必洋, 许亚敏, 王才军, 等. 超高频雷达基于河流回波的通道校准算法[J]. 华中科技大学学报(自然科学版), 2014, 42(9): 64-67.
[241] 安然, 刘小军. 基于AR模型的水流速雷达信号处理方法[J]. 电子测量技术, 2020, 43(9): 51-55.
[242] 桂笑, 徐剑峰. 缆道雷达波在超标准洪水中的应用[J]. 水资源研究, 2020, 9(5): 552-557.
[243] 刘锟,孙亮,刘培杰. 河流断面探入式精准测流装置的研发及应用[J]. 人民长江,2020,51(10):88-93.
[244] 吴思东. 代表垂线法在中小河流流量测验中的应用与分析[J]. 广西水利水电,2020(4):33-35.

[245] 曹浩,汪成刚,李吉涛. 大样本数据模型方法在中小河流流量测验中的应用[J]. 长江科学院院报,2019, 36(11):40-44.

[246] 李甲振,郭新蕾,巩同梁,等. 无资料或少资料区河流流量监测与定量反演[J]. 水利学报,2018, 49(11):1420-1428.

[247] 蔡富东. 用于非接触式表面测速的江河流量回归计算模型[J]. 信息技术与信息化,2014(1):90-93.

[248] 鲁青,周波,雷昌友. 实时流量在线监测系统开发与实现[J]. 人民长江,2014,45(2):90-92,100.

[249] 刘志雨,刘玉环,孔祥意. 中小河流洪水预报预警问题与对策及关键技术应用[J]. 河海大学学报(自然科学版),2021,49(1): 1-6.

[250] 芮孝芳. 数值天气预报的成功经验对洪水预报的启示[J]. 水利水电科技进展. 2019,39(1): 1-6.

[251] 李致家,姚成,张珂,等. 基于网格的精细化降雨径流水文模型及其在洪水预报中的应用[J]. 河海大学学报(自然科学版),2017,45(6):471-480.

[252] 张珂,牛杰帆,李曦,等. 洪水预报智能模型在中国半干旱半湿润区的应用对比[J]. 水资源保护,2021,37(1): 28-35,60.

[253] 李启龙, 侯冰琪, 郭靖, 等. 耦合梯级水库应急调度与溃口洪水过程演进分析[J]. 水资源研究,2023, 12(2): 1-11.

[254] 郭炅, 张艳军, 王俊勃,等. 长短期记忆模型在小流域洪水预报上的应用研究[J]. 水资源研究,2019, 8(1): 24-32.

[255] 包红军, 王莉莉, 沈学顺, 等. 气象水文耦合的洪水预报研究进展[J]. 气象, 2016, 42(9): 1045-1057.

[256] 熊明, 杨文发, 李俊,等. 多元信息耦合的致灾山洪降雨预报方法[J]. 水资源研究, 2017, 6(2): 91-102.

[257] 江衍铭, 张建全, 明焱. 集合神经网络的洪水预报[J]. 浙江大学学报(工学版), 2016, 50(8): 1471-1478.

[258] 刘佩瑶, 郝振纯, 王国庆, 等. 新安江模型和改进 BP 神经网络模型在闽江水文预报中的应用[J]. 水资源与水工程学报, 2017, 28(1): 40-44.

[259] 黄艳, 张艳军, 袁正颖,等. 水文模型在山洪模拟中的比较应用[J]. 水资源研究, 2019, 8(1): 33-43.

[260] 王璐, 叶磊,吴剑,等. 山丘区小流域水文模型适用性研究[J]. 中国农村水利水电, 2018(2): 78-84.

[261] 刘志雨, 杨大文, 胡健伟. 基于动态临界雨量的中小河流山洪预警方法及其应用[J]. 北京师范大学学报(自然科学版), 2010, 43(3): 317-321.

[262] 周研来, 郭生练, 张斐章,等. 人工智能在水文预报中的应用研究[J]. 水资源研究, 2019, 8(1): 1-12.

[263] 章四龙. 中小型水库抗暴雨能力关键技术研究[M]. 北京:中国水利水电出版社,2019.

[264] 杨欣磊,杨鹏. 海河流域河北省中型水库纳雨能力计算分析[J]. 海河水利,2023(1): 63-65

[265] 林璐. 不同纳雨能力计算方法的应用对比研究——以江门市大型水库为例[J]. 广东水利水电, 2021(8):14-19.

[266] 刘林,李国文,冻芳芳,等. 中小型水库纳雨能力计算方法研究[J]. 中国防汛抗旱,2022,32(8): 66-71.

[267] 侯爱中,胡智丹,朱冰,等. 中小型水库抗暴雨能力的概念与计算方法[J]. 水文,2017(6):35-38.

[268] 王汉东,黄瓅瑶,王燕. 基于预报调度一体化计算的水库纳雨能力分析[J]. 水利水电快报,2022,43(12): 31-35.

[269] 王刚,任明磊,李京兵. 小型水库防洪预警指标体系设计及应用研究[J]. 中国防汛抗旱,2023,33(3): 51-55.

[270] 李京兵,王玉丽,张锦堂,等.基于气象水文数据融合的小型水库监测预警系统建设[J]. 中国防汛抗旱,2022,32(6):60-66

[271] 吕高峰. 抽水蓄能电站上水库纳雨能力的分级预警研究[J]. 浙江水利水电学院学报,2022,34(5):32-34.

[272] 许璐. 亭下水库防洪预泄能力提升研究[J]. 陕西水利, 2023(2): 77-78,82.

[273] 刘伟时, 蓝祝光. 特殊运行工况下水库预泄调度方式研究[J]. 水力发电, 2022,48(3): 89-93.

[274] 张玮,郑雅莲,刘志武,等. 物理机制引导的水库调度深度学习模型研究[J]. 水力发电学报,2023,42(3): 13-25.

[275] 徐刚,舒远丽,任玉峰,等. 基于深度学习的三峡水库实时防洪调度模型[J]. 水力发电学报,2022(3): 60-69.

[276] 张玮,刘攀,刘志武,等.变化环境下水库适应性调度研究进展与展望[J]. 水利学报, 2022,53(9): 1017-1027,1038.

[277] 李安强,黄艳,李荣波,等. 流域超标准洪水智能调控架构及关键技术研究[J]. 中国防汛抗旱,2019,29(9): 31-34.

[278] 刘卫林,梁艳红,彭友文. 基于 MIKE Flood 的中小河流溃堤洪水演进数值模拟[J]. 人民长江,2017,48(7): 6-10,15.

[279] 李昌文,黄艳,严凌志. 变化环境下长江流域超标准洪水灾害特点研究[J]. 人民长江,2022,53(3):29-43.

[280] 曹列凯,白若男,钟强,等. 基于图像测速的薄壁堰流表面流场测量方法[J]. 水科学进展,2017,28(4):598-604.

[281] 刘章君,郭生练,许新发,等. 贝叶斯概率水文预报研究进展与展望[J]. 水利学报,2019,50(12):1467-1478.

[282] 巴欢欢,郭生练,钟逸轩,等. 考虑降水预报的三峡入库洪水集合概率预报方法比较[J]. 水科学进展,2019,30(2):186-197.

[283] 周建银,姚仕明,王敏,等. 土石坝漫顶溃决及洪水演进研究进展[J]. 水科学进展,2020,31(2):287-301.

[284] 魏红艳,余明辉,李义天,等. 粉质黏土堤防漫溢溃决试验[J]. 水科学进展,2015,26(5):668-675.

[285] 陈文龙,宋利祥,邢领航,等. 一维二维耦合的防洪保护区洪水演进数学模型[J]. 水科学进展,2014,25(6):848-855.

[286] 梅亚东,冯尚友. 蓄滞洪区洪水演进模拟[J]. 水利学报,1996(2):63-67.

[287] 马利平,侯精明,张大伟,等. 耦合溃口演变的二维洪水演进数值模型研究[J]. 水利学报,2019,50(10):1253-1267.

[288] Martinis S,Twele A,Strobl C,et al. A multiscale flood monitoring system based on fully automatic MODIS and TerraSARX processing chains[J]. Remote Sensing,2013,5(11):5598-5619.

[289] Refice A,Capolongo D,Pasquariello G,et al. SAR and InSAR for flood monitoring:Examples with COSMOSkyMed data[J]. IEEE Journal of Selected Topics in Applied Earth Observations and Remote Sens-

ing,2014,7(7):2711-2722.

[290] 吴玮.高分四号卫星在溃决型洪水灾害监测评估中的应用[J]. 航天器工程,2019,28(2):134-140.

[291] 王成,钟良. 基于无人机超标准洪水应急监测[A].《中国防汛抗旱》杂志社,中国水利学会减灾专业委员会,水利部防洪抗旱减灾工程技术研究中心(中国水利水电科学研究院防洪抗旱减灾研究中心).第十一届防汛抗旱信息化论坛论文集[C].《中国防汛抗旱》杂志社,中国水利学会减灾专业委员会,水利部防洪抗旱减灾工程技术研究中心(中国水利水电科学研究院防洪抗旱减灾研究中心):中国水利学会减灾专业委员会,2021:237-244.

[292] 卢程伟,周建中,江焱生,等. 复杂边界条件多洪源防洪保护区洪水风险分析[J]. 水科学进展,2018,29(4):514-522.

[293] 曾坚,王倩雯,郭海沙. 国际关于洪涝灾害风险研究的知识图谱分析及进展评述[J]. 灾害学,2020,35(2):127-135.

[294] 王艳艳,刘树坤.洪水管理经济评价研究进展[J].水科学进展,2013,24(4):598-606.

[295] 陈军飞,邓梦华,王慧敏.水利大数据研究综述[J].水科学进展,2017,28(4):622-631.

[296] 钟登华,时梦楠,崔博,等.大坝智能建设研究进展[J]. 水利学报,2019,50(1):38-52.

[297] 黄草,王忠静,鲁军,等. 长江上游水库群多目标优化调度模型及应用研究Ⅱ:水库群调度规则及蓄放次序[J]. 水利学报,2014,45(10):1175-1183.

[298] 严成杰,张亦飞,方欣,等. 基于复杂网络的洪灾危险性分析方法与应用[J]. 自然灾害学报,2017,26(3): 48-55.

[299] 顿晓晗,周建中,张勇传,等. 水库实时防洪风险计算及库群防洪库容分配互用性分析[J].水利学报,2019,50(2): 209-217,224.

[300] 冯平,韩松,李健. 水库调整汛限水位的风险效益综合分析[J].水利学报,2006(4):451-456.

[301] 刘心愿,朱勇辉,郭小虎,等. 水库多目标优化调度技术比较研究[J].长江科学院院报,2015,32(7):9-14.

[302] 王本德,周惠成,卢迪. 我国水库(群)调度理论方法研究应用现状与展望[J].水利学报,2016, 47(3):337-345.

[303] 王浩,王旭,雷晓辉,等. 梯级水库群联合调度关键技术发展历程与展望[J].水利学报,2019,50(1):25-37.

[304] 陈广才.长江干支流水库群综合调度的多利益主体协调框架探讨[J].长江科学院院报,2011,28(12): 64-67.

[305] 姚斯洋,刘成林,魏博文,等. 基于 Mike Flood 的组合情景洪水风险分析[J].南水北调与水利科技,2019,17(1):61-69.

[306] 黄刘芳,何丽琼,刘东. 可定制化的工程移民信息采集系统开发及应用[J]. 人民长江,2017,48(16):98-102.

[307] 唐海华,罗斌,周超,等. 水库群联合调度多模型集成总体技术架构[J]. 人民长江,2018,49(13):95-98.

[308] 郭章林. 基于 SWAT 模型的浏阳河流域面源污染模拟研究[D].长沙:长沙理工大学,2021.

[309] 张海斌. 浏阳河流域水系统承载力及其管理研究[D].合肥:国防科学技术大学,2013.

[310] 罗庆, 刘丽红, 王雨蒙. MIKE21 水动力学模型应用研究进展[J]. 环境保护前沿, 2020, 10(4):510-515.

[311] 王欣, 王玮琦, 黄国如. 基于 MIKE FLOOD 的城区溃坝洪水模拟研究[J]. 水利水运工程学报,

2017(5):67-73.

[312] 高超，白涛，杨旺旺，等. 基于MIKE11的汉江上游洪水演进规律研究[J]. 水资源研究，2017，6(2):156-165.

[313] 艾海男，张文时，胡学斌，等. 环境流体动力学代码EFDC模型的研究及应用进展 [J]. 水资源研究，2014，3(3)：247-256.

[314] Li Y, Tang C, Wang C, et al. Assessing and modeling impacts of different inter-basin water transfer routes on Lake Taihu and the Yangtze River, China[J]. Ecological Engineering, 2013,60:399-413.

[315] Tetra Tech, Inc. Theoretical and computational theoretical and computational aspects of the generalized vertical coordinate option in aspects of the generalized vertical coordinate option in the EFDC model [R]. Virginia: Tetra Tech, Inc., 2006.

[316] 王翠，孙英兰，张学庆. 基于EFDC模型的胶州湾三维潮流数值模拟[J]. 中国海洋大学学报(自然科学版)，2008，38(5)：833-840.

[317] 王文才,杜薇,范中亚,等. 基于EFDC模型的长江江苏段水流输运时间研究[J]. 人民长江,2019,50(5)：70-75.

[318] 刘成堃,马瑞,张力,等. 3D GIS支持下的洪水淹没模拟与快速损失评估研究[J]. 水利水电技术,2020,51(12)：204-209.

[319] 刘成堃,马瑞,义崇政. 3D GIS支持下的洪水风险三维动态推演[J]. 长江科学院院报,2019(10):117-121.

[320] 耿敬,张洋,李明伟,等. 洪水数值模拟的三维动态可视化方法[J]. 哈尔滨工程大学学报,2018(7):1179-1185.

[321] 余富强,鱼京善,蒋卫威,等. 基于水文水动力耦合模型的洪水淹没模拟[J]. 南水北调与水利科技,2019,17(5)：37-43.

[322] 吴仪，王运涛，杨云川，等. 基于HEC-RAS的胖头泡蓄滞洪区洪水模拟与灾损评估[J]. 水资源研究,2020，9(1)：42-51.

[323] 段扬，廖卫红，杨倩，等. 基于EFDC模型的蓄滞洪区洪水演进数值模拟[J]. 南水北调与水利科技,2014,12(5)：160-165.

[324] 艾小榆，刘霞，徐辉荣，等. 基于MIKE FLOOD模型的湛江蓄滞洪区调度运用方案研究[J]. 水利水电技术，2017,48(12):125-131.

[325] 王晓磊，韩会玲，李洪晶. 宁晋泊和大陆泽蓄滞洪区洪水淹没历时及洪水风险分析[J]. 水电能源科学,2013，31(8):59-62.

[326] 果鹏,夏军强,陈倩,等. 基于力学过程的蓄滞洪区洪水风险评估模型及应用[J]. 水科学进展,2017,28(6):858-867.

[327] 李春红，徐青，周元斌，等. 基于TVD隐格式的二维水动力学模型在蓄滞洪区洪水淹没模拟中的应用研究[J]. 华北水利水电大学学报(自然科学版)，2019,40(3):65-71.

[328] 樊乔铭，丁志斌. EFDC模型在港湾水环境中的应用及进展[J]. 人民珠江,2016,37(2):92-96.

[329] 王海菁,汪国斌,李德龙,等. 基于克里金空间插值法的宜黄县城超标洪水淹没及转移分析[J]. 水利规划与设计，2022(6):28-31.

[330] 武燕茹,廉旭刚,高玉荣. 基于哨兵数据相干性的洪水淹没范围确定方法[J]. 测绘通报,2022(11):96-100.

[331] 韦嫦,付波霖,覃娇玲,等. 基于多时相Sentinel-1A的沼泽湿地水面时空动态变化监测[J]. 自然资源遥感,2022(2):251-260.

[332] 张汉涛. 基于降雨-径流集成过程的分布式洪水淹没模型[J]. 水利技术监督,2021(6):140-143.
[333] 喻静敏,马力,魏伶芸,等. 基于遥感与 GIS 的三峡库区淹没影响分析技术及应用——以 2020 年长江 5 号洪水为例[J]. 水利水电快报,2021(1):86-90.
[334] 徐韧,吉阳光,赵东儒,等. 基于遥感与 GIS 技术的洪水淹没状况分析——以安徽省安庆市望江县为例[J]. 水土保持通报,2018(5):282-287.
[335] 夏润亮,李涛,李珂,等. 多模型云服务平台构建研究与应用实践[J]. 中国防汛抗旱,2022,32(3):52-56,60.
[336] 秦昊,王立海,陈瑜彬,等. 长江流域水文气象信息服务体系设计与实践[J]. 水利信息化,2022(2):71-77.
[337] 赵源媛. 沈阳市防汛抗旱水文数据信息平台功能设计与构想[J]. 中国水利,2022(16):53-55.
[338] 梁志锋,王信堂,刘鑫鹏. 基于大数据架构的水文监测平台关键技术研究[J]. 信息技术,2022(6):6-11.
[339] 万定生,王坤,朱跃龙,等. 中小河流洪水预报智能调度平台关键技术[J]. 河海大学学报(自然科学版),2021,49(3):204-212.
[340] 李锐,刘荣华,田济扬,等. 山洪灾害预警信息靶向服务系统设计及应用[J]. 水利水电技术,2021,52(7):33-43.
[341] 常俊超,常肖杰. 物联网技术下的水文智能监测信息系统建构和应用[J]. 治淮,2021(8):37-39.
[342] 王述强,王丹. 基于大数据、云平台和微服务的水文综合平台建设[J]. 水利信息化,2021(4):31-34.
[343] 陆延华. 基于水情预警预报系统平台的建立及预报方法探讨[J]. 黑龙江水利科技,2022,50(3):132-134.
[344] 郑凯,毛文迪,张宏愿,等. 河南黄河水文信息综合平台的设计与实现[J]. 水利信息化,2021(4):89-92.
[345] 晏涛,连会青,夏向学,等. 基于多源数据融合的矿井水害“一张图”预警平台构建与应用[J]. 金属矿山,2022(3):158-164.
[346] 胡洋. 阜新市防汛抗旱应急信息预警系统设计与实现[J]. 地下水,2022,44(1):233-236.
[347] 毛兴华. 水文信息化思路与总体框架设计探讨[J]. 水利信息化,2021(5):69-72.
[348] 庄杰,经正彤. 水文水资源信息共享初探[J]. 水利科学与寒区工程,2021,4(5):179-181.
[349] 马振,谭光超,季璇. 基于 GIS 的信息量法在九畹溪流域地质灾害易发性评价中的应用[J]. 资源环境与工程,2021,35(5):667-673,680.
[350] 张述刚,王义锐,李小龙. 基于 GIS 与物联网的智慧泵站信息化建设研究[J]. 水电站机电技术,2021,44(6):96-97.
[351] 喻鑫,王建中,徐小茼. 重庆市区县防汛水雨情平台建设研究——以合川区为例[J]. 水利水电快报, 2021,42(6):71-75.
[352] 曾瑞,龚朝海,曹贯中,等. 水文智慧平台设计与实现[J]. 水利水电快报,2021,42(4):79-82.
[353] 高立,刘和花,杨其菠,等. 基于云 GIS 的地质信息服务平台构建与应用[J]. 江苏科技信息,2021,38(9): 43-45,49.
[354] 刘荣华,孙朝兴. 山洪灾害监测预报预警云平台及应用[J]. 中国防汛抗旱,2022,32(1):63-69,95.
[355] 余国锋,袁亮,任波,等. 底板突水灾害大数据预测预警平台[J]. 煤炭学报,2021,46(11):3502-3514.

[356] 付奔,金晨曦. 智慧水利指导下的云南水情信息化总体构想[J]. 水利信息化,2022(1):13-17.
[357] 王磊,王志凌. 基于物联网的分布式水文动态监测及预警系统[J]. 工业仪表与自动化装置,2022(1):55-59.
[358] 徐军杨,陈思,李斌,等. 数字孪生永宁江洪水预报模型构建及系统应用[J]. 水利信息化,2023(2):1-8.
[359] 李琛亮,刘国庆,杨光,等. 基于"四预"的永定河洪水预报调度系统研究与应用[J]. 水利水运工程学报,2022(6):45-53.
[360] 翟航,陈思宁,李长跃,等. 水文信息化平台构建[J]. 东北水利水电, 2020,38(9): 63-65,72.
[361] 段仙琼. 西南诸河水文信息中心虚拟化平台设计[J]. 水利水电快报,2020,41(7):64-69.
[362] 蔡跃,董江,王冬. 面向航海保障的移动水文信息服务系统设计与实现[J]. 中国海事,2020(7):58-61.
[363] 周雪莹,李芬,李显风,等. 气象水文信息实时共享系统的设计与实现[J]. 计算机技术与发展,2020,30(7): 194-198.
[364] 丁韶辉,张白,冯峰. 插件架构在水文分析平台系统的设计与实现[J]. 电脑与电信,2020(5):63-66.
[365] 刘哲,刘战友,侯亚丽. 天津市防汛调度会商平台构建及智能调度技术研究与应用[J]. 海河水利,2020(2): 59-64.
[366] 江志晃. 面向区域水灾预警的智能水文信息集成平台[J]. 信息技术,2020(1):159-162,166.
[367] 刘迪. 基于 SOA 的长江水文数据共享服务平台的建设构想[J]. 水利水电快报,2019,40(1):57-60.
[368] 邱超,王威. 基于云计算架构的水文大数据云平台建设[J]. 人民长江,2018,49(5):31-35.